Europäisierung des deutschen Umweltrechts

SCHRIFTEN
zum internationalen und zum öffentlichen
RECHT

Herausgegeben von Gilbert Gornig

Band 72

PETER LANG
Frankfurt am Main · Berlin · Bern · Bruxelles · New York · Oxford · Wien

Ru-Huei Liu

Europäisierung des deutschen Umweltrechts

PETER LANG
Internationaler Verlag der Wissenschaften

Bibliografische Information der Deutschen Nationalbibliothek
Die Deutsche Nationalbibliothek verzeichnet diese Publikation in der Deutschen Nationalbibliografie; detaillierte bibliografische Daten sind im Internet über <http://www.d-nb.de> abrufbar.

Zugl.: Marburg, Univ., Diss., 2007

D 4
ISSN 0943-173X
ISBN 978-3-631-57316-7

www.peterlang.de

Vorwort

Die vorliegende Arbeit wurde im Sommersemester 2007 vom Fachbereich Rechtswissenschaften der Philipps-Universität Marburg als Dissertation angenommen. Rechtsprechung und Literatur befinden sich auf dem Stand von Juni 2006. Die spätere im Rahmen der Föderalismusreform erfolgte Änderung des Grundgesetzes konnte nicht berücksichtigt werden.

Mein herzlicher Dank gilt Herrn Professor Dr. Dr. h. c. Gilbert Gornig für die wohlwollende Betreuung der Arbeit. Gedankt sei ihm auch für die Aufnahme der Arbeit in diese Schriftreihe. Herrn Professor Dr. Steffen Detterbeck danke ich für die zügige Erstellung des Zweitgutachtens. Dem Deutschen Akademischen Austauschdienst danke ich für die dreieinhalbjährige finanzielle Unterstützung.

Ganz besonderer Dank gilt ferner Herrn Malte Mayer und Frau Verena Fibich, die unermüdlich diese umfangreiche Arbeit gründlich und konstruktiv korrigierten.

Wesentlich für die gelungene Realisierung der Arbeit waren das Verständnis und der Rückhalt meiner Familie, insbesondere meiner Eltern und meines Mannes. Ihnen ist die vorliegende Arbeit gewidmet.

Marburg/Lahn, im Mai 2007 Ru-Huei Liu

Inhaltsverzeichnis

Einleitung

Anders als eine normale internationale Organisation stellt die EG eine Rechtsgemeinschaft dar. Ihr Primärrecht, das aus den Grundverträgen der Europäischen Gemeinschaft (EG), der Europäischen Atomgemeinschaft (EAG) und bis 2002 der Europäischen Gemeinschaft für Kohle und Stahl (EGKS)[1] einschließlich der Anlagen, Anhänge, Protokolle sowie späterer Vertragsänderungen bestand, und ihr Sekundärrecht, welches von den Gemeinschaftsorganen geschaffen wird, haben Anwendungsvorrang vor nationalem Recht. Die Normsetzung einer solchen supranationalen Organisation wirkt direkt auf alle Mitgliedstaaten und ihre innerstaatlichen Akteure. Auf europäischer Ebene sind Verhandlungen im Verlauf der Normsetzung daher viel komplizierter zu führen und auch die Entscheidung viel schwerer zu treffen als innerhalb eines Staates. Die Inhalte der europäischen Rechtsakte sind bedingt durch die Konkurrenz der zahlreichen Mächte und deren mitunter sehr unterschiedlichen Interessen, sie machen die Inhalte auch wesentlich komplexer.

Aus juristischer Sicht ist die europäische Rechtsetzung vor allem das Ergebnis des Wettbewerbs der verschiedenen Rechtssysteme der Mitgliedstaaten. Im Verlauf der Planung, Verhandlung und Entscheidung jeder europäischen Normsetzung streben die Mitgliedstaaten mehr oder weniger deutlich danach, die eigenen Politiklinien und rechtlichen Normen auf europäischer Ebene durchzusetzen[2]. Mitgliedstaaten stehen also miteinander ständig in einem regulativen Wettbewerb. Hierfür gibt es zwei Gründe: erstens, um die Konkurrenzfähigkeit der nationalen Industrien zu sichern, d.h. vor äußerem Wettbewerb zu schützen und für die nationalen Industrien neue Absatzmöglichkeit zu erschließen; zweitens, um die späteren Schwierigkeiten und den Aufwand der rechtlichen und institutionellen Anpassung zu minimieren[3]. Daneben reagiert die Kommission wegen knapper personeller Ressourcen sehr offen auf äußere Initiativen[4]. Insgesamt beruhen hierauf die zunehmende Vielgestaltigkeit der Instrumente im europäischen Umweltrecht sowie die Probleme der Stimmigkeit und des Zusammenwirkens der unterschiedlichen Normen[5].

Als Ergebnis des regulativen Wettbewerbs programmiert die europäische Gesetzgebung Anpassungsschwierigkeiten in den Mitgliedstaaten, die andere

---

1 Fünfzig Jahre nach seinem Inkrafttreten ist der EGKS-Vertrag wie vorgesehen am 23. Juli 2002 außer Kraft getreten.

2 Vgl. Rengeling/Gellermann, in: Jahrbuch des UTR 36, 1996, 1, 14 ff.; Breuer, NVwZ 1997, 833, 834 f.

3 Héritier/Mingers/Knill/Becka (Hrsg.), Die Veränderung von Staatlichkeit in Europa, 1994, S. 12 ff.

4 Knill/Héritier, in: Lübbe-Wolff (Hrsg.), Der Vollzug des europäischen Umweltrechts, 1996, 209, 215; Héritier/Knill/Mingers, Rining the Changes in Europe, 1996, S. 230.

5 Breuer, NuR 2000, 541, 548.

Rechtsgedanken oder -systeme verfolgen, gewissermaßen vor[6]. Obwohl die europäischen Rechtsnormen manchmal mit den mitgliedstaatlichen Rechtssystemen unvereinbar sind, müssen die Mitgliedstaaten versuchen, sie in ihre eigenen Rechtssysteme zu implantieren, um ihre Vertragspflichten zu erfüllen. Schwierigkeiten, Verzögerungen und kompromisshafte Halbheiten der Umsetzung kommen daher vor. Inwieweit diese Schwierigkeiten den jeweiligen Mitgliedstaat jedoch betreffen, hängt von den Rahmenbedingungen der jeweiligen nationalen Rechtsordnung und der Art der Implementation ins innerstaatliche Recht ab[7].

Das in den letzten Jahren besonders rasch entwickelte europäische Umweltrecht, in dem sich Wettbewerb, Kompromiss und Anpassung zwischen den verschiedenen Rechtssystemen immer sehr deutlich gezeigt haben, gibt für die Komplexität dieser Materie ein gutes Beispiel ab, das gesteigerte Aufmerksamkeit verdient. Zahlreiche umweltrechtliche EG-Rechtakte gaben einigen Mitgliedstaaten den Anstoß, erstmals eigene Umweltrechtsnormen zu erlassen. Als Portugal beispielsweise in die Gemeinschaft eintrat, gab es dort keine Gesetze, die als Umweltgesetze bezeichnet werden konnten. Diese Tatsache gilt auch für Griechenland, Spanien, Italien und – zumindest bis vor kurzem – Belgien[8]. Selbst in Dänemark hat das gemeinschaftliche Umweltrecht die Hälfte des geltenden Umweltrechts geprägt. In Portugal, Griechenland, Spanien, Italien und Irland beläuft sich dieser Anteil sogar auf einen Wert zwischen 80-89%[9]. Schon allein deswegen kann das europäische Umweltrecht als erfolgreich betrachtet werden. Auswirkungen auf Deutschland hingegen waren zumindest in der Entstehungsphase des europäischen Umweltrechts kaum spürbar. In den letzten Jahren haben jedoch europäische Rechtsakte immer öfter ernsthafte Umsetzungsprobleme im deutschen Umweltrecht ausgelöst. Nach oftmals langwierigen, zähen Kontroversen hat Deutschland verschiedene Richtlinien verspätet oder nicht vorständig umgesetzt. Mit entsprechenden Verurteilungen durch den EuGH sieht sich die Bundesrepublik deswegen mittlerweile regelmäßig konfrontiert. Insofern erscheint der Europäisierungsprozess des deutschen Umweltrechts in den letzten Jahren als besonders quälend und langwierig.

Vor diesem Hintergrund ist die vorliegende Arbeit daran interessiert, den Europäisierungsprozess des deutschen Umweltrechts unter juristischen Gesichtspunkten genauer zu beobachten. In der Darstellung der Wechselwirkungen zwischen dem europäischen und deutschen Umweltrecht liegt ebenso ein Schwer-

---

6 Breuer, NuR 2000, 541, 547 f.

7 Breuer, Entwicklungen des europäischen Umweltrechts, 1993, S. 49 ff.; Krämer, in: Lübbe-Wolff (Hrsg.), Der Vollzug des europäischen Umweltrechts, 1996, 7, 18.

8 Krämer, in: Lübbe-Wolff (Hrsg.), Der Vollzug des europäischen Umweltrechts, 1996, 7, 19.

9 Krämer, in: Lübbe-Wolff (Hrsg.), Der Vollzug des europäischen Umweltrechts, 1996, 7, 34.

punkt der Arbeit wie in der Darstellung des Wandels, dem die Rolle des deutschen Rechts auf EG-Ebene unterliegt. Im Mittelpunkt des Interesses der Arbeit stehen insbesondere jene Auswirkungen des europäischen Umweltrechts, die aus rechtspolitischen bzw. dogmatischen Gesichtspunkten oder allgemein in Bezug auf den Umweltschutz von Bedeutung sind. Gewidmet ist die Arbeit der Problematik, inwieweit die Umsetzung des EG-Umweltrechts für das deutsche Recht eine Herausforderung darstellt, worin die Ursachen liegen, welche konkrete Probleme sich daraus ergeben und in welcher Weise die gegebenenfalls heterogenen Elemente ins deutsche Recht integriert werden. Dieser Zielsetzung entsprechend werden wichtige Teile der EuGH-Rechtsprechung ebenso zum Gegenstand der Erörterung. Durch diese umfassenden Untersuchungen versucht die Arbeit die Frage zu beantworten, ob der Europäisierungsprozess des Umweltrechts insgesamt positive oder negative Auswirkungen auf das deutsche Recht hat.

Die vorliegende Abhandlung untergliedert sich in sechs Kapitel: Das erste Kapitel befasst sich mit dem auf EG-Ebene in den Vordergrund gerückten integrativen Ansatz und den von ihm ausgelösten Umsetzungsschwierigkeiten ins deutsche Recht. Von den zahlreichen EG-Rechtsakten, die dem integrativen Ansatz zugrunde liegen, stehen die maßgebliche UVP-Richtlinie[10] und die nicht minder bedeutsame IVU-Richtlinie[11] im Mittelpunkt des Kapitels. Weil die Umweltverträglichkeitsprüfung (UVP) an sich ein wichtiges Umweltinstrument darstellt, werden ihre Weiterentwicklung durch die Änderungsrichtlinie 97/11/EG[12], die SUP-Richtlinie[13] und die Richtlinie 2003/35/EG über die Öffentlichkeitsbeteiligung und den Zugang zu Gerichten[14] nacheinander erörtert. Ausführungen zu den diesbezüglichen Auswirkungen auf das deutsche Recht schließen das erste Kapitel ab.

Das zweite Kapitel behandelt das Immissionsschutzrecht und zwar gemäß dem deutschen Rechtssystem einschließlich des Luftreinhalterechts, des Lärmschutz-

---

10 Richtlinie 85/337/EWG über die Umweltverträglichkeitsprüfung bei bestimmten öffentlichen und privaten Vorhaben, ABl. 1985 L 175/40.

11 Richtlinie 96/61/EG des Rates vom 24. 9. 1996 über die integrierte Vermeidung und Verminderung der Umweltverschmutzung, ABl. L 257/26.

12 Richtlinie 97/11/EG des Rates vom 3. 3. 1997 zur Änderung der Richtlinie 85/337/EWG über die Umweltverträglichkeitsprüfung bei bestimmten öffentlichen und privaten Projekten, ABl. 1997 L 73/5.

13 Die Richtlinie 2001/42/EG des Europäischen Parlaments und des Rates vom 27. 6. 2001 über die Prüfung der Umweltauswirkungen bestimmter Pläne und Programme, ABl. L 2001 197/30.

14 Richtlinie 2003/35/EG des Europäischen Parlaments und des Rates vom 26. 5. 2003 über die Beteiligung der Öffentlichkeit bei der Ausarbeitung bestimmter umweltbezogener Pläne und Programme und zur Änderung der Richtlinien 85/337/EWG und 96/61/EG des Rates in Bezug auf die Öffentlichkeitsbeteiligung und den Zugang zu Gerichten, ABl. 2003 L 156/7.

rechts und des Anlagensicherheitsrechts. Nach einem Vergleich zwischen europäischem und deutschem Recht wird auf einige zentrale EG-Richtlinien eingegangen. Im Bereich der Luftreinhaltung sind vor allem die Luftqualitätsrahmenrichtlinie[15] und ihre Tochterrichtlinien[16] Gegenstände der Untersuchung. Im Bereich des Lärmschutzes werden die Umgebungslärmrichtlinie[17] und ihre Auswirkungen auf das deutsche Recht analysiert. Im Bereich des Anlagensicherheitsrechts wird der Seveso-II-Richtlinie[18] und ihren Auswirkungen nachgegangen.

Im dritten Kapitel wird der Europäisierungsprozess des deutschen Wasserrechts erörtert. Nach einer kurzen vergleichenden Darstellung des europäischen und des deutschen Wasserrechts werden insbesondere die Wasserrahmenrichtlinie (WRRL)[19] und ihre Auswirkungen auf das deutsche Wasserrecht untersucht. Die Umsetzungsschwierigkeiten, die vom Wasserföderalismus verursacht werden, bilden einen weiteren Schwerpunkt des Kapitels.

Im vierten Kapitel wird eine Untersuchung des Europäisierungsprozesses des deutschen Naturschutzrechts vorgenommen und vor allem auf den Gebietsschutz fokussiert. Hierbei wird der Vogelschutzrichtlinie[20] und der FFH-Richtlinie[21] sowie einigen entscheidenden EuGH-Urteilen näher nachgegangen. Nach einem kurzen Überblick auf das deutsche Naturschutzrecht folgen die Erörterungen der Auswirkungen des europäischen Naturschutzrechts auf das deutsche.

Das fünfte Kapitel behandelt das Abfallrecht. Nach Ausführungen zum europäischen und deutschen Abfallrecht werden die Auswirkungen des europäischen

---

15 Richtlinie 96/62/EG des Rates vom 27. 9. 1996 über die Beurteilung und die Kontrolle der Luftqualität, ABl. L 296/55.

16 Sie sind vier Richtlinien: Richtlinie 1999/30 des Rates vom 22. 4. 1999 über Grenzwerte für Schwefeldioxid, Stickstoffdioxid und Stickstoffoxide, Partikel und Blei in der Luft (ABl. 1999 L 163/41), Richtlinie 2000/69 über Grenzwerte für Benzol und Kohlenmonoxid in der Luft vom 16. 11. 2000 (ABl. 2000 L 313/12), Richtlinie 2002/3 vom 12. 02. 2002 über den Ozongehalt der Luft (ABl. 2002 L 67/14) und Richtlinie 2004/107/EG des Europäischen Parlaments und des Rates vom 15. 12 2004 über Arsen, Kadmium, Quecksilber, Nickel und polyzyklische aromatische Kohlenwasserstoffe in der Luft (ABl. 2005 L 23/3).

17 Richtlinie 2002/49/EG des Europäischen Parlaments und des Rates vom 25. 6. 2002 über die Bewertung und Bekämpfung von Umgebungslärm, ABl 2002 L 189/12.

18 Richtlinie 96/82/EG des Rates vom 9. 12. 1996 zur Beherrschung der Gefahren bei schweren Unfällen mit gefährlichen Stoffen, ABl. 1997 L10/13. Kritisch dazu vgl. Rebentisch, NVwZ 1997, 6 ff.

19 Richtlinie 2000/60/EG des europäischen Parlaments und des Rates vom 23. 10. 2000 zur Schaffung eines Ordnungsrahmens für Maßnahmen der Gemeinschaft im Bereich der Wasserpolitik, ABl. 2000 L 327/1.

20 Richtlinie 79/409/EWG des Rates vom 2. 4. 1979 über die Erhaltung der wildlebenden Vogelarten, ABl. 1979 L 103/1.

21 Richtlinie 92/43/EWG des Rates vom 21. 5. 1992 zur Erhaltung der natürlichen Lebensräume sowie der wildlebenden Tiere und Pflanzen, ABl. 1992 L 206/7.

Abfallrechts auf das deutsche Recht anhand mehrerer Einzelfälle erörtert. Angesichts der aktuell sehr dynamischen Bewegung des europäischen Abfallrechts soll seiner Entwicklungsrichtung besondere Aufmerksamkeit gewidmet werden. Gesteigerte Aufmerksamkeit verdient erst recht die Rolle der höheren deutschen Entsorgungsstandards auf Gemeinschaftsebene.

Das sechste und letzte Kapitel befasst sich mit dem Klimaschutz. Hierbei wird die EG-Emissionshandelsrichtlinie[22] als Beispiel angeführt. Da sie für das deutsche Recht ein Novum darstellt, wird vor allem ihrer Vereinbarkeit mit den bestehenden Instrumenten nachgegangen.

Die Schlussfolgerung bilanziert den Europäisierungsprozess des deutschen Umweltrechts, fasst ihn zusammen und unterstreicht abschließend die wichtigsten Problematiken. Auf diese Weise werden auch die weiteren Perspektiven des deutschen Umweltrechts erkennbar.

---

22 Richtlinie 2003/87/EG des Europäischen Parlaments und des Rates vom 13.10.2003 über ein System für den Handel mit Treibhausgasemissionszertifikaten in der Gemeinschaft und zur Änderung der Richtlinie 96/61/EG des Rates, ABl. 2003 L 275/32.

Kapitel 1: Medienübergreifende Maßnahmen

A. Einleitung

Im Vordergrund der bedeutendsten Herausforderungen im Europäisierungsprozess des deutschen Umweltrechts steht der integrative Ansatz. Der Ausgangspunkt dieses Ansatzes ist einfach: Statt die Auswirkungen von umweltbelastenden Stoffen oder Tätigkeiten sektoral oder medial zu bekämpfen, soll eine ganzheitliche Betrachtung vorgenommen werden, um Belastungsverlagerungen zu vermeiden und die Umwelt als Ganzes zu schützen. Mit diesem Ansatz wird auch das Zusammenwirken verschiedener Belastungen (kumulative und synergetische Effekte) in Augenschein genommen. Alle Umweltauswirkungen jedes Einzelfalles sollen also in ihren vollen Komplexitäten und konkreten Zusammenhängen umfassend bewertet werden. Einer solchen Gesamtschau der vielfältigen Wechselwirkungen zufolge muss logischerweise in jedem Einzelfall eine eigene Umweltbelastungsbilanz vorgenommen werden. Eine gesamthafte Entscheidung soll mithin idealtypisch einzelfallbezogen und generalisierungsfeindlich sein. Damit geht eine dezentralisierende Wirkung einher. Die zentralen Regelungen können lediglich als Leitlinien bzw. Prinzipien betrachtet werden und über deren Konkretisierung lässt sich auf der lokalen Ebene vor Ort entscheiden. Hierbei soll eine solche gesamthafte Entscheidung unvermeidlich auch abwägenden Charakter tragen. Mit dem Wertungscharakter ist sie schließlich nur begrenzt richterlich nachprüfbar. Zusammenfassend ergibt sich aus der integrierten Betrachtung, die aus dem angelsächsischem Recht stammt, folgende juristische Struktur: keine verbindlichen Emissionsgrenzwerte, einzellfallbezogene und demzufolge auf der lokalen Ebene getroffene Abwägungsentscheidungen sowie eine verminderte gerichtliche Kontrolldichte[23]. Im Vergleich zum deutschen Umweltrecht sind hier grundlegende juristische Strukturunterschiede deutlich zu erkennen. Ob und inwieweit das deutsche Umweltrecht, das im Grunde genommen auf sektorale Fachgesetze, Emissionsstandards, den Stand der Technik und gebundene Entscheidungen ausgerichtet ist, solche heterogene Elemente ins eigene System harmonisch einfügt, ist stets Gegenstand heftiger Kontroversen und mithin auch im Fokus der folgenden Darstellungen.

Obwohl der Ausgangspunkt des integrativen Ansatzes einigermaßen klar ist, sind seine Ausprägungen und Anwendungsbereiche im europäischen Sekundärrecht nicht immer identisch[24]. Von daher wurde der deutsche Gesetzgeber bei

---

23 Zu den Eigenheiten der juristischen Struktur einer idealtypisch ganzheitlichen Entscheidung und der Kritik des integrierten Umweltschutzes, s. Masing, DVBl. 1998, 549, 551 f.; skeptisch auch Breuer, Entwicklungen des europäischen Umweltrechts, S. 51 ff.; Di Fabio, in: Rengeling (Hrsg.), Integrierter und betrieblicher Umweltschutz, 1996, S. 187 ff.; Steinberg, NVwZ 1995, 209, 218; ders./ Koepfer, DVBl. 1997, 973, 981; Zöttl, NuR 1997, 157, 162.

24 Zum „fragmentarischen und uneinheitlichen Charakter“ des integrierten Konzeptes im europäischen Umweltrecht vgl. Schröder, NuR 2000, 481 ff.

der Umsetzung der einzelnen europäischen Rechtsakte mit verschiedenen Problematiken konfrontiert. Von den europäischen Rechtsakten, die auf einem integrativen Ansatz beruhen, sind vor allem die folgenden zu nennen: die Richtlinie 85/337/EWG über die Umweltverträglichkeitsprüfung bei bestimmten öffentlichen und privaten Vorhaben (UVP-Richtlinie)[25], die Richtlinie 96/61/EG über die integrierte Vermeidung und Verminderung der Umweltverschmutzung (IVU-Richtlinie)[26], die Richtlinie 2001/42/EG über die Prüfung der Umweltauswirkungen bestimmter Pläne und Programme (Strategische Umweltprüfungsrichtlinie; SUP-Richtlinie)[27], die Verordnung 1836/93/EWG über die freiwillige Beteiligung gewerblicher Unternehmen an einem Gemeinschaftssystem für das Umweltmanagement und die Umweltbetriebsprüfung (sog. Öko-Audit-Verordnung)[28] und die sie ersetzende neue Verordnung 761/2001/EG[29] (sog. EMAS-Verordnung)[30] sowie die Richtlinie 90/313/EWG des Rates vom 7. Juni 1990 über den freien Zugang zu Informationen über die Umwelt (Umweltinformationsrichtlinie)[31] und die sie ersetzende neue Richtlinie 2003/4/EG. Im Folgenden werden sich die Ausführungen allerdings aus Platzgründen nur auf die ersten drei EG-Richtlinien beschränken. In der UVP-Richtlinie, die einen ersten Baustein dieses Ansatzes darstellt, ist der Inhalt der integrativen Betrachtung umfassend. Die Reibungspunkte zwischen der Richtlinie und dem deutschen Recht konzentrieren sich im Wesentlichen auf das Anlagenzulassungsrecht (B). Mit der SUP-Richtlinie hat die Umweltverträglichkeitsprüfung eine wichtige Fortentwicklung erfahren. In der SUP-Richtlinie soll der integrative Ansatz zwar mit dem in der UVP-Richtlinie identisch sein, allerdings handelt es sich hierbei um das Planungsrecht. Im Gegensatz zum Anlagenrecht tauchte hier keine dramatische Problematik auf. Das bedeutet aber nicht zwangsläufig, dass ihrer Umsetzung nichts im Weg gestanden hätte (C). Bei der IVU-Richtlinie betriff ihr integratives Konzept zwar wieder das Anlagenzulassungsrecht. Es hat jedoch

---

25 ABl. 1985 L 175/40, zuletzt geändert durch RL 97/11/EG, ABl. 1997 L 73/5.

26 Richtlinie 96/61/EG des Rates vom 24. 9. 1996 über die integrierte Vermeidung und Verminderung der Umweltverschmutzung, ABl. L 257/26.

27 Die Richtlinie 2001/42/EG des Europäischen Parlaments und des Rates vom 27. 6. 2001 über die Prüfung der Umweltauswirkungen bestimmter Pläne und Programme, ABl. L 2001 197/30.

28 Verordnung 1836/93/EWG des Rates vom 29. 6. 1993 über die freiwillige Beteiligung gewerblicher Unternehmen an einem Gemeinschaftssystem für das Umweltmanagement und die Umweltbetriebsprüfung, ABl. L 168/1. Diese Verordnung wird als Öko-Audit- oder Umweltauditverordnung bzw. EMAS-Verordnung bezeichnet.

29 Verordnung 761/2001/EG des Europäischen Parlaments und des Rates vom 19. 3. 2001 über die freiwillige Beteiligung von Organisationen an einem Gemeinschaftssystem für das Umweltmanagement und die Umweltbetriebsprüfung, ABl. L 114/1.

30 Der Begriff EMAS wird in Art. 1 Abs. 1 dieser Verordnung offiziell als Kurzbezeichnung für das Gemeinschaftssystem für das Umweltmanagement und die Umweltbetriebsprüfung eingeführt.

31 Richtlinie 90/313/EWG des Rates vom 7. 6. 1990 über den freien Zugang zu Informationen über die Umwelt, ABl. L 158/56.

einen kompromisshaften Charakter. Das endgültige Regelwerk zeigt erhebliche Annährungen an das deutsche Anlagengenehmigungsrecht (D).

B. UVP-Richtlinie

I. Einleitung

Die Verankerung wie die Fortentwicklung der UVP im deutschen Recht ist dem Europarecht zu verdanken[32]. Die Bundesregierung war zwar am Anfang der 1970er Jahren bemüht, ein UVP-Gesetz einzuführen, der Gesetzentwurf war jedoch an heftigen Widerständen gescheitert. In der Folge kam es 1975 zu einer UVP-Verwaltungsvorschrift, nämlich den „Grundsätzen für die Prüfung der Umweltverträglichkeit öffentlicher Maßnahmen“[33]. Ihre Anforderungen blieben aber gegenüber dem vorherigen Gesetzentwurf zurück und erlangten keine praktische Bedeutung[34]. Vor diesem Hintergrund stellte sich heraus, dass die UVP-Richtlinie 85/377/EWG[35] sich als europarechtliches Mittel erwies, dieses Instrument in deutsches Recht umzusetzen. Sie verlangt, dass diejenigen Projekte, bei denen mit erheblichen Auswirkungen auf die Umwelt zu rechnen ist, vor der Erteilung der Genehmigung einer Prüfung in Bezug auf ihre Auswirkungen unterzogen werden müssen (II).

Durch die Änderungsrichtlinie 97/11/EG[36] hat die UVP auf europäischer Ebene ihre ersten Fortentwicklungen erfahren. Die Anzahl der UVP-pflichtigen Vorhaben erhöhte sich, der Ermessensspielraum der Mitgliedstaaten für die Durchführung der UVP wurde eingeschränkt und Verfahrensregelungen sind effizienter ausgestaltet worden (III). Einen großen Fortschritt machte des Weiteren die SUP-Richtlinie 2001/42/EG[37], mit der sich die Umweltprüfung auch auf die Planebene erstreckt. Angesichts ihres Gewichts und ihrer Aktualität werden diese Richtlinie und ihre Bedeutung für das deutsche Recht aber an dieser Stelle nicht näher ausgeführt. Vielmehr ist die Thematik später in einem selbstständigen Abschnitt (C) zu vertiefen. Die nächsten Weiterentwicklungen der UVP brachte die Richtlinie 2003/35/EG über die Öffentlichkeitsbeteiligung und den

---

32 Erbguth, UPR 2003, 321.

33 Bek. D. BMI v. 12. 9. 1975 – U I 1 – 500 110/9, GMBl. S. 717.

34 Erbguth/Schink, UVPG, Einkl. Rn. 1a, 2.

35 Richtlinie 85/337/EWG über die Umweltverträglichkeitsprüfung bei bestimmten öffentlichen und privaten Vorhaben, ABl. 1985 L 175/40, geändert durch RL 97/11/EG, ABl. 1997 L 73/5.

36 Richtlinie 97/11/EG des Rates vom 3. 3. 1997 zur Änderung der Richtlinie 85/337/EWG über die Umweltverträglichkeitsprüfung bei bestimmten öffentlichen und privaten Projekten, ABl. 1997 L 73/5.

37 Die Richtlinie 2001/42/EG des Europäischen Parlaments und des Rates vom 27. 6. 2001 über die Prüfung der Umweltauswirkungen bestimmter Pläne und Programme, ABl. L 2001 197/30.

Zugang zu Gerichten[38] mit sich, die die sog. Aarhus-Konvention[39] der UN/ECE umsetzt. Ihre Umsetzung ins deutsche Recht steht wie immer trotz des Fristablaufs noch aus (IV).

II. UVP-Richtlinie 85/337/EWG

1. Ihr integrativer Ansatz und die Herausforderung für das deutsche Anlagenzulassungsrecht

Um Umweltbelastungen von vornherein zu vermeiden, anstatt sie erst nachträglich in ihren Auswirkungen zu bekämpfen, ist auf der Gemeinschaftsebene die Richtlinie 85/337/EWG über die Umweltverträglichkeitsprüfung bei bestimmten öffentlichen und privaten Projekten (UVP-Richtlinie)[40] ergangen. Danach sollen vor der Erteilung der Genehmigung die Projekte, bei denen mit erheblichen Auswirkungen auf die Umwelt zu rechnen ist, einer Prüfung in Bezug auf ihre Auswirkungen unterzogen werden (Art. 2 der Richtlinie). Bei den in Anhang I aufgeführten Projekten ist eine solche Prüfung obligatorisch durchzuführen. Für Projekte des Anhangs II steht die Durchführung der Umweltverträglichkeitsprüfung (UVP) im Ermessen der Mitgliedstaaten (Art. 4 der Richtlinie). Die UVP soll die unmittelbaren und mittelbaren Auswirkungen eines Projektes identifizieren, beschreiben und bewerten. Einbezogen werden müssen Auswirkungen auf Menschen, Fauna und Flora, Boden, Wasser, Luft, Klima und Landschaft, ihre jeweiligen Wechselwirkungen sowie Sachgüter und das kulturelle Erbe (Art. 3 der Richtlinie)[41]. Der Projektträger hat weitreichende Angaben vorzulegen. Sie umfassen mindestens eine Beschreibung des Projektes und der Maßnahmen zur Vermeidung, Einschränkung und zum Ausgleich seiner bedeutenden nachteiligen Auswirkungen, die Feststellung und Beurteilung der Hauptwirkungen sowie eine nichttechnische Zusammenfassung (Art. 5 der Richtlinie). Die in ihrem umweltbezogenen Aufgabenbereich berührten Behörden sind zu beteiligen. Jeder Genehmigungsantrag und die eingeholten Informationen, einschließlich der Angaben des Projektträgers, haben der Öffentlichkeit zugänglich gemacht zu werden. Der betroffenen Öffentlichkeit muss Gelegenheit gegeben werden, sich vor Durchführung des Projektes dazu zu äußern (Art. 6 der Richtlinie). Außerdem sind andere vom Projekt betroffene Mitgliedstaaten zu informieren (Art. 7 der Richtlinie). Schließlich sind die von dem Projektträger, den Behörden, der betroffenen Öffentlichkeit und anderen Mitgliedstaaten eingeholten Angaben im

---

38 Richtlinie 2003/4/EG des Europäischen Parlaments und des Rates vom 28. 1. 2003 über den Zugang der Öffentlichkeit zu Umweltinformationen und zur Aufhebung der Richtlinie 90/313/EWG des Rates, ABl. 2003, L 41/26.

39 Übereinkommen über den Zugang zu Informationen, die Öffentlichkeitsbeteiligung an Entscheidungsverfahren und den Zugang zu Gerichten in Umweltangelegenheiten vom 25. 6. 1998.

40 ABl. 1985 L 175/40, geändert durch die Richtlinie 97/11/EG, ABl. 1997 L 73/5.

41 Nach der Fassung der Änderungsrichtlinie 97/11/EG sind nun auch Sachgüter und das kulturelle Erbe zu den Faktoren der Wechselwirkungen zu zählen.

Rahmen des Genehmigungsverfahrens zu berücksichtigen (Art. 8 der Richtlinie)[42].

Die UVP-Richtlinie folgt, wie dargestellt, einer gesamthaften, integrativen Betrachtungsweise. Danach sollen nicht nur die Wirkungen auf die einzelnen Umweltgüter, sondern auch die „Wechselwirkungen" zwischen diesen Umweltfaktoren identifiziert, beschrieben und bewertet werden. Gefordert ist also eine medienübergreifende Gesamtschau der betroffenen Umweltbelange[43]. Diese Anforderung gilt nach der UVP-Richtlinie einheitlich für Entscheidungsverfahren aller Arten von einschlägigen umweltbelastenden Projekten. Im deutschen Recht unterscheidet man bei Behördenentscheidungen zwischen Planungsentscheidungen und Kontrollerlaubnissen (Genehmigungsentscheidungen). Während eine derart umfassende, medienübergreifende Berücksichtigung der betroffenen Umweltbelange durch die Abwägungspflicht des bestehenden deutschen Planungsrechts ohne erhebliche Schwierigkeiten in den Planungsentscheidungen aufgenommen werden konnte, stellte es eine prekäre Problematik dar, sie in die Genehmigungsentscheidungen, vor allem in solchen nach dem Bundes-Immissionsschutzgesetz (BImSchG), zu integrieren[44]. Die Struktur des deutschen Anlagengenehmigungsrechts (namentlich nach den §§ 4 ff. BImSchG) wird gekennzeichnet als „Verbot mit Erlaubnisvorbehalt". Diese Erlaubnis ist rechtlich gebunden und auf ihre Erteilung besteht ein Rechtsanspruch, wenn die Tatbestandsvoraussetzungen erfüllt sind. Die zuständige Behörde hat grundsätzlich keinen Ermessensspielraum, bei Vorliegen der Genehmigungsvoraussetzungen ihre Zustimmung zu versagen. Der Gesetzgeber wählt also bestimmte Umstände aus zahlreichen komplexen, unbestimmten Tatsachen aus und gestaltet sie als Tatbestandsmerkmale für die Genehmigungsprüfung. Der sachliche Prüfungsumfang wird also angesichts der Menge und Komplexität der tatsächlichen Materialien reduziert. Dabei werden auch die notwendigen politischen Abwägungsentscheidungen zugleich allgemein verbindlich getroffen. Die Verwaltungsentscheidung ist alleine auf Grundlage des so festgelegten Tatbestands zu fällen und unterliegt der Überprüfung durch die Gerichte[45]. Dagegen ergreift die UVP-Richtlinie einen umfassenden, integrativen Prüfungsansatz, dessen Prüfungsumfang sich auf alle Medien und ihre Wechselwirkungen erstreckt. Sie zielt also auf eine ganzheitliche Betrachtung und maximiert mithin den Prüfumfang. Damit korrespondiert auch die Maximierung der Verwaltungsmacht: um die komplexen und konkreten Wechselwirkungen im Einzelfall voll reflektieren zu können, soll eine gesamthafte Entscheidung, wie oben schon dargestellt, idealty-

---

42 Nach der Fassung der Änderungsrichtlinie 97/11/EG sind nun diese Angaben „beim Genehmigungsverfahren" zu berücksichtigen.

43 Erbguth/Schink, UVPG Einkl. Rn. 15.

44 Vgl. Steinberg, NuR 1983, S. 169 ff., 171 f. m. w. N; ders., AöR 1995, 547, 553; Wahl, DVBl. 1988, 86 ff., 89; Hennecke, in: UTR 9 (1989), 117 ff.; Breuer, Entwicklungen des europäischen Umweltrechts, S. 51 ff.; Erbguth/Schink, UVPG, Einkl. Rn. 20 ff.

45 Breuer, Entwicklungen des europäischen Umweltrechts, S. 56.

pisch einzelfallbezogen und vor Ort abwägend getroffen sein. Die zuständige Behörde soll also aufgrund ihrer Abwägungskompetenz das Prüfungsergebnis berücksichtigen. Resümierend maximiert der integrative Ansatz den Prüfungsumfang, räumt der Verwaltung Abwägungskompetenz ein und beschränkt sich auf eine begrenzte richterliche Nachprüfung[46]. Hier zeigt sich deutlich eine strukturelle Grundentscheidung, die zum Leitbild des deutschen Anlagengenehmigungsrechts in einem gespannten Verhältnis steht. Die Frage drängte sich auf, ob und wie die deutsche gebundene Anlagengenehmigung überhaupt einen integrativen Ansatz ermöglicht.

Ferner scheint auch die sektorale Struktur des deutschen Anlagenzulassungsrechts dem Integrationsanspruch der UVP-Richtlinie grundsätzlich zu widersprechen. Nach der deutschen Gesetzeslage sind Zulassungstatbestände einmedial ausgerichtet und die Entscheidungskompetenzen auf verschiedene Fachbehörden aufgeteilt, die nebeneinander parallele Genehmigungsverfahren für die Zulassung eines Vorhabens führen und unter dem jeweiligen fachspezifischen Blickwinkel Entscheidungen treffen. Eine Gesamtbeurteilung aller Umweltauswirkungen wird dadurch in aller Regel ausgeschlossen. § 13 BImSchG versucht zwar über die Konzentrationswirkung die Entscheidungskompetenzen zu bündeln, es bleiben jedoch atom- und strahlenschutzrechtliche, wasserrechtliche, bergrechtliche und energierechtliche Fragen ausgeklammert. Ob und wie in den parallelen Genehmigungsverfahren der medienübergreifenden Betrachtungsweise Rechnung getragen werden kann, ist heftig umstritten gewesen.

All dies zeigt, dass die UVP-Richtlinie kein reines Verfahrensinstrument darstellt. Sie enthält vielmehr materiellrechtliche Elemente, die sich vor allem in der integrativen Bewertung (Art. 3 der Richtlinie) und dem Erfordernis der „Berücksichtigung“ der eingeholten Angaben in der Entscheidung (Art. 8 der Richtlinie) verkörpern[47]. Nach wohl einhelliger Meinung beschränkt sich die Bewertung auf die rein ökologische Ausrichtung, während die Einbeziehung umweltexterner oder fremder Belange erst im Rahmen der Berücksichtigung erfolgt[48]. In der UVP-Richtlinie selbst fehlen allerdings irgendwelche konkreten Maßstäbe dazu. Die müssen aber in jedem Fall entwickelt werden, damit eine „medienübergreifende“ UVP tatsächlich zustande kommt. Hinzuweisen ist hierbei aber darauf, dass der integrative Ansatz oftmals noch auf erhebliche Kenntnislücken und methodische Defizite stieß. Als ein Problem von großer Tragweite erweist sich beispielsweise, dass exaktes Wissen über die Interaktion verschiedener Umweltauswirkungen im Gesamtzusammenhang eines Ökosystems nach wie vor unterentwickelt ist. Außerdem gibt es auch keine fachlich allgemein anerkannten Kriterien und Methoden, um unterschiedliche Umweltgüter zu verrechnen. Die Verrechnungseinheiten, die es erlauben würden, verschmutztes Wasser

46 Breuer, Entwicklungen des europäischen Umweltrechts, S. 55.
47 Eingehend vgl. Hoppe/Püchel, DVBl. 1988, 1 ff.
48 Vgl. Hoppe/Püchel, DVBl. 1988, 1, 2 f.; Schink/Erbguth, DVBl. 1991, 413, 417.

gegen saubere Luft oder zerstörte Naturlandschaften gegen geräuscharme Fahrzeuge aufzurechnen, existieren mit anderen Worten nicht[49].

Trotz der materiellrechtlichen Elemente stellt die UVP-Richtlinie aber in erster Linie ein Verfahrens- und Informationsinstrument dar, das Impulse zur Weiterentwicklung des deutschen Rechts gab[50]. Die weiteren zahlreichen Aspekte, die die Umsetzung der UVP-Richtlinie ins deutsche Recht mit sich brachte, können hier aber nicht im Einzelnen vorgestellt werden[51].

2. Umsetzungsdiskussionen

Bei der Antwort auf die vorgenannten Fragen sind unterschiedliche Auffassungen vertreten und vielfältige Vorschläge zur Umsetzung der UVP-Richtlinie gemacht worden. Ein Ratschlag legte nahe, die gebundenen Genehmigungsentscheidungen in die für die integrative Betrachtungsweise geeigneten Planfeststellungsbeschlüsse umzugestalten. Die herrschende Auffassung lehnte es jedoch ab, im Anlagenzulassungsrecht ganz auf die gebundene Entscheidung zu verzichten und die von der Verwaltung abgewogene, politische und planerische Entscheidung zu übernehmen. Befürwortet wurden dabei – neben der Erweiterung der Schutzzwecke der jeweils sektoralen Fachgesetze um die integrative Gesamtschau – die gebundenen Entscheidungen mit Abwägungsmöglichkeiten, also die Einfügung der geeigneten unbestimmten Rechtsbegriffe bzw. Gemeinwohl- und Öffnungsklauseln[52]. Demzufolge setze die UVP-Richtlinie keine grundlegende Änderung der Verschiedenheiten der Genehmigungsverfahren und der sektoralen Struktur des nationalen Rechts voraus. Der deutsche Ansatz ginge auf das Gewerberecht im 19. Jahrhundert zurück, habe eine lange Geschichte und könne nach langjährigen Erfahrungen die strikten Umweltanordnungen einigermaßen effizient durchsetzen. Außerdem gebe es auch verfassungsrechtliche Bedenken, im Anlagenrecht anstelle der gebundenen Entscheidung die Planungsentscheidung aufzunehmen. Der Bürger müsse einen Rechtsanspruch auf Genehmigungserteilung haben, wenn die gesetzlichen Versagungsgründe nicht vorliegen. Denn die Erteilung der Kontrollerlaubnis stelle nur die allgemeine Handlungsfreiheit wieder her, die dem Bürger verfassungsrechtlich ohnehin zustehe. Demgegenüber bedeute die Versagung einer Erlaubnis einen Eingriff in Freiheit und Eigentum und setze mithin eine rechtfertigende Rechtsvorschrift voraus. Die Versagung dürfte nicht dem Ermessen der Verwaltungsbehörde ü-

---

49 Mayen, NVwZ 1996, 319, 323.

50 Vgl. Wahl, DVBl. 1988, 86;

51 Umfassend dazu Jarass, UVP bei Industrievorhaben, 1987; Bunge, UVP im Verwaltungsverfahren, 1986.

52 Vgl. Jarass, UVP bei Industrievorhaben, 1987, S. 91 f.; Beckmann, DÖV 1987, 944 ff.; Wahl, DVBl. 1988, 86, 88; Cupei, UVP, S. 153 ff.; Breuer, Entwicklungen des europäischen Umweltrechts, S. 61 f. Kritik dazu vgl. Erbguth, DÖV 1988, 481, 483; Erbguth/Schink, UVPG, § 12 Rn. 37.

berlassen bleiben[53]. In Anbetracht all dessen musste die Lösung ein angemessener Kompromiss sein: die gebundene Entscheidung sollte im Wesentlichen unberührt bleiben, hinsichtlich des Gebotes der Gesamtbewertung aber sollten Spielräume auf der Tatbestandsseite eingeräumt werden[54]. Schon dies ermögliche die Überwindung der fachlichen Verengungen und daher die Aufnahme einer medienübergreifenden Gesamtschau. Teilweise wurde allerdings die Meinung vertreten, dass eine Ermessensnorm vor allem aus Gründen der Rechtsklarheit empfehlenswerter sei als ein unbestimmter Rechtsbegriff. Vorgeschlagen wurde also die Umgestaltung der immissionsschutzrechtlichen Genehmigung in eine Ermessensgenehmigung. Dies sei die Einführung eines Versagungsermessens, wie die entsprechenden Regelungen im Wasserrecht[55].

Zur Bewältigung des Problems paralleler Genehmigungsverfahren wurde teilweise vorgeschlagen, bei der ersten Genehmigung ein verfahrensübergreifendes, vorläufiges Gesamturteil für das Gesamtvorhaben vorzunehmen, obwohl eine Bindung der parallel zuständigen Genehmigungsbehörde(n) an das vorläufige Gesamturteil ausscheide[56]. Außerdem wurde noch ein neuartiges »Sternenmodell« vorgeschlagen. Dem integrativen Ansatz sei dann entsprochen, wenn vom einzelnen Umweltmedium her in einem sozusagen sternförmigen Modell gedacht wird, in dessen Mittelpunkt ein Medium steht, von dem aus die anderen Medien mit in die Betrachtung einbezogen werden[57]. Demzufolge seien zunächst die Auswirkungen auf ein vom Projekt betroffenes Umweltmedium zu betrachten. Sodann seien die weiteren über dieses betroffene Medium an andere Medien weitergegebenen Belastungen zu prüfen. So sei den Wechselwirkungen vom einzelnen Medium aus nachzugehen. Ferner gab es noch den Vorschlag, eine der Kontrollerlaubnisse, möglicherweise die Baugenehmigung, mit umfassenden Konzentrationswirkungen auszustatten. Die Konzentrationsvorschriften in ihrer bisherigen Begrenztheit würden den Anforderungen der integrativen Gesamtschau der UVP-Richtlinie freilich nicht in Gänze genügen. Deshalb bedürfe es einer Erweiterung der Konzentration auf sämtliche ansonsten erforderliche Genehmigungen, Zustimmungen und anderes mehr. Dann seien Kontrollerlaubnis-

---

53 Zur Dogmatik der Kontrollerlaubnis vgl. nur Maurer, Allgemeines Verwaltungsrecht, § 9 Rn. 52; Hoppe/Püchel, DVBl. 1988, 1, 10; Beckmann, DÖV 1987, 944 f.

54 Dagegen vom „Anachronismus" der gebundenen Kontrollerlaubnisse ausgehend vgl. Hoffmann-Riem, in: ders./Schmidt-Aßmann (Hrsg.), Innovation und Flexibilität des Verwaltungshandelns, 1994, S. 9 ff., 52; weiterführend ders., DVBl. 1994, S. 605 ff.; Ähnlich auch Scheuing, in: Hoffmann-Riem/ Schmidt-Aßmann (Hrsg.), aaO., S. 289 ff., 346 f.

55 Vgl. Bunge, UVP im Verwaltungsverfahren, 1986, S. 35 f., 55 ff. Kritik dazu vgl. Erbguth/Schink, UVPG, § 12 Rn. 53 f.

56 Wahl, DVBl. 1988, 86, 88. Kritik dazu vgl. Erbguth, DÖV 1988, 481, 483 f.

57 Hoppe/Püchel, DVBl. 1988, 1, 5. Kritik dazu vgl. Erbguth, DÖV 1988, 481, 484 f.; ders./Schink DVBl. 1991, 413, 417; ders./Schink, UVPG, § 2 Rn. 30 f. m. w. N.

se in gleicher Weise wie Planfeststellungen geeignet, dem integrativen Ansatz Rechnung zu tragen[58].

3. Tatsächliche Umsetzung und Bilanz

a) Umsetzung

Nach den kontroversen und langwierigen Umsetzungsdiskussionen hat der Bundesgesetzgeber mit fast zweijähriger Verspätung am 12. Februar 1990 endlich ein Artikelgesetz zur Umsetzung der UVP-Richtlinie[59] verabschiedet. Art. 1 des Gesetzes enthält ein sog. Stammgesetz, nämlich das Gesetz über die Umweltverträglichkeitsprüfung (UVPG), das die wesentlichen Vorschriften der UVP-Richtlinie ins deutsche Recht transformiert. Art. 2 ff. normieren die Änderungen der notwendigen sektoralen Gesetze und Verordnungen, inklusive der Änderungen des Abfallgesetzes, des Atomgesetzes, des BImSchG, des WHG und des Bundesnaturschutzgesetzes usw. Was das BImSchG angeht, so sind dadurch nur die Verfahrensanordnungen (§ 10 Abs. 3 Satz 2 und 3 sowie Abs. 4 Nr. 2 BImSchG) und die verfahrensbezogene Verordnungsermächtigung (§ 10 Abs. 10 BImSchG) geändert worden. Anzumerken ist hierbei die Frage der verfassungsrechtlichen Gesetzgebungskompetenzen. Mangels übergreifender Gesetzgebungskompetenzen des Bundes für den Umweltschutz kann die Umsetzung des medienübergreifenden EG-Rechts wie beispielsweise der UVP-Richtlinie ins deutsche Recht nicht allein durch die Bundesgesetzgebung erledigt werden. Neben dem UVPG auf Bundesebene liegen noch 16 UVP-Landesgesetze vor, die später, eins nach dem anderen, in Kraft getreten sind. Es gibt daher keine einheitlichen UVP-Regelungen in Deutschland.

Des Weiteren ist die 3. Novelle zum BImSchG vom 11. Mai 1990[60] erlassen worden, die parallele Entwicklungen mit dem UVPG aufwies. Hierbei wurden u. a. die Schutzgüter in §§ 1, 3 II erweitert und die Grundpflichtenvorschriften des § 5 geändert[61]. Für die Anpassung der atomrechtlichen und immissionsschutzrechtlichen Verfahren an die Erfordernisse der UVP sind allerdings die 9. Verordnung zur Durchführung des Bundes-Immissionsschutzgesetzes (9. BImSchV)[62] bis 1992 und die Verordnung zur Atomrechtlichen Verfahrensverordnung (AtVfV)[63] bis 1994 modifiziert worden. Die für den Vollzug des

---

58 Erbguth, DÖV 1988, 481, 486 ff. Kritik dazu vgl. Beckmann, DÖV 1987, 944, 945.

59 Gesetz zur Umsetzung der Richtlinie des Rates vom 27. 6. 1985 über die Umweltverträglichkeitsprüfung bei bestimmten öffentlichen und privaten Projekten (85/337/EWG), BGBl. I 205.

60 Drittes Gesetz zur Änderung des BImSchG vom 11. 5. 1990, BGBl. I 870; Neubekanntmachung des BImSchG vom 14. 5. 1990, BGBl. I 880.

61 Im Einzelnen s. Sellner, NVwZ 1991, 305 ff.

62 Verordnung vom 20. 3. 1992, BGBl. I, S. 536; danach Neubekanntmachung der 9. BImSchV vom 29. 5. 1992, BGBl. I, S. 1001; in Kraft getreten am 1. 6. 1992.

63 Sie ist am 25. 11. 1994 in Kraft getreten.

UVPG bedeutende Verwaltungsvorschrift gemäß § 20 UVPG, nämlich die Allgemeine Verwaltungsvorschrift zur Ausführung des Gesetzes über die UVP (UVP-VwV), wurde erst am 18. September 1995 erlassen[64].

Bevor Fragen des Einbringens des integrativen Ansatzes der UVP in das immissionsschutzrechtliche Prüf- und Entscheidungsprogramm erörtert werden, sollen zunächst kurz die wesentlichen Vorschriften des UVPG ausgeführt werden. Nach § 2 Abs. 1 UVPG ist die UVP ein unselbständiger Teil des Zulassungsverfahrens eines Vorhabens (Satz 1). Sie umfasst die Ermittlung, Beschreibung und Bewertung der Auswirkungen eines Vorhabens auf Menschen, Tiere und Pflanzen, Boden, Wasser, Luft, Klima und Landschaft, einschließlich der jeweiligen Wechselwirkungen sowie Kultur- und sonstige Sachgüter (Satz 2). Bei den parallelen Zulassungsverfahren müssen die durchgeführten Teilprüfungen zu einer Gesamtbewertung aller Umweltauswirkungen, einschließlich der Wechselwirkungen, zusammengefasst werden (Satz 4). Gemäß § 11 UVPG erarbeitet die zuständige Behörde auf der Grundlage der im Verfahren abgegebenen Informationen und der Ergebnisse eigener Ermittlungen eine zusammenfassende Darstellung der Auswirkungen des Vorhabens auf die in § 2 Abs. 1 S. 2 UVPG genannten Schutzgüter, einschließlich der Wechselwirkungen. Nach § 12 UVPG bewertet die zuständige Behörde die Umweltauswirkungen und berücksichtigt diese Bewertung bei der Zulassungsentscheidung „im Hinblick auf eine wirksame Umweltvorsorge im Sinne der §§ 1, 2 Abs. 1 Satz 2 und 4 nach Maßgabe der geltenden Gesetze". § 14 UVPG sieht ferner vor, dass bei parallelen Zulassungsverfahren die Länder eine federführende Behörde bestimmen müssen, die zumindest für das sog. Scoping-Verfahren und die zusammenfassende Darstellung der Umweltauswirkungen zuständig ist. Darüber hinaus hat die federführende Behörde das Zusammenwirken der Zulassungsbehörden sicherzustellen, damit sie eine Gesamtbewertung vornehmen und diese nach § 12 UVPG bei den Entscheidungen berücksichtigen kann.

b) Leistungsfähigkeit des BImSchG für die integrative UVP

An dieser Stelle ist nun genauer zu betrachten, ob und inwieweit die hier interessierende Problematik, nämlich die Leistungsfähigkeit des BImSchG für die integrative UVP, durch vorgenannte Umsetzungsakte gelöst wurde. In der Literatur wurde dies aber entsprechend der vielfältigen Umsetzungsvorschläge je nach Standpunkt unterschiedlich beurteilt. So wurde einerseits die Auffassung vertreten, dass das BImSchG vor allem durch die dritte Novelle den Charakter eines integrativen Umweltschutzgesetzes angenommen habe[65]. Nach §§ 1 und 3 Abs. 2 BImSchG i.d.F. v. 11. Mai 1990 beschütze das Gesetz jetzt, anders als die bis-

---

64 GMBl. S. 671.

65 Steinberg, DVBl. 1990, 1369, 1372; Gallas, UPR 1991, 214, 218; Rebentisch, NVwZ 1992, 926, 927; ders., 1995, 949, 950 ff.; Schmidt-Preuß, DVBl. 1995, 485; Mayen, NVwZ 1996, 319, 324.

herigen Fassungen, nicht nur Menschen, Tier und Pflanzen oder andere Sachen, sondern auch den Boden, das Wasser, die Atmosphäre sowie die Kultur- und sonstigen Sachgüter. Insbesondere die Erweiterung der Schutzzwecke um die Medien Boden und Wasser ermögliche die Berücksichtigung wichtiger Wechselwirkungen. Auch die 9. BImSchV v. 29. Mai 1992 gehe davon aus und nenne in § 1a ausdrücklich Wechselwirkungen als Prüfungsgegenstand.

Nach anderer Ansicht blieben die Fachgesetze zwar weiter medial oder begrenzt medienübergreifend, ihre medienübergreifende Auslegung und Anwendung für den begrenzten Kreis der UVP-pflichtigen Vorhaben sei aber über eine medienübergreifende Auslegungsregel in § 12 UVPG sicherzustellen. Dies genau sei die Umsetzungskonzeption des Gesetzgebers[66]. Die unbestimmten Rechtsbegriffe des Fachrechts bekämen also durch das UVPG einen neuen Gehalt, da der integrative, medienübergreifende Ansatz der UVP bei der Anwendung und Auslegung dieser Gesetze mit einfließe. UVP-pflichtige Vorhaben seien unter Berücksichtigung des gesamthaften Ansatzes der UVP nunmehr gegebenenfalls anders zu beurteilen als nach bisherigem Recht[67].

Die Gegenmeinung sprach aber gegen ein Hineinwirken von aus dem UVPG stammenden Vorschriften in fachgesetzliche Zulassungsbestände. Vor allem wegen der kompetenzrechtlichen Hindernisse sowie des Grundsatzes der Bestimmtheit und Berechenbarkeit von Rechtsnormen könnten §§ 12, 2 Abs. 1 Satz 2 UVPG keine gesetzliche Auslegungs- und Anwendungsdirektive für das Fachrecht darstellen[68]. Das BImSchG bleibe also nach wie vor mit Blick auf die Einbeziehung der Wechselwirkungen zwischen den Umweltmedien im immissionsschutzrechtlichen Zulassungsverfahren lückenhaft, weil ein Hinweis darauf in diesen Normen fehle[69]. Außerdem könne durch die Regelungen in § 14 UVPG über parallele Verfahren keine integrative Prüfung vorgenommen werden. Vielmehr würden isolierte Teilprüfungen durch die Zulassungsbehörde erfolgen, die sich seitens der federführenden Behörde vermengen[70].

Diese Kontroverse nahm hier kein Ende. Aus Anlass der Umsetzung der IVU-Richtlinie, die auch einem integrativen Konzept folgt, wurde diese Thematik nachher abermals lebhaft diskutiert.

c) Maßstäbe für eine integrative Bewertung

Nachgegangen wird hier noch der Frage, welche konkreten Maßstäbe für eine integrative Bewertung der Umweltauswirkungen zur Verfügung stehen und ste-

---

66 Vorwerk, Verw. 29 (1996), 241, 244.
67 BT-Drucks. 11/5532, S. 31
68 Näher Schink/Erbguth, DVBl. 1991, 413, 418 ff.; ders., UVPG § 12 Rn. 102.
69 Vgl. Erbguth/Schink, UVPG, § 12 Rn. 99 ff.
70 Schink/Erbguth, DVBl. 1991, 413, 420; ders., UVPG, § 12 Rn. 37a.

hen sollen. Über die Bewertungsmaßstäbe herrschten ebenfalls Meinungsunterschiede[71]. So wurde teilweise die Ansicht vertreten, dass sie rein ökologisch gebildet und festgesetzt werden sollten[72]. Denn die Einbeziehung umweltexterner oder fremder Belange finde erst in der Phase der „Berücksichtigung" statt. Die Bewertung nach nicht allein umweltspezifisch gebildeten Maßstäben reduziere den Gehalt der UVP und gerate in die Nähe der Berücksichtigung bei der Zulassungsentscheidung. Infolgedessen würden die bestehenden Standards des Immissionsschutzrechts, insbesondere der TA-Lärm und TA-Luft, in der Phase der Bewertung keine Anwendung finden. Sie seien zwar umweltschutzorientiert, aber in Abwägung mit umweltexternen Belangen und insbesondere mit politisch-volitiven Elementen zustande gekommen.

Der Gegenmeinung nach bedeutet die Bewertung aber nichts anderes als Anwendung und Auslegung der Fachzulassungsnormen. Rein ökologische, ohne politisch-volitive Wertungen gebildete Umweltstandards würde es nicht geben[73]. Außerdem komme es zu einem Splitting zwischen der Bewertung und Entscheidung (Berücksichtigung), wenn sich die erstere nach autonomen Maßstäben und die letztere nach dem materiellen Fachrecht richte. Die Bewertung würde praktisch leer laufen, weil ihr Ergebnis keinen Eingang in die fachrechtliche Entscheidung finden könnte[74].

Es wurde ferner eine Kompromisslösung vorgestellt. Die Bewertungsmaßstäbe sollten zwar rein ökologischen Kriterien folgen und mit anderen Belangen unabgewogen sein. Die Befürchtung müsse jedoch ernst genommen werden, dass diese Forderung tatsächlich zur Unanwendbarkeit nahezu sämtlicher nationaler Standards führen würde. In Ermangelung UVP-gerechter Maßstäbe würden die vorliegenden Standards eine bessere Alternative als die subjektiven Wertmaßstäbe der Behörde darstellen. Um die etwaige Reduzierung des Gehalts der UVP zu vermeiden, sollten diese Standards jedoch als ein negatives Prüfraster mit Abschichtungsfunktion wirken. Bei Nicht-Einhaltung dieser abgewogenen Standards lasse sich die medienspezifische Umweltunverträglichkeit des Vorhabens unwiderlegbar vermuten[75].

Das geltende Recht sieht die Bewertung nach Maßstäben des Fachrechts vor. Gemäß § 12 UVPG wird über Bewertungsmaßstäbe auf die „Maßgabe der geltenden Gesetze" verwiesen. § 20 Abs. 1 b der 9. BImSchV erfordert auch, nach den für Behördenentscheidung „maßgeblichen Rechts- und Verwaltungsvorschriften" die Umweltauswirkungen eines Vorhabens zu bewerten. Die 1995 erlassene Allgemeine Verwaltungsvorschrift zur Ausführung des Gesetzes über

---

71 Näher vgl. Erbguth/Schink, UVPG § 2 Rn. 15 f.
72 Vgl. Schink/Erbguth, DVBl. 1991, 413, 417; ders., UVPG, § 2 Rn. 17.
73 Mayen, NVwZ 1996, 319, 323.
74 Schmidt-Preuß, DVBl. 1995, 485, 486.
75 Hoppe/Appold, DVBl. 1991, 1221, 1225.

die UVP (UVP-VwV) geht ebenso vom Primat des Fachrechts aus. Nach Nr. 0.6.1.1 Abs. 1 UVP-VwV bedeutet die Bewertung der Umweltauswirkungen „die Auslegung und die Anwendung der umweltbezogenen Tatbestandsmerkmale der einschlägigen Fachgesetze (gesetzliche Umweltanforderungen)". Für die Bewertungskriterien sind zwar des weiteren in Anhang 1 sog. Orientierungshilfen[76] anzugeben, die als Konkretisierung der gesetzlichen Umweltanforderungen im Hinblick auf eine wirksame Umweltvorsorge (§§ 1, 2 Abs. 1 Satz 2 und 4 UVPG) bezeichnet werden. Sie sind als erster Schritt hin zu ökologischen Standards zu begrüßen[77], spielen jedoch nur eine „subsidiäre" Rolle[78]. Gemäß Nr. 0.6.1.2 Abs. 1 u. 2 UVP-VwV sind sie also nicht anzuwenden, wenn Fachgesetze oder deren Ausführungsbestimmungen rechtsverbindliche Grenzwerte enthalten oder sonstige Grenzwerte oder nicht zwingende, aber im Vergleich zu den Orientierungshilfen anspruchsvollere Kriterien vorsehen.

Für die Bewertung der Wechselwirkungen, die den Kern des integrativen Ansatzes darstellen, gibt die UVP-VwV in Nr. 0.6.2.1 Abs. 3 allgemein vor: „Da eine quantitative Gesamtbewertung von Umweltauswirkungen mangels Verrechnungseinheiten grundsätzlich unmöglich ist, beruht eine medienübergreifende Bewertung von Umweltauswirkungen auf qualitativen Gesichtspunkten, die zueinander in Beziehung zu setzen sind. Ein bloßes Aneinanderreihen einzelner medialer Bewertungen der Umweltauswirkungen reicht nicht aus." Mit diesen allgemeinen Bewertungsgrundsätzen ist aber kaum etwas gewonnen, weil unklar bleibt, wann Wechselwirkungen nach qualitativen Gesichtspunkten – und nicht nach quantitativen – für schädlich zu halten sind[79]. Zu dieser Vorschrift gibt es aber auch begrüßende Stimmen: Die Schaffung quantifizierter Kriterien für die medienübergreifende Bewertung aller Umweltauswirkungen eines Vorhabens sei prinzipiell unmöglich, deshalb stelle die medienübergreifende Bewertung letztlich eine argumentative Gewichtung von Umweltauswirkungen dar. Sie erfolge also durch die lediglich durch Bewertungsgrundsätze zu strukturierende Auslegung und Anwendung der gesetzlichen Umweltanforderungen im Einzelfall[80]. Im Gegensatz dazu ist die Schaffung der abstrakt-generell medienübergreifenden Umweltstandards später in der Umsetzungsdiskussion zur IVU-Richtlinie überwiegend als möglich und auch wünschenswert angesehen worden. Darauf wird aber im nachfolgenden Abschnitt (D.) im Zusammenhang mit der IVU-Richtlinie 96/61/EG[81] näher einzugehen sein.

---

76 Zur kurzen Analyse der Orientierungshilfen vgl. Mayen, NVwZ 1996, 319, 323.
77 Erbguth/Schink, UVPG, § 2 Rn. 17a.
78 Mayen, NVwZ 1996, 319, 323.
79 Mayen, NVwZ 1996, 319, 324.
80 Vorwerk, Verw. 29 (1996), 241, 248 f.
81 Richtlinie 96/61/EG des Rates vom 24. 9. 1996 über die integrierte Vermeidung und Verminderung der Umweltverschmutzung, ABl. L 257/26.

Neben den vorgenannten allgemeinen medienübergreifenden Bewertungsgrundsätzen kommen ferner noch die besonderen medienübergreifenden Bewertungsgrundsätze, die die UVP-VwV in ihrem Besonderen Teil für einzelne Vorhabensarten vorsieht, hinzu. Hierbei liegt den Bewertungsgrundsätzen eine gemeinsame differenzierende Struktur zugrunde. Sie zielt darauf ab, zwei Problemlagen zu lösen: Problemverschiebungen (auf andere Umweltgüter) und Grenzbelastungen[82]. Für den Fall, dass Schutznahmen negative Auswirkungen auf ein anderes Umweltgut verursachen und die unverbindlichen Grenzwerte[83] oder Kriterien nach den Orientierungshilfen des Anhangs 1 nicht mehr eingehalten werden, sind die Vorschriften des materiellen Umweltfachrechts heranzuziehen, also § 5 I Nr. 3 BImSchG, §§ 6 oder 7a III WHG und § 8 III BNatSchG usw., um Wechselwirkungen zu bewerten. Diese Vorgaben beschränken also ihre Hinweise darauf, auf die einschlägigen gesetzlichen Umweltanforderungen zurückzuführen statt sie zu konkretisieren[84]. An weiterem Aufschluss – z.B. an welchen Kriterien die Prüfung etwa des § 5 I Nr. 3 BImSchG für die medienübergreifende Bewertung zu orientieren ist – fehlt es ihnen. Dies gilt auch bei den medienübergreifenden Bewertungsgrundsätzen für Grenzbelastungen[85]. Ihre Prüfung erfolgt erst dann, wenn alle fachrechtlichen Grenzwerte oder Kriterien nach den Orientierungshilfen des Anhangs 1 gerade noch eingehalten werden. Als Bewertungsmaßstab ist der fachrechtliche Zulassungstatbestand heranzuziehen, um zu prüfen, ob die Umweltauswirkungen insgesamt nach Lage des Einzelfalls so zu bewerten sind, dass „überwiegende öffentliche Interessen" entgegenstehen, oder „Beeinträchtigungen des Wohls der Allgemeinheit" zu erwarten sind.

d) Umsetzungsdefizite

Die Frage, ob die UVP-Richtlinie hinsichtlich der vorgenannten Problematiken ausreichend ins deutsche Recht umgesetzt war, ließ sich – wie dargestellt – bestreiten. In den anderen Dimensionen zeigten sich allerdings klare Umsetzungsdefizite[86]. Auf Vorlage des BayVGH hat der EuGH im Vorlageverfahren festgestellt, dass die Übergangsvorschrift des § 22 UVPG – ihm zufolge fielen

---

82 Vorwerk, Verw. 29 (1996), 241, 247.

83 Es wird nur auf Nr. 0.6.1.2 Abs.1 zweiter Spiegelstrich verwiesen, nicht auf erster Spiegelstrich. Vgl. Nrn. 1.3.2, 2.3.2, 3.3.3, 4.3.3, 5.3.3, 6.3.3 sowie 16.3.2 UVP-VwV. Das ist doch klar: Falls die rechtsverbindlichen Grenzwerte überschritten werden, ist die Genehmigung ohne weiteres zu versagen. Man braucht Wechselwirkungen gar nicht zu prüfen.

84 Mayen, NVwZ 1996, 319, 324.

85 Nrn. 2.3.3, 3.3.4, 4.3.4, 5.3.4, 6.3.4 und 16.3.3 UVP-VwV. Bemerkenswert ist, dass eine derartige Regelung für die immissionsschutzrechtlichen Vorhaben fehlt. Peters befürwortet die Durchführung der Grenzbelastungsbetrachtung ungeachtet dessen ebenfalls bei diesen Vorhaben, ders., NuR 1996, 235, 238; verneinend vgl. Mayen, NVwZ 1996, 319, 324 f.

86 Näher vgl. Erbguth, UPR 2003, 321, 322 ff.

Vorhaben, die nach Ablauf der Umsetzungsfrist, aber vor In-Kraft-Treten des verspätet umgesetzten UVPG eingeleitet worden waren, unter keine UVP-Pflicht – mit Art. 12 Abs. 1 UVP-Richtlinie unvereinbar sei[87]. Mit der Entscheidung vom 22. Oktober 1998[88] hat der EuGH des Weiteren mehrere Vertragverletzungen Deutschlands förmlich festgestellt. Dazu gehören die verspätete Umsetzung der Richtlinie, die fehlende Übermittlung aller Rechtsvorschriften, die auf dem unter die Richtlinie fallenden Gebiet erlassene wurden, die fehlende Anwendung der Richtlinie auf alle nach dem 3. Juli 1988 genehmigten Vorhaben und die unvollständige Umsetzung des Art. 2 der Richtlinie in Bezug auf die in deren Anhang II aufgezählten Projekte, indem Deutschland bestimmte Klassen davon von vornherein ganz von der UVP-Pflicht ausgenommen (hier: die „Städtebauprojekte") und daher die Grenzen seines Beurteilungsspielraums überschritten hat. Mit diesem Urteil wurden die Umsetzungsdefizite Deutschlands aber nicht abschließend aufgezählt. Der Gesetzgeber hat einerseits im Wege des Investitionserleichterungs- und Wohnbaulandgesetzes vom 22. April 1993[89] die UVP-Pflicht im Raumordnungsverfahren und im Flächennutzungsplanverfahren gestrichen. Zudem wurde dadurch die UVP-Pflicht im Bebauungsplanverfahren auf Bebauungspläne beschränkt, welche die Zulässigkeit eines UVP-pflichtigen Vorhabens begründen sollen, während § 2 Abs. 3 Nr. 3 UVPG i. d. F. v. 12. Februar 1990 noch Bebauungspläne umfasste, die die Grundlage für Entscheidungen über die Zulässigkeit eines UVP-pflichtigen Vorhabens sein können. Anderseits wurde durch die in den 1990er Jahren einsetzende Deregulierungsgesetzgebung, also durch das Verkehrswegeplanungsbeschleunigungsgesetz[90] und das Planungsvereinfachungsgesetz[91], aber auch durch § 74 Abs. 6 Verwaltungsverfahrensgesetz (VwVfG) die Einführung von Plangenehmigungs- statt Planfeststellungsverfahren ermöglicht, um die Zulassungsverfahren zu beschleunigen. Dies führte zu einem Ausfall der UVP, da die UVP-Pflichtigkeit gemäß UVPG nicht an die Plangenehmigungsverfahren anknüpft. Insgesamt war also der Anwendungsbereich der UVP durch vorgenannte Gesetzgebungen in erheblichem Umfang zurückgenommen worden[92]. Außerdem erfährt die UVP auch Abwertung durch die Rechtsprechung des BVerwG. Danach ist ein Verstoß gegen UVP-Vorschriften nur dann entscheidungserheblich, „wenn die konkrete Möglichkeit besteht, dass ohne den Verfahrensfehler die Entscheidung anders ausgefallen wäre"[93]. Dies vermag aber kein Betroffener nachzuweisen. Auf diese Thematik wird später im Zusammenhang mit Richtlinie 2003/35/EG über die

---

87 Urt. v. 9. 8. 1994, Rs. C-369/92, EuZW 1994, 660.

88 Rs. C-301/95, EuGHE I 1998, 999 = NuR 1999, 95.

89 Gesetz zur Erleichterung von Investitionen und der Ausweisung und Bereitstellung von Wohnbauland, BGBl. I S. 466.

90 V. 16. 12. 1991, BGBl. I. S. 2174.

91 Gesetz zur Vereinfachung der Planungsverfahren für Verkehrswege v. 17. 12. 1993, BGBl. I. S. 2123.

92 Näher vgl. Erbguth, UVP 2003, 321, 323 f.; Schink, NVwZ 1999, 11, 13 f.

93 S. insbesondere BVerwGE 100, 238, 252.

Öffentlichkeitsbeteiligung und den Zugang zu Gerichten[94] (IV.) noch näher eingegangen.

4. Fazit

Der aus dem angelsächsischen Recht stammende integrative Ansatz der UVP bezweckt eine Abkehr von der einmedialen Verengung hin zu einer medienübergreifenden Gesamtschau. Er löste eine heftige juristische Kontroverse darüber aus, ob die deutsche gebundene Kontrollerlaubnis eine solche Betrachtung überhaupt ermöglicht. Die Umsetzungsdiskussionen und -prozesse erwiesen sich als zeitaufwendig, langwierig und schwierig. Während der Befund teilweise schlecht aussah und daher die Änderung des Anlagenzulassungssystems in unterschiedlichem Umfang verlangt wurde, beschritt der deutsche Gesetzgeber demgegenüber einen einfacheren Weg: Die 3. Novelle zum BImSchG erweitert die Schutzzwecke in den §§ 1 und 3 Abs. 2 um die Medien Boden und Wasser. Die 9. BImSchV nennt in § 1a ausdrücklich Wechselwirkungen als Prüfungsgegenstand. Bei parallelen Zulassungsverfahren stellt die federführende Behörde nach § 14 UVPG das Zusammenwirken der Zulassungsbehörden sicher, damit eine Gesamtbewertung vorgenommen und diese bei den Entscheidungen berücksichtigt wird. Das heißt, die Struktur der gebundenen Entscheidung bleibt unberührt, an den parallelen Zulassungsverfahren wird nichts geändert, der integrativen Betrachtungsweise musste und konnte im bestehenden System des Anlagenzulassungsrechts Rechnung getragen werden. Was Maßstäbe für die Bewertung anbelangt, sei auf die Maßgaben der geltenden Gesetze verwiesen. Gemäß UVP-VwV bedeutet die Bewertung der Umweltauswirkungen nichts anders als „die Auslegung und die Anwendung der umweltbezogenen Tatbestandsmerkmale der einschlägigen Fachgesetze (gesetzliche Umweltanforderungen)“. Die weiteren in Anhang 1 UVP-VwV entwickelten sog. Orientierungshilfen sind nur subsidiär. Hinsichtlich der medienübergreifenden Bewertung weist die UVP-VwV in ihrem allgemeinen Teil ohne weitere Konkretisierung lediglich auf qualitative Gesichtspunkte hin. In ihrem Besonderen Teil bilden die fachrechtlichen Zulassungstatbestände die besonderen medienübergreifenden Bewertungsgrundsätze. Die UVP-VwV beschränkt sich also darauf, auf die Maßgabe geltender Gesetze hinzuweisen. Auch für die medienübergreifenden Bewertungsmaßstäbe enthält sie keine handhabbaren Kriterien.

Insgesamt muss man sagen, dass bei der Umsetzung der integrativen Betrachtung der UVP-Richtlinie in der Vergangenheit nicht wirklich viel passiert ist, obwohl die UVP-Richtlinie eine solche Betrachtungsweise zumindest stärker als

---

[94] Richtlinie 2003/35/EG des Europäischen Parlaments und des Rates vom 26. 5. 2003 über die Beteiligung der Öffentlichkeit bei der Ausarbeitung bestimmter umweltbezogener Pläne und Programme und zur Änderung der Richtlinien 85/337/EWG und 96/61/EG des Rates in Bezug auf die Öffentlichkeitsbeteiligung und den Zugang zu Gerichten, ABl. 2003, L 156/7.

das bisherige deutsche Recht ins Bewusstsein rückt – wenn nicht sogar eine solche Betrachtungsweise erstmals einführt. Die Entwicklung des integrativen Ansatzes im deutschen Recht nahm hiermit aber kein Ende. Aus Anlass der Umsetzung der IVU-Richtlinie wurde das Thema später wieder brisant und konnte seine Fortentwicklung beobachtet werden. Darauf wird später im Abschnitt D. unter dem Titel „IVU-Richtlinie 96/61/EG“ noch näher eingegangen.

Darüber hinaus ließen sich im deutschen Recht vielfältige Hindernisse finden, die die Reichweite und Bedeutung der UVP minimalisierten. Es war mithin zu hoffen, dass die europarechtliche Fortentwicklung der UVP, nämlich das Erlassen der UVP-Änderungsrichtlinie 97/11/EG, der SUP-Richtlinie 2001/42/EG und der Richtlinie 2003/35/EG über die Öffentlichkeitsbeteiligung und den Zugang zu Gerichten, helfe, die national-rechtlichen Defizite zu bereinigen und die Leistung der UVP im nationalen Bereich zu steigern.

III. Änderungsrichtlinie 97/11/EG

1. Inhalt und die Bedeutung für das deutsche Recht

Aufgrund der mit der Umsetzung und Anwendung der UVP-Richtlinie 85/337 gesammelten Erfahrungen ist die Änderungsrichtlinie 97/11/EG[95] verabschiedet worden, um das Instrument der UVP weiterzuentwickeln. Die wesentlichen Ziele der UVP-Änderungsrichtlinie sind die Anzahl der UVP-pflichtigen Projekte zu vermehren, den Ermessenspielraum der Mitgliedstaaten für die Durchführung der UVP einzuschränken und Verfahrensregelungen zu verbessern[96]. So sind die zwingend UVP-pflichtigen Projektarten (Anhang I) von neun auf einundzwanzig erhöht worden. Die Projektarten des Anhangs II, bei denen sich nach Ermessen der Mitgliedstaaten eine UVP durchführen lässt, wurden zwar nominell nur um eine zusätzliche ergänzt, der Inhalt der jeweiligen Projektarten ist jedoch deutlich ausgeweitet worden. Außerdem haben die Mitgliedstaaten nun mittels einer Einzelfalluntersuchung oder anhand der festgelegten Schwellenwerte bzw. Kriterien die Entscheidung über die UVP-Pflichtigkeit derjenigen Projekte zu treffen. Auch gilt es beide Verfahren gemeinsam anzuwenden. Wichtig ist, dabei die Auswahlkriterien des Anhangs III zu berücksichtigen. Sie richten sich auf Merkmale und Standort der Projekte sowie auf Merkmale ihrer potentiellen Auswirkungen. Dadurch ist das Ermessen der Mitgliedstaaten erheblich eingeschränkt worden. Hinsichtlich der Verfahrensregelung wurde u.a. zum einen das „Scoping-Verfahren“ eingeführt, das einer Abstimmung zwischen Projektträger und Zulassungsbehörde über Art und Umfang der vom Projektträger vorzule-

---

95 Richtlinie 97/11/EG des Rates vom 3. 3. 1997 zur Änderung der Richtlinie 85/337/EWG über die Umweltverträglichkeitsprüfung bei bestimmten öffentlichen und privaten Projekten, ABl. 1997 L 73/5.

96 Vgl. Becker, NVwZ 1997, 1167, 1168; Schink, NVwZ 1999, 11, 14 ff.; Erbguth, UPR 2003, 321, 322.

genden Unterlagen dient, und zwar unter Einbeziehung der in ihrem Aufgabenbereich berührten Behörden. Zum anderen wurde zur Umsetzung des UN/ECE-Übereinkommens über die UVP im grenzüberschreitenden Rahmen (Espoo-Konvention)[97] die grenzüberschreitende Behörden- und Öffentlichkeitsbeteiligung erweitert.

Für das deutsche Recht bedeutete die Änderungsrichtlinie vor allem die erneute Überarbeitung des Katalogs von Vorhaben, für die pflichtig oder fakultativ eine UVP durchzuführen ist. Auch war die Erweiterung dieses Katalogs geboten[98]. Zum einen war nach den bisherigen Kriterien allein der Schwellenwert für die UVP-Pflichtigkeit der Vorhaben entscheidend, der konkreten Standortbedingungen wurde z.B. indessen nicht Rechung getragen. Zum anderen waren die Regelungen über die Ersetzung der Planfeststellung durch eine Plangenehmigung bei UVP-pflichtigen Vorhaben überprüfungsbedürftig, weil die UVP dadurch ausfiel. Hinzu kommt, dass die am 1. Januar 1998 in Kraft getretene Novelle des Bundesgesetzbuchs (BauGB)[99] erneut geändert werden musste. Die in den Anhang II der Änderungsrichtlinie neu eingefügten Projekte wie Windfarmen, Industriezonen, Einkaufszentren, Campingplätze und Freizeitparks wurden im deutschen Recht nach baurechtlichen Vorschriften zugelassen. In diesen Fällen fand eine UVP normalerweise nicht statt.

2. Umsetzungsgeschichte

Ursprünglich war geplant, die UVP-Änderungsrichtlinie und die IVU-Richtlinie zusammen durch ein Erstes Buch zu einem Umweltgesetzbuch (UGB I) umzusetzen[100]. Denn beide Richtlinien orientieren sich am integrativen Umweltschutz, betreffen ähnliche Vorhaben, und auch ihre Umsetzungsfristen nähern sich an: die UVP-Änderungsrichtlinie war bis zum 15. März 1999, die IVU-Richtlinie bis zum 30. Oktober 1999 in nationales Recht umzusetzen. Anderseits wird in Deutschland schon seit langem über die Einführung eines einheitlichen Umweltgesetzbuchs diskutiert. Das zersplitterte, zu kompliziert gewordene Umweltrecht und der damit einhergehende zu hohe Vollzugsaufwand machen eine Reform erforderlich. Der Versuch zur Vereinheitlichung und Vereinfachung des Umweltrechts wird allgemein begrüßt. Nach dem sog. Professorenentwurf zu einem Umweltgesetzbuch hat die vom BMU eingesetzte unabhängige Sachverständigenkommission Anfang September 1997 ihren Entwurf (UGB-KomE)[101] vorgelegt. Im UGB-KomE wird auch den europäischen umweltrechtlichen Vorgaben weitgehend Rechnung getragen. Auf der Grundlage des UGB-KomE

---

97 V. 25. 2. 1991, ILM 30 (1991), 517. Die Konvention ist 1997 in Kraft getreten.
98 Im Einzelnen vgl. Schink, NVwZ 1999, 11, 15 f.
99 Vom 18. 8. 1997, BGBl. I, S. 2081.
100 Im Einzelnen vgl. Wasielewskie, NVwZ 2000, 15 ff.
101 Umweltgesetzbuch (UGB-KomE), Bundesministerium für Umwelt, Naturschutz und Reaktorsicherheit (Hrsg.), 1998.

wurden Referentenentwürfe zu einem ersten Buch erarbeitet. Dadurch hoffte man, den Umsetzungsbedarf der UVP-Änderungsrichtlinie und der IVU-Richtlinie als „Rückenwind" zu nutzen und die Realisierung eines Gesetzbuchs voranzutreiben[102].

Der UGB-KomE und Entwürfe zum UGB I zielten auf ein sehr anspruchvolles und ehrgeiziges Konzept zum integrativen Umweltschutz ab. Nach UGB-KomE sollte eine einheitliche und integrierte Vorhabensgenehmigung eingeführt werden, bei der eine Integrationsklausel und eine Öffnungsklausel den Integrationsanspruch sicherstellen würden[103]. Nach der Integrationsklausel in § 83 Abs. 2 UGB-KomE sollten die Grundpflichten so zu erfüllen sein, dass unter Berücksichtigung aller Belastungspfade und der Wechselwirkungen zwischen den Umweltgütern diejenigen Maßnahmen getroffen werden, die die Umwelt in ihrer Gesamtheit möglichst wenig belasten. Die Öffnungsklausel in § 84 Abs. 3 UGB-KomE sah vor, dass in der Genehmigung von der Einhaltung einzelner Vorsorgegrenzwerte abgesehen werden konnte, wenn daraus unter Berücksichtigung des Einsatzes von Ressourcen und Energie Vorteile für die Umwelt in ihrer Gesamtheit erwachsen, die die Nachteile nach Einschätzung der Behörde eindeutig und erheblich überwiegen. In den Entwürfen zum UGB I fanden sich im Anschluss an UGB-KomE ähnliche Regelungen in abgeänderter Formulierung. Für diese Regelungen wurde zum Teil davon gesprochen, dass die deutsche Rechtsordnung dadurch ein eigenes Rechtssystem für den integrierten Umweltschutz aufbauen und auch für die Zukunft über Entwicklungsoffenheit und Europarechtsfähigkeit verfügen würde[104]. Gegen diese Regelungen wurde jedoch insbesondere auf die Inkommensurabilität unterschiedlicher Umweltauswirkungen und damit auf den politischen Charakter der Abwägung hingewiesen. Vielmehr sollten anstatt der Öffnungsklausel integrative Umweltstandards festgelegt werden[105]. Auf diese Debatte wird später im Zusammenhang mit der Umsetzung der IVU-Richtlinie im Abschnitt (D) noch näher eingegangen.

Das Umsetzungsvorhaben ist allerdings im Herbst 1999 gescheitert. Gleichzeitig sind auch die Arbeiten am UGB eingestellt worden. Der Grund lag nach offiziellen Angaben in den unzureichenden Gesetzgebungskompetenzen des Bundes für die notwendigen wasserrechtlichen Regelungen[106]. Nach Art. 75 GG in der Neufassung von 1994 besitze der Bund für den Gewässerschutz lediglich die Kompetenz zur Rahmengesetzgebung, die nur in eng begrenzten Ausnahmefällen in Einzelheiten gehende oder unmittelbar geltende Vorschriften erlaube. Infolgedessen müssten beim UGB I den Ländern im Gewässerschutz weitreichende Ge-

---

102 Berendes, ZfW 2002, 197, 201 f.

103 Vgl. Lübbe-Wolff, NuR 1999, 241, 242; Wasielewskie, NVwZ 2000, 15, 17 ff.; SRU, Umweltgutachten 2000, Tz. 84.

104 Vgl. Wahl, ZUR 2000, 360, 361 ff.

105 Lübbe-Wolff, NuR 1999, 245 f.; SRU, Umweltgutachten 2000, Tz. 84.

106 Presseerklärung des BMU v. 2. 9. 1999.

setzgebungsspielräume eröffnet werden. So wäre die Einheitlichkeit der vorgesehenen Regelungen auf Bundesebene nicht mehr gegeben, ein wesentliches Ziel des UGB würde verfehlt. Ein UGB mit der Vereinheitlichung des Zulassungs- und Überwachungsrechts sei mithin nur zu ermöglichen, wenn dem Bund wie in den Bereichen Immissionsschutz und Abfallrecht[107] auch im Bereich Gewässerschutz die konkurrierende Gesetzgebungskompetenz eingeräumt würde. Der Gegenmeinung nach, vor allem der der Sachverständigenkommission zum UGB[108], stelle der Begriff der „Ausnahmefälle" in Art. 75 Abs. 2 GG jedoch keine weitergehende Verschärfung des von der Rechtsprechung bislang geforderten „besonders starken und legitimen Interesses" für punktuelle Vollregelungen und unmittelbar bindende Regelungen in Einzelfällen[109] dar. Gerade an der einheitlichen, integrierten Vorhabensgenehmigung bestehe ein solches besonders starkes und legitimes Interesse[110]. Infolge des Meinungsunterschieds waren auch die eigentlichen Gründe für das Scheitern des UGB hoch umstritten[111]. Zum Teil vertrat man die Auffassung, dass der vom Grundgesetz vorgegebene Wasserföderalismus tatsächlich stärker als die umweltpolitische Vernunft sei[112]. Zum Teil wurde aber auch von politischen Motiven gesprochen und auf Koalitionsprobleme, Ressortegoismen und den Widerstand der Wirtschaft hingewiesen[113].

Unter hohem Zeitdruck erfolgte die Umsetzung dann auf dem Wege eines sogenannten Artikelgesetzes. Am 27. Juli 2001 ist das Gesetz zur Umsetzung der UVP-Änderungsrichtlinie, der IVU-Richtlinie und weiterer EG-Richtlinien zum Umweltschutz (in Folgendem: das Artikelgesetz 2001)[114] verabschiedet worden. Außerdem wurde die Erweiterung der Gesetzgebungsbefugnisse des Bundes für den Wasserhaushalt neu in sein umweltpolitisches Programm aufgenommen.

3. Artikelgesetz 2001

Durch das Artikelgesetz 2001 wurden die betroffenen Fachgesetze des Bundes jeweils den EG-Vorschriften angepasst[115]. Dadurch ist die UVP-Änderungsrichtlinie 97/11/EG mit über zweijähriger Verspätung in deutsches Recht umgesetzt worden. In Art. 1 enthält das Artikelgesetz 2001 zunächst zahlreiche Änderungen des UVPG. Artikel 2 normiert viele Neuregelungen des BImSchG. Die

---

107 Presseerklärung des BMU v. 2. 9. 1999.
108 Umweltgesetzbuch (UGB-KomE), Bundesministerium für Umwelt, Naturschutz und Reaktorsicherheit (Hrsg.), 1998, S. 85 f.
109 BVerfGE 36, 193, 202; 43, 291, 343; 66, 270, 285.
110 Vgl. SRU, Umweltgutachten 2000, Tz. 87.
111 Vgl. auch Sendler, in: Erbguth (Hrsg.), Europäisierung, 17, 18.
112 Berendes, ZfW 2002, 197, 203 ff.
113 SRU, Umweltgutachten 2002, Tz. 303; ders., Umweltgutachten 2000, Tz. 81; Koch/Siebel-Huffmann, NVwZ 2001, 1081, Fn. 6.
114 BGBl. I 1950.
115 Näher vgl. Koch/Siebel-Huffmann, NVwZ 2001, 1081.

Art. 3 bis 6 enthalten Änderungen einiger BImSchVOen. Art. 7 betrifft Änderungen des WHG. Art. 8 passt das KrW-/AbfG an die Deponie-Richtlinie an. Art. 9 u. 10 sehen Änderungen des Atomrechts vor. Art. 11 u. 11a betreffen die Änderung des Bundesnaturschutzgesetzes und des Bundesberggesetzes. Art. 12 normiert Änderungen des Baugesetzbuchs. Bei den Art. 13 bis 19 handelt es sich um Änderungen im Verkehrswegerecht. Art. 20 enthält Änderungen des Energiewirtschaftsgesetzes. Art. 21 und 22 betreffen Änderungen des Umweltinformationsrechts. Im Folgenden werden aber nur die Änderungen in Bezug auf die UVP ausgeführt. Auf einen anderen Schwerpunkt des Artikelgesetzes 2001, nämlich die IVU-Richtlinie 96/61/EG, wird später im Abschnitt (D) einzugehen sein.

Mit Artikel 1 des Artikelgesetzes 2001 wird das UVPG an die Änderungsrichtlinie 97/11/EG angepasst[116]. Mit ihm sind die UVP-pflichtigen Vorhaben erheblich ausgeweitet und rechtssystematisch neu geordnet worden. Gemäß § 3b I UVPG besteht die UVP-Pflicht für ein in der Anlage 1 aufgeführtes Vorhaben, wenn die genannten Projektmerkmale vorliegen und gegebenenfalls angegebene Größen- oder Leistungswerte erreicht oder überschritten werden. Die Anlage 1 sieht eine noch klarere Übersicht vor. Sie enthält 2 Spalten, wobei nur Vorhaben, die in Spalte 1 mit „X" gekennzeichnet werden, stets UVP-pflichtig sind. Vorhaben, die in Spalte 2 mit „A" oder „S" gekennzeichnet werden, sind nur dann UVP-pflichtig, wenn die zuständige Behörde nach einer allgemeinen oder nach einer standortbezogenen Vorprüfung des Einzelfalls die UVP-Bedürftigkeit feststellt. Angesichts der Gesetzgebungskompetenz kommen noch die in Spalte 2 mit „L" gekennzeichneten Vorhaben hinzu. Ihre UVP-Pflicht ist nach Maßgabe des Landesrechts zu bestimmen. Sonstige Vorhaben sind somit definitiv nicht UVP-pflichtig. Neu eingeführt ist hierbei die vorgenannte Vorprüfung im Einzelfall, das sog. Screening. Die allgemeine oder die standortbezogene Vorprüfung ist näher in § 3c UVPG vorgesehen, während das Screening nach Maßgabe des Landesrechts in § 3d UVPG geregelt ist[117]. Anzumerken ist hierbei nur, dass die Vorhaben, deren UVP-Pflichtigkeit nach Maßgabe des Landesrechts zu entscheiden ist, überwiegend in den wasserwirtschaftlichen Bereich fallen (vgl. Anhang 1 Nr. 13 UVPG). Das UVPG sieht also bei den wasserwirtschaftlichen Vorhaben nur die obligatorische UVP-Pflicht für die Großprojekte bundesrechtlich vor. Die übrigen Vorhaben unterliegen landesrechtlichen Ausgestaltungen. Es gibt nämlich im Wasserbereich keine einheitlichen UVP-Regelungen[118].

---

116 Näher vgl. Koch/Siebel-Huffmann, NVwZ 2001, 1081, 1085 ff.

117 Die Länder haben innerhalb von zwei Jahren nach Inkrafttreten des UVPG die dem § 3d entsprechenden Vorschriften zu erlassen oder bestehende Vorschriften anzupassen (vgl. § 25 Abs. 5 S. 1 UVPG).

118 Berendes, ZfW 2002, 197, 210.

Entsprechend der Irland-Entscheidung des EuGH[119], aber auch dem Kriterium gemäß Anhang III Nr. 1, 2. Spiegelstrich sind nunmehr Kumulationswirkungen mehrerer Vorhaben zu berücksichtigen. Nach § 3b Abs. 2 UVPG besteht eine UVP-Pflicht auch dann, wenn mehrere Vorhaben derselben Art, die gleichzeitig von demselben oder mehreren Trägern verwirklicht werden sollen und in einem engen Zusammenhang stehen, zusammen die maßgeblichen Größen- oder Leistungswerte erreichen oder überschreiten. Der Begriff von „einem engen Zusammenhang" ist dabei konkretisiert worden. Weitere Voraussetzungen sind noch, dass diese Vorhaben einem vergleichbaren Zweck dienen und für sich jeweils die Schwellenwerte für die standortbezogene oder die allgemeine Vorprüfung nach Anlage 1 Spalte 2 erreichen oder überschreiten. Ferner regelt die Novelle des UVPG auch die UVP-Pflichtigkeit bei der Änderung und Erweiterung von Vorhaben. Nach § 3b Abs. 3 UVPG besteht eine UVP-Pflicht auch dann, wenn der maßgebende Größen- oder Leistungswert durch Änderung oder Erweiterung eines bestehenden bisher nicht UVP-pflichtigen Vorhabens erstmals erreicht oder überschritten wird. Hierbei handelt es sich um Fälle des sog. „Hineinwachsens" in die UVP-Pflicht[120]. Dabei sind bestehende Vorhaben als kumulierende Vorhaben anzusehen. Aufgrund des Bestandsschutzes bleibt aber der vor Ablauf der jeweiligen Umsetzungsfristen der UVP-Richtlinie und der UVP-Änderungsrichtlinie erreichte Bestand unberücksichtigt. Außerdem sind bestimmte Städtebauprojekte von dieser Regelung ausgenommen. § 3e UVPG regelt dagegen die Änderung oder Erweiterung eines für sich genommen bereits UVP-pflichtigen Vorhabens. Danach besteht eine UVP-Pflicht auch dann, wenn der maßgebende Größen- oder Leistungswert durch Änderung oder Erweiterung selbst erreicht oder überschritten wird, oder wenn eine allgemeine Vorprüfung des Einzellfalls ergibt, dass die Änderung oder Erweiterung erhebliche nachteilige Umweltwirkungen haben kann. Für bauplanungs-rechtliche Vorhaben gilt dabei jedoch eine Abweichensregelung (§ 3e Abs. 2 UVPG).

Hinsichtlich der Verfahrensregelungen wird das UVPG auch viele Änderungen erfahren. Nach § 3a UVPG hat die zuständige Behörde nun zumindest nach Beginn des Entscheidungsverfahrens über die Vorhabenszulässigkeit unverzüglich festzustellen, ob für das Vorhaben eine UVP-Pflicht besteht. Diese Feststellung ist, sofern ein Screening vorgenommen worden ist, der Öffentlichkeit nach den Bestimmungen des Umweltinformationsgesetzes zugänglich zu machen; soll eine UVP unterbleiben, ist dies bekannt zu geben. Ferner sind zur Umsetzung der Espoo-Konvention die Regelungen über die grenzüberschreitende Behörden- und Öffentlichkeitsbeteiligung erheblich erweitert worden. § 8 UVPG sieht detaillierte Regelungen über die grenzüberschreitende Behördenbeteiligung vor. Die Maßnahmen schließen die Unterrichtung, die Gelegenheit zur Stellungnahme, Konsultationen, die Übermittelung der abschließenden Entscheidung und

119 Rs. C-392/96 (Kommission/Irland), Slg. 1999, I-5929.

120 Koch/Siebel-Huffmann, NVwZ 2001, 1081, 1086; Krautzberger/Stemmler, UPR 2001, 241, 243.

ihre Begründung ein. § 9a UVPG betrifft die grenzüberschreitende Öffentlichkeitsbeteiligung. Danach können sich in betroffenen Drittstaaten ansässige Personen am deutschen Anhörungsverfahren beteiligen. § 9b UVPG normiert dagegen die grenzüberschreitende Behörden- und Öffentlichkeitsbeteiligung bei ausländischen Vorhaben. Die zuständige deutsche Behörde hat um die Unterlagen über das Vorhaben und gegebenenfalls weitere Angaben zu ersuchen, die in ihren Aufgabenbereichen berührten deutschen Behörden zu unterrichten sowie das Vorhaben der Öffentlichkeit bekannt zu machen und diese die Unterlagen einsehen zu lassen.

Schließlich ist noch anzumerken, dass der EuGH mit dem Urteil vom 10. März 2005[121] eine Vertragsverletzung Deutschlands feststellte. Deutschland habe die Änderungsrichtlinie 97/11/EG in Bezug auf Straßenbauvorhaben in Rheinland-Pfalz nicht innerhalb der Frist umgesetzt. Außerdem bestand in Nordrhein-Westfalen zum Zeitpunkt des Ablaufs dieser Frist die Möglichkeit, Straßenbauvorhaben im Wege der Plangenehmigung ohne UVP zuzulassen.

4. Fazit

Die Neufassung des UVPG durch das Artikelgesetz 2001 hat die Bedeutung der UVP erheblich gesteigert. Der Kreis der UVP-pflichtigen Vorhaben – darunter auch von den bauplanungsrechtlichen Vorhaben[122] – ist deutlich erweitert worden. Der deutsche Gesetzgeber hat auch bei der Entscheidung der UVP-Pflichtigkeit der Anhang-II-Projekte die Kombination von Einzelfalluntersuchung und Schwellenwerten/Kriterien benutzt, die die Änderungsrichtlinie 97/11/EG zulässt. Ein vom EuGH eingewandtes Umsetzungsdefizit[123], also bestimmte Projektklassen des Anhangs II der UVP-Richtlinie von vornherein ganz von der UVP-Pflicht auszunehmen, ist damit bereinigt worden. Die SUP-Richtlinie 2001/42/EG entwickelte das Instrument der Umweltprüfung gemeinschaftsweit weiter, indem sie es auf Plan- und Programmebene anwendet. Darauf wird im nachfolgenden Abschnitt (C) im Einzelnen eingegangen.

Während ein breiter Konsens über die Notwendigkeit der Einführung eines UGB vorliegt, ist hoch umstritten, ob dem Bund die Gesetzgebungskompetenz dazu zusteht. Angesichts der neueren Rechtsprechung des BVerfG, der die Regelungsbefugnisse des Bundesgesetzgebers eng gefasst und sie der verfassungsrechtlichen Kontrolle unterzogen hat[124] – darauf wird im nachfolgenden Abschnitt (C) noch zurückzukommen sein –, sind die Aussichten auf ein solches Gesetzbuch noch trüber geworden. Jedenfalls besteht nach dem Artikelgesetz

---

[121] Rs. C-531/03, NVwZ 2005, 673 f.
[122] Wulfhorst, UPR 2001, 246.
[123] Rs. C-301/95, EuGHE I 1998, 999 = NuR 1999, 95. Näher s. den vorherigen Abschnitt B II 3 d.
[124] BVerfGE 106, 62, 135 ff.

2001 wegen der verfassungsrechtlichen Kompetenzordnung keine einheitliche UVP-Regelung im Wasserbereich. Außer bei Großprojekten ist die UVP-Pflichtigkeit der übrigen wasserwirtschaftlichen Vorhaben nach Maßgabe des Landesrechts zu bestimmen. Es war lediglich anzustreben, dass nicht sachgerechte Divergenzen in der Umsetzung des EG-Rechts vermieden und die von der Länderarbeitsgemeinschaft Wasser erarbeiteten Musterregelungen übernommen werden[125].

IV. Richtlinie 2003/35/EG über die Öffentlichkeitsbeteiligung und den Zugang zu Gerichten

1. Inhalt

Um das »Übereinkommen über den Zugang zu Informationen, die Öffentlichkeitsbeteiligung an Entscheidungsverfahren und den Zugang zu Gerichten in Umweltangelegenheiten« vom 25. Juni 1998, also die sog. Aarhus-Konvention[126], umzusetzen, hat die Gemeinschaft zwei Richtlinien erlassen: die neue Umweltinformationsrichtlinie 2003/4/EG[127], und die Richtlinie 2003/35/EG über Öffentlichkeitsbeteiligung und den Zugang zu Gerichten[128]. Daneben legte die Kommission noch einen Entwurf für eine Richtlinie über den Zugang zu Gerichten in Umweltangelegenheiten vor[129]. Im Folgenden wird die Richtlinie 2003/35/EG wegen ihres Bezugs auf die Änderung der UVP-Richtlinie eingehend dargestellt. Die neue Umweltinformationsrichtlinie 2003/4/EG ist dagegen nicht Thema dieser Arbeit.

Ziel der Richtlinie 2003/35/EG ist es, zur Erfüllung der Pflichten aufgrund der Artikel 6, 7 sowie 9 Abs. 2 und 4 Aarhus-Konvention beizutragen[130]. Dafür sind mit der Richtlinie 2003/35 einerseits mehrere Richtlinien im Umweltbereich hinsichtlich der Öffentlichkeitsbeteiligung bei der Ausarbeitung von Plänen und

---

125 Berendes, ZfW 2002, 197, 210.

126 Sie ist ein regionales Übereinkommen, das im Rahmen der Wirtschaftskommission der Vereinten Nationen für Europa (UN/ECE) ausgearbeitet wurde. Sie ist am 30. 10. 2001 in Kraft getreten. Vgl. http://www.unece.org/env/pp/. Zu den Anforderungen der Aarhus-Konvention an das europäische Gemeinschaftsrecht, vgl. Epiney, ZUR 2003, 176.

127 Richtlinie 2003/4/EG des Europäischen Parlaments und des Rates vom 28. 1. 2003 über den Zugang der Öffentlichkeit zu Umweltinformationen und zur Aufhebung der Richtlinie 90/313/EWG des Rates, ABl. 2003, L 41/26.

128 Richtlinie 2003/35/EG des Europäischen Parlaments und des Rates vom 26. 5. 2003 über die Beteiligung der Öffentlichkeit bei der Ausarbeitung bestimmter umweltbezogener Pläne und Programme und zur Änderung der Richtlinien 85/337/EWG und 96/61/EG des Rates in Bezug auf die Öffentlichkeitsbeteiligung und den Zugang zu Gerichten, ABl. 2003, L 156/7.

129 KOM (2003) 624 endg. v. 24. 10. 2003. Zu dem Inhalt des Richtlinienentwurfes Dross, ZUR 2004, 152; SRU, Umweltgutachten 2004, Tz. 198. Zur Frage nach der gemeinschaftsrechtlichen Kompetenz dazu Pernice/Rodenhoff, ZUR 2004, 149.

130 Vgl. Art. 1 und Erwägungsgründe 7 bis 11 der Richtlinie.

Programmen verbessert worden. Nach Art. 2 der Richtlinie 2003/35/EG haben die Mitgliedstaaten sicherzustellen, dass die Öffentlichkeit frühzeitig und effektiv die Möglichkeit erhält, sich an der Vorbereitung, Änderung und Überarbeitung der Pläne und Programme zu beteiligen, die aufgrund der in Anhang I aufgeführten Vorschriften auszuarbeiten sind. Dieser Artikel gilt aber nicht für die in Anhang I aufgeführten Pläne und Programme, für die gemäß der SUP-Richtlinie[131] oder gemäß der Wasserrahmenrichtlinie[132] ein Öffentlichkeitsbeteiligungsverfahren durchgeführt wird (Art. 2 Abs. 5 Richtlinie 2003/35/EG), da der europäische Gesetzgeber hierbei keinen Umsetzungsbedarf sieht[133].

In Bezug auf die Öffentlichkeitsbeteiligung an Entscheidungen über bestimmte (potenziell umweltgefährdende) Tätigkeiten und auf den Zugang zu Gerichten sind mit der Richtlinie 2003/35/EG anderseits die UVP- und die IVU-Richtlinie geändert worden. Dabei fallen die Modifikationen für beide Richtlinien weitgehend parallel aus. Außerdem übernehmen die Vorschriften der Richtlinie 2003/35/EG weitgehend den Wortlaut der entsprechenden Anforderungen der Aarhus-Konvention. Dadurch werden zuerst die Begriffsbestimmungen über die „Öffentlichkeit" und die „betroffene Öffentlichkeit" in die UVP- und die IVU-Richtlinie hinzugefügt (Art. 3 Ziff. 1, Art. 4 Ziff. 1 b Richtlinie 2003/35/EG). Die Öffentlichkeit muss frühzeitig im Rahmen des Entscheidungsverfahrens, spätestens jedoch, sobald die Informationen nach vernünftigem Ermessen zur Verfügung gestellt werden können, über den Genehmigungsantrag, die Verfügbarkeit der Informationen usw. informiert werden. Des Weiteren haben die Mitgliedstaaten sicherzustellen, dass der betroffenen Öffentlichkeit innerhalb eines angemessenen zeitlichen Rahmens Folgendes zugänglich gemacht wird: die vom Projektträger eingeholten Informationen, die wichtigsten Berichte und Empfehlungen sowie – entsprechend der neuen Umweltinformationsrichtlinie 2003/4/EG – die anderen für die Entscheidung bedeutenden Informationen, die erst nach der vorgenannten öffentlichen Bekanntmachung zugänglich werden. Die Öffentlichkeit soll frühzeitig und in effektiver Weise die Möglichkeit enthalten, sich an den Entscheidungsverfahren zu beteiligen und hat das Recht, Stellung zu nehmen und Meinungen zu äußern, „wenn alle Optionen noch offen stehen und bevor die Entscheidung über den Genehmigungsantrag getroffen wird"[134]. Es bleibt den Mitgliedstaaten überlassen, die genauen Vorkehrungen für die Information und die Beteiligung der Öffentlichkeit festzulegen. Jeden-

131 Richtlinie 2001/42/EG des Europäischen Parlaments und des Rates vom 27. 6. 2001 über die Prüfung der Umweltauswirkungen bestimmter Pläne und Programme, ABl. L 197/30.

132 Richtlinie 2000/60/EG des Europäischen Parlaments und des Rates vom 23. 10. 2000 zur Schaffung eines Ordnungsrahmens für Maßnahmen der Gemeinschaft im Bereich der Wasserpolitik, ABl. L 327/1.

133 Fisahn, ZUR 2004, 136.

134 Art. 6 Abs. 4 UVP-Richtlinie, eingefügt durch Art. 3 Ziff. 4 Richtlinie 2003/35/EG. Im durch die Richtlinie 2003/35/EG geänderten Anhang V Ziff. 3 der IVU-Richtlinie werden aber die „offenen Optionen" nicht vorgeschrieben.

falls muss der Zeitraum für die verschiedenen Phasen so gewählt werden, dass ausreichend Zeit für die Öffentlichkeitsinformation zur Verfügung steht und dass der betroffenen Öffentlichkeit ausreichend Zeit zur effektiven Vorbereitung der Beteiligung gegeben wird (Art. 3 Ziff. 4, Anhang II Richtlinie 2003/35/EG). Außerdem werden auch die Vorschriften über die Öffentlichkeitsbeteiligung bei Projekten mit grenzüberschreitenden Auswirkungen verbessert (Art. 3 Ziff. 5, 6, Art. 4 Ziff. 5 Richtlinie 2003/35/EG). Nennenswert ist in diesem Zusammenhang noch Art. 6 Abs. 5 Aarhus-Konvention. Danach sollte jede Vertragspartei, soweit angemessen, künftige Antragsteller dazu ermutigen, die betroffene Öffentlichkeit zu ermitteln, Gespräche aufzunehmen und über den Zweck ihres Antrags zu informieren, bevor der Antrag auf Genehmigung gestellt wird. Eine entsprechende Umsetzungsvorschrift findet sich in der Richtlinie 2003/35/EG allerdings nicht[135].

Hinsichtlich des Zugangs zu Gerichten hat die Richtlinie 2003/35/EG Art. 10a in die UVP-Richtlinie und Art. 15a in die IVU-Richtlinie eingefügt (Art. 3 Ziff. 7, Art. 4 Ziff. 4 Richtlinie 2003/35/EG). Diese den Wortlaut der entsprechenden Anforderungen von der Aarhus-Konvention weitgehend übernehmenden Artikel beauftragen die Mitgliedstaaten sicherzustellen, dass Mitglieder der betroffenen Öffentlichkeit, die entweder „ein ausreichendes Interesse haben" oder „eine Rechtsverletzung geltend machen"[136], Zugang zu einem Überprüfungsverfahren vor einem Gericht[137] haben, „um die materiellrechtliche und verfahrensrechtliche Rechtmäßigkeit von Entscheidungen, Handlungen oder Unterlassungen anzufechten, für die die Bestimmungen dieser Richtlinie über die Öffentlichkeitsbeteiligung gelten". Hierbei ist die „betroffene Öffentlichkeit" weiter definiert als die von der Entscheidung „betroffene oder wahrscheinlich betroffene Öffentlichkeit oder die Öffentlichkeit mit einem Interesse daran" (Art. 3 Ziff. 1, Art. 4 Ziff. 1 b Richtlinie 2003/35/EG). Was als ausreichendes Interesse und als Rechtsverletzung gilt, bestimmen die Mitgliedstaaten „im Einklang mit dem Ziel, der betroffenen Öffentlichkeit einen weiten Zugang zu Gerichten zu gewähren". Nichtregierungsorganisationen werden als Öffentlichkeit mit einem Interesse angesehen und damit immer zur „betroffenen Öffentlichkeit" gezählt, sofern sie sich für den Umweltschutz einsetzen und alle nach innerstaatlichem Recht geltenden Voraussetzungen erfüllen (Art. 3 Ziff. 1, Art. 4 Ziff. 1 b Richtlinie 2003/35/EG). Bei Erfüllung dieser Anforderungen gilt ferner entweder das Interesse jeder Nichtregierungsorganisation als ausreichend oder gelten sie als Träger von Rechten, die verletzt werden können. Sodann besitzen die Nichtregierungsorganisationen also ihrem Wesen nach ohne weiteres die Klagebefugnis.

---

135 Fisahn, ZUR 2004, 136, 139.

136 Sofern das Verwaltungsverfahrensrecht bzw. Verwaltungsprozessrecht eines Mitgliedstaates dies als Voraussetzung erfordert.

137 Oder Zugang zu einer anderen auf gesetzlicher Grundlage geschaffenen unabhängigen und unparteiischen Stelle.

2. Gegenwärtige Rechtslage und der Umsetzungsbedarf in Deutschland

a) Öffentlichkeitsbeteiligung

Um einen Blick auf das deutsche Informations- und Beteiligungsverfahren zu gewinnen, kann § 10 BImSchG als ein anschauliches Beispiel gewählt werden. Gemäß § 10 Abs. 3 BImSchG wird das Vorhaben öffentlich bekannt gemacht, wenn die Antragsunterlagen vollständig sind. Nach der Bekanntmachung sind der Antrag und die Unterlagen einen Monat zur Einsicht auszulegen. Darauf folgt eine Frist von zwei Wochen, um schriftlich Einwendungen zu erheben. Anschließend findet eine Erörterung der Einwendungen nach § 10 Abs. 6 BImSchG statt[138]. Insgesamt muss die Behörde jedoch nach Eingang des Antrages und der Unterlagen innerhalb von sieben Monaten – in vereinfachten Verfahren innerhalb von drei Monaten – über den Antrag entscheiden. Gegebenenfalls kann allerdings die Frist um jeweils drei Monate verlängert werden (§ 10 Abs. 6a BImSchG).

Die Aarhus-Konvention und die Richtlinie 2003/35/EG verlangen, wie bereits dargestellt, eine frühzeitige Bekanntmachungspflicht und Öffentlichkeitsbeteiligung, sowie ausreichend Zeit für die Öffentlichkeitsinformation und für die effektive Vorbereitung und Beteiligung der betroffenen Öffentlichkeit. An den Anforderungen zeigt sich das vorgenannte deutsche Informations- und Beteiligungsverfahren aber anpassungsbedürftig. Die öffentliche Bekanntmachung kommt zu spät, da bis dahin Behörden und Antragsteller oft schon intensiv über die erforderlichen Unterlagen und die Genehmigungsvoraussetzungen verhandelt haben[139]. Außerdem folgt häufig auf die öffentliche Bekanntmachung sehr zeitnah die Auslegungsfrist und anschließend sogleich die Einwendungsfrist. Auch die Frist für schriftliche Einwendungen dauert nur zwei Wochen. Es steht also nicht ausreichend Zeit zur Verfügung, um die Öffentlichkeit zu informieren und um die effektive Vorbereitung und Beteiligung der betroffenen Öffentlichkeit zu ermöglichen[140].

b) Zugang zu Gerichten

aa) Individualklage

Hinsichtlich des Zugangs zu Gerichten bringen die Aarhus-Konvention und daher auch die Richtlinie 2003/35/EG noch weitergehende Herausforderungen für das deutsche Recht mit sich. Das deutsche Verwaltungsprozessrecht gewährt Betroffenen bisher nicht allein wegen fehlerhafter oder unterbliebener UVP einen Rechtsschutz. Nach § 42 Abs. 2 Verwaltungsgerichtsordnung (VwGO) ist

---

[138] § 74 Abs. 2, 3, 4 u. 6 VwVfG sehen einen verwandten Verfahrens- und Zeitablauf vor.
[139] Fisahn, ZUR 2004, 136, 138.
[140] Fisahn, ZUR 2004, 136, 138.

eine Klage nur zulässig, wenn der Kläger geltend macht, durch Verwaltungsakt in seinen Rechten verletzt zu sein. Die Zulässigkeit einer Klage knüpft also an die Geltendmachung der Verletzung von Rechten des Klägers an. Denn die deutsche Verwaltungsgerichtsbarkeit richtet sich grundsätzlich darauf, subjektive Rechte des Einzelnen zu schützen und nicht darauf, allein die objektive Rechtmäßigkeit des Handelns der Behörden zu kontrollieren. Von daher hat der Kläger allein mit der Feststellung der Rechtswidrigkeit des Behördenhandels noch keine Aussicht auf Erfolg, sondern erst wenn auch sein subjektives Recht dadurch verletzt wurde. Nach herrschender Meinung werden subjektive Rechte aber vorwiegend durch materiellrechtliche Normen begründet. Bei den Verfahrenvorschriften geht es dagegen im Wesentlichen nur um objektive Regelungen. Nur in seltenen Fällen werden den Einzelnen durch Verfahrensregelungen besondere subjektive Rechtspositionen – die sog. »absoluten« Verfahrensrechte – eingeräumt. Abgesehen davon ist es gegenwärtig unzulässig, allein wegen der verfahrensrechtlichen Rechtswidrigkeit der behördlichen Entscheidung eine Klage zu erheben[141]. Diese Linie bestätigt das BVerwG auch im Hinblick auf die UVP. Es sieht die UVP-Richtlinie durchweg als Verfahrensrecht an[142] und hält keine weiteren Gesichtspunkte für nötig, den Klägern allein wegen des Unterlassens einer förmlichen UVP Rechtsschutz zu gewähren[143].

Auf eine zulässige Klage hin – z. B. vom Eigentümer eines durch eine straßenrechtliche Planfeststellung mit enteignender Wirkung betroffenen Grundstücks mit der Geltendmachung einer Verletzung des Abwägungsgebots – verneint das BVerwG einen Abwägungsmangel ohne weiteres wegen des Fehlens einer förmlichen UVP, da die Umweltbelange auch auf anderem Weg im Abwägungsprozess berücksichtigt und rechtgewichtet werden können[144]. Darüber hinaus lasse sich keine selbständige durchsetzbare Verfahrensposition aus der Verpflichtung, eine UVP durchzuführen, herleiten. Gemäß § 46 Verwaltungsverfahrensgesetz (VwVfG) kann die Aufhebung eines Verwaltungsaktes nicht allein wegen der Verletzung von Verfahrensvorschriften beansprucht werden, „wenn offensichtlich ist, das die Verletzung die Entscheidung in der Sache nicht beeinflusst hat“. Entsprechend seiner Rechtsprechung zu § 46 VwVfG vertritt das BVerwG die Ansicht, ein Verstoß gegen UVP-Vorschriften sei nur dann entscheidungserheblich, wenn die konkrete Möglichkeit besteht, dass ohne den Verfahrensfehler die Entscheidung anders ausfallen wäre[145].

In Hinblick auf die Umsetzung der Richtlinie 2003/35/EG scheint es hinsichtlich der Zulässigkeitsvoraussetzungen der Klagen auf den ersten Blick keinen Änderungsbedarf im deutschen Recht zu geben. Denn nach Art. 10a der UVP-

---

141 Vgl. Bunge, ZUR 2004, 141, 144 f.
142 S. insbesondere BVerwGE 100, 238, 243 ff.
143 S. insbesondere BVerwGE 100, 238, 252 ff.
144 S. insbesondere BVerwGE 100, 238, 246 f.
145 S. insbesondere BVerwGE 100, 238, 252.

Richtlinie darf die Voraussetzung der Klagebefugnis im deutschen Recht, also eine Rechtsverletzung geltend zu machen, beibehalten werden. Zudem gewährleisten die Mitgliedstaaten den gerichtlichen Zugang „im Rahmen ihrer innerstaatlichen Rechtsvorschriften" und bestimmten die Mitgliedstaaten, was als Rechtsverletzung gilt. Derartige Interpretation würde jedoch ein Missverständnis sein. Gemäß Art. 10a Abs. 3 Satz 1 der UVP-Richtlinie muss die innerstaatliche Ausgestaltung des gerichtlichen Zugangs im Einklang mit dem Ziel stehen, „der betroffenen Öffentlichkeit einen weiten Zugang zu Gerichten zu gewähren". Außerdem müssen Mitglieder der betroffenen Öffentlichkeit nicht nur die materiellrechtliche, sondern auch die verfahrensrechtliche Rechtmäßigkeit von Entscheidungen der Behörden anfechten können (Art. 10a Abs. 1 der UVP-Richtlinie). Das heißt, selbst die Verfahrensfehler allein – unabhängig von den materiellrechtlichen Fehlern – müssen gerichtlicher Kontrolle unterliegen können. Infolgedessen muss die Klagebefugnis der einzelnen Betroffenen bei der fehlerhaften Anwendung der UVP-Richtlinie selbst ohne Rechtverletzung eingeräumt werden. Der gegenwärtige Status quo im deutschen Recht lässt sich also nicht beibehalten[146].

Konsequenterweise steht der gegenwärtige Status quo im deutschen Recht auch bezüglich der Begründetheit der Klagen nicht in Einklang mit den Anforderungen der Richtlinie 2003/35/EG. Die vorgenannte Rechtsprechung des BVerwG stößt längst auf heftige Kritik in der Literatur. Zutreffend wird darauf hingewiesen, dass die UVP-Vorschriften zwar Verfahrensrecht darstellen, jedoch auch materielle Komponenten enthalten[147]. Außerdem können fast keine Betroffenen die Anforderung des BVerwG erfüllen, nämlich die konkrete Möglichkeit der Behörde zur anderen Entscheidung nachzuweisen. Infolgedessen wurde bisher keine Entscheidung wegen der Verletzung der UVP-Vorschriften aufgehoben[148]. Dies bedeutet gleichsam die Vereitelung des Konzepts von UVP. Die Behörden könnten also die UVP-Vorschriften außer Acht lassen, da sie sowieso keine rechtlichen Konsequenzen nach sich ziehen. Dies widerspricht offenbar dem Gebot zur effektiven Durchsetzung von Gemeinschaftsrecht nach der ständigen Rechtsprechung des EuGH[149]. Die Richtlinie 2003/35/EG will nun, wie immer wieder betont, den einzelnen Betroffenen Zugang zu Gerichten gewähren, um auch die verfahrensrechtliche Rechtmäßigkeit behördlicher Entscheidungen, Handlungen oder Unterlassungen anzufechten. So kann das nationale Recht nicht dahingehend ausgestaltet werden, dass der Eindruck entsteht, „die Nichtbeachtung von Verfahrensvorschriften sei in den meisten Fälle irrelevant"[150]. §

146 Bunge, ZUR 2004, 141, 144 f.

147 Erbguth, NuR 1999, 261, 265; Schink, NVwZ 1999, 11, 12.

148 Bunge, ZUR 2004, 141, 142; Erbguth, NuR 1999, 261, 261 ff.; ders., UPR 2003, 321, 324.

149 Pietzcker, in: FS für Maurer, 695, 711.

150 Bunge, ZUR 2004, 141, 146.

46 VwVfG soll mithin insoweit – wenn er nicht geändert wird – keine Anwendung finden[151].

Im Ganzen betrachtet verlangt die Richtlinie 2003/35/EG hinsichtlich der Individualklage weitgehende Änderungen des deutschen Rechts. Es würde dem Ziel der Anforderungen der Richtlinie widersprechen, wenn die Klagen der einzelnen Betroffenen bei der fehlerhaften Anwendung der UVP-Richtlinie häufig mangels Geltendmachbarkeit von Rechtsverletzungen unzulässig sind oder wenn man von Unerheblichkeit der Verfahrensfehler bzw. Verfahrensmängel ausgeht und an ihrer Wirkungslosigkeit festhält, wie es das deutsche Recht bisher praktiziert.

bb) Verbandsklage

Auch hinsichtlich der Verbandsklage ist die Rechtslage in Deutschland nicht erfreulich. Mit dem am 25. März 2002 eingefügten § 61 Bundesnaturschutzgesetz (BNatSchG)[152] ist erstmals die Verbandsklage auf Bundesebene eingefügt worden. Danach dürfen Vereine zwar ohne Geltendmachung der Verletzung in ihren Rechten – ein großer Unterschied zu den vorgenannten Individualklagen – Klagen erheben. Die Klagegegenstände sind jedoch beschränkt: klagfähige Rechtsakte sind lediglich Befreiungen von Verboten und Geboten in geschützten Gebieten, mit Eingriffen in Natur und Landschaft verbundene Planfeststellungsbeschlüsse sowie Plangenehmigungen mit Öffentlichkeitsbeteiligung (§ 61 Abs. 1 BNatSchG). So dann dürfen also keine Klagen gegen Genehmigungen (z.B. nach § 6 BImSchG oder § 3a SeeAnlV), Erlaubnisse und Bewilligungen (nach §§ 3 ff. WHG und Landeswasserrecht), Beschlüsse über Bebauungspläne (nach § 10 BauGB) oder sonstige Entscheidungen erhoben werden[153]. Selbst gegen Planfeststellungsbeschlüsse und Plangenehmigungen ist die Klagemöglichkeit mit bestimmten Beschränkungen verbunden. Sie steht also nicht in jedem UVP-relevanten Fall zur Verfügung[154]. In einigen Bundesländern werden zwar Vereins- oder Verbandsklagen auch gegen einzelne andere behördliche Zulassungsentscheidungen erlaubt. In keinem dieser Länder steht die Klagemöglichkeit von Nichtregierungsorganisationen für sämtliche UVP-relevante Fälle, wie dies von der Richtlinie 2003/35/EG vorgesehen wurde, zur Verfügung[155]. Außerdem haben die Bundesländer vor bzw. bereits beschlossen, bei Umsetzung des novellierten BNatSchG vorhandene, über die gegenwärtigen bundesrechtlichen Bestimmungen hinausgehende Klagemöglichkeiten in Landesnaturschutzgesetzten zurückzunehmen[156].

---

151 Bunge, ZUR 2004, 141, 146.
152 Gesetz über Naturschutz und Landschaftspflege vom 25. 3. 2002, I S. 1193.
153 Bunge, ZUR 2004, 141, 147.
154 Bunge, ZUR 2004, 141, 147.
155 Bunge, ZUR 2004, 141, 147.
156 SRU, Umweltgutachten 2004, Tz. 196.

Weiter bestehen noch mehrere Beschränkungen in Bezug auf die Klagebefugnis der Verbände gemäß § 61 Abs. 2, 3 BNatSchG. Darunter erscheint § 61 Abs. 2 Nr. 1 BNatSchG insbesondere anpassungsbedürftig[157]. Eine Vereinsklage ist danach nur zulässig, wenn der Verein geltend macht, dass der Erlass eines Verwaltungsaktes naturschutzrechtlichen Vorschriften oder anderen Rechtsvorschriften, die zumindest auch den Belangen des Naturschutzes und der Landespflege zu dienen bestimmt sind, widerspricht. Die Klagemöglichkeit gibt es also nur bei Verstößen gegen das Naturschutzrecht im weiten Sinne. Diese Beschränkung gibt es aber nicht in der Richtlinie 2003/35/EG. Umstritten ist dagegen, ob Präklusionsvorschriften wie die des § 61 Abs. 2 Nr. 3 und Abs. 3 BNatSchG richtlinienkonform sind[158]. Danach sind Rechtsbehelfe nur zulässig, wenn der Verein bereits im Zulassungsverfahren mitgewirkt hat oder ihm entgegen den Vorschriften keine Gelegenheit dazu gegeben worden ist. Alle Einwendungen, die er im Zulassungsverfahren hätte machen können, aber nicht geltend gemacht hat, sind im Gerichtsverfahren ausgeschlossen.

Insgesamt besteht ein erheblicher Umsetzungsbedarf bei der Anpassung deutscher Vorschriften über die Verbandsklage an die Anforderungen der Richtlinie 2003/35/EG[159]. Nach Art. 10a UVP-Richtlinie müssen Nichtregierungsorganisationen nicht allein begrenzte Arten von Entscheidungen anfechten können, sondern gegen alle Entscheidungen über UVP-relevante Vorhaben Klagen erheben dürfen. Darüber hinaus müssen nicht nur Verstöße gegen das Naturschutzrecht im weiten Sinne, sondern alle materiellrechtlichen und verfahrensrechtlichen Fehler vor den Gerichten gerügt werden können. Bemerkenswert ist hierbei noch, dass der Vorschlag der EU-Kommission für eine Richtlinie über den Zugang zu Gerichten in Umweltangelegenheiten[160] entsprechend Art. 9 Abs. 3 Aarhus-Konvention sämtliche Verwaltungsakte mit Bezug zum Umweltrecht umfasst. Sein Anwendungsbereich geht noch über UVP- und IVU-Verfahren, also über den der Richtlinie 2003/35/EG, hinaus[161]. Wird diese Anforderung im EG-Recht verabschiedet, steht die deutsche Verbandsklage in § 61 BNatSchG in noch größerem Ausmaß vor dem Erweiterungsbedarf.

c) Ausstehende Umsetzung

Die Umsetzungsfrist der Richtlinie 2003/35/EG ist zum 25. Juni 2005 abgelaufen. Zu ihrer Umsetzung hat das Bundesumweltministerium zwei Gesetzentwürfe erstellt: Entwurf eines Gesetzes über die Öffentlichkeitsbeteiligung in Umweltangelegenheiten nach der EG-Richtlinie 2003/35/EG (Öffentlichkeitsbetei-

157 Bunge, ZUR 2004, 141, 147 f.

158 Zu bejahen vgl. Bunge, ZUR 2004, 141, 146, 148; zu verneinen vgl. Fisahn, ZUR 2004, 136, 138.

159 SRU, Umweltgutachten 2004, Tz. 197; Bunge, ZUR 2004, 141, 147 f.

160 KOM (2003) 624 endg. v. 24. 10. 2003.

161 SRU, Umweltgutachten 2004, Tz. 198.

ligungsgesetz) und den Entwurf eines Gesetzes über ergänzende Vorschriften zu Rechtsbehelfen in Umweltangelegenheiten nach der EG-Richtlinie 2003/35/EG (Umwelt-Rechtsbehelfsgesetz). Sie sind nach dem Stand vom 21. Februar 2005 von der Bundesregierung noch nicht beschlossen worden[162]. Ihre endgültigen Ausgestaltungen lassen daher noch auf sich warten. Zu bemerken ist aber, dass die Bestimmungen der Richtlinie 2003/35/EG nun – da die Umsetzungsfrist abgelaufen ist – in Deutschland unmittelbar anwendbar sind[163], sofern sie hinreichend genau und unbedingt sind, so dass daraus unmittelbar – also ohne Umsetzungsspielraum für den nationalen Gesetzgeber – Rechte abgeleitet werden können[164].

3. Fazit

Die Aarhus-Konvention und die sie auf Gemeinschaftsebene umsetzende Richtlinie 2003/35/EG tragen zu der Fortentwicklung der UVP sowohl hinsichtlich der Öffentlichkeitsbeteiligung als auch des Gerichtzugangs des Individuums und der Verbände bei. Sie geben dem deutschen Recht auch einen wichtigen Impuls zur Innovation. In Hinblick auf die Anforderungen einer frühzeitigen Bekanntmachungspflicht und Öffentlichkeitsbeteiligung sowie ausreichender Zeit für die Öffentlichkeitsinformation und für die effektive Vorbereitung und Beteiligung der betroffenen Öffentlichkeit ist das deutsche Recht anpassungsbedürftig. Weithin zu begrüßen ist vor allem die erforderliche Ausweiterung der Verbandsklage. Nach der Richtlinie 2003/35/EG können Nichtregierungsorganisationen nicht allein begrenzte Arten von Entscheidungen anfechten, wie § 61 BNatSchG dies vorsieht, sondern gegen alle Entscheidungen über UVP-relevante Vorhaben Klagen erheben. Darüber hinaus müssen nicht nur Verstöße gegen das Naturschutzrecht im weiten Sinne, sondern alle materiellrechtlichen und verfahrensrechtlichen Fehler vor den Gerichten gerügt werden können. Was die Individualklage anbelangt, verlangt die Richtlinie 2003/35/EG, der betroffenen Öffentlichkeit einen weiten Zugang zu Gerichten zu gewähren. Außerdem müssen Mitglieder der betroffenen Öffentlichkeit nicht nur die materiellrechtliche als auch die verfahrensrechtliche Rechtmäßigkeit von Entscheidungen der Behörden anfechten können. Die gegenwärtige deutsche Rechtslage widerspricht aber den Anforderungen. Denn die Klagen der einzelnen Betroffenen sind bei fehlerhafter Anwendung der UVP-Richtlinie häufig mangels Geltendmachbarkeit von Rechtsverletzungen unzulässig. Hinzu kommt, dass das BVerwG von Unerheblichkeit der Verfahrensfehler bzw. Verfahrensmängel bei der UVP ausgeht und an ihrer Wirkungslosigkeit festhält. In diesem Zusammenhang ist hierbei noch darauf hinzuweisen, dass angesichts der Rechtsprechung

---

162 Internet abrufbar unter https://www.bmu.de/buergerbeteiligungsrechte/downloads/doc/35113.php. Letzter Aufruf am 15. 12. 2005.

163 Louis, NuR 2004, 287, 291.

164 Streinz, Europarecht, 1999, Rn. 402.

des EuGH[165] der Änderungsbedarf des deutschen Rechts hinsichtlich des individuellen Gerichtszugangs schon längst ein brisantes Thema ist. Nach Ansicht des EuGH ist dem betroffenen Einzelnen die Klagebefugnis einzuräumen, sofern sein Interesse zu den Schutzgütern der Richtlinien gehört[166]. Damit verfolgt der EuGH offenbar eine weiteren Ansatz als das deutsche Recht im Rahmen des § 42 II VwGO und der Schutznormtheorie. Auf diese Thematik wird im zweiten Kapitel „Immissionsschutzrecht" (s. B III 1 b) näher eingegangen. Hervorzuheben ist an dieser Stelle nur, dass die Entwicklungslinie des europäischen Umweltrechts insgesamt zu einem derart weitgehenden gerichtlichen Zugang tendiert, dass das deutsche Verwaltungsprozessrecht im Bereich des gerichtlichen Rechtsschutzes, etwa der Klagebefugnis, der gerichtlichen Kontrolldichte, der Wirkungslosigkeit und Heilbarkeit des Verfahrensfehlers usw. im Moment vor ernsthaften Anpassungserfordernissen steht. Außerdem muss das durch das Gesetz zur Einführung einer Strategischen Umweltprüfung und zur Umsetzung der Richtlinie 2001/42/EG vom 25. Juni 2005 (SUPG)[167] gerade geänderte Gesetz über die Umweltverträglichkeitsprüfung (UVPG), auf die gleich im nachfolgenden Abschnitt (C) einzugehen sein wird, angesichts der Richtlinie 2003/35/EG nochmals modifiziert werden.

C. SUP-Richtlinie 2001/42/EG[168]

I. Inhalt

Um das Konzept einer effektiven Umweltverträglichkeitsprüfung (UVP) realisieren zu können, stand die Aufgabe längst auf der Tagesordnung der Europäischen Union, die UVP im Sinne der UVP-Richtlinie 85/337/EWG – sog. Projekt-UVP – um eine »Plan-UVP« zu ergänzen[169]. Die UVP-Richtlinie ist nach ihrem Art. 1 Abs. 2 nur projektbezogen angelegt und schließt Pläne, Programme und Gesetzgebungsvorhaben des Staates aus. Als Vorsorgeinstrument soll die UVP aber nicht erst bei der Projekt-Zulassung, sondern schon auf der Planungsebene der staatlichen Stellen vorgenommen werden. Das Frühzeitigkeitsgebot

165 Insbesondere EuGH, Slg. 1991, I-825; EuGH, Slg. 1991, I-2567; EuGH, Slg. 1991, I-2607; EuGH, Slg. 1991, I-4983; EuGH, Slg. 1996, I-6755.

166 Statt viele nur Winter, in: Dokumentation der GfU (1999), 100, 107; Epiney, VVDStRL 61 (2002), 362, 397 ff.

167 BGBl. I, S. 1746.

168 Richtlinie 2001/42/EG des Europäischen Parlaments und des Rates vom 27. Juni 2001 über die Prüfung der Umweltauswirkungen bestimmter Pläne und Programme, ABl. 2001 L 197/30.

169 Bereits das 1. Umweltaktionsprogramm der EWG von 1973 hebt die Notwendigkeit der sog. Plan-UVP bzw. strategischen Umweltprüfung (SUP) hervor: „Bei allen fachlichen Planungs- und Entscheidungsprozessen müssen die Auswirkungen auf die Umwelt so früh wie möglich berücksichtigt werden." (S. 6 ff.) Die vierten und fünften Umweltaktionsprogramme wiederholen immer noch dieses Anliegen. Vgl. Feldmann, in: Die Rolle der EU, 103, 104 f.; Steinberg, in: FS für Hoppe, 493, 496.

erfordert, dass Umwelterwägungen so früh wie möglich in Entscheidungsprozesse einbezogen werden. Die UVP kommt auf der Ebene der Projektzulassung vielfach zu spät, weil Vorentscheidungen oftmals schon in früheren Stadien des Planungs- und Entscheidungsprozesses getroffen wurden. Außerdem entfalten sich wirkungsvollere alternative Vorprüfungen zutreffender auf den der Zulassung vorgelagerten Planungsstufen. Auch nur hier lassen oftmals sich kumulative und synergetische Umweltwirkungen erfassen[170]. Von daher ist die Notwendigkeit und Bedeutung der sog. Plan-UVP bzw. strategischen Umweltprüfung (SUP), die Belange des Umweltschutzes in Entscheidungsprozesse auf Planebene systematisch integriert und mithin zur nachhaltigen Entwicklung beiträgt, weitgehend international anerkannt[171]. Das Konzept der SUP geht auf das US-amerikanische Vorbild eines Environmental Impact Statements von 1970 zurück. In den letzten Jahren haben bereits einige Staaten eine solche SUP eingeführt. Die UN-Wirtschaftskommission für Europa hat im Rahmen der Espoo-Konvention über die UVP im grenzüberschreitenden Rahmen vom 25. Februar 1991 die Aufforderung formuliert, die Prinzipien der UVP, soweit möglich, auch auf Politik, Pläne und Programme anzuwenden (Art. 2 Abs. 7 Satz 2 der Espoo-Konvention)[172]. Außerdem zielt die Agenda 21 unter anderen darauf ab, „sozio-ökonomischen und umweltpolitischen Frag-stellungen" in die Entscheidungsprozesse auf der Politik-, Planungs- und Managementebene „voll einzubeziehen und eine umfassendere Beteiligung der Öffentlichkeit zu gewährleisten" (Agenda 21, Kapitel 8, Punkt 8. 3)[173]. Am 27. Juni 2001 wurde die Richtlinie 2001/42/EG über die Prüfung der Umweltauswirkungen bestimmter Pläne und Programme endlich in der EU verabschiedet. Von dieser Richtlinie erfasst sind aber nur Pläne und Programme, keine Politikentscheidungen[174]. Diese oftmals als „SUP-Richtlinie" bzw. „Plan-UP-Richtlinie" genannte Richtlinie war bis zum 20. Juli 2004 in nationales Recht umzusetzen.

Aufgrund des identischen integrativen Ansatzes mit der UVP-Richtlinie[175] sorgt die SUP-Richtlinie[176] dafür, dass eine Umweltprüfung (UP) für bestimmte Pläne und Programme, die voraussichtlich erhebliche Umweltauswirkungen haben,

---

170 Vgl. Steinberg, in: FS Hoppe, 493, 494 ff., 508; Bunge, in: Die Rolle der EU, 117 ff.; Ziekow, UPR 1999, 287, 288.

171 Bunge, in: Die Rolle der EU, 117 f.

172 ILM 30 (1991), 517. S. auch ABl. EG C 104 v. 24. 4. 1992, S. 7.

173 Bundesministerium für Umwelt, Naturschutz und Reaktorsicherheit (Hrsg.), Umweltpolitik, Konferenz der Vereinten Nationen für Umwelt und Entwicklung – Dokumente-, Agenda 21, S. 58.

174 Obwohl sich der Begriff „strategische Umweltprüfung" normalerweise auf Pläne, Programme und Politikentscheidungen bezieht. Einige Mitgliedstaaten, wie die Niederlande, Dänemark, Schweden und Finnland, haben jedoch bereits Erfahrungen mit der Einbeziehung einer Umweltprüfung in die politischen Entscheidungen. S. Feldmann, in: Die Rolle der EU, 103 ,109 f., u. Bunge, in: Die Rolle der EU, 117, 119.

175 Vgl. Zi. f des Anhangs I der SUP-Richtlinie und Art. 3 der UVP-Richtlinie.

176 Zur SUP-Richtlinie statt vieler vgl. Pietzcker/Fiedler, DVBl. 2002, 929 ff.

eingeführt wird, um dazu beizutragen, dass Umwelterwägungen schon bei der Ausarbeitung und Annahme von Plänen und Programmen systematisch einbezogen werden (Art. 1 SUP-Richtlinie). Den genauen Anwendungsbereich der Richtlinie sieht Art. 2 lit. a und Art. 3 SUP-Richtlinie vor. Gemäß Art. 2 lit. a der Richtlinie bedeuten „Pläne und Programme" solche, die von einer Behörde ausgearbeitet und/oder angenommen werden oder von dieser für die Annahme durch das Parlament oder die Regierung im Wege eines Gesetzgebungsverfahrens ausgearbeitet werden. Außerdem sind nur solche Pläne und Programme erfasst, die aufgrund von Rechts- oder Verwaltungsvorschriften erstellt werden müssen. Art. 3 SUP-Richtlinie konkretisiert den Kreis der Pläne und Programme weiter. Nach Art. 3 Abs. 1 der Richtlinie ist es immer eine Voraussetzung für die Durchführung einer Umweltprüfung, dass die Pläne und Programme „voraussichtlich erhebliche Umweltauswirkungen haben". Nach Art. 3 Abs. 2 der Richtlinie ist eine Umweltprüfung bei allen Plänen und Programmen durchzuführen, die in den Bereichen Landwirtschaft, Forstwirtschaft, Fischerei, Energie, Industrie, Verkehr, Abfallwirtschaft, Wasserwirtschaft, Telekommunikation, Fremdenverkehr, Raumordnung oder Bodennutzung ausgearbeitet werden und durch die der Rahmen für künftige Genehmigungen der in den Anhängen I und II der UVP-Richtline (85/337/EWG) aufgeführten Projekte gesetzt wird. UP-bedürftig sind ferner Pläne und Programme, die wegen ihrer voraussichtlichen Auswirkungen auf Fauna-, Flora-, Habitat (FFH)-Gebiete gemäß der FFH-Richtlinie 92/43/EWG zu prüfen sind. Wenn es sich bei solchen Plänen und Programmen allerdings nur um Nutzungsfestlegungen kleiner Gebiete auf lokaler Ebene oder um geringfügige Änderungen handelt, bestimmen die Mitgliedstaaten ihre UP-Pflichtigkeit (Art. 3 Abs. 3 SUP-Richtlinie). Auch bei Plänen und Programmen, die den Rahmen für künftige Genehmigungen von Projekten setzen, die nicht unter Art. 3 Abs. 2 fallen, kommt das gleiche Bestimmungsrecht den Mitgliedstaaten zu (Art. 3 Abs. 4 SUP-Richtlinie). Nach Art. 3 Abs. 5 SUP-Richtlinie üben die Mitgliedstaaten ihr Bestimmungsrecht entweder durch Einzelfallentscheidung oder durch Festlegung bestimmter Arten von Plänen und Programmen oder durch eine Kombination dieser beiden Ansätze aus, wobei die Kriterien des Anhangs II der Richtlinie zu berücksichtigen sind.

Wie die Legaldefinition des Art. 2 lit. b SUP-Richtlinie zeigt, enthält die strategische Umweltprüfung der Richtlinie vier Teile: zunächst ist nach Art. 5 der Richtlinie ein Umweltbericht zu erstellen, in dem die Umweltauswirkungen sowie vernünftige Alternativen anhand der einschlägigen Angaben des Anhangs I ermittelt, beschrieben und bewertet werden; zweitens sind Konsultationen durchzuführen. Die Öffentlichkeit und die in ihrem umweltbezogenen Aufgabenbereich betroffenen Behörden sind nach Art. 6 der Richtlinie und gegebenenfalls auch nach Art. 7 der Richtlinie grenzüberschreitend zu beteiligen; drittens sollen der Umweltbericht und das Ergebnis der Konsultationen nach Art. 8 der Richtlinie bei Ausarbeitung des Plans oder Programms vor dessen Annahme Berücksichtigung finden; schließlich folgt die Unterrichtung über die Entscheidung.

Nach Art. 9 der Richtlinie ist der Plan oder das Programm mit der die Umweltprüfung betreffenden Begründung bekannt zu geben und zugänglich zu machen. Außerdem sind die erheblichen Auswirkungen der Durchführung der Pläne und Programme nach Art. 10 der Richtlinie zu überwachen (sog. Monitoring).

II. Bedeutung für das deutsche Recht

Die SUP-Richtlinie beruht auf einem integrativen Ansatz, der mit der UVP-Richtlinie identisch ist. Es geht hierbei aber allein um das Planungsrecht. Aufgrund seiner abwägenden Entscheidungsstruktur und Offenheit gegenüber allen Belangen lässt sich der integrative Ansatz ohne Schwierigkeiten in das bestehende deutsche Planungssystem einfügen. Für die integrativen SUP bietet also die umfassende Abwägungspflicht aller betroffenen Belange im deutschen Planungsrecht einen zutreffenden Eingang. Wie bei der UVP-Richtlinie[177], sollen die Veränderungen durch die SUP zuerst in der Einbeziehung der Wechselwirkungen und der Prüftiefe der Ermittlungen liegen. Darüber hinaus werden die Erstellung eines eigenständigen Umweltberichts und die vorgeschaltete, von der Abwägung mit umweltexternen Belangen getrennte Gesamtbewertung der Umweltauswirkungen eingefordert. Durch das die Umweltgüter gesondert betrachtende SUP-Verfahren wird das Gewicht der Umweltbelange faktisch gestärkt werden[178]. Andere neue Verfahrensanforderungen, die die SUP-Richtlinie für das deutsche Recht bringt, stellen solche über die Behörden- und Öffentlichkeitsbeteiligung sowie über das Monitoring dar.

Nach einer verbreiteten Auffassung ziele die SUP-Richtlinie durch das umweltfokussierende Verfahren auf die sachgerechte Aufbereitung und Bewertung des umweltrelevanten Abwägungsmaterials, was nach deutschem Recht bei einer ordnungsgemäßen Planung ohnehin geleistet werden müsse[179]. Das Anliegen der SUP-Richtlinie – die voraussichtlichen Umweltauswirkungen zu ermitteln, zu bewerten und bei der Entscheidung zu berücksichtigen – gelte nach deutschem Planungsrecht bereits für sämtliche Pläne und Programme. Die SUP-Richtlinie ändere auch keine Abwägungsmaßstäbe des deutschen Planungsrechts. Seine Defizite gegenüber dieser Richtlinie lägen nur in den einschlägigen Verfahren[180]. Hierbei gehe es lediglich um die „punktuelle Fortentwicklung im Sinne einer umweltschutzbezogenen Optimierung“[181]. Diese Auffassung übersieht aber den integrativen Ansatz der SUP-Richtlinie. Wie die UVP-Richtlinie stellt die SUP-Richtlinie zwar in erster Linie ein Verfahrensinstrument dar, enthält jedoch materiellrechtliche Elemente.

---

177 Zur Integration der UVP ins (Bebauungs-)Planverfahren vgl. Wulfhorst, UPR 2001, 246 ff.

178 Vgl. Wulfhorst, UPR 2001, 246, 252 f.

179 Krautzberger/Schliepkorte, UPR 2003, 92, 93.

180 Vgl. Bunge, in: Die Rolle der EU, 117, 147.

181 Steinberg, in: FS für Hoppe, 494, 509.

III. Umsetzung in das deutsche Recht

1. Vorbemerkung

Die Umsetzung der SUP-Richtlinie in das deutsche Recht erfolgte auf Bundesebene durch zwei gesetzgebende Schritte. Einerseits ist die SUP-Richtlinie für das Recht der Bauleitplanung und der Raumordung unter der Federführung des Bundesministeriums für Verkehr, Bau- und Wohnungswesen durch das Gesetz zur Anpassung des Baugesetzbuchs an EU-Richtlinien (Europarechtsanpassungsgesetz Bau – EAG Bau) vom 24. Juni 2004[182] fristgerecht umgesetzt worden. Dadurch sind vor allem das Baugesetzbuch (BauGB) und das Raumordnungsgesetz (ROG) geändert worden. Andererseits erfolgte die Umsetzung für das Fachplanungsrecht aber mit einjähriger Verspätung durch das Gesetz zur Einführung einer Strategischen Umweltprüfung und zur Umsetzung der Richtlinie 2001/42/EG vom 25. Juni 2005 (SUPG)[183]. Dadurch ist das Gesetz über die Umweltverträglichkeitsprüfung (UVPG) wegen der Sachnähe zwischen SUP und UVP für beide Prüfungsarten in ein gemeinsames Stammgesetz umgestaltet worden[184]. Diese Verzögerung ging aber im Wesentlichen auf drei Schwierigkeiten zurück, vor denen der Bundesgesetzgeber bei der Umsetzung der SUP-Richtlinie stand[185]. Erstens war eine ganze Reihe vielfältiger und heterogener Pläne und Programme dahingehend zu untersuchen, ob und inwieweit sie aufgrund der SUP-Richtlinie oder unabhängig davon einer SUP untergezogen werden sollen. Zweitens ließ sich zwischen den rechtstechnischen Umsetzungsvarianten nur schwer entscheiden. Das Spektrum reichte von der Schaffung eines spezifischen Gesetzes über die Erweiterung des UVPG bis zu der Ergänzung des jeweiligen Fachgesetzes. Schließlich waren hierbei auch noch kompetenzrechtliche Komplikationen zu erwarten[186]. Bei hoheitlichen Planungen steht aufgrund der verfassungsrechtlichen Kompetenzverteilung teils dem Bund die ausschließliche, konkurrierende oder rahmenrechtliche Gesetzgebungskompetenz, teils den Länder die ausschließliche Gesetzgebungskompetenz zu. Je nach Planungstyp mussten hierbei differenzierte Regelungen ausgearbeitet werden, die der Kompetenzordnung entsprechen. Die Situation war durch die neuere Rechtsprechung des BVerfG zu Art. 72 Abs. 2 und Art. 75 Abs. 2 GG noch komplizierter und schwieriger geworden[187]. Art. 72 Abs. 2 GG sieht eine Voraussetzung für die Wahrnehmung der konkurrierenden Gesetzgebungskompetenz durch den Bund vor, nämlich die Erforderlichkeit zur Herstellung gleichwertiger Lebensverhältnisse im Bundesgebiet oder zur Wahrung der Rechts- oder Wirtschaftseinheit im

---

182 BGBl. I, S. 1359.
183 BGBl. I, S. 1746.
184 Sangenstedt, UVP-report 2005, 12, 14.
185 Hendler, NVwZ 2005, 977, 984.
186 Näher vgl. Sangenstedt, UVP-report 2005, 12 ff.; Hendler, NVwZ 2005, 977, 978.
187 BVerfGE 106, 62 (Altenpflegegesetz-Entscheidung); BVerfGE 111, 226 (Juniorprofessur-Entscheidung); BVerfG, NJW 2005, 493 (Studiengebühren-Entscheidung).

gesamtstaatlichen Interesse. Das Gericht hat die Gesetzgebungsbefugnisse des Bundes hier jedoch sehr eng gefasst und klargestellt, dass sie der verfassungsrechtlichen Kontrolle unterliegen[188]. Anders als die gängige Auffassung in der Literatur es nahe legt, hat der Bund also bei der Wahrnehmung der konkurrierenden Gesetzgebungskompetenz keinen „freien" Beurteilungsspielraum[189]. Er wird insofern auch durch eine Darlegungspflicht belastet, die sowohl die Erforderlichkeit als auch das Ausmaß der Regelung rechtfertigen soll. Bei der Rahmengesetzgebungskompetenz des Bundes unterliegt er noch mehr Einschränkungen. Nach Art. 75 Abs. 1 GG setzen seine Regelungsbefugnisse auch das Erforderlichkeitsgebot des Art. 72 Abs. 2 GG voraus. Darüber hinaus sieht Art. 75 Abs. 2 GG weiter vor, dass Rahmenvorschriften nur in Ausnahmenfällen in Einzelheiten gehende oder unmittelbar geltende Regelungen enthalten dürfen. Solche Regelungen müssen daher doppelt gerechtfertigt werden[190]. Vorausgesetzt ist hierbei neben der Erforderlichkeit noch, dass Rahmenvorschriften ohne solche in Einzelheiten gehende oder unmittelbar geltende Regelungen „verständigerweise nicht erlassen werden können". Sie müssen im konkreten Fall „schlechthin unerlässlich" sein [191] . Zusammenfassend hat das Bundesverfassungsgericht dem Bundesgesetzgeber eine schwere Darlegungslast über die Kompetenzfrage auferlegt. Vor allem bei den Querschnittsmaterien wie der Umsetzung der SUP-Richtlinie, die eine breite Palette von Plänen und Programmen umfassen, sind die Überlegungen zur Kompetenzfrage dadurch noch komplizierter[192]. Nicht weiter verwunderlich war es von daher, dass die entsprechenden kompetenziellen Ausführungen in der allgemeinen Begründung des Regierungswurfs zum SUPG schon mehr als 15 Seiten umfassten[193]. Wegen der sektoralen Aufspaltung der Umweltkompetenzen und daher des Fehlens einer übergreifenden Bundeskompetenz für den Umweltschutz erwies sich die Umsetzung der SUP-Richtlinie, wie die Umsetzung der anderen Querschnittsrichtlinien der EU, als besonders schwierig, abstimmungsbedürftig und langwierig[194].

Im Folgenden sollen die Hauptinhalte des EAG Bau 2004 und des SUPG jeweils dargestellt werden.

2. EAG Bau 2004

Mit dem am 20. Juli 2004 in Kraft getretenen EAG Bau sind, wie erwähnt, vor allem das Baugesetzbuch (BauGB) und das Raumordnungsgesetz (ROG) geän-

---

188 BVerfGE 106, 62 , 135 ff. (Altenpflegegesetz-Entscheidung); BVerfGE 111, 226, Rn. 95 ff. (Juniorprofessur-Entscheidung)

189 Vgl. Erbguth/Schink, UVPG, Einl. Rn. 50; Umweltgesetzbuch (UGB-KomE), Bundesministerium für Umwelt, Naturschutz und Reaktorsicherheit (Hrsg.), 1998, S. 86.

190 BVerfGE 111, 226 (Juniorprofessur-Entscheidung), Rn. 93.

191 BVerfGE 111, 226 (Juniorprofessur-Entscheidung), Rn. 94.

192 Sangenstedt, UVP-report 2005, 12, 13.

193 BR-Drs. 5888/04, 32 ff.

194 Sangenstedt, UVP-report 2005, 12, 14.

dert worden. Die wichtigsten Neuerungen des BauGB und des ROG sollen nachfolgend jeweils ausgeführt werden.

a) Novellierung des BauGB

Mit dieser Novellierung des BauGB ist neben der Umsetzung der SUP-Richtlinie noch angestrebt worden, zugleich die gesetzlichen Anforderungen zu vereinheitlichen und zu vereinfachen, um die kommunale Planungspraxis zu erleichtern[195]. So ist nunmehr die europarechtlich vorgeschriebene Umweltprüfung grundsätzlich in allen Bauleitplanverfahren durchzuführen (vgl. § 2 Abs. 4 S. 1 BauGB). Das heißt also, dass im BauGB auf eine Vorprüfung des Einzelfalls (ein sog. Screening) bei Umsetzung der SUP-Richtlinie zu verzichten und eine regelmäßige Umweltprüfung durchzuführen ist[196]. Ausnahmsweise sieht § 13 BauGB jedoch auch die beschränkte Möglichkeit vor, im Wege des vereinfachten Verfahrens von der Durchführung einer Umweltprüfung abzusehen. Der Gesetzgeber ging davon aus, dass von bestimmten Bauleitplänen von vornherein keine erheblichen Umweltauswirkungen zu erwarten sind[197]. Des Weiteren ist in der Novelle des BauGB die Umweltprüfung voll in die bestehenden Verfahrensschritte der Bauleitplanung integriert und im Rahmen des BauGB als Trägerverfahren für alle umweltrelevanten Prüfungen, also für die SUP nach der SUP-Richtlinie, die UVP nach UVP-Richtlinie, die Verträglichkeitsprüfung nach der FFH-Richtlinie und die naturschutzrechtliche Eingriffsregelung, ausgestaltet worden[198]. Vor allem zum Verhältnis der Umweltprüfung nach dem BauGB einerseits und der bauplanungsrechtlichen UVP nach dem UVPG andererseits finden sich auch die klarstellenden Regelungen in der Novelle des UVPG. § 17 Abs. 1 S. 1 UVPG sieht vor, dass die UVP einschließlich der Vorprüfung des Einzelfalls gemäß dem UVPG im Aufstellungsverfahren als Umweltprüfung nach den Vorschriften des BauGB durchzuführen ist, wenn Bebauungspläne im Sinne des § 2 Abs. 3 Nr. 3, insbesondere bei Vorhaben nach den Nummern 18.1 bis 18.9 der Anlage 1, aufgestellt, geändert oder ergänzt werden. So wird also eine UVP-Pflicht nach dem UVPG in eine Umweltprüfungspflicht nach dem BauGB transformiert. § 17 Abs. 1 S. 2 schreibt weiter vor, dass abweichend von Satz 1 eine nach UVPG vorgeschriebene Vorprüfung des Einzellfalls entfällt, wenn für den aufzustellenden Bebauungsplan eine Umweltprüfung nach den Vorschriften des BauGB, die zugleich den Anforderungen einer UVP entspricht, durchgeführt wird[199].

---

195 Erbguth/Schubert, DÖV 2005, 533, 536; Schubert, NuR 2005, 369 f.

196 Krautzberger/Schliepkorte, UPR 2003, 92, 94.

197 Näher dazu vgl. Schubert, NuR 2005, 369, 372.

198 Die über das allgemeine Abwägungsgebot hinausgehenden Regelungen der Verträglichkeitsprüfung nach der FFH-Richtlinie müssen aber extra normiert bleiben (vgl. §§ 34 ff. BNatSchG). Vgl. Krautzberger/Schliepkorte, UPR 2003, 92, 93.

199 Die gesamte Regelungssystematik wird jedoch als eine Redundanz kritisiert. Näher vgl. Erbguth/Schubert, DÖV 2005, 533, 536; Schubert, NuR 2005, 369, 371.

Hinsichtlich der Regelungen zum Umweltprüfungsverfahren sieht zuerst § 2 Abs. 4 S. 2 BauGB das Scoping-Verfahren vor. Danach legt die Gemeinde zur Umweltprüfung für jeden Bauleitplan fest, in welchem Umfang und Detaillierungsgrad die Ermittlung der Belange für die Abwägung erforderlich ist. Die erforderliche Beteiligung bestimmter Behörden am Scoping normiert § 4 Abs. 1 S. 1 BauGB[200]. Die Umweltprüfung bezieht sich gemäß § 2 Abs. 4 S. 3 BauGB auf das, was nach gegenwärtigem Wissensstand und allgemein anerkannten Prüfungsmethoden sowie nach Inhalt und Detaillierungsgrad des Bauleitplans angemessenerweise verlangt werden kann. Angesichts der Tatsache, dass die Umweltprüfung auf verschiedenen Planungsstufen durchgeführt wird, bestimmt § 2 Abs. 4 S. 5 BauGB ferner die Abschichtung der Umweltprüfungen, um Mehrfachprüfungen derselben Materie zu vermeiden. Danach soll die Umweltprüfung in einem zeitlich nachfolgend oder gleichzeitig durchgeführten Bauleitplanverfahren auf zusätzliche oder andere erhebliche Umweltauswirkungen beschränkt werden.

Nach § 2a BauGB hat die Gemeinde im Aufstellungsverfahren dem Entwurf des Bauleitplans eine Begründung beizufügen, die unter anderem auch einen Umweltbericht enthält. Der Umweltbericht soll einen gesonderten Teil der Begründung bilden. Darin sind entsprechend dem Verfahrensstand die aufgrund der Umweltprüfung ermittelten und bewerteten Belange des Umweltschutzes darzulegen, wobei die Anlage zum BauGB anzuwenden ist. Hierbei findet sich eine gemeinschaftlich gebotene Neuerung: der Umweltbericht enthält nunmehr nicht nur die Beschreibung der ermittelten Umweltauswirkungen, sondern auch deren Bewertung[201]. Außerdem ist nach §§ 5 Abs. 5, 9 Abs. 8 BauGB den Bauleitplänen eine Begründung mit den Angaben nach § 2a beizufügen, also einschließlich eines Umweltberichts. Dies impliziert eine Anforderung, nämlich den Umweltbericht bis zum Beschluss des Bauleitplanes fortzuschreiben. Sie geht hierbei über die europarechtlichen Vorschriften hinaus[202]. Ferner ordnen §§ 6 Abs. 5 S. 3, 10 Abs. 4 BauGB an, dem Flächennutzungs- und dem Bebauungsplan eine zusammenfassende Erklärung beizufügen über die Art und Weise, wie die Umweltbelange und die Ergebnisse der Öffentlichkeits- und Behördenbeteiligung in dem Bauleitplan berücksichtigt wurden und aus welchen Gründen der Plan nach Abwägung mit den geprüften, in Betracht kommenden anderweitigen Planungsmöglichkeiten gewählt wurde.

Was die Beteiligungsvorschriften anbelangt, ersetzt die gemeinschaftliche Terminologie „Öffentlichkeitsbeteiligung" den deutschen Begriff der Bürgerbeteiligung. Die Überschrift des § 4 BauGB lautet statt „Beteiligung der Träger öffentlicher Belange" nun „Behördenbeteiligung". Die geänderten Regelungen über

---

200 Eine Pflicht zur Öffentlichkeitsbeteiligung am Scoping sieht das BauGB ebenso wie die SUP-Richtlinie nicht vor. Zur Kritik vgl. Schubert, NuR 2005, 369, 373.

201 Erbguth/Schubert, DÖV 2005, 533, 537.

202 Schubert, NuR 2005, 369, 373.

die grenzüberschreitende Beteiligung finden sich in § 4a Abs. 5 BauGB. Schließlich ist nach § 4c BauGB die Monitoring-Pflicht den Gemeinden auferlegt worden. Ihre inhaltliche Ausgestaltung wird den Gemeinden überlassen. Sie benutzen dabei die im Umweltbericht angegebenen Überwachungsmaßnahmen und die Informationen der Behörden.

Entsprechend dem Vorschlag des Berichts der unabhängigen Expertenkommission[203] beabsichtigte der Regierungsentwurf des EAG Bau einen Wechsel von der gerichtlichen Inhaltskontrolle hin zur Verfahrenskontrolle[204]. Danach sollte an die Einhaltung der Verfahrensanforderungen die gesetzliche Vermutung geknüpft werden, dass die mit dem Verfahren angestrebten materiellrechtlichen Anforderungen gewahrt sind[205]. Die Absicht des Regierungsentwurfs des EAG Bau hat sich allerdings nicht durchgesetzt. Obwohl § 214 Abs. 1 Nr. 1 BauGB n. F. – parallel zum als Verfahrensvorschrift angesehenen § 2 Abs. 3 BauGB n. F. [206] – die nicht zutreffende Ermittlung oder Bewertung als „Verfahrensfehler" qualifiziert, ist die bisherige Regelung in § 214 Abs. 3 S. 2 BauGB a. F., die gestrichen werden sollte, in der letzten Fassung des BauGB wieder ins Gesetz aufgenommen worden (§ 214 Abs. 3 S. 2 BauGB n. F.)[207]. Infolgedessen können neben den in § 214 Abs. 1 Nr. 1 BauGB n. F. genannten Verfahrensfehler immer noch andere Mängel, also materiell-rechtliche Mängel, im Abwägungsvorgang bestehen[208].

b) Novellierung des ROG

Das EAG Bau 2004 enthält auch bedeutsame Änderungen des ROG. Um die SUP ins Raumordnungsrecht einzuführen, sind § 7 Abs. 5 und 6 ROG neugefasst, dessen Abs. 7 und 8 um neue Sätze ergänzt, sowie die neuen Abs. 9 und 10 angefügt worden. Sie beschränken sich allerdings lediglich auf rahmenrechtliche Regelungsaufträge, die den Ländern Spielräume zur eigenen Ausgestaltung

---

203 Im Dezember 2001 setzte das Bundesministerium für Verkehr, Bau- und Wohnungswesen eine unabhängige Expertenkommission ein und beauftragte sie, Vorschläge zu entwickeln, wie die SUP-Richtlinie ins BauGB umgesetzt und gleichzeitig die Struktur des Bauplanungsrechts vereinfacht werden kann. Die Expertenkommission hat am 21. August 2002 den Bericht abgegeben. Er ist abrufbar in Internet unter http://www.bmvbw.de/Anlage/original_12334/Bericht-der-Expertenkommission.pdf. Letzter Aufruf am 24. 2. 2006.

204 Vgl. Hoppe, NVwZ 2004, 903, 905.

205 Vgl. Bericht der unabhängigen Expertenkommission, a.a.O., Rn. 135 ff.

206 § 2 Abs. 3 BauGB n. F. lautet: „Bei der Aufstellung der Bauleitpläne sind die Belange, die für die Abwägung von Bedeutung sind (Abwägungsmaterial), zu ermitteln und zu bewerten." Nach der Hoppes Untersuchung ist aber durch § 2 Abs. 3 BauGB n. F. nichts an der bisherigen Abwägungsdogmatik geändert worden. Der solle gestrichen werden. Im Einzelnen vgl. Hoppe, NVwZ 2004, 903 ff.

207 Vgl. Hoppe, NVwZ 2004, 903, 905.

208 Vgl. Hoppe, NVwZ 2004, 903, 910.

belassen. Nach § 7 Abs. 5 ROG ist nun bei der Aufstellung und Änderung von Raumordnungsplänen eine SUP durchzuführen. Wie im Rahmen der Bauleitplanung ist also grundsätzlich jede Raumordnungsplanung der SUP unterworfen worden[209]. Dabei ist ein Umweltbericht zu erstellen. Er „kann" als gesonderter Teil in die Begründung des Raumordnungsplans aufgenommen werden, während § 2a BauGB, wie schon dargestellt, dies als eine obligatorische Pflicht normiert[210]. Ferner wird den Ländern die Vorschrift erlaubt, die geringfügige Änderungen von Raumordnungsplänen nur dann einer SUP unterzieht, wenn gemäß Art. 3 SUP-Richtlinie nach den Kriterien ihres Anhangs II voraussichtlich erhebliche Umweltauswirkungen festgestellt wurden. Außerdem können die Abschichtungsmöglichkeiten und die gemeinsame Durchführung der umweltbezogenen Prüfungen aufgrund des Gemeinschaftsrechts von den Ländern vorgesehen werden. Nach § 7 Abs. 6 S. 1 ROG haben die Länder vorzusehen, dass den öffentlichen Stellen und der Öffentlichkeit frühzeitig und effektiv Gelegenheit zur Stellungnahme zum Entwurf des Raumordnungsplans und seiner Begründung sowie zum Umweltbericht zu geben ist. Damit ist die vormalige Kann-Vorschrift in eine obligatorische Öffentlichkeitsbeteiligung umgestaltet worden[211]. § 7 Abs. 6 S. 2 ROG sieht die grenzüberschreitende Beteiligung vor. Die Regelung erstreckt sich auf die Nichtmitglieder der EU und geht dabei über die SUP-Richtlinie hinaus[212]. Nach § 7 Abs. 7 S. 2 ROG sind der Umweltbericht und die im Rahmen der Behörden- und Öffentlichkeitsbeteiligung abgegebenen Stellungnahmen in der Abwägung zu berücksichtigen. § 7 Abs. 8 S. 2 ROG schreibt vor, dass die den Raumordnungsplänen beigefügte Begründung hinsichtlich der SUP Angaben darüber zu enthalten hat, wie Umweltabwägungen, der Umweltbericht sowie die abgegebenen Stellungnahmen im Plan berücksichtigt wurden und welche Gründe nach Abwägung mit den geprüften anderweitigen Prüfungsmöglichkeiten für die Feststellungen des Plans entscheidungserheblich waren. Außerdem sind darin die Monitoring-Maßnahmen zu benennen. Nach § 7 Abs. 9 f. ROG ist der Raumordnungsplan mit seiner die SUP betreffende Begründung öffentlich bekannt zu machen und das sog. Monitoring durchzuführen. Des Weiteren ist die Vorschrift betreffend Planerhaltung in § 10 Abs. 2 Nr. 1 ROG modifiziert worden. Nach der neuen Fassung ist die Beachtlichkeit eines Vorschriftenverstoßes bei Unvollständigkeit der die Umweltprüfung betreffende Begründung nicht ausgeschlossen, sofern hier abwägungserhebliche Angaben fehlen. Ferner sieht § 22 Abs. 2 und 3 ROG die Anpassung des Landesrechts vor. Danach haben die Länder bis zum 31. Dezember 2006 die Verpflichtungen der vorgenannten rahmenrechtlichen Regelungen zu erfüllen und bis dahin sind diese Regelungen, nämlich § 7 Abs. 5 bis 10 und § 10 Abs. 2 Nr. 1 ROG, unmittelbar anzuwenden. Schließlich normiert § 23 ROG Übergangsregelungen.

---

209 Erbguth, NuR 2004, 91, 92; Kment, NVwZ 2005, 886, 887.
210 Edler, ZUR 2005, 557.
211 Kment, NVwZ 2005, 886, 887.
212 Erbguth, NuR 2004, 91, 93.

Ein anderer Schwerpunkt der Novellierung des ROG liegt in der Ausweitung des Anwendungsbereiches des ROG auf die ausschließliche Wirtschaftszone (AWZ). Nach dem neuen § 1 Abs. 1 S. 3 können in der deutschen AWZ einzelne Funktionen im Rahmen der Vorgaben des Seerechtsübereinkommens der Vereinten Nationen[213] durch die Raumordnung entwickelt, geordnet und gesichert werden. Nach dem neuen § 18a ROG steht dem Bund die Kompetenz für die Raumordnungspläne in der AWZ zu. Gemäß der Begründung entfaltet die Regelung des § 18a ROG als Ausnahmevorschrift im Rahmen von Art. 75 Abs. 2 GG abschließende und unmittelbare Geltung[214]. Gegen die Einführung der Bundesraumordnung werden teilweise jedoch kompetenzrechtliche Bedenken erhoben[215]. Das Thema zur AWZ steht aber in keinem Zusammenhang mit der vorliegenden Arbeit und soll daher an dieser Stelle nicht weiter vertieft werden.

3. SUPG

Für das Fachplanungsrecht ist die SUP-Richtlinie durch das „Gesetz zur Einführung einer Strategischen Umweltprüfung und zur Umsetzung der Richtlinie 2001/42/EG vom 25. Juni 2005 (SUPG)“ umgesetzt worden. Kerngehalt des SUPG ist dessen Art. 1, der das Gesetz über die Umweltverträglichkeitsprüfung (UVPG) um Regelungen zur SUP erweitert und dadurch das UVPG in ein gemeinsames Stammgesetz für UVP und SUP umgestaltet hat[216]. Das novellierte UVPG[217] enthält nunmehr sechs Teile. Der erste Teil bestimmt allgemeine Vorschriften für die Umweltprüfungen, nämlich den Zweck des Gesetzes (§1 UVPG), Begriffsbestimmungen (§ 2 UVPG) sowie den Anwendungsbereich (§ 3 UVPG). Nach § 1 Nr. 1 UVPG ist der Terminus „Umweltprüfungen“ als Obergriff für die (projektbezogene) UVP und die (plan- bzw. programmbezogene) SUP etabliert worden[218]. Teil 2 des UVPG sieht in §§ 3a-14 die spezifischen Bestimmungen zur UVP vor, während es in Teil 3 die neuen Vorschriften zur SUP (§§ 14a-14o UVPG) gibt. Anschließend finden sich in Teil 4 besondere Verfahrensvorschriften für die Umweltprüfungen in §§ 15-19b UVPG. Entsprechend Teil 2 des UVPG a.F. enthält Teil 5 Vorschriften für bestimmte Leitungsanlagen und andere Anlagen (§§ 20-23 UVPG). Teil 6 normiert die Schlussvorschriften in §§ 24, 25 UVPG. Die Anlagen 1 und 2 zum UVPG bleiben inhaltlich unverändert; die neue Anlage 3 ist eine Liste SUP-pflichtiger Pläne und Programme; daran schließt sich die neue Anlage 4 an, die Kriterien für die Vorprüfung des Einzelfalls im Rahmen einer SUP festlegt.

---

213 Vom 10. 12. 1982, BGBl. 1994 II, S. 1798.
214 Näher vgl. Erbguth, NuR 2004, 91, 96; Kment, NVwZ 2005, 886, 889.
215 Im Einzelnen vgl. Erbguth, NuR 2004, 91, 93 ff.
216 Hendler, NVwZ 2005, 977, 978.
217 Bekanntmachung der Neufassung des UVPG vom 25. 6. 2005, BGBl. 2005 I, S. 1757.
218 Erbguth/Schubert, ZUR 2005, 524, 525.

Die Definitionen der SUP sowie der Pläne und Programme finden sich jeweils in §§ 2 Abs. 4 S. 1 und Abs. 5 UVPG. Zur Frage, welche Pläne und Programme einer SUP zu unterziehen sind, ergibt sich die Antwort aus § 3 Abs. 1a i.V.m. §§ 14b bis 14d UVPG, wobei allerdings zwischen obligatorischer und konditionaler SUP zu unterscheiden ist. Eine obligatorische SUP ist durchzuführen bei Plänen und Programmen, die kraft Gesetzes einer Umweltprüfung bedürfen (§§ 14b Abs. 1, 14c UVPG); um eine konditionale SUP handelt es sich dagegen bei solchen, die nach Maßgabe einer Vorprüfung des Einzelfalls SUP-pflichtig sind (§§ 14b Abs. 2, 14d Abs. 1 UVPG)[219]. Nach § 14b Abs. 1 Nr. 1 UVPG ist eine obligatorische SUP zunächst bei Plänen und Programmen durchzuführen, die in der Anlage 3 Nr. 1 aufgeführt sind. Sie umfassen Verkehrswegeplanungen auf Bundesebene einschließlich von Bedarfsplänen, unter bestimmten Voraussetzungen Ausbaupläne nach § 12 Abs. 1 des Luftverkehrsgesetzes, Hochwasserschutzpläne und Maßnahmenprogramme nach §§ 31d und 36 des Wasserhaushaltsgesetzes (WHG), die Raumordnungsplanungen nach den §§ 8 und 9 Raumordnungsgesetzes (ROG), Raumordnung des Bundes in der deutschen ausschließlichen Wirtschaftszone (AWZ) nach § 18a ROG, die Festlegung der besonderen Eignungsgebiete nach § 3a der Seeanlagenverordnung, Bauleitplanungen nach den §§ 6, 10 BauGB sowie Landschaftsplanungen nach den §§ 15 und 16 des Bundesnaturschutzgesetzes (BNatSchG). Ferner unterfallen der obligatorischen SUP Pläne und Programme, die in der Anlage 3 Nr. 2 aufgeführt sind und für Entscheidungen über die Zulässigkeit von UVP-pflichtigen bzw. vorprüfungspflichtigen Vorhaben, egal nach Bundesrecht oder Landesrecht, einen Rahmen setzen (§ 14b Abs. 1 Nr. 2 UVPG). Hierbei geht es um die Lärmaktionspläne und Luftreinhaltepläne nach §§ 47d und 47 Abs. 1 BImSchG, Abfallwirtschaftskonzepte und ihre Fortschreibung nach § 19 Abs. 5 und § 16 Abs. 3 S. 4, 2. Alternative des Kreislaufwirtschafts- und Abfallgesetzes (KrW-/AbfG), sowie Abfallwirtschaftspläne nach § 29 KrW-/AbfG. Des Weiteren sind nach § 14c UVPG solche Pläne und Programme zwingend einer SUP zu unterziehen, die einer FFH-Verträglichkeitsprüfung nach § 35 S. 1 Nr. 2 BNatSchG unterliegen.

Bei bestimmten Plänen und Programmen ist nur dann eine SUP durchzuführen, wenn eine Vorprüfung des Einzellfalls (sog. Screening) ergibt, dass der Plan bzw. das Programm voraussichtlich erhebliche Umweltauswirkungen hat. Das betrifft nach § 14b Abs. 2 zunächst alle nicht in der Anlage 3 UVPG aufgeführten Pläne und Programme, die für die Entscheidung über die Zulässigkeit von UVP- bzw. vorprüfungspflichtigen oder anderen Vorhaben einen Rahmen setzen. Eine weitere Gruppe sieht § 14d UVPG vor. Demgemäß ist das der Fall, wenn obligatorisch SUP-pflichtige Pläne und Programme nur geringfügig geändert

[219] Vgl. Erbguth/Schubert, ZUR 2005, 524, 526 f.; Hendler unterscheidet zwar auch die obligatorische und konditionale SUP, aber mit einem anderen Differenzierungskriterium. Demzufolge gehe es bei Plänen und Programmen nach § 14b Abs. I Nr. 2 UVPG nicht um eine obligatorische, sondern um eine konditionale SUP. Vgl. ders., NVwZ 2005, 977, 979 f.

werden oder sie die Nutzung kleiner Gebiete auf lokaler Ebene festlegen. Bei solchen Fallkonstellationen aus den Bereichen Wasserhaushalt und Raumordnung, für die dem Bund lediglich die Rahmengesetzgebungskompetenz zusteht, ist es den Ländern aufgegeben, die Voraussetzungen für die Durchsetzung einer SUP zu regeln. Beim Screening hat die zuständige Behörde nach § 14b Abs. 4 UVPG aufgrund einer überschlägigen Prüfung unter Berücksichtigung der in Anlage 4 aufgeführten Kriterien einzuschätzen, ob der Plan oder das Programm voraussichtlich erhebliche Umweltauswirkungen hat, die im weiteren Aufstellungsverfahren nach § 14k Abs. 2 zu berücksichtigen wären. Zu berücksichtigen ist hierbei noch, inwieweit Umweltauswirkungen durch Vermeidungs- und Verminderungsmaßnahmen „offensichtlich" ausgeschlossen werden. Nach § 14a Abs. 1 UVPG hat die zuständige Behörde frühzeitig festzustellen, ob nach den §§ 14b bis 14d eine Verpflichtung zur Durchführung einer Strategischen Umweltprüfung besteht. Hat die zuständige Behörde eine Vorprüfung vorgenommen, ist das Ergebnis gemäß § 14a Abs. 2 S. 1 der Öffentlichkeit nach den Bestimmungen des Bundes und der Länder über den Zugang zu Umweltinformationen zugänglich zu machen; soll eine SUP unterbleiben, ist dies einschließlich der dafür wesentlichen Gründe bekannt zu geben. Nach § 14a Abs. 2 S. 2 ist die Feststellung über die SUP-Pflichtigkeit „nicht" selbständig anfechtbar.

Die Verfahrensanforderungen der SUP finden sich in §§ 14e ff. UVPG. § 14e UVPG bestimmt den Vorrang anderer (Fach-)Rechtsvorschriften. Die Regelungen betreffend die Verfahrensschritte der SUP im UVPG finden also nur dann Anwendung, soweit die Fachgesetze des Bundes und der Länder die SUP nicht näher oder weiter gehend bestimmen. Mit der Subsidiaritätsklausel ist anderseits der im UVPG festgelegte Mindeststandard sicherzustellen[220]. § 14f UVPG sieht die Festlegung des Untersuchungsrahmens (das sog. Scoping) vor. Maßstab dafür sind nach § 14f Abs. 2 S. 1 UVPG die Rechtsvorschriften, die für die Entscheidung über die Ausarbeitung, Annahme oder Änderung des Plans oder Programms maßgebend sind, also die Regelungen des jeweilig einschlägigen Fach(planungs-)rechts[221]. § 14g UVPG enthält Regelungen über den Umweltbericht. Bei dem Umweltbericht werden die voraussichtlichen erheblichen Umweltauswirkungen der Durchführung des Plans oder Programms sowie vernünftiger Alternativen ermittelt, beschrieben und bewertet. Nach § 14f Abs. 3 UVPG bewertet (zunächst) „vorläufig" der Umweltbericht die Umweltauswirkungen des Plans oder Programms im Hinblick auf eine wirksame Umweltvorsorge im Sinne der §§ 1 und 2 Abs. 4 Satz 2 in Verbindung mit § 2 Abs. 1 Satz 2 „nach Maßgabe der geltenden Gesetze". Maßstab sind also die Regelungen des jeweiligen Fachrechts[222]. Während § 14h UVPG die Beteiligung der in ihren (umwelt- und gesundheitsbezogenen) Aufgabenbereichen berührten Behörde normiert, finden sich Regelungen über die Beteiligung der Öffentlichkeit in § 14i UVPG.

---

220 Sangenstedt, UVP-report 2005, 12, 14; Hendler, NVwZ 2005, 977, 979.
221 Erbguth/Schubert, ZUR 2005, 524, 527.
222 Erbguth/Schubert, ZUR 2005, 524, 528.

Das Gesetz unterscheidet zwischen der »Öffentlichkeit« und der »betroffenen Öffentlichkeit«. Nach der Definition in § 2 Abs. 6 UVPG bedeutet der Begriff »Öffentlichkeit« einzelne oder mehrere natürliche oder juristische Personen sowie deren Vereinigungen. »Betroffene Öffentlichkeit« i.S.d. UVPG ist danach für die Beteiligung in Verfahren der Umweltprüfungen jede Person, deren Belange berührt werden; hierzu gehören auch Vereinigungen, deren satzungsmäßiger Aufgabenbereich berührt wird, darunter auch Vereinigungen zur Förderung des Umweltschutzes. Hierbei wird der seit langem in § 73 Abs. 4 S. 1 VwVfG bestehende Begriff der »berührten Belange« verwendet[223]. Gemäß § 14i Abs. 2 UVPG sind der Entwurf des Plans oder Programms, der Umweltbericht sowie weitere Unterlagen der »Öffentlichkeit« auszulegen. Nach § 14i Abs. 3 UVPG wird dagegen aber nur der »betroffenen Öffentlichkeit« ein Äußerungsrecht eingeräumt. Die Äußerungsfrist darf einen Monat nicht unterschreiten. Dies ist schon länger als die normalerweise nur zwei Wochen dauernde deutsche Einwendungsfrist[224]. § 14j UVPG sieht die grenzüberschreitende Behörden- und Öffentlichkeitsbeteiligung vor. § 14k UVPG normiert die abschließende Bewertung und Berücksichtigung der SUP. Gemäß dessen Abs. 1 hat die zuständige Behörde nach Abschluss der Behörden- und Öffentlichkeitsbeteiligung die Darstellungen und Bewertungen des Umweltberichts unter Berücksichtigung der ihr übermittelten Stellungnahmen und Äußerungen zu überprüfen. Das Ergebnis der Überprüfung ist nach Abs. 2 § 14k UVPG im Verfahren zur Aufstellung oder Änderung des Plans oder Programms zu berücksichtigen. § 14l UVPG schreibt die Regelungen betreffend die Bekanntgabe der Entscheidung über die Annahme des Plans oder Programms vor. Schließlich finden sich in § 14m UVPG die Regelungen über die Überwachung (Monitoring).

Anzumerken ist an dieser Stelle noch die Kompetenzstruktur für SUP im UVPG n. F. Dabei ist zwischen den Voraussetzungen der SUP-Pflicht und der Durchführung einer SUP zu differenzieren[225]. Hinsichtlich der Voraussetzungen der SUP-Pflicht sind im UVPG n. F. grundsätzlich unmittelbar geltende, abschließende Regelungen getroffen worden. Ausnahmen bilden § 14d Abs. 2 S. 1 und § 19a Abs. 1 S. 4 UVPG. Der erstere betrifft obligatorische SUP-pflichtige Pläne und Programme insoweit, als sie geringfügig geändert werden oder die Nutzung kleiner Gebiete auf lokaler Ebene festlegen und wenn sie aus den Bereichen Wasserhaushalt und Raumordnung sind. Bei letzterem geht es um Landschaftsplanungen. Bei solchen Ausnahmefällen regeln also die Länder die Voraussetzungen einer SUP-Pflicht. Was die Durchführung einer SUP anbelangt, werden die Länder beauftragt, die diesbezüglichen Regelungen für Landschaftsplanungen sowie für Pläne und Programme aus den Bereichen Wasserhaushalt und Raumordnung zu erlassen (§§ 14o und 19a Abs. 1 S. 2 UVPG). Ausgenommen ist jedoch die Raumordnung in der deutschen ausschließlichen Wirtschaftszone

---

223 Erbguth/Schubert, ZUR 2005, 524, 529.

224 Vgl. § 10 Abs. 3 BImSchG; § 73 Abs. 4 S. 1 VwVfG.

225 Hendler, NVwZ 2005, 977, 984; Sangenstedt, UVP-report 2005, 12, 14.

(AWZ), weil hierfür nach § 18a ROG der Bund zuständig ist. Eine weitere Ausnahme bildet die Vorschrift betreffend die grenzüberschreitende Öffentlichkeits- und Behördenbeteiligung (§ 140 S. 3 und § 19a Abs. 1 S. 3 UVPG).

IV. Fazit

Die UVP ist durch die Einführung der SUP auf der Plan- und Programmebene sinnvoll ergänzt worden. Zahlreiche Pläne und Programme sind nunmehr einer prozeduralisierten Umweltprüfung unterzogen. Vor allem erfasst die SUP nun grundsätzlich alle Raumordnungsplanungen und Bauleitplanungen. Die vorherige Einschränkung der UVP durch den deutschen Gesetzgeber ist durch die Umsetzung der UVP-Änderungsrichtlinie 97/11/EG und der SUP-Richtlinie 2001/42/EG weitgehend beseitigt worden. Abzuwarten ist nur noch, ob im Gefolge der Richtlinie 2003/35/EG über die Öffentlichkeitsbeteiligung und den Zugang zu Gerichten die Abwertung der UVP durch die Rechtsprechung des BVerwG bereinigt werden könnte. Was den integrativen Ansatz anbelangt, ist auf die Fortentwicklung infolge der IVU-Richtlinie zu verweisen, der im nachfolgenden Abschnitt (D) nachgegangen wird. Schließlich ist noch anzumerken, dass der langwierige Umsetzungsprozess der SUP-Richtlinie noch einmal zeigte, wie das Fehlen einer übergreifenden Bundeskompetenz für den Umweltschutz die europarechtliche Pflichterfüllung erschwert und eine einheitliche Umsetzung medienübergreifender Anforderungen verhindert.

D. IVU-Richtlinie 96/61/EG

I. Vorbemerkung

Mit der Richtlinie 96/61/EG über die integrierte Vermeidung und Verminderung der Umweltverschmutzung (IVU-Richtlinie)[226] sind auch im Rahmen des integrativen Konzepts Maßnahmen vorgesehen, um ein hohes Schutzniveau für die Umwelt insgesamt zu erreichen. Diese Richtlinie bezweckt also eine integrative bzw. medienübergreifende Prüfung der Umweltauswirkungen in Zulassungsverfahren für den Betrieb größerer Industrieanlagen. Der ursprüngliche Kommissionsentwurf vom 14. September 1993[227] wurde von dem britischen Kontrollsystem, Integrated Pollution Control (IPC) in Teil I des Environmental Protection Act 1990, stark beeinflusst. Sein rein verfahrensrechtlicher Ansatz war aber in Deutschland auf heftige Kritik gestoßen[228]. Nach herrschender Meinung in Deutschland seien u. a. die Normierung von Betreiberpflichten, am Stand der Technik orientierte Emissionsgrenzwerte, ein Mindestniveau gewährleistende

---

226 Richtlinie 96/61/EG des Rates vom 24. 9. 1996 über die integrierte Vermeidung und Verminderung der Umweltverschmutzung, ABl. 1996 L 257/26.

227 KOM (93) 423 endg.= ABl. 1993 C 311/6 = NVwZ 1994, 459.

228 Vgl. BR-Drs. 803/93, S. 2 f.; Bericht des ad hoc Bund/Länder-Arbeitskreises „Fachübergreifendes Umweltrecht“, in: Umwelt (BMU) 2/1995, Sonderteil.

Umweltqualitätsziele und im Übrigen eine Übereinstimmung mit dem Umweltrecht der EG unverzichtbar[229]. Der Verabschiedungsprozess hat zu erheblichen Annäherungen der letztlich erlassenen IVU-Richtlinie an das deutsche Anlagengenehmigungsrecht, im Wesentlichen also das Bundesimmissionsschutzgesetz (BImSchG), geführt[230]. Beide enthalten nun einen materiellen Grundpflichtenkatalog[231], unterscheiden zwischen den als Mindestniveau einzuhaltenden Umweltqualitätsnormen[232] und den Emissionsgrenzwerten[233], verfügen über eine Abstufung zwischen Anzeige- und Genehmigungsverfahren für Anlagenänderungen[234] sowie ähnliche Vorschriften über Überwachung und nachträgliche Anforderungen[235]. Einige Abschwächungen dieser Anforderungen in der IVU-Richtlinie sind allerdings im Vergleich zum BImSchG deutlich[236]. Andererseits waren auch Divergenzen mit Anpassungsbedarf bezüglich des deutschen Rechts zu erkennen. Dabei stand vor allem der Anspruch eines integrativen, medienübergreifenden Umweltschutzes im Vordergrund.

II. Integrativer Ansatz

Nach der IVU-Richtlinie muss nun der Zulassung umweltrelevanter Vorhaben, die in Anhang I der Richtlinie aufgeführt sind, eine integrierte Prüfung zugrunde liegen. Das Ziel besteht darin, durch integrierte Umweltschutzmaßnahmen Emissionen in Luft, Wasser und Boden unter Einbeziehung der Abfallwirtschaft zu vermeiden und zu vermindern, um den Mangel der getrennten Konzepte, nämlich die Verschmutzungsverlagerung auf ein anderes Umweltmedium, zu verhindern und daher die Umwelt insgesamt zu schützen (vgl. Erwägungsgründe 7 und 8 der IVU-Richtlinie). Ein Instrumentarium zur Realisierung des integrierten Ansatzes stellen zum einen die Grundpflichten der Betreiber gemäß Art. 3 der Richtlinie dar. Sie umfasst Vorsorge- und Schutzmaßnahmen, die Abfallvermeidung, -verwertung und -beseitigung, effiziente Energieverwendung, Vermeidung von Unfällen sowie erforderliche Maßnahmen bei der Stilllegung. Anderseits müssen Emissionsgrenzwerte für Schadstoffe, insbesondere im Anhang III aufgelistete Schadstoffe, in der Genehmigung festgelegt und von der Anlage eingehalten werden (Art. 9 Abs. 3 IVU-Richtlinie). Die Emissionsgrenzwerte sind auf die „besten verfügbaren Techniken" (BVT) zu stützen; hier-

229 Ein kurzer Überblick über die Auseinandersetzung mit dem Entwurf und seiner Änderung, vgl. Krämer, in: Rengeling (Hrsg.), Integrierter und betrieblicher Umweltschutz, 1996, S. 51 ff.

230 Ausführlich zu den wesentlichen Übereinstimmungen, vgl. Koch, Jb. UTR 1997, 31, 33 ff.

231 Art. 3 der IVU-Richtlinie u. § 5 Abs. 1 u. 3 BImSchG.

232 Art. 10 der IVU-Richtlinie u. § 5 Abs. 1, Nr. 1 BImSchG.

233 Art. 9 Abs. 4 i.V.m. Art. 2, Nr. 11 der IVU-Richtlinie und §§ 5 Abs. 1, Nr. 2 i.V.m. 3 Abs. 6 BImSchG.

234 Art. 12 der IVU-Richtlinie u. §§ 15, 16 BImSchG.

235 Art. 13, 14 der IVU-Richtlinie u. §§ 17, 26 ff., 52 ff. BImSchG.

236 Näher vgl. Koch, Jb. UTR 1997, 31, 34 f.

bei sind auch die technische Beschaffenheit der betreffenden Anlage, ihr geographischer Standort und die jeweiligen örtlichen Umweltbedingungen zu berücksichtigen (Art. 9 Abs. 4 IVU-Richtlinie). Kriterien für die Festlegung der BVT werden in Anhang IV normiert. Zu berücksichtigen sind neben der Kosten/Nutzen-Analyse auch der Einsatz abfallarmer Technologie und weniger gefährlicher Stoffe, die Förderung der Rückgewinnung und Wiederverwertung der Stoffe und der Abfälle, der Rohstoffverbrauch sowie die Energieeffizienz usw. Hinsichtlich des Verfahrens verlangt die Richtlinie eine vollständige Koordinierung des Genehmigungsverfahrens und der Genehmigungsauflagen zwischen den zuständigen Behörden (Art. 7 der Richtlinie). Ferner schreibt die Richtlinie noch die Einhaltung der Umweltqualitätsnormen, die Überwachung, eine regelmäßige Überprüfung und gegebenenfalls Anpassung der Genehmigungsauflagen vor.

Außerdem soll die Kommission nach Art. 16 Abs. 2 der IVU-Richtlinie einen Informationsaustausch zwischen den Mitgliedstaaten und der betroffenen Industrie über die BVT, die damit verbundenen Überwachungsmaßnahmen und die Entwicklungen auf diesem Gebiet durchführen. Für die Koordination dieser Konsultationen ist ein europäisches IPPC-Büro in Sevilla[237] eingerichtet worden. Die Ergebnisse des Informationsaustausches werden in den BVT-Merkblättern bzw. sog. BREFs (Best Available Technique Reference Document) dokumentiert und veröffentlicht. Sie sollen den staatlichen Genehmigungsbehörden eine Orientierung über BVT beim integrierten Umweltschutz geben. Wenn sich insbesondere aufgrund der BREFs herausstellt, dass die Gemeinschaft tätig werden muss, sollen gemeinschaftliche Emissionsgrenzwerte festgelegt werden. Solange keine gemeinschaftlichen Emissionsgrenzwerte auf der Basis der IVU-Richtlinie festgelegt werden, gelten die einschlägigen Emissionswerte der anderen, vorhandenen Richtlinien (Art. 18 der Richtlinie).

Viele sprechen sich dafür aus, dass die IVU-Richtlinie den integrativen Ansatz nur in sehr abgeschwächter Form enthalte[238]. Obwohl als Ziel des integrierten Konzeptes der Verminderung der Verschmutzung immer der Schutz der „Umwelt insgesamt" genannt werde, ergebe sich doch aus den Erwägungsgründen 7 und 8 sowie Art. 9 Abs. 3 der IVU-Richtlinie, dass ihr Umweltschutz eigentlich „übermedial"[239] (Luft, Wasser und Boden) sei, lediglich durch Einbeziehung der Abfallwirtschaft ergänzt werde[240]. Ausschlaggebend im Genehmigungsverfahren seien Schadstoffwerte, die sich allein auf die Emission beziehen. Die Umweltrelevanz der Produkte sei ebenso wenig zu berücksichtigen wie unmittelbar der Rohstoffverbrauch oder die Produktion der Anlagenteile. Auch die effiziente

---

237 S. http://www.eippc.jrc.es.

238 Vgl. vor allem Masing, DVBl. 1998, 549, 554 ff.; auch Schröder, NuR 2000, 481, 484 f.; Steinberg, NuR 1999, 192, 195; Steinberg/Koepfer, DVBl. 1997, 973, 974 f.

239 Schröder, NuR 2000, 481, 484.

240 Ähnlich Schmidt-Preuss DVBl. 1998, 864 ff.

Energieverwendung (Art. 3 Abs. 1 d der Richtlinie) sei nur als gesonderte Betreiberpflicht[241] gefasst, die von der Bestimmung der Emissionsgrenzwerte getrennt ist, und fließe dementsprechend nicht ganzheitlich in die Abwägungsmasse ein[242]. Diese Auffassung unterschätzt aber das Gewicht der integrativ ausgestalteten „besten verfügbaren Techniken" (BVT). Die in Anhang IV der IVU-Richtlinie ausgeführten Kriterien für die Festlegung der BVT umfassen alle relevanten Elemente eines Produktionsprozesses, von den Einsatzstoffen über die Förderung der Rückgewinnung und Wiederverwertung eingesetzter Stoffe bis zur Energieeffizienz. Darin lassen sich die integrativen Elemente besonders deutlich erkennen[243]. Auf die integrativen BVT sind Emissionswerte zu stützen, die eine Schlüsselrolle in dem IVU-Verfahren einnehmen. Von daher dürfte das umfassende Integrationspostulat der Richtlinie kaum verneint werden[244].

Das integrative Konzept der IVU-Richtlinie entschärft sich jedoch durch die Öffnung für gewisse generalisierte Vorgaben[245]. Wie eingangs dieses Kapitels bereits bemerkt, sollen nach dem Ausgangspunkt des idealtypischen integrativen Umweltschutzes die ökologischen Zusammenhänge in ihrer vollen Komplexität bewertet werden. Aufgrund einer Gesamtschau der vielfältigen Wechselwirkungen müssen unterschiedliche Umweltbelastungsbilanzen aus den nie identischen Einzelfällen gezogen werden. Ein integrativer Umweltschutz ist mithin im Grunde genommen einzelfallbezogen und generalisierungsfeindlich[246]. Gerade der erste Kommissionsentwurf ging von der Vorstellung einer Einzelfallbezogenheit aus[247]. Wegen ihrem hohen Relativierungspotential stieß die grundsätzliche Einzelfallbezogenheit aber auf heftige Kritik, nicht zuletzt von deutscher Seite. Folglich enthält die IVU-Richtlinie nun ausdrücklich eine gewisse Generalisierung. Zum einen ist in den Definitionen deutlich zu machen, dass die besten verfügbaren Techniken *grundsätzlich* als Grundlage für Emissionsgrenzwerte zu dienen haben, dass die Verfügbarkeit der Technik für den betreffenden industriellen Sektor *insgesamt* zu ermitteln ist und dass die „besten" Techniken diejenigen sind, die am wirksamsten zur Erreichung eines *allgemein* hohen

241 Die Aufnahme von Betreiberpflichten erfolgte auf Betreiben der deutschen Seite hin - freilich in einer sehr abgeschwächten Form, vgl. Art. 3 Abs. 2 der Richtlinie. S. Masing, DVBl. 1998, 549, 555, Fn. 42.

242 Masing, DVBl. 1998, 549, 555.

243 Koch, Jb. UTR 1997, 31, 46.

244 Masings Meinung nach sei z.B. der Rohstoffverbrauch nach Anhang IV Nr. 9 der Richtlinie nur mittelbar, bei Bestimmung der bestverfügbaren Techniken zu berücksichtigen; dies mache schon wegen der Allgemeinheit dieser Bestimmung einen erheblichen Unterschied; auch sei der Rohstoffverbrauch in dieser Form kein eigenständiger Genehmigungsaspekt. S. ders., DVBl. 1998, 549, 555, Fn. 41.

245 Masing, DVBl. 1998, 549, 555; vgl. auch Zöttl, NuR 1997, 157, 162 und 165 f.

246 Masing, DVBl. 1998, 549, 551.

247 In wieweit nach den ursprünglichen Vorstellungen der Kommission auch generelle Vorgaben in der IVU-Richtlinie mitspielen sollten, ist unklar. Näher vgl. Masing, DVBl. 1998, 549, 556 Fn. 49.

Schutzniveaus für die Umwelt insgesamt sind (Art. 2 Nr. 11)[248]. Über die technischen Standards hinaus lässt die Richtlinie nun auch die Möglichkeit zu, verbindliche generalisierte Genehmigungsvoraussetzungen festzulegen: Gemäß Art. 9 Abs. 8 der Richtlinie können die Mitgliedstaaten „bestimmte Anforderungen für bestimmte Kategorien von Anlagen in Form von *allgemeinen bindenden* Vorschriften statt in Genehmigungsauflagen festlegen." Dadurch verlagert sich der Integrationsanspruch pauschalierend auf eine allgemeine Ebene[249].

Gerade wegen der Zulässigkeit von Generalisierungen bedeutet die IVU-Richtlinie für das deutsche Recht keine Auflösung seiner Grundstrukturen[250]. Da die Richtlinie nun doch die Möglichkeit anerkennt, generalisierte Vorgaben in das Zentrum der Genehmigungsentscheidung zu stellen, wie es das deutsche Recht immer tut, stellt sie strukturell keine neuartigen Anforderungen auf. Was noch eine ernsthafte Herausforderung für das deutsche Recht darstellt, liegt darin, dass sich die überkommenden Umweltstandards so ändern müssen, dass sie dem Integrationsanspruch der IVU-Richtlinie entsprechen und zu den sog. „integrierten Umweltstandards" werden. Die integrierten Umweltstandards zu schaffen wird jedoch nicht als Systembruch mit der bisherigen Standardsetzung bewertet, sondern eher als „eine modifizierende Fortentwicklung"[251]. Für das deutsche Recht bleibt also die zentrale Vorgabe verbindlicher Standards unverändert.

Hinsichtlich der Verfahrensregelung stellt die IVU-Richtlinie auch keine neuartigen Anforderungen an das deutsche Recht[252]. Sie verlangt nur eine „vollständige Koordinierung" der Zulassungsverfahren und der Auflagen. Weder eine Entscheidungskonzentration bei einer Behörde noch die Bestimmung einer federführenden Behörde wie in der UVP-Richtlinie wird vorgesehen[253].

III. Umsetzung ins deutsche Recht

1. Umsetzungsdiskussionen

Anknüpfend an die Umsetzungsdiskussionen um die UVP-Richtlinie, die schon im Abschnitt B I 2 dargestellt sind, wurde die heftige Debatte über die Umsetzung des integrierten Umweltschutzes ins deutsche Recht wegen der IVU-Richtlinie weitergeführt. Die Frage, ob die immissionsschutzrechtliche Genehmigung schon – vor allem nach der 3. Novelle zum BImSchG vom 11. Mai

248 Näher Vgl. Masing, DVBl. 1998, 549, 556, Fn. 50.
249 Masing, DVBl. 1998, 549, 556.
250 Masing, DVBl. 1998, 549, 557.
251 Steinberg, NuR 1999, 192, 198.
252 Masing, DVBl. 1998, 549, 557.
253 Berendes, ZfW 2002, 197, 208.

1990[254] – ein Instrument integrierten Umweltschutzes ist bzw. ob sie, auch wenn noch nicht ganz ein solches, ein durchaus geeignetes und leistungsfähiges Instrument dafür darstellt, war nach wie vor umstritten. Nun überwog aber die Auffassung, dass die Differenz zwischen dem Integrationsanspruch des EG-Rechts und dem Anliegen des geltenden deutschen Rechts nicht so groß sei[255]. Für genehmigungsbedürftige Anlagen enthalte § 5 BImSchG nicht nur Schutz- und Vorsorgepflichten gegen Belastungen über den Luftpfad, sondern auch das Gebot zur Abfallvermeidung, -verwertung und -beseitigung sowie das Abwärmenutzungsgebot. Gemäß § 6 Abs. 1 S. 2 BImSchG setze die Genehmigung auch die Einhaltung anderer öffentlich-rechtlicher Vorschriften voraus. Außerdem impliziere die wesentliche Anforderung, Emissionen dem „Stand der Technik" entsprechend zu begrenzen, schon immer medienübergreifende Gesichtpunkte, weil die Vermeidungs- und Reinigungstechnologien, die ihre Leistungen durch unangebrachte umweltrelevante Nebenwirkungen oder unangemessene Problemverlagerungen in andere Medien erreichen, nicht „Stand der Technik" im Sinne der §§ 3 Abs. 6 BImSchG und 7a Abs. 5 WHG seien. Der Umsetzungsbedarf bei der IVU-Richtlinie bestünde daher nur in Ergänzungen und Klarstellungen.

Zur Umsetzung der IVU-Richtlinie war ebenso wie bei der Umsetzung der UVP-Richtlinie die Meinung verbreitet, dass bei der traditionell deutschen gebundenen Genehmigungsentscheidung Spielräume auf der Tatbestandsseite eingeräumt werden sollten[256]. Auf dieser Auffassung beruht auch der Entwurf der Sachverständigenkommission zum Umweltgesetzbuch (UGB-KomE) von 1998. Danach sollte eine einheitliche und integrierte Vorhabensgenehmigung eingeführt werden, wobei eine Integrationsklausel und eine Öffnungsklausel fallweise das Integrationspostulat gewährleisten würden. Es sollte also möglich sein, aufgrund der medienübergreifenden Gesichtspunkte bei einzelnen Emissionsgrenzwerten abweichen zu können. Zum Inhalt der zwei Klauseln sei im Einzelnen auf B II 2 verwiesen. Die nachher auf der Basis des UGB-KomE vom Bundesministerium für Umwelt, Naturschutz und Reaktorsicherheit (BMU) vorgestellten Entwürfe des Ersten Buchs zum Umweltgesetzbuch (UGB-I) enthielten ähnliche Regelungen in leicht modifizierter Fassung. Die Gegenmeinung hielt aber die Einräumung eines Ermessens für sachgerechter[257]. Die immissionsschutzrechtliche Genehmigung sollte also zu einer Ermessengenehmigung umgestaltet werden.

---

254 Drittes Gesetz zur Änderung des BImSchG vom 11. 5. 1990, BGBl. I 870; Neubekanntmachung des BImSchG vom 14. 5. 1990, BGBl. I 880.

255 Vgl. Hansmann, ZfW 1999, 238 ff.; Lübbe-Wolff, NuR 1999, 241 ff.; SRU, Umweltgutachten 2002, Tz. 307; ähnlich Rebentisch, NVwZ 1995, 949 ff.

256 Steinberg/Koepfer, DVBl. 1997, 973, 981.

257 Wickel, UPR 2000, 92, 98 f.

Anders als bei den Umsetzungsdiskussionen zur UVP-Richtlinie tauchte nun eine neue Stimme auf und wurde immer lauter: Statt auf der Ebene der fallbezogenen Genehmigung sollten die medienübergreifenden Gesichtspunkte auf der Ebene der Regelsetzung, also der Grenzwertsetzung, berücksichtigt werden[258], zumal Art. 9 Abs. 8 IVU-Richtlinie, wie bereits ausgeführt, ausdrücklich die Festlegung der Anforderungen durch allgemein bindende Vorschriften statt durch Genehmigungsauflagen gestatte. Gegen den UGB-KomE bzw. Entwürfe des UGB-I wurde eingewendet, dass die Öffnungsklausel den Behörden vor dem scharfen Vollzugsgegendruck aus der Wirtschaft den klaren Rückhalt des verbindlichen Standards entziehe und starke Anfälligkeit für Missbrauch zeige. Außerdem sei hierbei an die Inkommensurabilität unterschiedlicher Umweltauswirkungen zu erinnern. Es bestünden nämlich keine plausiblen und einheitlichen Maßstäbe für die Entscheidung, welches Maß an Abfallaufkommen im Interesse welchen Maßes an Luftverunreinigung, Gewässerbelastung bzw. zerstörte Naturlandschaften hinzunehmen sei. Die Abwägung zwischen unterschiedlichen Umweltauswirkungen sei mithin eine politische Entscheidung, die so weit wie möglich auf der Ebene der Normsetzung getroffen werden sollte. Die situationsbezogene Flexibilität könne durch die Beibehaltung konkurrierender Technologien – wenn eine pauschale Präferenz nicht begründbar sei – und darauf basierenden differenzierten Grenzwerten sichergestellt werden. Die Konkretisierung der integrativen Anforderungen im untergesetzlichen Regelwerk fördere auch die Rechtssicherheit. Darüber hinaus trage dies – obwohl es kompliziert und zeitaufwendig ist – zur Rationalisierung der Verwaltung und zur Beschleunigung der Verfahren bei. Diese Umsetzungsstrategie übernahm ein Entwurf einer G-Länder-Arbeitsgruppe[259].

Die Bundesregierung hatte, wie schon in B II 2 ausgeführt, ursprünglich vor, die IVU-Richtlinie und UVP-Änderungsrichtlinie durch UGB I umzusetzen. Das Vorhaben ist allerdings angeblich an unzureichenden Gesetzgebungskompetenzen des Bundes gescheitert. Gleichzeitig ist das unabhängig von der konkreten IVU-Richtlinie schon lange währende ehrgeizige Projekt über die Einführung eines einheitlichen Umweltgesetzbuches eingestellt worden. Die Gründe des Scheiterns waren umstritten. Jedenfalls war die Umsetzungsstrategie für die beiden Richtlinien wegen Zeitdrucks von einer großen Lösung auf eine kleine umgewandelt worden. Die Umsetzungserfordernisse wurden nämlich mittels eines so genannten „Artikelgesetzes 2001“, also des „Gesetzes zur Umsetzung der UVP-Änderungsrichtlinie, der IVU-Richtlinie und weiterer EG-Richtlinien zum Umweltschutz“ vom 27. Juli 2001[260], rasch bewerkstelligt. Zu dieser Umsetzungsgeschichte sei im Einzelnen auf B II 2 verwiesen.

---

258 Vgl. Lübbe-Wolff, NuR 1999, 241 ff.; Hansmann, ZUR 2002, 19 f.; SRU, Umweltgutachten 2004, Tz. 566.

259 Modul I für ein Umweltgesetzbuch, Stand 20. 8. 1998. G-Länder: Länder mit grüner Regierungsbeteiligung, s . Lübbe-Wolff, NuR 1999, 241, 242.

260 BGBl. I S. 1950.

2. Artikelgesetz 2001

Das Artikelgesetz 2001 passte die betroffenen Fachgesetze des Bundes jeweils den EG-Vorschriften an[261]. Dadurch ist die IVU-Richtlinie mit fast zweijähriger Verspätung[262] in deutsches Recht umgesetzt worden. Das Artikelgesetz 2001 enthält zuerst in Art. 1 zahlreiche Änderungen des UVPG. Dessen Artikel 2 normiert viele Neuregelungen des BImSchG. Die Art. 3 bis 6 enthalten Änderungen einiger BImSchVOen. Art. 7 betrifft Änderungen des WHG. Art. 8 passt das KrW-/AbfG an die Deponie-Richtlinie an. Art. 9 und 10 sehen Änderungen des Atomrechts vor. Art. 11 und 11a betreffen Änderungen des Bundesnaturschutzgesetzes und Bundesberggesetzes. Art. 12 normiert Änderungen des Baugesetzbuchs. Bei Art. 13 bis 19 handelt es sich um Änderungen im Verkehrswegerecht. Art. 20 enthält Änderungen des Energiewirtschaftsgesetzes. Art. 21 und 22 betreffen Änderungen des Umweltinformationsrechts. Nachfolgend wird allerdings allein auf die Änderungen zur Umsetzung der IVU-Richtlinie eingegangen. Zum anderen Schwerpunkt des Artikelgesetzes 2001, nämlich die UVP-Änderungsrichtlinie umzusetzen, sei auf die in B II 3 gemachten Ausführungen verwiesen.

Bei der Umsetzung der IVU-Richtlinie ging das Artikelgesetz 2001 vom Fortbestehen paralleler Zulassungsverfahren, also der Beibehaltung von BImSchG und Wasserhaushaltsgesetz (WHG) sowie der Wassergesetze der Länder, aus. Dabei wurden die Anforderungen der Richtlinie in die jeweiligen Vorschriften des BImSchG und des Wasserrechts integriert. Außerdem hat der Gesetzgeber sich dafür entschieden, die materiell-integrativen Anforderungen der IVU-Richtlinie nicht durch eine Integrationsklausel bei der Einzelfallentscheidung zu erfüllen, sondern sie im untergesetzlichen Regelwerk abstrakt-generell zu konkretisieren[263]. So sind zunächst im BImSchG die Zweck-bestimmung des § 1 Abs. 2, der Begriff des Standes der Technik des § 3 Abs. 6 und der Grundpflichten des § 5[264] integrativ ausgestaltet worden. Über Kriterien zur Bestimmung des Standes der Technik ist ein Anhang eingefügt worden. Dann wurden die Ermächtigungsvorschriften der §§ 7 und 48 BImSchG um ein Integrationsgebot ergänzt. Es lautet: „Bei der Festlegung der Anforderungen sind insbesondere mögliche Verlagerungen von nachteiligen Auswirkungen von einem Schutzgut auf ein anderes zu berücksichtigen; ein hohes Schutzniveau für die Umwelt insgesamt ist zu gewährleisten.“ Auch im WHG wurde das Integrationspostulat in der Grundsatzbestimmung des § 1a Abs. 1 aufgenommen und der Begriff des Stan-

---

261 Näher vgl. Koch/Siebel-Huffmann, NVwZ 2001, 1081 ff.

262 Die IVU-Richtlinie war bis zum 30. 10. 1999 in nationales Recht umzusetzen.

263 Koch/Siebel-Huffmann, NVwZ 2001, 1081, 1083; Hansmann, ZUR 2002, 19, 20; SRU, Umweltgutachten 2004, Tz. 566.

264 Näher zu den Grundpflichten in § 5 BImSchG vgl. Hansmann, ZUR 2002, 19, 21 ff.

des der Technik des § 7 a Abs. 5 dementsprechend angepasst[265]. Hinsichtlich der Verfahrensregelungen wurden die bisherigen parallelen Zulassungsverfahren beibehalten und auch die Konzentrationswirkung der immissionsschutzrechtlichen Genehmigung gemäß § 13 BImSchG nicht ausgeweitet[266]. Gemäß dem neuen § 10 Abs. 5 S. 2 BImSchG hat die Genehmigungsbehörde lediglich eine vollständige Koordinierung der Zulassungsverfahren sowie der Inhalts- und Nebenbestimmungen sicherzustellen, soweit für das Vorhaben selbst oder für weitere damit unmittelbar im Zusammenhang stehende Vorhaben eine Zulassung nach anderen Gesetzen vorgeschrieben ist. Im WHG wurde allerdings aus Kompetenzgründen keine entsprechende Bestimmung eingefügt. Mit dem neuen § 7 Abs. 1 S. 3 WHG wurden vielmehr die Länder beauftragt, zur Umsetzung der IVU-Richtlinie Vorschriften über die in wasserrechtlichen Erlaubnisverfahren zu beachtenden Anforderungen zu erlassen. Sie umfassen insbesondere Vorschriften über Antragstellung, die vollständige Koordinierung der durchzuführenden Zulassungsverfahren sowie der Inhalts- und Nebenbestimmungen, die Überwachung und Überprüfung der Erlaubnis, Änderungen des Anlagenbetriebs, die Erklärung von Gewässerbenutzung über ihre Emissionen in Gewässer sowie die inländische und grenzüberschreitende Behörden- und Öffentlichkeitsbeteiligung[267].

Das Artikelgesetz 2001 wird je nach Standpunkt unterschiedlich beurteilt. Die Umsetzungsstrategie, die integrativen Anforderungen primär mittels der abstrakt-generell untergesetzlichen Standards und nur sekundär von den Genehmigungsbehörden einzellfallbezogen zu erfüllen, wurde zwar breit begrüßt[268]. Die Gegenmeinung kritisierte das Artikelgesetz 2001 jedoch als eine „kleine Lösung“[269]. Das Integrationsprinzip als solches sei vom Zentrum des Genehmigungsrechts an den Rand geschoben worden. Die materiell-integrativen Anforderungen der IVU-Richtlinie seien damit an die untergesetzlichen Verordnungen und Verwaltungsvorschriften weitergegeben worden. Dies bedeute, dass die Umsetzung mit der Aufnahme dieser neuen Begriffe noch keineswegs zum Abschluss gekommen ist, sondern erst der Erlass neuer und geänderter Verordnungen und Verwaltungsvorschriften die Umsetzung abschließen kann; vorher bestehe immer ein Umsetzungsdefizit[270]. Außerdem sei es äußerst bedenklich, dass

---

265 Zur wasserrechtliche Umsetzung der IVU-Richtlinie vgl. Berendes, ZfW 2002, 198, 207 f.

266 Feldhaus, ZUR 2002, 1, 6.

267 Vgl. Berendes, ZfW 2002, 198, 208; Böhm, ZUR 2002, 6, 10 f.

268 Koch/Siebel-Huffmann, NVwZ 2001, 1081, 1088; Feldhaus, ZUR 2002, 1, 5; Hansmann, ZUR 2002, 19, 20 f.; SRU, Umweltgutachten 2004, Tz. 566.

269 Vgl. Wahl, ZUR 2000, 360, 361 ff.; Böhm, ZUR 2002, 6, 9.

270 Gegen diese Einwände wird darauf hingewiesen, dass den integrativen Anforderungen schon durch die Änderungen des BImSchG Rechnung getragen wird. Vor allem der Stand der Technik im Sinne des § 3 Abs. 6 BImSchG erfordert eine Abwägung aller von einer Maßnahme berührten Umweltbelange, die im Einzellfall zu erbringen ist, wenn keine verbindlichen generellen Vorgaben bestehen. Auch bei einem unvollständigen un-

der Zentralbegriff der „Umwelteinwirkung“ und seine Definition beibehalten worden ist.

Schließlich ist noch anzumerken, dass nach dem Artikelgesetz 2001 die Anforderungen des EG-Rechts erst dann im Wasserrecht umgesetzt werden, wenn alle Länder ihre rechtlichen Ausführungsbestimmungen erlassen haben[271].

3. TA Luft 2002

Die aufgrund der Ermächtigung des § 48 BImSchG erlassene neue Technische Anleitung zur Reinhaltung der Luft (TA Luft 2002)[272], die am 1. Oktober 2002 in Kraft getreten ist, musste mithin unter anderem[273] die bedeutende Aufgabe erfüllen, die integrativen Anforderungen auf untergesetzlicher Ebene zu standardisieren. Die TA Luft 2002 enthält in Kapitel 5 „Anforderungen zur Vorsorge gegen schädliche Umwelteinwirkungen“, die vor allem Emissionswerte und technische Anforderungen umfassen. Entsprechend des integrativen Ansatzes berücksichtigen diese Vorschriften „mögliche Verlagerungen von nachteiligen Auswirkungen von einem Schutzgut auf ein anderes; sie sollen ein hohes Schutzniveau für die Umwelt insgesamt gewährleisten“ (Nr. 5.1.1 Abs. 3 TA Luft 2002). Des Weiteren werden in Nr. 5.1.3 TA Luft 2002 für mögliche Einzelfallbetrachtungen ausführliche Operationsdirektiven des integrativen Ansatzes vorgeschrieben. Sie dürften aber nur für atypische Fälle und den Fall gelten, in denen integrative Umweltstandards fehlen[274].

Weiter zu fragen ist, ob die einzelnen Emissionsgrenzwerte der TA Luft 2002 wirklich der integrativen Betrachtungsweise entsprechen. Diese Frage ist gerade vom Gesichtspunkt der Europarechtskonformität der deutschen Umsetzung wichtig. In der Begründung zur TA Luft 2002 stehen zwar einige anschauliche und einleuchtende Beispiele für eine Herleitung von Emissionsgrenzwerten auf der Grundlage medienübergreifender Betrachtung. Aber wie der Rat von Sachverständigen für Umweltgutachten (SRU) dazu zutreffend äußerte: „Das ist hilfreich, aber nicht ausreichend“[275]. Zu den in der TA Luft 2002 festgelegten Stan-

---

tergesetzlichen Regelwerk besteht demnach kein Umsetzungsdefizit. Hansmann, ZUR 2002, 19, 21.

271 Böhm, ZUR 2002, 6, 11.

272 Erste Allgemeine Verwaltungsvorschrift zum BImSchG, GMBl. 2002, Nr. 25-29, S. 511.

273 Daneben musste die TA Luft 2002 noch das Ermittlungs- und Beurteilungsverfahren und die Immissionsgrenzwerte der Luftqualitätsrahmenrichtlinie 1996/62/EG und ihrer Tochterrichtlinien anpassen und die anlagenbezogenen Emissionsgrenzwerte der technischen Entwicklung entsprechend fortschreiben. Im Einzelnen vgl. SRU, Umweltgutachten 2004, Tz. 565 ff.; Hannsmann, NVwZ 2003, 266 ff.

274 Näher zur Frage, ob die Anwendung der Anforderungen in Nr. 5.1.3 der TA Luft Regelfall oder Ausnahme darstellt, vgl. Pschera/Koepfer, NuR 2003, 517, 523.

275 SRU, Umweltgutachten 2004, Tz. 567.

dards und Grenzwerten sollten mehr und deutlichere Auskünfte gegeben werden, warum sie gerade auf der integrativen Betrachtung beruhen sowie keine unerwünschten Verlagerungsprobleme und Grenzbelastungen usw. bewirken. Notwendig sind in diesem Zusammenhang also noch mehr Transparenz, Dialog und Ausführungen[276].

IV. Fazit

Die Bedeutung der IVU-Richtlinie für das deutsche Recht besteht in der Hervorhebung der integrativen Betrachtungsweise. Obwohl oft die Ansicht vertreten wird, dass das deutsche Anlagenzulassungsrecht schon seit langem einem integrativen Ansatz folgt, dürfte kaum zu bestreiten sein, dass die IVU-Richtlinie wie die anderen integrativen Anforderungen des EG-Rechts das Integrationsgebot zumindest stärker ins Bewusstsein gehoben und zur „Klarstellung" der deutschen Regelungen geführt haben[277]. Was die erforderlichen integrativen Umweltstandards anbelangt, stellt die TA Luft 2002 einen ersten Schritt dar. Es muss aber noch klarer begründet werden, warum die darin festgelegten einzelnen Standards und Grenzwerte eben integrativ sind.

Aus Kompetenzgründen gibt es im Wasserrecht wieder keine einheitlichen Regelungen zur Umsetzung der IVU-Richtlinie. So ist einerseits die Rechtsordnung unnötig kompliziert geworden, andererseits die Umsetzung so lange nicht abgeschlossen, bevor alle Bundesländer nicht ihr jeweils eigenes Landeswassergesetz angepasst haben.

---

276 SRU, Umweltgutachten 2004, Tz. 567. Zur überragenden Bedeutung der Ausgestaltung des Verfahrens bei der Entwicklung der integrierten Umweltstandards vgl. auch Steinberg, NuR 1999, 192, 197 f.

277 Hansmann, ZUR 2002, 19.

Kapitel 2: Immissionsschutzrecht

A. Einleitung

Nach dem deutschen Rechtssystem sind das Luftreinhalterecht, das Lärmschutzrecht und das Anlagensicherheitsrecht unter dem Begriff des Immissionsschutzrechts erfasst. Zwecks Vereinheitlichung und Klarheit der Darstellung werden hierunter die entsprechenden zahlreichen EG-Regelungen wie im deutschen System gefasst, obwohl das EG-Recht keinen vergleichbaren Terminus kennt[278]. Die Entwicklung des Immissionsschutzrechts der Gemeinschaft begann in den 70er Jahren. Anfangs wurden vielfach deutsche Konzepte und Vorschriften in der Gemeinschaft übernommen und daher haben die deutschen Regelungen kaum Einwirkungen des europäischen Immissionsschutzrechts erfahren. Seit den 90er Jahren kommen allerdings immer mehr EG-Konzepte und -Vorschriften zum Einsatz, die für das deutsche Recht fremd sind. Das deutsche Immissionsschutzrecht ist seitdem einem ständigen Anpassungsdruck ausgesetzt[279]. Außerdem ist das europäische Immissionsschutzrecht aus dem Zusammentreffen von punktuellen Rechtsakten allmählich zu einer systematischen Rechtsausgestaltung entwickelt worden. In allen Sektoren bemüht sich die Kommission kohärente und integrierte Strategien zu entwickeln. So hat die Kommission im Bereich der Luftreinhaltepolitik im Mai 2001 das Programm „Saubere Luft für Europa" (CAFE)[280] vorgelegt, das darauf zielt, in regelmäßigen Abständen eine integrierte thematische Strategie für die Bekämpfung der Luftverschmutzung zu entwickeln. Vor dem Hintergrund seines Qualitätsansatzes werden der Luftqualitätsrahmenrichtlinie 96/62/EG[281] und ihrer Tochterrichtlinien eine Schlüsselstellung eingeräumt. Im Lärmschutzbereich besteht nun die umfassende und grundlegende Umgebungslärmrichtlinie 2002/49/EG[282]. Im Anlagensicherheitsrecht gibt es die Seveso II-Richtline 96/82/EG[283]. In dem Maße, in dem die Europäisierung des Immissionsschutzrechts immer vollständiger und dominierender wird, hat das nationale Recht demgegenüber immer weniger Spielräume.

---

278 Jarass, UPR 2000, 241.

279 Jarass, UPR 2000, 241.

280 KOM (2001) 245 endg.

281 Richtlinie 96/62/EG des Rates vom 27. 9. 1996 über die Beurteilung und die Kontrolle der Luftqualität, ABl. L 296/55.

282 Richtlinie 2002/49/EG des Europäischen Parlaments und des Rates vom 25.6.2002 über die Bewertung und Bekämpfung von Umgebungslärm, ABl. 2002 L 189/12.

283 Richtlinie 96/82/EG des Rates vom 9. 12. 1996 zur Beherrschung der Gefahren bei schweren Unfällen mit gefährlichen Stoffen, ABl. 1997 L10/13.

B. Luftreinhalterecht

I. Entwicklung des europäischen Luftreinhalterechts

1. Überblick

Die europäische Luftreinhaltepolitik greift in die 70er Jahre zurück[284]. Die ersten Vorschriften im EG-Luftreinhalterecht waren die Kraftfahrzeug bezogenen, obwohl sie eher aus handelspolitischen Erwägungen erlassen wurden[285]. Anfang der 80er Jahre kamen die Luftqualitätsnormen hinzu. Sie legten die Zielvorgaben fest, überließen es aber den Mitgliedstaaten, gegen welche Verursacher und mit welchen Maßnahmen die Zielvorgaben einzuhalten waren. Anschließend wurde vereinbart, die Industrieanlagen als Hauptverursacher der Umweltverschmutzung zu reglementieren. Neben einigen anlagenbezogenen Richtlinien wurde zu den Industrieanlagen noch eine integrativ ausgerichtete Umweltverträglichkeitsprüfungs(UVP)-Richtlinie verabschiedet. Trotz solcher Maßnahmen stellte die Kommission allerdings im 5. Aktionsprogramm der Gemeinschaft im Jahre 1993[286] fest, dass eine langsame, jedoch gravierende Verschlechterung des allgemeinen Zustandes der Umwelt innerhalb der Gemeinschaft und insbesondere im Hinblick auf Klimaveränderung, Übersäuerung sowie Luftverschmutzung usw. zu beobachten war[287].

Seit den 90er Jahre wurden die EG-Anforderungen nicht nur schrittweise verschärft und ausgeweitet, sondern auch teilweise vollständig neu gefasst. Zudem waren auch zahlreiche relevante Regelwerke mit neuen Dimensionen hinzugefügt. Beispielweise gelten nun bei den quellenunabhängigen Rechtsakten die neue bedeutsame Luftqualitätsrahmenrichtlinie 96/62[288] und ihre vier Tochterrichtlinien. Sie legen Grenzwerte, Alarmschwellen bzw. Zielwerte für bestimmte Schadstoffe in der Luft fest. Die ebenfalls quellenunabhängigen sog. NEC-Richtlinie 2001/81[289] sieht dazu nationale Emissionshöchstmengen für einige Stoffe vor, um Versauerung, Eutrophierung und bodennahes Ozon zu bekämpfen. Im anlagenbezogenen Luftreinhalterecht stellt nun die IVU-Richtlinie

---

284 Vgl. Sellner, in: Rengeling (Hrsg.), EUDUR, Bd. II, § 49, Rn. 2 ff.

285 Koch, in: Rengeling (Hrsg.), EUDUR, Bd. II, § 55, Rn. 15; Helmuth Schulze-Fielitz, in: Koch/Scheuing (Hrsg.), GK-BImSchG, 1994, § 38 Rn. 22.

286 Für eine dauerhafte und umweltgerechte Entwicklung. Ein Programm der Europäischen Gemeinschaft für Umweltpolitik und Maßnahmen im Hinblick auf eine dauerhafte und umweltgerechte Entwicklung, ABl. 1993, C138/5.

287 ABl. 1993, C138/5, S. 11.

288 Richtlinie 96/62/EG des Rates vom 27. 9. 1996 über die Beurteilung und die Kontrolle der Luftqualität, ABl. L 296/55.

289 Richtlinie 2001/81/EG des Europäischen Parlaments und des Rates vom 23.10.2001 über nationale Emissionshöchstmengen für bestimmte Luftschadstoffe, ABl. 2001 L 309/22.

96/61/EG[290] das Kernstück dar. Im kraftfahrzeugbezogenen Luftreinhalterecht wurde aufgrund der Programme Auto-Öl I und II auch eine Reihe von Richtlinien geändert bzw. neugefasst.

Gemäß dem 2001 von der Kommission vorgelegten Programm „Saubere Luft für Europa“ (CAFE)[291], das in regelmäßigen Abständen eine integrierte thematische Strategie für die Bekämpfung der Luftverschmutzung zu entwickeln beabsichtigt[292], orientiert sich die EU gegenwärtig im Wesentlichen an dem Qualitätsansatz und betrachtet Maßnahmen zur Verminderung der Emissionen an der Quelle als wichtige Instrumente. Die Luftqualitätsrichtlinien spielen demgemäß im EG-Luftreinhalterecht eine Schlüsselrolle. Außerdem tendiert die EG-Umweltpolitik in jüngerer Zeit dazu, statt dem umweltmedienspezifischen Ansatz zunehmend einen integrativen zu verfolgen, um Verlagerungseffekte von einem Umweltmedium auf ein anderes in den Blick zu nehmen und die Umwelt insgesamt als eine Einheit zu beschützen.

Im Folgenden werden die bedeutsamen Regelungen des EG-Luftreinhalterechts grob in vier Teile, also in das quellenunabhängige (2), anlagenbezogene (3) und kraftfahrzeugbezogene Luftreinhalterecht (4) sowie in Rechtsakte mit integrativen Ansatz (5) aufgegliedert und ausgeführt.

2. Quellenunabhängiges Luftreinhalterecht

a) Vorbemerkung

Unter dem quellenunabhängigen Luftreinhalterecht sind die Luftqualitätsrichtlinien einerseits (b) und die Richtlinie 2001/81/EG über nationale Emissionshöchstmengen für bestimmte Luftschadstoffe (die so genannten NEC-Richtlinie) anderseits (c) darzustellen. Sie beide legen unmittelbar allgemeine verbindliche Grenzwerte für bestimmte Schadstoffe fest, ohne Ausrichtung auf bestimmte, spezifische Emittenten. Es bleibt den Mitgliedstaaten überlassen, durch welche Maßnahmen und gegen welche Verursacher die Grenzwerte einzuhalten sind. Während es sich bei den Luftqualitätsrichtlinien um Immissionsgrenzwerte handelt, betrifft die NEC-Richtlinie aber nationale Emissionshöchstmengen.

---

290 Richtlinie 96/61/EG vom 24. 9. 1996 über die integrierte Vermeidung und Verminderung der Umweltverschmutzung, ABl. 1996 L 257/26.

291 KOM (2001) 245 endg.

292 Die Kommission beabsichtigt, bis 2004 die erste thematische Strategie zu entwickeln. KOM (2001) 245 endg., S. 12.

b) Luftqualitätsrichtlinien

Bereits Anfang der 80er Jahre wurden drei Luftqualitätsrichtlinien in der Gemeinschaft erlassen[293]. Im Einzelnen sind das die 1980 erlassene Richtlinie 80/779 zum Schwefeldioxid (SO_2) und Schwebestaub[294], die 1982 erlassene Richtlinie 82/884 zum Bleigehalt[295] und die 1985 erlassene Richtlinie 85/203 zum Stickstoffdioxid (NO_2)[296]. Sie legen Zielvorgaben für bestimmte Stoffparameter fest und bezwecken damit, eine bestimmte Qualität der Luft unabhängig von den Quellen sicherzustellen. Die drei Richtlinien sind allerdings im Wesentlichen zum 19. Juli 2001 außer Kraft getreten. Teilweise galten bzw. gelten sie jedoch noch bis zum 1. Januar 2005 bzw. 1. Januar 2010 fort[297]. An ihrer Stelle stehen nun die Richtlinie 96/62/EG über die Beurteilung und die Kontrolle der Luftqualität[298] (kurz: Luftqualitätsrahmenrichtlinie) und ihre Tochterrichtlinien.

Seit 1996 gibt es im Luftqualitätsrecht wie in vielen anderen Feldern des EG-Umweltrechts eine Rahmenrichtlinie, also die Luftqualitätsrahmenrichtlinie 96/62/EG. Sie schafft die Grundlage für ein umfassendes qualitätsbezogenes Luftreinhalterecht der Gemeinschaft. Sie legt aber nicht selbst die Grenzwerte oder Alarmschwellen fest, sondern stellt eine Liste der Schadstoffe vor und erteilt Aufträge zu ihrer konkreten Regulierung[299]. Als Tochterrichtlinie ergingen daraufhin die Richtlinie 1999/30 über Grenzwerte für Schwefeldioxid (SO_2), Stickstoffdioxid (NO_2) und Stickstoffoxide (NO_x), Partikel und Blei[300], die Richtlinie 2000/69 über Grenzwerte für Benzol und Kohlenmonoxid (CO)[301], die Richtlinie 2002/3 für bodennahes Ozon[302] und neuerdings die Richtlinie

---

293 Näher dazu Jarass, in: Rengeling (Hrsg.), EUDUR, Bd. II, § 48; Caspari, Die Umweltpolitik der Europäischen Gemeinschaft, 1995, S. 83 ff.

294 ABl. 1980 L 229/30, zuletzt geändert durch Richtlinie 91/692/EWG vom 23.12.1991, ABl. 1991, L 377/52.

295 ABl. 1982 L 378/15, zuletzt geändert durch Richtlinie 91/692/EWG vom 23.12.1991, ABl. 1991, L 377/48.

296 ABl. 1985 L 87/1, zuletzt geändert durch Richtlinie 91/692/EWG vom 23.12.1991, ABl. 1991, L 377/48.

297 Da die Grenzwerte in der neuen Richtlinie 1999/30 über Grenzwerte für Schwefeldioxid, Stickstoffdioxid und Stickstoffoxide, Partikel und Blei in der Luft, darauf wird sogleich einzugehen sein, erst im Jahre 2005 bzw. 2010 verbindlich sind bzw. werden.

298 ABl. 1996, L 296/55.

299 Näher zur Luftqualitätsrahmenrichtlinie und ihre ersten drei Tochterrichtlinien, S. Hansmann, NuR 1999, 10 ff.; Jarass, in: Rengeling (Hrsg.), EUDUR, Bd. II, § 48.

300 Richtlinie 1999/30 des Rates vom 22. 4. 1999 über Grenzwerte für Schwefeldioxid, Stickstoffdioxid und Stickstoffoxide, Partikel und Blei in der Luft, ABl. 1999, L 163/41, zuletzt geändert durch Entscheidung (2001/744/EG) der Kommission vom 17.10.2001, ABl. 2001, L 278/35.

301 Richtlinie 2000/69 über Grenzwerte für Benzol und Kohlenmonoxid in der Luft vom 16. 11. 2000, ABl. 2000, L 313/12.

302 Richtlinie 2002/3 vom 12.2.2002 über den Ozongehalt der Luft , ABl. 2002, L 67/14. Sie löst die alte Ozon-Richtlinie 92/72/EWG ab.

2004/107/EG über Arsen, Kadmium, Quecksilber, Nickel und polyzyklische aromatische Kohlenwasserstoffe (PAK)[303].

Die Luftqualitätsrahmenrichtlinie 96/62/EG zielt auf die Festlegung der Grundsätze für eine gemeinsame Strategie über die Beurteilung und Kontrolle der Luftqualität ab. Sie verpflichtet zuerst die Kommission, für die Schadstoffe in Anhang I[304] Grenzwerte und, in geeigneten Fällen, auch Alarmschwellen vorzuschlagen. Für bodennahes Ozon[305] können auch oder nur Zielwerte vorgeschlagen werden (Art. 4 Abs. 1 RL 96/62/EG). Die Grenzwerte sind strikt verbindlich und dürfen ab einem bestimmten Zeitpunkte nicht mehr überschritten werden (vgl. Art. 2 Nr. 5 RL 96/62/EG). Die bestimmten Zeitpunkte sind zusammen mit den Grenzwerten in der jeweiligen Tochterrichtlinie festzulegen[306]. Die Grenzwerte haben unterschiedliche Schutzobjekte: überwiegend die menschliche Gesundheit, vereinzelt auch Ökosysteme und die Vegetation. Ferner sind auch die Zeitbezüge der Grenzwerte differenziert: Jahres-, Tages- und Stundendurchschnittswerte, wobei bei bestimmten Luftschadstoffen mehrere dieser Werte zum Einsatz kommen. Die zurzeit geltenden Grenzwerte in den Tochterrichtlinien orientieren sich überwiegend an den Vorgaben der WHO[307]. Bei Alarmschwellen handelt es sich um einen Wert, bei dessen Überschreitung bereits bei kurzfristiger Exposition eine Gefahr für die menschliche Gesundheit besteht und bei dem die Mitgliedstaaten umgehend Maßnahmen gemäß dieser Richtlinie ergreifen (Art. 2 Nr. 7 RL 96/62/EG). Die Alarmschwellen betreffen mithin im Gegensatz zu den Grenzwerten kurzfristig auftretende Belastungen[308]. Im Ozonbereich und für Arsen, Kadmium, Nickel und Benzo(a)pyren[309] gibt es noch

---

303 Richtlinie 2004/107/EG des Europäischen Parlaments und des Rates vom 15. 12. 2004 über Arsen, Kadmium, Quecksilber, Nickel und polyzyklische aromatische Kohlenwasserstoffe in der Luft, ABl. 2005 L 23/3. Eingehend zu den damaligen Richtlinievorschlag der EU-Kommission (KOM (2003) 423 endg.) vgl. SRU, Umweltgutachten 2004, Tz. 554 ff.

304 Gemäß Art. 4 Abs. 1 UAbs. 5 RL 96/62/EG kann die Kommission auch für andere Schadstoffe Grenzwerte und Alarmschwellen vorschlagen, wenn es aufgrund des wissenschaftlichen Fortschritts und unter Berücksichtigung der Kriterien des Anhang III angezeigt ist, um Menschen und Umwelt zu schützen.

305 Die hohen bodennahen Ozonkonzentrationen führen zur schädlichen Auswirkungen auf Mensch und Umwelt. Zudem ist bodennaher Ozon ein Treibhausgas.

306 Gemäß Art. 4 Abs. 4 RL 96/62 können noch sog. Toleranzmargen vorgesehen werden. Dadurch werden aber die Grenzwerte nicht relativiert. Sie sind nur relevant nur, ob ein Maßnahmenplan in den Jahren vor Verbindlichkeit des Grenzwerts erlassen werden muss (vgl. Art. 8 Abs. 1 UAbs. 2 RL 96/62/EG). Vgl. Jarass, in: Rengeling (Hrsg.), EUDUR, Bd. II, § 48 Rn. 11, 17; ders., in: Dokumentation der GfU (2003), 17, 27, 31 Fn. 72.

307 SRU, Umweltgutachten 2000, Tz. 742.

308 Jarass, in: Rengeling (Hrsg.), EUDUR, Bd. II, § 48 Rn. 12.

309 Benzo(a)pyren wird als Marker für das Krebserzeugungsrisiko von polyzyklischen aromatischen Kohlenwasserstoffen (PAK) verwendet. Außerdem wird für Quecksilber kein

Zielwerte. Ein Zielwert muss soweit wie möglich in einem bestimmten Zeitraum erreicht werden (vgl. Art. 2 Nr. 6 RL 96/62/EG). Er ist somit nicht strikt verbindlich und unterscheidet sich dadurch von den Grenzwerten[310].

Bei der Festlegung von Grenzwerten und Alarmschwellen sind auch Mess- und Beurteilungsverfahren in den jeweiligen Tochterrichtlinien näher zu regeln (Art. 4 Abs. 3 RL 96/62/EG). Art. 6 RL 96/62/EG enthält dabei jedoch bereits ein differenziertes System[311]: Wenn die erhobenen Werte unter der sog. unteren Beurteilungsschwelle[312] liegen, können nur die Modellrechnungen oder Techniken der objektiven Schätzung gebraucht werden. Liegen die Werte zwischen der oberen und unteren Beurteilungsschwelle, kann eine Kombination von Messungen und Modellrechnungen angewandt werden. Liegen die Werte über der oberen Beurteilungsschwelle oder in Ballungsräumen, müssen Messungen vorgenommen werden. In den Tochterrichtlinien finden sich eingehende Vorgaben zur Lage der Probenahmestellen für Messungen[313].

Nach Festlegung der Grenzwerte und Alarmschwellen sind die Mitgliedstaaten verpflichtet, flächendeckend die Luftqualität zu beurteilen (Art. 6 Abs. 1 RL 96/62/EG). Bei Grenzwerten müssen sie die erforderlichen Maßnahmen ergreifen, um ihre Einhaltung sicherzustellen (Art. 7 Abs. 1 RL 96/62/EG). Die ergriffenen Maßnahmen müssen dem integrierten Umweltschutz Rechnung tragen und dürfen zu keiner Verlagerung von Umweltbelastungen in andere Mitgliedstaaten führen (Art. 7 Abs. 2 RL 96/62/EG). Die Mitgliedstaaten sind insbesondere verpflichtet, einen Maßnahmenplan oder ein Maßnahmenprogramm bereits vor dem Verbindlichwerden der Grenzwerte für die Gebiete und Ballungsräume[314] aufzustellen, in denen die Grenzwerte überschritten werden. Maßnahmenplan oder – programm haben mindestens die in Anhang IV aufgeführten Angaben zu enthalten (Art. 8 Abs. 3 RL 96/62/EG). Ferner haben die Mitgliedstaaten Aktionspläne zu erstellen, in denen Sofortmaßnahmen im Fall der Gefahr einer Überschreitung aufgeführt sind. Sie bezweckt, kurzfristig die Gefahr der Überschreitung zu verringern und deren Dauer zu begrenzen. In Betracht kommt insbesondere eine kurzfristige Beschränkung des Betriebs von Anlagen oder des Kraftfahrzeugverkehrs (Art. 7 Abs. 3 RL 96/62/EG). Neben dem explizit vorgeschriebenen Instrument der Planung (Maßnahmenpläne, Aktionspläne) können

---

Zielwert festgelegt. Vgl. Art. 3 Abs. 1 RL 2004/107/EG. Kritik dazu vgl. SRU, Umweltgutachten 2004, Tz. 554 ff.

310 Jarass, in: Dokumentation der GfU (2003), 17, 28.

311 Jarass, in: Rengeling (Hrsg.), EUDUR, Bd. II, § 48, Rn. 14.

312 Den Begriff der unteren und oberen Beurteilungsschwelle sieht man aber erst in den Tochterrichtlinien.

313 Vgl. Anhang VI (I) der RL 99/30 und Anhang IV (I) der RL 2000/69. Komplizierter fallen die entsprechenden Regelungen im Ozon-Bereich aus, vgl. Anhang IV (I) der RL 2002/3. S. Jarass, in: Dokumentation der GfU (2003), 17, 29.

314 Hier stellt sich jedoch die Frage, nach welchen Kriterien die Gebiete und Ballungsräume abzugrenzen sind. Hansmann, NuR 1999, 10, 14.

freilich auch planungsunabhängige Maßnahmen ergriffen werden[315]. Auch bei Alarmschwellen sind die Mitgliedstaaten gemäß Art. 7 Abs. 3 RL 96/62/EG verpflichtet, in Aktionsplänen die Maßnahmen aufzuführen und im Fall der Gefahr einer Überschreitung dementsprechend vorzugehen. Außerdem haben sie bei Überschreitung der Alarmschwellen die Öffentlichkeit zu informieren und spätestens drei Monate danach der Kommission nähere Informationen zu übermitteln (Art.10 RL 96/62/EG).

Nach Erlass der jeweiligen Tochterrichtlinie haben die Mitgliedstaaten der Kommission zahlreiche Informationen und Berichte zu übermitteln (Art. 11 Nr. 1 RL 96/62/EG). Die Kommission muss mehrere grundlegende Informationen veröffentlichen (Art. 11 Nr. 2 RL 96/62/EG). Die Tochterrichtlinien sehen darüber hinaus noch umfangreiche Pflichten der Mitgliedstaaten zur Information der Öffentlichkeit sowie von relevanten Organisationen wie Umweltschutzorganisationen, Verbraucherverbänden, Interessenvertretungen gefährdeter Personengruppen und von anderen mit dem Gesundheitsschutz befassten relevanten Stellen vor. Routinemäßig zur Verfügung zu stellen sind aktuelle Informationen über die Konzentrationen von Schadstoffen in der Luft, einschließlich aller Überschreitungen der Grenzwerte, Alarmwerte und Zielwerte sowie eine Kurzbewertung und eine angemessene Unterrichtung über gesundheitliche Auswirkungen[316]. Schließlich finden sich noch Verfahrensvorschriften über die Anpassung der Kriterien und Techniken in der Richtlinie an den wissenschaftlichen und technischen Fortschritt (Art. 12 RL 96/62/EG).

c) NEC-Richtlinie

Um die Emissionen versauernder und eutrophierender Schadstoffe, also von Schwefeldioxid (SO_2), Stickstoffoxiden (NO_x), Ammoniak (NH_3) sowie von Ozonvorläufersubstanzen wie Stickstoffoxiden (NO_x) und flüchtigen organischen Verbindungen (ohne Methan, NMVOC) zu reduzieren, um den Schutz der Umwelt und der menschlichen Gesundheit verbessern und um das langfristige Ziel der Einhaltung kritischer Konzentrationen und Eintragsraten und des wirksamen Schutzes der menschlichen Gesundheit näher zu kommen[317], hat die EG die Richtlinie 2001/81/EG über nationale Emissionshöchstmengen für bestimmte Luftschadstoffe[318], die sogenannten NEC[319]-Richtlinie, verabschiedet (Art. 1

---

315 Nähere Regelungen zu den planungsunabhängigen Maßnahmen enthält leider weder das EG-Recht noch das zur Umsetzung dienende deutsche Recht. S. Jarass, in: Dokumentation der GfU (2003), 17, 33 ff.

316 Vgl. Art. 8 RL 99/30, Art. 7 RL 2000/69, Art. 6 RL 2002/3 und Art. 7 RL 2004/107.

317 Vgl. den 7. Erwägungsgrund der NEC-Richtlinie.

318 Richtlinie 2001/81/EG des Europäischen Parlaments und des Rates vom 23. Oktober 2001 über nationale Emissionshöchstmengen für bestimmte Luftschadstoffe, ABl. 2001 L 309/22.

319 Abkürzung für National Emissions Ceilings („Nationale Emissionshöchstmengen" in der englischen Richtlinienfassung).

der Richtlinie). Die NEC-Richtlinie legt nationale Emissionshöchstmengen für Schadstoffe SO_2, NO_x, NH_3 und NMVOC fest, die nach dem Jahr 2010 nicht mehr überschritten werden dürfen. Sie dient zwar der Umsetzung des Göteborg-Protokolls der Wirtschaftskommission der Vereinten Nationen für Europa (UN/ECE) vom 1. Dezember 1999 zur Bekämpfung von Versauerung, Eutrophierung und troposphärischem – also bodennahem – Ozon (das so genannte Multikomponentenprotokoll)[320]. Ihre Höchstmengenvorgaben für die Mitgliedstaaten sind zum Teil jedoch strenger als die des Multikomponentenprotokolls[321].

Gemäß Art. 5 der NEC-Richtlinie sollen mit den festgelegten nationalen Emissionshöchstmengen bis 2010 folgende Zwischenziele erreicht werden: die von der Versauerung belastete Fläche ist um 50 % zu reduzieren; die Belastung durch bodennahes Ozon für menschliche Gesundheit ist um zwei Drittel und für die Vegetation um ein Drittel zu senken. Bemerkenswert ist hierbei, dass das entsprechendes Zwischenziel zur Verminderung der Eutrophierung nicht in Art. 5 genannt wird. Stattdessen wird in Anhang I angemerkt, dass bei Erreichen der Zwischenziele des Art. 5 die von der Eutrophierung belastete Fläche um 30 % abnehmen dürfte[322]. Die Mitgliedstaaten haben bis spätestens 1. Oktober 2002 nationale Programme zur Verminderung der vorgenannten Schadstoffemissionen aufzustellen, die Informationen über die eingeführten und geplanten Politiken und Maßnahmen sowie quantifizierte Schätzungen ihrer Auswirkungen auf die Schadstoffemissionen umfassen sollen. Die nationalen Programme sind gegebenenfalls zum 1. Oktober 2006 zu aktualisieren und zu überarbeiten (Art. 6 der Richtlinie). Weiterhin müssen die Mitgliedstaaten jährlich zu aktualisierende Emissionsinventare und -prognosen erstellen (Art. 7 der Richtlinie). Sowohl die Programme als auch die Emissionsinventare und -prognosen sind der Kommission zu übermitteln (Art. 8 der Richtlinie) und der Öffentlichkeit zur Verfügung zu stellen. Die Kommission soll in den Jahren 2004 und 2008 über die erzielten Fortschritte sowie die Erreichbarkeit der Zwischenziele bis 2010 und der langfristigen Ziele bis 2020 berichten (Art. 9 der Richtlinie). Als Vorbereitung für die einzelnen Berichte muss die Kommission ferner eine Überprüfung der NEC-Richlinie durchführen (Art. 10 der Richtlinie).

---

320 Dem in Göteborg im Rahmen der Genfer Luftreinhaltekonvention geschlossenen Multikomponentenprotokoll ist die EG am 23.6.2003 beigetreten. Es ist am 17.5.2005 in Kraft getreten. Näher Vgl. www.bmu.de/luftreinhaltung/downloads/application/pdf/hintergrund_multikomponentenprotokoll.pdf, letzter Aufruf am 30.6.2005; Koch, in: Rengeling (Hrsg.), EUDUR, Bd. II, § 47, Rn. 48a, 48d.

321 SRU, Umweltgutachten 2004, Tz. 604.

322 Vgl. auch den 10. Erwägungsgrund der Richtlinie.

3. Anlagenbezogenes Luftreinhalterecht

a) Vorbemerkung

Die Europäische Gemeinschaft verfügt über ein umfangreiches anlagenbezogenes Luftreinhalterecht[323]. Bereits im Jahr 1984 wurde eine Rahmenrichtlinie, die Industrieanlagen-Richtlinie 84/360 erlassen (b). Als ihre Tochterrichtlinien waren die Großfeuerungsanlagen-Richtlinie 88/609 (c), die Richtlinien 89/396 und 89/429 über neue und bestehende Verbrennungsanlagen für Siedlungsmüll sowie die Richtlinie 94/67 über die Verbrennung gefährlicher Abfälle ergangen. Die letzten drei Richtlinien wurden ab 28. Dezember 2005 von der neuen Abfallverbrennungsrichtlinie 2000/76 ersetzt (d). Außerdem gibt es noch anlagenbezogene Richtlinien, die sich mit Emissionen flüchtiger organischer Verbindungen (VOC) befassen (e). Im Folgenden werden diese Rechtsakte jeweils näher betrachtet.

Es bestehen zwar noch andere anlagenbezogene Richtlinien, wie die Richtlinie 75/439/EWG über die Altölbeseitigung[324], die Richtlinie 87/217/EWG über Asbest[325] und die Richtlinie 92/112/EWG über Abfälle der Titandioxid-Industrie[326]. Nähere Ausführungen dazu entfallen an dieser Stelle jedoch aus Platzgründen [327].

b) Industrieanlagen-Richtlinie

Die 1984 ergangene Richtlinie 84/360/EWG zur Bekämpfung der Luftverunreinigung durch Industrieanlagen[328] stellt einen ersten wesentlichen Schritt zu einer Industrieanlagenpolitik auf Gemeinschaftsebene dar. Sie geht auf einen deutschen Vorschlag zurück und weist daher die gleiche Struktur wie das Bundes-Immissionsschutzgesetz[329] auf. Danach müssen der Betrieb und die Änderung bestimmter Kategorien von Industrieanlagen den Genehmigungserfordernissen

---

323 Näher dazu vgl. Sellner, in: Rengeling (Hrsg.), EUDUR, Bd. II, § 49.

324 ABl. 1975 L 194/23, zuletzt geändert durch Richtlinie 2000/76/EG (Abfallverbrennungsrichtlinie), ABl. 2000, L 332/91.

325 Richtlinie 87/217/EWG zur Verhütung und Verringerung der Umweltverschmutzung durch Asbest, ABl. 1987 L 85/40.

326 Richtlinie 92/112/EWG zur Verringerung und späteren Unterbindung der Verschmutzung durch Abfälle der Titandioxid-Industrie, ABl. 1992 L 409/11.

327 Näher zur Richtlinie 75/439/EWG über die Altölbeseitigung vgl. Schink, in: Rengeling (Hrsg.), EUDUR, Bd. II, § 73 Rn. 141 ff.; zur Richtlinien 87/217/EWG über Asbest und zur Richtlinie 92/112/EWG über Abfälle der Titandioxid-Industrie vgl. Sellner, in: Rengeling (Hrsg.), EUDUR, Bd. II, § 49 Rn. 68 ff. u. 73 ff.

328 ABl. 1984 L 188/20, zuletzt geändert durch Richtlinie des Rates 91/692/EWG vom 23.12.1991, ABl. 1991 L 377/48.

329 Das Gesetz zum Schutz vor schädlichen Umwelteinwirkungen durch Luftverunreinigungen, Geräusche, Erschütterungen und ähnliche Vorgänge (BImSchG) in der Fassung der Bekanntmachung vom 14.5.1990, BGBl. I, S. 880. Näher dazu s. den nachstehenden Abschnitt „Die Entwicklung des deutschen Luftreinhalterechts".

unterliegen. Zudem verfolgt die Richtlinie einen emissionsbezogenen Ansatz. Von Bedeutung ist auch die gemeinschaftsweite Einführung des BAT (best available technology)-Standards, also der Einsatz der besten verfügbaren Technologie. Neuanlagen dürfen nur genehmigt werden, wenn sie hinsichtlich der Emissionen die BAT anwenden, die »keine unverhältnismäßig hohen Kosten« verursacht. Auch Altanlagen müssen an den BAT-Standard schrittweise angepasst werden, sofern das nicht mit »unvertretbar hohen Kosten« verbunden ist. Die Richtlinie führt ferner verschiedene Industriesektoren an, für die die folgenden Tochterrichtlinien Emissionsgrenzwerte festlegen sollen. Dadurch schreibt die Richtlinie zwar selbst keine Emissionsgrenzwerte vor, schafft jedoch den Rahmen für ihre Festsetzung[330].

Angesichts der erlaubten erheblichen Spielräume für Mitgliedstaaten und den eher als niedrig zu bewertenden Anforderungen hat die Industrieanlagen-Richtlinie bei dem Ziel der Rechtsvereinheitlichung und Normierung effektiver Umweltstandards allerdings keinen relevanten Erfolg erzielt[331]. Weder sind die BAT-Standards für einzelne Industriezweige festzulegen, noch wird der Begriff der unverhältnismäßigen Kosten weiter konkretisiert. Es bleibt den Mitgliedstaaten unbenommen, bei jeder Einzelgenehmigung zu entscheiden, was für eine Technik nun die BAT ist[332]. Zudem sind bislang nur für wenige Stoffe und einige Anlagengruppen – Großfeuerungsanlagen, Müllverbrennungsanlagen – gemeinschaftsweite Emissionsgrenzwerte festgelegt[333]. Zum 30. Oktober 2007 wird die Industrieanlagen-Richtlinie durch die sehr bedeutende Richtlinie 96/61/EG über die integrierte Vermeidung und Verminderung der Umweltverschmutzung (IVU-Richtlinie)[334] ersetzt (vgl. Art. 20 Abs. 3 der IVU-Richtlinie).

c) Großfeuerungsanlagen-Richtlinie

Großfeuerungsanlagen waren und sind immer noch relevante Quellen der Luftbelastung. Die 1988 erlassene Richtlinie 88/609/EWG zur Begrenzung von Schadstoffemissionen von Großfeuerungsanlagen in die Luft (sog. Großfeuerungsanlagen-Richtlinie)[335] konkretisiert die soeben dargestellte Industrieanlagen-Richtlinie. Sie ist wesentlich unter Einfluss der fünf Jahre zuvor erlassenen deutschen Großfeuerungsanlagen-Verordnung (13. BImSchV)[336] entstanden. Die Richtlinie gilt für Feuerungsanlagen von 50 Megawatt und mehr. Danach haben

330 Näher zu der Richtlinie, S. Sellner, in: Rengeling (Hrsg.), EUDUR, Bd. II, § 49 Rn. 13 ff.

331 Sellner, in: Rengeling (Hrsg.), EUDUR, Bd. II, § 49 Rn. 19.

332 Krämer, Defizite im Vollzug des EG-Umweltrechts und ihre Ursachen, in: Lübbe-Wolff (Hrsg.), 7, 20 f.

333 Sellner, in: Rengeling (Hrsg.), EUDUR, Bd. II, § 49 Rn. 157.

334 Vom 24. 9. 1996, ABl. 1996 L 257/26.

335 ABl. 1988 L 336/1. Sie wurde zum 27.11.2002 durch die Richtlinie 2001/80/EG abgelöst. ABl. 2001 L 309/1.

336 BGBl. 1983 I, S. 719.

die bestehenden Anlagen schrittweise die SO_2- und NOx- Emissionen zu verringern und die neuen Anlagen verbindliche Emissionsgrenzwerte für SO_2, NOx und Staub einzuhalten[337].

Am 27. November 2001 ist die neue Großfeuerungsanlagen-Richtlinie 2001/80/EG[338] in Kraft getreten, die die Grenzwerte nicht nur aufgrund der alten Großfeuerungsanlagen-Richtlinie 88/609/EWG unter Berücksichtigung des Standes der Technik und der Umwelterfordernisse neu festsetzt, sondern die auch der Umsetzung des UN-ECE Göteborg-Protokolls von 1999[339] und des UN-ECE Aarhus-Protokolls zur Reduktion von Schwermetallen von 1998[340] dient. Sie übernimmt im Wesentlichen die Regelungen der alten Richtlinie 88/609/EWG, sieht aber für die neuen Anlagen strengere als die bisherigen Emissionsgrenzwerte für SO_2, NOx und Staub vor (Art. 4 Abs. 2 der Richtlinie). Für die bestehenden Anlagen – also für die vor dem 1. Juli 1987 genehmigten Anlagen – sind spätestens bis zum 1. Januar 2008 die für die Richtlinie 88/609/EWG geltenden Emissionsgrenzwerte einzuhalten. Alternativ stellen die Mitgliedstaaten einen sie erfassenden nationalen Emissionsminderungsplan auf (Art. 4 Abs. 1, 3 der Richtlinie). Angesichts der internationalen Klimaschutzverpflichtungen der Gemeinschaft haben die Mitgliedstaaten sicherzustellen, dass bei der Genehmigung von Neuanlagen oder bei Erweiterungen von bestehenden Anlagen geprüft werden muss, ob der Einsatz von Kraft-Wärme-Koppelung technisch und wirtschaftlich durchführbar ist (Art. 6 der Richtlinie). Weiter fordert Art. 16 der Richtlinie die Mitgliedstaaten auf, Sanktionen für Verstöße vorzunehmen[341].

d) Richtlinien über Abfallverbrennung

Für die Abfallverbrennungsanlagen bestanden zwei 1989 erlassene Richtlinien zur Begrenzung von Luftverunreinigungen, die sich aber auf die Verbrennung von Hausmüll beschränkten. Für neue Anlagen galt die Richtlinie 89/369/EWG[342] und für bestehende Anlagen die Richtlinie 89/429/EWG[343]. Au-

337 Näher zu der Richtlinie Sellner, in: Rengeling (Hrsg.), EUDUR, Bd. II, § 49 Rn. 22 ff.

338 Richtlinie 2001/80/EG des Europäischen Parlaments und des Rates vom 23.10.2001 zur Begrenzung von Schadstoffemissionen von Großenfeuerungsanlagen in die Luft, ABl. 2001 L 309/1.

339 Dem in Göteborg im Rahmen der Genfer Luftreinhaltekonvention geschlossene Multikomponentenprotokoll ist die EG am 23.6.2003 beigetreten. Es ist am 17.5.2005 in Kraft getreten. Näher Vgl. www.bmu.de/luftreinhaltung/downloads/application/pdf/hintergrund_multikomponentenprotokoll.pdf, letzter Aufruf am 30.6.2005; Koch, in: Rengeling (Hrsg.), EUDUR, Bd. II, § 47, Rn. 48a, 48d.

340 S. Koch, in: Rengeling (Hrsg.), EUDUR, Bd. II, § 47, Rn. 48a, 48c.

341 Vgl. Sellner, in: Rengeling (Hrsg.), EUDUR, Bd. II, § 49 Rn. 27 ff.; Koch/Prall, NVwZ 2002, 666, 669 f.

342 Richtlinie 89/369/EWG über die Verhütung der Luftverunreinigung durch neue Verbrennungsanlagen für Siedlungsmüll, ABl. 1989 L 163/32.

ßerdem gab es noch eine Richtlinie 94/67/EG[344] für Verbrennungsanlagen, in denen gefährliche Abfälle verbrannt wurden. Die am 28. Dezember 2000 in Kraft tretende Richtlinie 2000/76/EG über die Verbrennung von Abfällen[345] (Abfallverbrennungsrichtlinie) ersetzt ab 28. Dezember 2005 die vorgenannten drei Richtlinien und gilt nun für sämtliche Abfälle bei deren Verbrennung, also sowohl für Siedlungsabfälle als auch für gefährliche und nicht gefährliche Abfälle. Basierend auf einem medienübergreifenden Umweltschutz bezweckt die Richtlinie den Schutz sämtlicher Medien wie Luft, Boden, Oberflächen- und Grundwasser etc. Sie setzt strenge Grenzwerte für die Freisetzung von Schadstoffen aus der Abfallverbrennung in Luft und Wasser fest, enthält die Pflicht zur Vermeidung neuer Abfälle und zur Abwärmenutzung bei der Abfallverbrennung. Damit sind die europäischen Behandlungsstandards hinsichtlich der Abfallverbrennung erhöht worden. Ein weiterer Schwerpunkt der Abfallverbrennungsrichtlinie liegt darin, dass für die Mitverbrennung von Abfällen in Industrieanlagen wie Zementwerken, Hochöfen und Kraftwerken teilweise angeglichene Standards wie für Monoverbrennung von Abfällen in Müllverbrennungsanlagen oder Sonderabfallverbrennungsanlagen gelten (Artikel 7, 8 i. V. m. Anhängen der Richtlinie). Vor allem sieht Art. 7 Abs. 4 der Richtlinie vor, dass für die Mitverbrennung unaufbereiteter gemischter Siedlungsabfälle generell die strengen Emissionswerte des Anhangs V gelten und die Mischrechnung in Anhang II nicht zur Anwendung kommt. Die Mitverbrennung unaufbereiteter gemischter Siedlungsabfälle, zu denen auch hausmüllähnliche Gewerbeabfälle gehören, unterliegt damit künftig den für Abfallverbrennungsanlagen vorgesehenen Standards[346]. Mit der teilweisen Angleichung[347] erzielt die Abfallverbrennungsrichtlinie wichtige Forschritte für die Harmonisierung der Standards bezüglich der Abfallverbrennung auf unterschiedlichen Entsorgungswegen[348].

e) Richtlinien über VOC-Emissionen

Flüchtige organische Verbindungen (VOC) tragen zum bodennahen Ozon bei. Die hohen Ozonkonzentrationen führen zu schädlichen Auswirkungen auf Mensch und Umwelt. Zudem ist bodennahes Ozon ein Treibhausgas. Die Richt-

---

343 Richtlinie 89/429/EWG über die Verringerung der Luftverunreinigung durch bestehende Verbrennungsanlagen für Siedlungsmüll, ABl. 1989 L 203/50. Näher zum Gehalt der zwei Richtlinien Sellner, in: Rengeling (Hrsg.), EUDUR, Bd. II, § 49 Rn. 35 ff.

344 Richtlinie 94/67/EG des Rates vom 16. 12. 1994 über die Verbrennung gefährlicher Abfälle, ABl. 1994, L 365/34.

345 Richtlinie 2000/76/EG des Europäischen Parlaments und des Rates über die Verbrennung von Abfällen vom 04.12.2000, ABl. 2000, L 332/91. Zur Richtlinie vgl. Witthohn, DVBl. 2001, 1648 ff.

346 SRU, Umweltgutachten 2002, Tz. 785.

347 Die Angleichung ist aber nicht vollständig. Die an die Mitverbrennung gestellten Anforderungen liegen im großen Teil noch deutlich unterhalb denen für reine Müllverbrennungsanlagen. Näher dazu SRU, Umweltgutachten 2002, Tz. 786.

348 SRU, Umweltgutachten 2002, Tz. 886 ff.

linie 94/63/EG[349] zielt auf die Verringerung von VOC-Emissionen, die durch Verdunstungsverluste aus der Lagerung, dem Umfüllen und der Beförderung von Ottokraftstoff entstehen. Hierzu enthält sie technische Spezifikationen für die Auslegung und den Betrieb von allen Gliedern der Verteilungskette, also von den Auslieferungslagern bis zu den Tankstellen[350].

Die Lösemittelrichtlinie 1999/13/EG[351] zielt auf die Begrenzung von VOC-Emissionen ab, die bei bestimmten Tätigkeiten und in bestimmten Anlagen bei der Verwendung organischer Lösungsmittel entstehen. In der Richtlinie werden mithin Maßnahmen und Verfahren für bestimmte industrielle Tätigkeiten (Anhang I der Richtlinie) vorgeschrieben, bei denen die Schwellenwerte für den Lösungsmittelverbrauch (Anhang II A der Richtlinie) überschritten werden (vgl. Art. 1 der Richtlinie)[352]. Die Mitgliedstaaten müssen die erforderlichen Maßnahmen ergreifen, um sicherzustellen, dass alle Neuanlagen den Artikeln 5, 8 und 9 der Richtlinie entsprechen, und dass alle Neuanlagen, die nicht von der IVU-Richtlinie 96/61/EG erfasst werden, vor ihrer Inbetriebnahme registriert oder genehmigt werden (Art. 3 der Richtlinie). Bestehende Anlagen müssen spätestens zum 31. Oktober 2007 den Artikeln 5, 8 und 9 der Richtlinie entsprechen und registriert oder genehmigt worden sein (Art. 4 der Richtlinie).

Bezüglich der Emissionsgrenzwerte haben Anlagenbetreiber zwei Möglichkeiten, ihren Verpflichtungen nachzukommen: (a) entweder Einhaltung der Emissionsgrenzwerte für Abgase und der Werte für die diffusen Emissionen oder Einhaltung der Grenzwerte für die Gesamtemissionen und Einhaltung der anderen Anforderungen des Anhangs II A oder (b) Anwendung eines Reduzierungsplans gemäß Anhang II B, durch den eine Emissionsminderung durch andere Maßnahmen in der gleichen Höhe erzielt werden soll (Art. 5 Abs. 2 der Richtlinie). Die in Lösungsmitteln erhaltenen Stoffe oder Zubereitungen, denen aufgrund ihres Gehalts an als karzinogen, mutagen oder reproduktionstoxisch eingestuften VOC die R-Sätze R45, R46, R49, R60 oder R61 zugeordnet sind, sollen in kürzestmöglicher Frist soweit wie möglich durch weniger schädliche Stoffe oder Zubereitungen ersetzt werden. Für diese schädlichen Stoffe sind auch strengere Emissionsgrenzwerte festgelegt (Art. 5 Abs. 6 bis 8 der Richtlinie).

---

349 Richtlinie 94/63/EG des Europäischen Parlaments und des Rates vom 20.12.1994 zur Begrenzung der Emissionen flüchtiger organischer Verbindungen (VOC-Emissionen) bei der Lagerung von Ottokraftstoff und seiner Verteilung von den Auslieferungslagern zu den Tankstellen, ABl. 1994 L 365/24.

350 Vgl. Scheuing, in: Rengeling (Hrg.), EUDUR, Bd. II, § 51, Rn. 55 ff.; http://europa.eu.int/scadplus/leg/de/lvb/l28029a.htm, letzter Aufruf am 30.6.2005.

351 Richtlinie 1999/13/EG des Rates vom 11. März 1999 über die Begrenzung von Emissionen flüchtiger organischer Verbindungen, die bei bestimmten Tätigkeiten und in bestimmten Anlagen bei der Verwendung organischer Lösungsmittel entstehen, ABl. L 85/1, zuletzt geändert durch Richtlinie 2004/42/EG v. 21 April 2004, ABl. L 143/87.

352 Zur Richtlinie vgl. http://europa.eu.int/scadplus/leg/de/lvb/l28029b.htm, letzter Aufruf am 30.6.2005.

Die Mitgliedstaaten können einzelstaatliche Pläne zur Reduzierung der Emissionen aus Tätigkeiten und Industrieanlagen, die unter Artikel 1 fallen (ausgenommen die Tätigkeiten 4 und 11 des Anhangs II A), festlegen und umsetzen. Die Pläne müssen eine Reduzierung der jährlichen VOC-Emissionen aus bestehenden Anlagen, die unter diese Richtlinie fallen, mindestens in der gleichen Höhe und in demselben Zeitraum bewirken, wie dies bei Anwendung der Emissionsgrenzwerte dieser Richtlinie der Fall wäre (Art. 6 Abs. 1 der Richtlinie). Der Inhalt dieser Pläne ist in Art. 6 Abs. 2 der Richtlinie vorzusehen. Schließlich enthält Art. 12 der Richtlinie Anforderungen zur weitreichenden Öffentlichkeitsinformation.

Um die VOC-Emissionen weiter zu verringern, wurde die Richtlinie 2004/42/EG[353] erlassen, die den VOC-Gehalt in bestimmten Farben und Lacken sowie in Produkten der Fahrzeugreparaturlackierung zu begrenzen sucht[354]. In der Richtlinie werden Grenzwerte für den VOC-Gehalt der unter diese Richtlinie fallenden Produkte (Anhang I der Richtlinie) festgelegt. Der VOC-Gehalt der in Verkehr gebrachten Produkte darf nicht die in Anhang II der Richtlinie aufgeführten Grenzwerte überschreiten. Da der VOC-Gehalt von Produkten, die für bestimmte Tätigkeiten der Fahrzeugreparaturlackierung verwendet werden, nunmehr von der Richtlinie 2004/42/EG erfasst wird, wird die Lösemittelrichtlinie 1999/13/EG entsprechend geändert werden. Gemäß Studien der Kommission könnten die Maßnahmen der Richtlinie 2004/42/EG bis zum Jahre 2010 die VOC-Emissionen 280 Kilotonnen (kt) pro Jahr verringern[355].

4. Kraftfahrzeugbezogenes Luftreinhalterecht

a) Entstehungsgeschichte

Der Straßenverkehr ist ein Hauptverursacher von schädlichen Umwelteinwirkungen geworden. Seit den 70er Jahren wurden auf Gemeinschaftsebene zahlreiche Richtlinien über Anforderungen an Kraftfahrzeuge erlassen. Auf diese Weise wurden in den letzten 30 Jahren große Erfolge bei der Verbesserung von Kraftfahrzeugemissionen erzielt. Das erste Motiv lag allerdings nicht im Umweltschutz, sondern darin, durch die Angleichung solcher Anforderungen grenzüberschreitende Handelshemmnisse zu beseitigen. Die Gemeinschaft verfolgte dabei lange Zeit einen Ansatz der sog. optionellen Harmonisierung. Das heißt,

---

353 Richtlinie 2004/42/EG des Europäischen Parlaments und des Rates vom 21.4.2004 über die Begrenzung der Emissionen flüchtiger organischer Verbindungen aufgrund der Verwendung organischer Lösemittel in bestimmten Farben und Lacken und in Produkten der Fahrzeugreparaturlackierung sowie zur Änderung der Richtlinie 1999/13/EG, ABl. L 143/87. Die Richtlinie war zum 30.10.2005 umzusetzen.

354 Diese Richtlinie ist mangels des Anlagenbezugs – eher mit Produktbezug – hierbei nur am Rand zu erwähnen.

355 Vgl. http://www.europa.eu.int/scadplus/leg/de/lvb/l28029b.htm, letzter Aufruf am 30.6.2005.

das Gemeinschaftsrecht legte einerseits jeweils zulässige Geräusch- und Abgasgrenzwerte für Kraftfahrzeuge fest, anderseits blieb es den Mitgliedstaaten unbenommen, abweichende innerstaatliche Anforderungen an Kraftfahrzeuge zu stellen. Verboten war es aber, Kraftfahrzeuge, die den harmonisierten EG-Anforderungen entsprachen, Betrieberlaubnis und Zulassung zu verweigern[356]. Erst später änderte sich die Richtlinienpraxis hin zu einer vollständigen Harmonisierung. Danach sind EG-Anforderungen zwingend einzuhalten und abweichende nationale Anforderungen nicht mehr zulässig, es sei denn, dass Mitgliedstaaten die Schutzverstärkungsklausel des Art. 95 Abs. 4 des Vertrages zur Gründung der Europäischen Gemeinschaft (EGV) in Anspruch nehmen und unter Berufung auf Belange des Umweltschutzes strengere nationale Emissionswerte festlegen[357].

Die erste Kraftfahrzeug-Richtlinie 70/220[358] legte Prüfverfahren und Grenzwerte für Emissionen von Kohlenmonoxid (CO) und Kohlenwasserstoffen (HC) fest. In der Folgezeit sind diese Grenzwerte durch vielmalige Änderungen schrittweise verschärft, Grenzwerte für weitere Schadstoffe eingeführt und Anwendungsgegenstände ausgeweitet worden[359]. Seit der Richtlinie 89/458[360] ist die Phase der vollständigen Harmonisierung der Emissionswerte gekommen. Sie hat erstmals zwingend vorgesehen, dass die nationale Betriebserlaubnis (ab 1. Juni 1992) nicht erteilt bzw. das erstmalige Inverkehrbringen (ab 31. Dezember 1992) nicht zugelassen werden dürfte, wenn die EG-Grenzwerte nicht eingehalten wurden[361]. Für Dieselmotoren galten die Richtlinien 72/306[362] und (für schwere Nutzfahr-

---

356 Schulze-Fielitz, in: Koch/Scheuing (Hrsg.), GK-BImSchG, 1994, § 38 Rn. 22; Berkemann, in: Koch (Hrsg.), Verkehrspolitik, 175, 211 f.

357 Schulze-Fielitz, in: Koch/Scheuing (Hrsg.), GK-BImSchG, 1994, § 38, Rn. 34; Berkemann, in: Koch (Hrsg.), Verkehrspolitik, 175, 216; Koch, in: Rengeling (Hrsg.), EUDUR, Bd. II, § 55, Rn. 55.

358 Richtlinie 70/220/EWG des Rates vom 20.3.1970 zur Angleichung der Rechtsvorschriften der Mitgliedstaaten über Maßnahmen gegen die Verunreinigung der Luft durch Abgase von Kraftfahrzeugmotoren mit Fremdzündung ABl. 1970, L 76/1, mit zahlreichen späteren Änderungen.

359 Die Liste der Änderungsrichtlinien s. http://europa.eu.int/scadplus/leg/de/lvb/l21047.htm, letzter Aufruf am 30.6.2005; näher zur Entstehungsgeschichte vgl. Ronellenfitsch/Delbanco, in: Rengeling (Hrg.), EUDUR, Bd. II § 50, Rn. 6 ff.; Schulze-Fielitz, in: Koch/Scheuing (Hrsg.), GK-BImSchG, 1994, § 38 Rn. 30 f.

360 Vom 18. 7. 1989, ABl. L 226/1.

361 Schulze-Fielitz, in: Koch/Scheuing (Hrsg.), GK-BImSchG, 1994, § 38 Rn. 31; Berkemann, in: Koch (Hrsg.), Verkehrspolitik, 175, 214.

362 Richtlinie 72/306/EWG des Rates vom 2.8.1972 zur Angleichung der Rechtsvorschriften der Mitgliedstaaten über Maßnahmen gegen die Emissionen verunreinigender Stoffe aus Dieselmotoren zum Antrieb von Fahrzeugen, ABl. 1972, L 190/1, mit zahlreichen späteren Änderungen.

zeuge) 88/77[363]. Für land- und forstwirtschaftliche Zugmaschinen gab es die Richtlinie 77/537[364].

Neben Anforderungen an Kraftfahrzeuge selbst wurden auch EG-Vorschriften über die zu ihrem Betrieb eingesetzten Brenn- und Kraftstoffe erlassen. Die Richtlinie 75/176 über Schwefelgehalt[365] und die Benzinbleirichtlinie 78/611[366] kamen als erste Gemeinschaftsregelungen zur Anwendung. Nach ständigen Änderungen in der Folgezeit wurden die Anforderungen schrittweise verschärft und ausgeweitet. Die Benzinbleirichtlinie 78/611 wurde später durch die Richtlinie 85/210[367] abgelöst, die auch den Benzolgehalt begrenzte. Zur weiteren Verringerung der Schwefelemissionen aus der Verbrennung bestimmter flüssiger Kraft- und Brennstoffe wurde die Richtlinie 93/12/EWG[368] erlassen, die ihre Vorgängerrichtlinien 75/176 und 87/219[369] ersetzte. Sie verschärfte schrittweise die Grenzwerte des Schwefelgehalts von Dieselkraftstoff, der zum Antrieb von Straßenverkehrfahrzeugen verwendet wird und legte auch Grenzwerte für den Schwefelgehalt sonstigen Gasöls fest[370].

b) Das Programm Auto-Öl I

Mit Durchsetzung der vorgenannten Anforderungen, insbesondere durch die breite Verwendung des Dreiwegekatalysators, erzielte die EG zwar große Fortschritte über die Verringerung von Kraftfahrzeugemissionen. Angesichts des ständig zunehmenden Verkehrsaufkommens war jedoch zu befürchten, dass der

363 Richtlinie 88/77/EWG des Rates vom 3.12.1987 zur Angleichung der Rechtsvorschriften der Mitgliedstaaten über Maßnahmen gegen die Emission gasförmiger Schadstoffe aus Dieselmotoren zum Antrieb von Fahrzeugen, ABl. 1988, L 36/33, mit zahlreichen späteren Änderungen.

364 Richtlinie 77/537/EWG des Rates vom 28.6.1977 zur Angleichung der Rechtsvorschriften der Mitgliedstaaten über Maßnahmen gegen die Emission verunreinigender Stoffe aus Dieselmotoren zum Antrieb von land- und forstwirtschaftlichen Zugmaschinen auf Rädern, ABl. 1977, L 220/38, mit zahlreichen späteren Änderungen.

365 Richtlinie 75/176/EWG des Rates vom 24.11.1975 zur Angleichung der Rechtsvorschriften der Mitgliedstaaten über den Schwefelgehalt bestimmter flüssiger Brennstoffe, ABl. 1975, L 307/22.

366 Richtlinie 78/611/EWG des Rates vom 29.6.1978 zur Angleichung der Rechtsvorschriften der Mitgliedstaaten über den Bleigehalt des Benzins, ABl. 1978, L 197/19.

367 Richtlinie 85/210/EWG des Rates vom 20.3.1985 zur Angleichung der Rechtsvorschriften der Mitgliedstaaten über den Bleigehalt des Benzins, ABl. 1985, L 96/25, mit späteren Änderungen.

368 Richtlinie 93/12/EWG des Rates vom 23.3.1993 über den Schwefelgehalt bestimmter flüssiger Brennstoffe, ABl. 1993, L 74/81.

369 Richtlinie 87/219/EWG des Rates vom 30.3.1987 zur Änderung der Richtlinie 75/176/EWG zur Angleichung der Rechtsvorschriften der Mitgliedstaaten über den Schwefelgehalt bestimmter flüssiger Brennstoffe, ABl. 1987, L 91/19.

370 Vgl. Scheuing, in: Rengeling (Hrg.), EUDUR, Bd. II, § 51, Rn. 55.

Erfolg dadurch in Zukunft kompensiert würde[371]. Vor allem erschienen die zusätzlichen Maßnahmen zur erheblichen Verringerung der Emissionen von Stickstoffoxid (NOx), VOC und Partikel als notwendig[372]. Vor diesem Hintergrund hat die Kommission in Zusammenarbeit mit der Vereinigung der Europäischen Mineralölindustrie (EUROPIA) und dem Dachverband der Europäischen Automobilhersteller (ACEA) in den neunziger Jahren das Programm Auto-Öl I[373] initiiert.

Um die Fahrzeugemissionen zu reduzieren und damit bestimmte Luftqualitätsziele zu erreichen, untersuchte das Programm Auto-Öl I eine Reihe unterschiedlicher Maßnahmen unter den Gesichtspunkten des Emissionsminderungspotentials und der Kosten. Dazu gehören neben den Maßnahmen zur weiteren Verbesserung der Fahrzeugtechnologie und Kraftstoffqualität auch solche bei Inspektion und Wartung sowie sonstige verkehrliche und fiskalische Maßnahmen. Das Programm Auto-Öl I führte zum Erlass zahlreicher EG-Richtlinien, vor allem in den Bereichen der Fahrzeugtechnologie und der Kraftstoffqualität[374]. Von Bedeutung ist zuerst die Richtlinie 98/69/EG für Personenkraftwagen und leichte Nutzfahrzeuge (Benzin- und Dieselfahrzeuge)[375], die wichtige Änderungen und Ergänzungen zur Richtlinie 70/220/EWG enthält. In der Änderungsrichtlinie 2001/100/EG[376] werden Niedrigtemperatur-Emissionsgrenzwerte auch für leichte Nutzfahrzeuge der Typen II und III sowie für Pkw mit mehr als sechs Sitzplätzen und PKW mit einer Höchstmasse von über 2500 kg festgelegt. Für schwere Nutzfahrzeuge verschärft die Änderungsrichtlinie 99/96/EG[377] die An-

---

371 Ronellenfitsch/Delbanco, in: Rengeling (Hrsg.), EUDUR, 1. Aufl., 1998, Bd. II, § 52, Rn. 18.

372 Vgl. Ronellenfitsch/Delbanco, in: Rengeling (Hrsg.), EUDUR, 1. Aufl., 1998, Bd. II, § 52, Rn. 21.

373 KOM (96) 248 endg. = BR-Drucks. 721/96.

374 Vgl. Ronellenfitsch/Delbanco, in: Rengeling (Hrsg.), EUDUR, 1. Aufl., 1998, Bd. II, § 52, Rn. 18 ff. und 2. Aufl., 2003, Bd. II, § 50, Rn. 13.

375 Richtlinie 98/69/EG des Europäischen Parlaments und des Rates vom 13.10.1998 über Maßnahmen gegen die Verunreinigung der Luft durch Emissionen von Kraftfahrzeugen und zur Änderung der Richtlinie 70/220/EWG, ABl. 1998, L 350/1. Zu der Richtlinie vgl. Ronellenfitsch/Delbanco, in: Rengeling (Hrg.), EUDUR, Bd. II § 50, Rn. 8; Koch/Prall, NVwZ 2002, 666, 670.

376 Richtlinie 2001/100/EG des Europäischen Parlaments und des Rates vom 7.12.2001 zur Änderung der Richtlinie 70/220 zur Angleichung der Rechtsvorschriften der Mitgliedstaaten über Maßnahmen gegen die Verunreinigung der Luft durch Emissionen von Kraftfahrzeugen, ABl. 2002, L 16/32.

377 Richtlinie 1999/96 EG des Europäischen Parlaments und des Rates vom 13. 12. 1999 zur Angleichung der Rechtsvorschriften der Mitgliedstaaten über Maßnahmen gegen die Emission gasförmiger Schadstoffen und luftverunreinigender Partikeln aus Selbstzündungsmotoren zum Antrieb von Fahrzeugen und die Emission gasförmiger Schadstoffe aus mit Erdgas oder Flüssiggas betriebenen Fremdzündungsmotoren zum Antrieb von Fahrzeugen und zur Änderung der Richtlinie 88/77/EWG des Rates, ABl. 2000, L 44/1. Zu der Richtlinie vgl. http://europa.eu.int/scadplus/leg/de/lvb/l21048.htm, letzter Aufruf

forderungen der Richtlinie 88/77/EWG. Für Motorräder wurde die Richtlinie 97/24/EG[378] erlassen. Für mobile Maschinen und Geräte gilt die Richtlinie 97/68/EG[379], die etwa Kompressoren, land- und forstwirtschaftliche Maschinen, Förderzeuge, Gabelstapler und Maschinen zur Straßeninstandhaltung erfasst[380]. Für land- und forstwirtschaftliche Zugmaschinen ergänzt nun die Richtlinie 2000/25/EG[381] die Richtlinie 77/537/EWG. Zur Regulierung der Kraft- und Brennstoffe wurde die Richtlinie 98/70/EG über die Qualität von Otto- und Dieselkraftstoffen[382] verabschiedet. Damit werden die Vorgängerrichtlinie 85/210/EWG und ihre Änderungsrichtlinien sowie teilweise die Richtlinie 93/12/EWG ersetzt. Auch in Bezug auf sonstiges Gasöl ist die Richtlinie 93/12/EWG durch die Richtlinie 1999/32/EG[383] novelliert worden, die der Umsetzung des 2. Schwefel-Protokolls von 1994 zum UN-ECE Übereinkommen über die weiträumigen grenzüberschreitenden Luftverunreinigungen[384] dient und

---

am 30.6.2005; Ronellenfitsch/Delbanco, in: Rengeling (Hrg.), EUDUR, Bd. II § 50, Rn. 10; Koch/Prall, NVwZ 2002, 666, 670.

378 Richtlinie 97/24/EG des Europäischen Parlaments und des Rates v. 17. 6. 1997 über bestimmte Bauteile von zweirädrigen oder dreirädrigen Kraftfahrzeugen, ABl. 1997, L 226/1 (sog. »Multi-Richtlinie«).

379 Richtlinie 97/68/EG des Europäischen Parlaments und des Rates vom 16. 12. 1997 zur Angleichung der Rechtsvorschriften der Mitgliedstaaten über Maßnahmen zur Bekämpfung der Emission von gasförmigen Schadstoffen und luftverunreinigenden Partikeln aus Verbrennungsmotoren für mobile Maschinen und Geräte, ABl. 1998, L 59/1.

380 Scheuing, in: Rengeling (Hrg.), EUDUR, Bd. II, § 51, Rn. 27. Die Richtlinie „ist im Grenzbereich zu den anlagenbezogenen Rechtsakten angesiedelt“ (Jarass, UPR 2000, 241, 242), weil ihr Gegenstände, nämlich mobile Maschinen und Geräte, durchweg als nicht genehmigungsbedürftige Anlagen i.S. des BImSchG einzustufen sind. S. Koch, in: Rengeling (Hrg.), EUDUR, Bd. II, § 47 Rn. 68a.

381 Richtlinie 2000/25/EG des Europäischen Parlaments und des Rates vom 22.5.2000 über Maßnahmen zur Bekämpfung der Emission von gasförmigen Schadstoffen und luftverunreinigenden Partikeln aus Motoren, die für den Antrieb von land- und forstwirtschaftlichen Zugmaschinen bestimmt sind, und zur Änderung der Richtlinie 74/150/EWG des Rates, ABl. 2000, L 173/1, zuletzt geändert durch die Richtlinie 2005/13/EG der Kommission vom 21.2.2005, ABl. 2005 L 55/35. Zur Richtlinie 2000/25/EG Vgl. http://europa.eu.int/scadplus/leg/de/lvb/l28070.htm, letzter Aufruf am 26.8.2005; Ronellenfitsch/Delbanco, in: Rengeling (Hrg.), EUDUR, Bd. II § 50, Rn. 11.

382 Richtlinie 1998/70/EG des Europäischen Parlaments und des Rates vom 13.10.1998 über die Qualität von Otto- und Dieselkraftstoffen und zur Änderung der Richtlinie 93/12/EWG, ABl. 1998 L 350/58. Dazu ausführlich Scheuing, in: Rengeling (Hrg.), EUDUR, Bd. II, § 51, Rn. 29 ff.; vgl. auch http://europa.eu.int/scadplus/leg/de/lvb/l28077.htm, letzter Aufruf am 30.6.2005.

383 Richtlinie 1999/32/EG des Rates vom 26.4.1999 über eine Verringerung des Schwefelgehalts bestimmter flüssiger Kraft- und Brennstoffe und zur Änderung der Richtlinie 93/12/EWG, ABl. 1999 L 121/13.

384 Zum zweiten Schwefelprotokoll vgl. Koch, in: Rengeling (Hrg.), EUDUR, Bd. II, § 47, Rn. 46.

Bestimmungen über den Schwefelgehalt von Schwerölen und Gasöl, mit Ausnahme von Flugzeugkerosin, trifft[385].

c) Programm Auto-Öl II

Fortgeschrieben wird das Programm Auto-Öl I von dem Programm Auto-Öl II[386] im Jahre 2000. Die Mitteilung der Kommission über das Programm Auto-Öl II enthält einen Fortschrittsbericht über die Entwicklung der vorhanden Rechtsvorschriften über Fahrzeugemissionen und Kraftstoffqualität, umfasst die Einschätzung der künftigen Luftqualität und kommt sodann zu einer Reihe von Vorschlägen für das weitere Vorgehen im Straßenverkehrsbereich. Trotz der deutlichen Verbesserung der Luftqualität in Städten sind noch gewichtige Aufgaben zu erledigen, darunter vor allem die Bekämpfung von Partikeln, von regionalem troposphärischen Ozon und von Überschreitungen der Grenzwerte für Stickstoffdioxid (NOx). Diese Aufgaben sind sowohl durch Maßnahmen zur Fahrzeugtechnologie und Kraftstoffqualität als auch durch regionale nichttechnische oder steuerliche Maßnahmen zu lösen. Insgesamt erwartet die Kommission im Rahmen des Programms, dass die Emissionen regulierter Schadstoffe (außer CO_2) bis 2020 auf unter 20 % ihres jeweiligen Wertes im Jahr 1995 zurückgehen werden, während die CO_2-Emissionen bis 2005 weiter zunehmen (und anschließend stabil bleiben) werden[387].

Aufgrund des Programms Auto-Öl II erließ die EG bisher bereits viele Regelwerke. Die Richtlinie 2002/51/EG zur Änderung der Richtlinie 97/24/EG[388] hat die Emissionsnormen für Zwei- und Dreiradfahrzeuge verschärft. Danach sind die Abgasgrenzwerte von Motorrädern für CO- und HC-Emissionen in zwei Stufen zum 1. April 2003 und zum 1. Januar 2006 auf das Niveau der Euro 3-Norm für Pkw abzusenken. Dazu kommt ab 2006 ein einheitlicher Abgastest für Motorräder und Pkw[389]. Für mobile Maschinen und Geräte ist die Richtlinie

---

385 Zu der Richtlinie Vgl. http://europa.eu.int/scadplus/leg/de/lvb/l21050.htm, letzter Aufruf am 30.6.2005; Scheuing, in: Rengeling (Hrg.), EUDUR, Bd. II, § 51, Rn. 55 ff.; Koch/Prall, NVwZ 2002, 666, 670.

386 Mitteilung der Kommission vom 5.10.2000, Bericht über das Programm Auto-Öl II, KOM (2000) 626 endg. Vgl. Ronellenfisch/Delbanco, in: Rengeling (Hrg.), EUDUR, Bd. II § 50, Rn. 14 ff.

387 Die CO2-Emissionen werden bis zum Jahr 2005 weiter zunehmen und anschließend stabil bleiben, aber nur unter der Voraussetzung, dass die Autohersteller ihre freiwillig eingegangenen Verpflichtungen einhalten. S. Mitteilung der Kommission, Bericht über das Programm Autoöl II, KOM (2000) 626 endg., S. 10.

388 Richtlinie 2002/51/EG des Europäischen Parlaments und des Rates v. 19. 7. 2002 zur Verminderung der Schadstoffemissionen von zweirädrigen- und dreirädrigen Kraftfahrzeugen und zur Änderung der Richtlinie 97/24/EG, ABl. 2002, L 252/20.

389 Bartholmes/Barton/Bischofs/Caßer/Evers/Stuckert, in: Jb. UTR 2003, 481, 575.

2002/88/EG zur Änderung der Richtlinie 97/68/EG[390] ergangen, die auch kleinere Fremdzündungs-, also Benzinmotoren etwa in Rasenmähern, Kettensägen usw. einbezieht. Die Richtlinie 2004/26/EG[391] weitet weiter den Anwendungsbereich der Richtlinie 97/68/EG auf Lokomotiven und Binnenschiffe aus. Zudem werden auch die Emissionsgrenzwerte, insbesondere für NOx und Partikel, in zwei Stufen abgesenkt. Die erste Stufe beginnt im Jahr 2006. In der zweiten Stufe werden die Normen schrittweise verschärft, und zwar auf ein durchschnittlich zehn mal strengeres Niveau als bisher. Im Einklang mit vergleichbaren Grenzwertverschärfungen in den USA in den Jahren zwischen 2010 und 2014 soll auf diese Weise den betroffenen Industriezweigen diesseits und jenseits des Atlantiks eine globale Vereinheitlichung ihres Angebots von Motorenkonzepten ermöglicht werden[392].

Für schwere Nutzfahrzeuge hat die Kommission am 5. September 2003 einen Vorschlag vorgelegt[393], der zwei neue Richtlinien auf verschiedenen Ebenen, also eine Richtlinie des Europäischen Parlaments und des Rates sowie eine Richtlinie der Kommission, umfasst, und beabsichtigt damit die Richtlinie 88/77/EWG aufzuheben.

Zur Qualität von Otto- und Dieselkraftstoffen wurde im Rahmen des Programms Auto-Öl II die Richtlinie 2003/17/EG[394] zur Änderung der Richtlinie 98/70 erlassen, die die Einführung vom schwefelfreiem Benzin und Dieselkraftstoffen – mit einem Schwefelgehalt weniger als 10 mg/kg, also 0.001 % – spätestens ab dem 1. Januar 2005 sowie eine vollständige Marktdurchdringung bis zum 1. Januar 2009 vorsieht. Für mobile Maschinen und Geräte sowie land- und forstwirtschaftliche Zugmaschinen sollen die Kraftstoffe weniger als 2000 mg/kg (ppm) Schwefel enthalten. Ab 2008 soll der zulässige Schwefelgehalt auf 1000 mg/kg (ppm) gesenkt werden[395].

---

390 Richtlinie 2002/88/EG des Europäischen Parlaments und des Rates vom 9. 12. 2002 zur Änderung der Richtlinie 97/68/EG zur Angleichung der Rechtsvorschriften der Mitgliedstaaten über Maßnahmen zur Bekämpfung der Emission von gasförmigen Schadstoffen und luftverunreinigenden Partikeln aus Verbrennungsmotoren für mobile Maschinen und Geräte, ABl. 2003 L35/28.

391 Richtlinie 2004/26/EG des Europäischen Parlaments und des Rates vom 21. 4. 2004 zur Änderung der Richtlinie 97/68/EG zur Angleichung der Rechtsvorschriften der Mitgliedstaaten über Maßnahmen zur Bekämpfung der Emission von gasförmigen Schadstoffen und luftverunreinigenden Partikeln aus Verbrennungsmotoren für mobile Maschinen und Geräte, ABl. 2004 L 146/1.

392 http://europa.eu.int/scadplus/leg/de/lvb/l21219.htm, letzter Aufruf am 30.6.2005.

393 KOM(2003) 522 endg.

394 Richtlinie 2003/17/EG des Europäischen Parlaments und des Rates vom 3.3.2003 zur Änderung der Richtlinie 98/70/EG über die Qualität von Otto- und Dieselkraftstoffen, ABl. 2003 L 76/10.

395 Vgl. http://europa.eu.int/scadplus/leg/de/lvb/l28077.htm, letzter Aufruf am 30.6.2005; Scheuing, in: Rengeling (Hrg.), EUDUR, Bd. II, § 51, Rn. 50.

Seit dem 20. November 2002 liegt ein Richtlinienvorschlag zur Änderung der Richtlinie 99/32/EG hinsichtlich des Schwefelsgehalts von Schiffskraftstoffen[396] vor, die Teil einer Strategie der EU zur Reduzierung atmosphärischer Emissionen von Seeschiffen[397] darstellt. Er befindet sich derzeit fast am Ende des Mitentscheidungsverfahrens.

5. Rechtsakte mit integrativem Ansatz

Der Gedanke eines integrativen, medienübergreifenden Umweltschutzes spielt eine zunehmend wichtigere Rolle in der gemeinschaftlichen Gesetzgebung. Darauf ist schon im zweiten Kapital ausführlich eingegangen worden. Im Bereich der Luftreinhaltung findet sich eine Reihe von Rechtsakten, die im Wesentlichen auf die Bekämpfung der Luftverunreinigung, aber auch auf Gewässerschutz und Abfallentsorgung zielt[398]. Hierzu zählen etwa die Richtlinie 75/439/EWG über die Altölbeseitigung[399], die Richtlinie 87/217/EWG über Asbest[400], die Richtlinie 92/112/EWG über Abfälle der Titandioxid-Industrie[401], die Richtlinie 94/67/EG über die Verbrennung gefährlicher Abfälle[402] und die neue Abfallverbrenungsrichtlinie 2000/76/EG[403]. Auf die näheren Darstellungen zu der letzteren ist im vorstehenden Abschnitt „Anlagenbezogenes Luftreinhalterecht" und im fünften Kapitel „das Abfallrecht" Bezug genommen. Hervorzuheben ist hierbei nur kurz noch die Richtlinie 96/61/EG über die integrierte Vermeidung und Verminderung der Umweltverschmutzung (IVU-Richtlinie)[404], die „das Kernstück der neueren anlagenbezogenen Umweltgesetzgebung auf Gemeinschaftsebene" darstellt[405]. Mit dem integrativen, medienübergreifenden Ansatz, in materieller ebenso wie in verfahrensmäßiger Hinsicht, betrifft die IVU-Richtlinie eine große Zahl von besonders umweltrelevanten Industrieanlagen. Um durch den Schutz von Luft, Wasser und Boden ein hohes Schutzniveau für die Umwelt insgesamt zu erreichen, normiert sie integrative materielle Grundpflichten und Genehmigungsvoraussetzungen für den Betrieb bestehender und neuer Industrieanlagen,

---

396 KOM (2002) 595 endg. Band II.

397 Mitteilung der Kommission vom 20.11.2002, KOM (2002) 595 endg. Band I. Vgl. http://europa.eu.int/scadplus/leg/de/lvb/l28131.htm, letzter Aufruf am 30.6.2005.

398 Vgl. Jarass, UPR 2000, 241, 244.

399 ABl. 1975 L 194/23, zuletzt geändert durch Richtlinie 2000/76/EG (Abfallverbrennungsrichtlinie), ABl. 2000, L 332/91.

400 Richtlinie 87/217/EWG zur Verhütung und Verringerung der Umweltverschmutzung durch Asbest, ABl. 1987 L 85/40.

401 Richtlinie 92/112/EWG zur Verringerung und späteren Unterbindung der Verschmutzung durch Abfälle der Titandioxid-Industrie, ABl. 1992 L 409/11. Näher dazu Sellner, in: Rengeling (Hrsg.), EUDUR, Bd. II, § 49 Rn. 73 ff.

402 ABl. 1994 L 365/34.

403 Richtlinie 2000/76/EG des Europäischen Parlaments und des Rates über die Verbrennung von Abfällen vom 4.12.2000, ABl. 2000, L 332/91. Zur Richtlinie vgl. Witthohn, DVBl. 2001, 1648 ff.

404 Vom 24. 9. 1996, ABl. 1996 L 257/26.

405 Sellner, in: Rengeling (Hrsg.), EUDUR, Bd. II, § 49 Rn. 11.

sowie die Verpflichtung der Mitgliedstaaten für eine vollständige Koordinierung des Genehmigungsverfahrens und der Genehmigungsauflagen. Dazu sind Öffentlichkeitsbeteiligung und eine regelmäßige Überprüfung der Genehmigungsauflagen vorzusehen. Für eine nähere Erörterung dieser Richtlinie sei auf Ausführungen im zweiten Kapitel dieser Arbeit verwiesen.

II. Entwicklung des deutschen Luftreinhalterechts

1. Überblick

Das Immissionsschutzrecht der Bundesrepublik Deutschland war traditionell quellenbezogen und überwiegend ein Industrieanlagenrecht. Sowohl das Luftreinhalte- und Lärmschutzrecht, als auch das Anlagensicherheitsrecht fokussierten die Reglementierung der Industrieanlagen. Hierbei stellt das Gesetz zum Schutz vor schädlichen Umwelteinwirkungen durch Luftverunreinigungen, Geräusche, Erschütterungen und ähnliche Vorgänge (das sogenannte Bundes-Immissionsschutzgesetz, BImSchG)[406] ein zentrales Gesetz dar, das sich auf die konkurrierende Gesetzgebungskompetenz des Bundes aus Art. 74 Abs. 1 Nr. 24 GG stützt und alle wesentlichen Regelungen des Luftreinhalte-, Lärmschutz- sowie Anlagensicherheitsrechts umfasst. Auf der Grundlage des BImSchG sind noch 33 Rechtsverordnungen[407] und sechs allgemeine Verwaltungsvorschriften ergangen, die in der Praxis von erheblicher Bedeutung sind. Im Folgenden wird zuerst auf die Entwicklung des deutschen Luftreinhalterechts eingegangen. Die Entwicklung des Lärmschutzrechts und Anlagensicherheitsrechts sind in den nachfolgenden Abschnitten darzustellen.

Anders als die Qualitätsorientierung des EG-Rechts setzte das deutsche Luftreinhalterecht, wie angemerkt, an den Quellen an und sucht damit mittelbar eine ausreichende Luftqualität zu gewährleisten[408]. Vorschriften zum Immissionsschutz gab es nur in § 44 bis § 47a BImSchG in der alten Fassung. Sie befassten sich allerdings hauptsächlich mit der Feststellung der gebietsbezogenen Luftverunreinigungen und nur sekundär mit Handlungsprogrammen. Zudem wurden anders als im EG-Recht keine verbindlichen Luftqualitätsvorgaben festgelegt[409]. Mit dem quellenbezogenen Ansatz regulierte das deutsche Luftreinhalterecht im Wesentlichen Industrieanlagen. Dadurch hat es Deutschland in den vergangenen

---

406 Vom 15. 3. 1974, BGBl. I. 721, 1193. In der Fassung der Bekanntmachung vom 26.9.2002, BGBl. I 3830, zuletzt geändert durch Art. 1 G v. 25.6.2005, BGBl. I 1865.

407 Die 6. BImSchV (Verordnung über Fachkunde und Zuverlässigkeit der Immissionsschutzbeauftragten), die 8. BImSchV (Rasenmäherlärm-Verordnung), die 15. BImSchV (Baumaschinenlärm-Verordnung) und die 23. BImSchV (Verordnung über die Festlegung von Konzentrationswerten) sind aber inzwischen aufgehoben worden, deswegen gibt es derzeit praktisch nur 29 Verordnungen zum BImSchG. Vgl. Kloepfer, Umweltrecht, § 14 Rn. 33 f.

408 Jarass, in: Rengeling (Hrsg.), EUDUR, Bd. II, § 48 Rn. 82.

409 Jarass, in: Rengeling (Hrsg.), EUDUR, Bd. II, § 48 Rn. 1; Jarass, UPR 2000, 241, 245.

Jahren geschafft, die Schadstoffemissionen erheblich zu verringern. Insbesondere mit der alten Großfeuerungsanlagen-Verordnung (13. BImSchV) vom 22. Juni 1983[410] wurden die SO_2- und NOx-Emissionen sowie Staubemissionen aus Großfeuerungsanlagen deutlich reduziert. Während die EG-Großfeuerungsanlagen-Richtlinie 88/609/EWG Grenzwerte für SO_2 von 3 Mio. Tonnen pro Jahr und für NOx von 0,872 Mio. pro Jahr vorschreibt, wurde in der Bundesrepublik im Jahr 1993 (Phase 1) lediglich 2,197 Mio. Tonnen SO_2 sowie 0,425 Mio. Tonnen NOx von Großfeuerungsanlagen ausgestoßen. Die alte 13. BImSchV hat in erheblichem Maße zur Verbesserung der Luftqualität in der Bundesrepublik beitragen[411].

Demgegenüber wurden andere Verursacher von Luftverunreinigungen außerhalb von Industrieanlagen, vor allem diejenigen im Verkehrsbereich, nur unzureichend reglementiert. Von den nur wenigen und noch dazu mageren einschlägigen Vorschriften[412] wurde zudem kaum Gebrauch gemacht. Mit dem Verkehrsimmissionsschutz befasst sich der Vierte Teil des BImSchG, der drei heterogene Regelungsgruppen enthielt[413]. Bei der ersten Gruppe geht es um die Begrenzung der Abgas- und Geräuschemissionen durch Anforderungen an Beschaffenheit und Betrieb von Fahrzeugen (§§ 38, 39 BImSchG). § 38 BImSchG schafft also eine Grundlage, Emissionen der Kraftfahrzeuge durch Produktstandards „an der Quelle" zu bekämpfen. § 38 Abs. 1 BImSchG sieht materielle Grundpflichten zur Verringerung vom Emissionen gegenüber Produzenten und Betreibern vor. Zu ihrer Konkretisierung ist in § 38 Abs. 2 eine Ermächtigungsgrundlage geschaffen worden. Konkurrierende Regelungen liegen noch im Straßenverkehrsrecht vor, also in § 6 Straßenverkehrsgesetz (StVG) i.V.m. und § 47 Straßenverkehrs-Zulassungsordnung (StVZO). Die Bundesregierung verzichtete aber von Anfang an darauf, aufgrund § 38 BImSchG bzw. § 6 StVG eigene nationale Produktstandards an Kraftfahrzeugen zu konkretisieren. Stattdessen bemühte sie sich, Emissionsgrenzwerte gemeinschaftsweit zu verschärfen, um einerseits einen Vorteil gegenüber der US-amerikanischen Konkurrenz zu erzielen und andererseits die Ausgangsposition von Anbietern innerhalb der Union zu harmonisieren[414]. Von daher wurde das deutsche Verkehrsimmissionsrecht selbst zwar nur unzureichend entwickelt und wird zunehmend durch Gemeinschaftsrecht überlagert[415], die Bundesrepublik hat zur Ausprägung der EG-Regelungen je-

---

410 BGBl. I 719.

411 Sellner, in: Rengeling (Hrsg.), EUDUR, Bd. II, § 49 Rn. 31 ff.

412 Im Einzelheiten über die deutschen Regelungen zum Schutz vor Luftverunreinigungen durch Kraftfahrzeuge, vgl. Ronellenfitsch /Delbanco, in: Rengeling (Hrg.), EUDUR, Bd. II, § 50, Rn. 22 ff.

413 Schulze-Fielitz, in: Koch/Scheuing (Hrsg.), GK-BImSchG, 1994, Vorbemerkungen zu §§ 38-43, Rn. 1, 68 ff.

414 Berkemann, in: Koch (Hrsg.), Verkehrspolitik, 175, 212 f.; Schulze-Fielitz, in: Koch/Scheuing (Hrsg.), GK-BImSchG, 1994, § 38, Rn. 33.

415 Die einschlägigen EG-Richtlinien über Abgasgrenzwerte werden immer durch § 47 StVZO ins deutsche Recht umgesetzt. Als Ermächtigungsgrundlage werden bei allen

doch maßgeblich beigetragen. Die Abgasgrenzwerte für Pkw und leichte Nutzfahrzeuge in den EG-Richtlinien wurden häufig auf Initiative der Bundesrepublik weiter abgesenkt. Sie hat durch steuerpolitische Maßnahmen auch Möglichkeiten zum frühzeitigen Einsatz von Katalysatoren geschaffen, ohne dazu durch die Richtlinie 83/351/EWG im Einzelnen berechtigt worden zu sein [416].

Die zweite Regelungsgruppe im Vierten Teil des BImSchG bilden die Vorschriften zu den Verkehrsbeschränkungen und -verboten wegen Luftverunreinigung (§§ 40, 40a-e). Sie waren aber weitgehend unterentwickelt und erwiesen sich als kaum brauchbar. Sowohl §§ 40a-e BImSchG alte Fassung (a. F.) für Ozonalarm[417] und § 40 Abs. 2 BImSchG a. F. in Verbindung mit den in 23. BImSchV [418] festgelegten Konzentrationswerten, als auch § 45 Straßenverkehrsordnung (StVO) haben keine praktische Bedeutung gewonnen [419]. Schließlich bliden Vorschriften über Verkehrswegplanung die dritte Gruppe (§§ 41-43 BImSchG). Sie beschränken sich allerdings auf den Lärmschutz und klammern Verkehrsabgase völlig aus[420]. Infolgedessen fehlen bislang beim Bau, bei der Änderung und bei der Unterhaltung von Verkehrswegen völlig spezifische Regelungen, die der Luftreinhaltung Rechnung tragen.

Dagegen hat das deutsche Recht über die Qualitätsanforderungen an den Kraft- und Brennstoffen aber eine Vorreiterrolle gespielt. Während das deutsche Benzinbleigesetz vom 5. August 1971[421] ab 1976 eine Herabsetzung des Bleigehalts von Benzin auf 0,15 g Pb/l festgelegt hatte, schrieb die erste Gemeinschaftsregelung, die Benzinbleirichtlinie 78/611[422], ab 1981 einen verbindlichen Grenzwert vom 0,40 g Pb/l Benzin vor, überließ es aber den Mitgliedstaaten, diesen Grenzwert für ihren eigenen Markt auf 0,15 g Pb/l abzusenken. Die Einführung unverbleiten Benzins wurde in Deutschland für den 1. Januar 1986 beschlossen,

---

Abgas- und Lärmvorschriften stets § 6 StVG und nur ergänzend auch § 38 Abs. 2 BImSchG angegeben. Die Praxis erweist, dass statt dem Umweltministerium das Bundesministerium für Verkehr, Bau- und Wohnungswesen beim verkehrbezogenen Immissionsschutzrecht die federführende Rolle spielt. Vgl. Berkemann, in: Koch (Hrsg.), Verkehrspolitik, 175, 209 f.; Schulze-Fielitz, in: Koch/Scheuing (Hrsg.), GK-BImSchG, 1994, Vorbemerkungen zu § 38, Rn. 20.

416 Näher vgl. Ronellenfitsch /Delbanco, in: Rengeling (Hrg.), EUDUR, Bd. II, § 50, Rn. 6 ff.

417 Sie sind inzwischen außer Kraft getreten.

418 Verordnung über die Festlegung von Konzentrationswerten vom 16. 12. 1996, BGBl. I S. 1962. Sie ist mit der Verordnung zur Verminderung von Sommersmog, Versauerung und Nährstoffeinträgen (33. BImSchV) vom 13.7.2004 aufgehoben worden.

419 Koch/Prall, NVwZ 2002, 666, 669; SRU, Umweltgutachten 2004, Tz. 541; Ronellenfitsch /Delbanco, in: Rengeling (Hrg.), EUDUR, Bd. II, § 50, Rn. 38 ff.

420 Vgl. Jarass, in: Dokumentation der GfU (2003), 17, 21; ders., in: Dolde (Hrsg.), UmweltR im Wandel, 381, 399; ders., in: Koch (Hrsg.), 20 Jahre BImSchG, 145, 149 ff.

421 BGBl. I 1971, S. 1234, mit späteren Änderungen.

422 Richtlinie 78/611/EWG des Rates vom 29. 6. 1978 zur Angleichung der Rechtsvorschriften der Mitgliedstaaten über den Bleigehalt des Benzins, ABl. 1978, L 197/19.

gemeinschaftsweit aber erst durch Richtlinie 85/210[423] ab 1. Oktober 1989 vorgeschrieben[424]. Auch die deutsche 3. BImSchV über Schwefelgehalt von leichtem Heizöl und Dieselkraftstoff[425] im Jahr 1975 war ein deutscher Alleingang[426].

Insgesamt wies das deutsche verkehrsbezogene Luftreinhalterecht – sieht man einmal von den Produktstandards für Kraft- und Brennstoffe ab – gegenüber dem anlagenbezogenen erhebliche Schwächen auf. Der Handlungsbedarf war dringlich, weil etwa NOx-Emissionen und damit auch die Konzentration des bodennahen Ozons, aber auch die Partikel-Emissionen maßgeblich auf den motorisierten Verkehr zurückzuführen sind[427]. Der Verkehr stellt heute einen der Hauptverursacher von Luftverunreinigungen dar. Infolgedessen lässt sich die Ungleichbehandlung zwischen Industrieanlagen und Kraftfahrzeugen erst recht nicht rechtfertigen. Die Lücken und Defizite des verkehrsbezogenen Luftreinhalterechts könnten das anlagenbezogene Luftreinhalterecht sogar weit mehr belasten, wenn die Luftqualitätsziele strenger gefasst wären und immer noch keine ausreichenden Maßnahmen im Verkehrsbereich getroffen würden[428].

2. Zunehmender Umsetzungsdruck durch europarechtliche Vorgaben

Die Entwicklung des deutschen Immissionsschutzrechts wird zunehmend vom EG-Recht beeinflusst. Sehr klar zeigt sich das schon beim Überblick über die Novellen des BImSchG: Die früheren Novellen, wie die Altanlagen-Novelle[429], die Novelle zur Anlagensicherheit[430] sowie die Beschleunigungs-Novelle[431], beschäftigten sich allein mit innerstaatlichen Problemen. Die jüngeren Novellen des BImSchG, wie die 5. Novelle zur Anpassung an die Seveso II-Richtlinie[432], die 6. Novelle des so genannten Artikelgesetzes zur Umsetzung von IVU- und UVP-Änderungsrichtlinien[433] sowie die 7. Novelle zur Umsetzung der EG-Luftqualitätsrichtlinien[434] sind aber unter Umsetzungsdruck der europarechtlichen Vorgaben geschehen[435]. Außerdem bezeichneten ihre langwierigen Umset-

---

423 Richtlinie 85/210/EWG des Rates vom 20.3.1985 zur Angleichung der Rechtsvorschriften der Mitgliedstaaten über den Bleigehalt des Benzins, ABl. 1985, L 96/25, mit späteren Änderungen.
424 Vgl. Scheuing, in: Rengeling (Hrg.), EUDUR, Bd. II, § 51, Rn. 31.
425 Vom 15. 1. 1975, BGBl. I 1975, S. 254.
426 Scheuing, in: Rengeling (Hrg.), EUDUR, Bd. II, § 51, Rn. 61.
427 Koch/Prall, NVwZ 2002, 666, 668 f.; SRU, Umweltgutachten 2004, Tz. 539.
428 Jarass, in: Dokumentation der GfU (2003), 17, 21.
429 Zweites Gesetz zur Änderung des BImSchG v. 4.10.1985, BGBl. I, 1950.
430 Drittes Gesetz zur Änderung des BImSchG v. 11.5.1990, BGBl. I, 870.
431 Viertes Gesetz zur Änderung des BImSchG v. 9.10.1996, BGBl. I,1498.
432 Fünftes Gesetz zur Änderung des BImSchG v. 19.10.1998, BGBl. I, 3138.
433 Sechstes Gesetz zur Änderung des BImSchG v. 27.7.2001, BGBl. I, 1950, 1973.
434 Siebtes Gesetz zur Änderung des BImSchG v. 11.9.2002, BGBl. I, 3622.
435 Koch/Prall, NVwZ 2002, 666.

zungsprozesse mehr oder weniger die Konflikte zwischen dem deutschen und europäischen Recht.

Im Folgenden sind von den zahlreichen Umsetzungsakten nur die relevanten darzustellen. Zunächst ist auf die Umsetzung der Luftqualitätsrichtlinien einzugehen (a). Bei der ersten Umsetzung ging es um die drei in den 80er Jahren erlassenen EG-Luftqualitätsrichtlinien (aa); bei der zweiten Umsetzung im Jahr 2002 sind die aktuelle 7. Novelle zum BImSchG, die Neufassung der 22. BImSchV und die neue TA Luft 2002 darzustellen (bb). Die novellierte 17. BImSchV dient der Umsetzung der EG-Abfallverbrennungsrichtlinie 2000/76/EG (b). Zur Umsetzung der novellierten Großfeuerungsanlagen-Richtlinie 2001/80/EG ist die 13. BImSchV novelliert worden(c). Die neue 33. BImSchV ist zur Umsetzung der NEC-Richtlinie 2001/81/EG und der Ozon-Richtlinie 2002/3/EG erlassen (d). Da es bei der Seveso II-Richtlinie um das im nachstehenden Abschnitt zu behandelnde Anlagensicherheitsrecht geht, ist die 5. Novelle des BImSchG erst dort zu erörtern. Die 6. Novelle zum BImSchG durch das so genannte Artikelgesetz zur Umsetzung der IVU-Richtlinie und der UVP-Änderungsrichtlinie ist im Einzelnen im ersten Kapitel dargestellt und an dieser Stelle nicht mehr zu behandeln.

a) Umsetzung der Luftqualitätsrichtlinien

aa) Die Umsetzung in den 80er und 90er Jahren

Trotz ihres fremden qualitätsorientierten Ansatzes erregten die in den 80er Jahren erlassenen Luftqualitätsrichtlinien in Deutschland zuerst keine Aufmerksamkeit. Sie wurden nur durch die Erste Allgemeine Verwaltungsvorschrift zum Bundes-Immissionsschutzgesetz (die Technische Anleitung zur Reinhaltung der Luft) vom 27. Februar 1986[436] (Kurz: die TA Luft 1986) umgesetzt. Erst mit zwei Urteilen des EuGH im Jahre 1991 wurde das deutsche Recht heftig erschüttert. Die Folgediskussion konzentriert sich aber im Wesentlichen nicht auf den Strukturunterschied zwischen dem EG-Luftqualitätsrecht und dem deutschen herkömmlichen Luftreinhalterecht, sondern auf zwei verwaltungsrechtliche Fragen, nämlich die Tauglichkeit der normenkonkretisierenden Vorschriften zur Umsetzung der EG-Richtlinien und den Zugang zu nationalem gerichtlichem Rechtsschutz. Darauf wird später noch einzugehen sein. Reagierend auf die Urteile des EuGH trat 1993 die 22. Bundes-Immissionsschutzverordnung[437] (die 22. BImSchV) in Kraft, die die drei Luftqualitätsrichtlinien umsetzte[438]. Damit wur-

436 GMBl. 1986, S. 95.

437 22. Verordnung zur Durchführung des Bundes-Immissionsschutzgesetztes – Verordnung über Immissionswerte vom 26.10.1993, BGBl. I 1819, geändert am 27.5.1994, S. 1095.

438 Außerdem wurden bereits im Jahre 1990 die gebietsbezogenen Regelungen in § 44 und § 47 BImSchG geändert und die Ermächtigung des § 48a BImSchG zum Erlass von

den sowohl die Grenzwerte als auch die Vorgaben für das Mess- und Beurteilungsverfahren der Luftqualitätsrichtlinien durch eine Rechtsverordnung in deutsches Recht transformiert.

bb) Umsetzung im Jahr 2002

Die neue EG-Luftqualitätsrahmenrichtlinie und ihre Töchterrichtlinien erfordern nun stärkere Umstellungen des deutschen Luftreinhalterechts als ihre Vorgängerrichtlinien. Die Umsetzung der Luftqualitätsrahmenrichtlinie 96/62 und ihre Tochterrichtlinie 1999/30, 2000/69 erfolgte im Jahr 2002 durch die 7. Novelle zum Bundes-Immissionsschutzgesetz (BImSchG)[439] und die völlige Neugestaltung der 22. Bundes-Immissionsschutzverordung (22. BImSchV)[440]. Flankierend kam die neue TA Luft 2002[441] hinzu, die die Funktion hat, die europarechtlich vorgegebenen, in der 22. BImSchV umgesetzten Luftqualitätsziele gegenüber der Emittentengruppe der Anlagen durchzusetzen. Die Umsetzung der dritten Tochterrichtlinie 2002/3 über den Ozongehalt der Luft (kurz: Ozon-Richtlinie) erfolgte erst im Juli 2004 – obwohl die Umsetzungsfrist bereits am 9. September 2003 abgelaufen war – durch die Verordnung zur Verminderung von Sommersmog, Versauerung und Nährstoffeinträgen (33. BImSchV)[442], die auch der Umsetzung der NEC-Richtlinie 2001/81 dient. Die neue vierte Tochterrichtlinie 2004/107/EG über Arsen, Kadmium, Quecksilber, Nickel und polyzyklische aromatische Kohlenwasserstoffe (PAK), die bis zum 15. Februar 2007 umzusetzen ist, macht alsbald erneut eine Novellierung der neuen 22. BImSchV und TA Luft 2002 erforderlich. Im Folgenden werden die Änderungen des BImSchG, der 22. BImSchV und die neue TA Luft 2002 im Rahmen des Untersuchungsziels dieses Kapitels kurz skizziert.

Bloß die Umsetzung auf der Ebene des förmlichen Gesetzes bedeutet schon einen großen Fortschritt gegenüber früher[443]. Dadurch wurde das BImSchG an viele Stellen novelliert. Vor allem wurde das planerische Instrumentarium des BImSchG deutlich erweitert und verbessert. Außerdem wurden neue Ermächtigungsgrundlagen für Verkehrsverbote oder -beschränkungen geschaf-

---

Rechtsverordnungen über Immissionswerte eingefügt. Vgl. Jarass, in: Rengeling (Hrsg.), EUDUR, Bd. II, § 48 Rn. 67 f.

439 Siebtes Gesetz zur Änderung des Bundes-Immissionsschutzgesetzes vom 11.9.2002, BGBl. I 3622.

440 22. Verordnung zur Durchführung des Bundes-Immissionsschutzgesetz (Verordnung über Immissionswerte für Schadstoffe in der Luft – 22. BImSchV) vom 11.9.2002 (BGBl. I 3626).

441 Erste Allgemeine Verwaltungsvorschrift zum Bundes-Immissionsschutzgesetz (Technische Anleitung zur Reinhaltung der Luft – TA Luft) vom 24.7.2002 (GMBl. S. 511). Sie ist am 1.10.2002 in Kraft getreten.

442 Vom 13.7.2004, BGBl. I S. 1612.

443 Jarass, in: Dokumentation der GfU (2003), 17, 19.

fen[444]. Hinsichtlich des Instrumentariums der Luftreinhalteplanung ist erstens das zu den Luftreinhalteplänen hinzutretende Instrument des Aktionsplanes (§ 47 Abs. 2 BImSchG) hervorzuheben. Während es sich bei Luftreinhalteplänen (§ 47 Abs. 1 BImSchG) um langfristige Maßnahmen handelt, sind Aktionspläne auf kurze Fristen bezogen. Aktionspläne haben somit eine doppelte Funktion: Sie kommen einerseits zum Einsatz, wenn es trotz der Luftreinhaltepläne und deren Umsetzung zu einer Gefahr der Überschreitung der Grenzwerte geriet. Anderseits befassen sich die Aktionspläne auch mit der Gefahr der Überschreitung der Alarmschwellen[445]. Zweitens legt § 47 Abs. 4 S. 1 BImSchG fest, dass die Maßnahmen in den Luftreinhalteplänen und Aktionsplänen entsprechend des Verursacheranteils gegen alle Emittenten zu richten sein sollen. Außerdem ist die Öffentlichkeit bei der Aufstellung von Plänen zu beteiligen. Die Pläne selbst müssen für die Öffentlichkeit zugänglich sein (§ 47 Abs. 5 S. 2 und 3 BImSchG). Neben dem Instrument der Luftreinhalteplanung können freilich auch planungsunabhängig unmittelbare Maßnahmen gegen alle Emittenten ergriffen werden. § 45 BImSchG sieht mithin ausdrücklich vor, dass die zuständigen Behörden die erforderlichen Maßnahmen – dazu gehören insbesondere Pläne nach § 47 – ergreifen müssen, um die Einhaltung der Immissionswerte sicherzustellen[446]. In Bezug auf die Beschränkungen und Verbote des Kraftfahrzeugverkehrs werden neue Ermächtigungsgrundlagen in § 40 Abs. 1[447] und Abs. 2 BImSchG geschaffen. § 40 Abs. 1 BImSchG ermöglicht solche Verkehrsverbote und -beschränkungen, soweit Luftreinhalte- oder Aktionspläne dies vorsehen. Dagegen verlangt § 40 Abs. 2 BImSchG unabhängig von den planerischen Instrumenten nur den Beitrag des Kraftfahrzeugverkehrs zur Überschreitung der Immissionswerte und das Gebot der örtlichen Verhältnisse. Weitere nennenswerte Neuerungen in der 7. Novelle zum BImSchG sind noch der völlig neu gefasste § 44 BImSchG, der die zuständigen Behörden zur Überwachung der Luftqualität verpflichtet, und § 46a BImSchG, der die Unterrichtung der Öffentlichkeit über die Luftqualität regelt[448], sowie § 50 S. 2 BImSchG, der verlangt, bei Planung in Gebieten, in denen die Immissionswerte nicht überschritten werden, die Erhaltung der bestmöglichen Luftqualität als Belang zu berücksichtigen.

Durch die neu gefasste 22. BImSchV wurden des Weiteren die im EG-Luftqualitätsrecht enthaltenen Immissionswerte und Vorgaben zum Beurteilungs- und Messverfahren umgesetzt. Unterstützend kommt noch die neue TA

444 SRU, Umweltgutachten 2004, Tz. 539 ff.
445 Jarass, in: Dokumentation der GfU (2003), 17, 31 f.
446 § 45 BImSchG stellt allerdings keine Ermächtigungsgrundlage für eingreifende Maßnahmen dar, sondern nur eine aufgabenzuweisende Vorschrift. Die erforderlichen Maßnahmen sind nach dem jeweils einschlägigen Fachrecht, also insbesondere nach dem Anlagenrecht des BImSchG und dem Straßenverkehrsrecht, anzuordnen. SRU, Umweltgutachten 2004, Tz. 540.
447 Die bisherige Smog-Regelung in § 40 Abs. 1 entfällt.
448 Die näher Regelungen zur Unterrichtung der Öffentlichkeit ist in §§ 12, 19 der 22. BImSchV geregelt.

Luft 2002 hinzu. Damit sind für deutlich mehr Stoffe als bisher Immissionswerte aufgenommen worden. Die Werte differenzieren sich ferner stärker nach dem Schutzobjekt und haben teilweise andere Bezugszeiträume. Insbesondere sind die meisten Immissionswerte verschärft worden[449]. Neu ist auch, dass die TA Luft 2002 nunmehr das EG-rechtliche punktebezogene Beurteilungsverfahren zur Prognose der Auswirkung einer Anlage übernimmt. Obwohl das Messsystem der Luftqualitätsrichtlinien bereits durch die 1993 ergangene 22. BImSchV in deutsches Recht transformiert wurde, enthielt die TA Luft 1986 jedoch noch ein flächenbezogenes Beurteilungsverfahren. Danach wurde auf den Durchschnittswert der Messergebnisse an den Eckpunkten einer quadratischen Fläche (in der Regel 1 km^2), nicht auf den einzelnen Messpunkt abgestellt[450]. Infolgedessen standen zwei Messsysteme unverbunden nebeneinander: Die 22. BImSchV regelte eine punktebezogene Beurteilung wie das EG-Recht, während die TA Luft 1986 nach wie vor eine flächenbezogene Beurteilung kannte[451]. Mit der TA Luft 2002 kommt endlich ein einheitliches Beurteilungsverfahren im deutschen Luftreinhalterecht zum Einsatz. Nach Nr. 4.6.2.6 TA Luft 2002 ist jetzt die Beurteilung der Schadstoffbelastung an den Punkten „mit mutmaßlich höchster relevanter Belastung" vorzunehmen.

Zwar stellt die zweite Umsetzung im Jahr 2002 insgesamt einen großen Fortschritt dar. Lücken und Defizite bestehen jedoch immer noch[452]. Höchst fragwürdig sind vor allem die verschiedenen Irrelevanzklauseln in der TA Luft 2002, insbesondere die Klausel zur Genehmigungserteilung bei Überschreitung der Immissionswerte zum Gesundheitsschutz (Nr. 4.2.2 a TA Luft 2002). Obwohl es klargestellt ist, dass die Einhaltung der Immissionsgrenzwerte nun eine Genehmigungsvoraussetzung für die genehmigungsbedürftigen Anlagen bildet[453], eröffnet die neue großzügige Irrelevanzklausel jedoch eine Hintertür. Danach darf die Genehmigung bei Überschreitung der Immissionswerte nicht versagt werden, wenn die durch die Anlage verursachte Zusatzbelastung das Irrelevanzkriterium von 3,0 % des Immissions-Jahreswertes nicht überschreitet und durch eine Auflage sichergestellt ist, dass weitere Maßnahmen zur Luftreinhaltung, insbesondere Maßnahmen, die über den Stand der Technik hinausgehen, durchgeführt werden. Während das EG-Recht überhaupt keine Irrelevanzklausel enthält[454], ist diese Klausel noch viel großzügiger als die entsprechende in der TA Luft 1986.

---

449 Im Einzelnen vgl. Hansmann, in: Dokumentation der GfU (2003), 51, 63 f.; SRU, Umweltgutachten 2004, Tz. 574 f.

450 Jarass, in: Rengeling (Hrsg.), EUDUR, Bd. II, § 48 Rn. 66; Hansmann, Dokumentation der GfU (2003), 51, 64 f.

451 Hansmann, in: Dokumentation der GfU (2003), 51, 64 f.; Jarass, in: Dokumentation der GfU (2003), 17, 18, 40.

452 Eingehend vgl. Jarass, in: Dokumentation der GfU (2003), 17, 39 ff.

453 Die Rechtsanlage ist allerdings erst durch die Vorschriften der TA Luft 2002 untergesetzlich klargestellt. Jarass, in: Dokumentation der GfU (2003), 17, 41.

454 Näher vgl. Hansmann, in: Dokumentation der GfU (2003), 51, 71 ff.; Jarass, in: Dokumentation der GfU (2003), 17, 41.; SRU, Umweltgutachten 2004, Tz. 583 ff.

b) Umsetzung der Abfallverbrennungsrichtlinie – die Novelle der 17. BImSchV

Die 17. BImSchV vom 23. November 1990[455] (im Folgenden die alte 17. BImSchV genannt) diente zwar der Umsetzung der Richtlinien zu Verbrennungsanlagen für Siedlungsmüll (89/369, 89/429), enthielt jedoch einen breiteren Anwendungsbereich und strengere Vorgaben als die EG-Richtlinien[456]. Auch die später erlassene Richtlinie 94/67/EG über die Verbrennung gefährlicher Abfälle erforderte keine wesentlichen Änderungen der alten 17. BImSchV[457]. Sie funktionierte bei Emissionsgrenzwerten und auch sonstigen Anforderungen an Müllverbrennungsanlagen sogar als Vorbild für die aktuelle EG-Abfallverbrennungsrichtlinie 2000/76/EG[458].

Die Abfallverbrennungsrichtlinie stellt, wie bereits erwähnt, neue und verschärfte Anforderungen an den Betrieb reiner Abfallverbrennungsanlagen und an (Mitverbrennungs)Anlagen, in denen Abfälle neben regulären Brennstoffen zur Mitverbrennung eingesetzt werden. Von Bedeutung ist insbesondere ihre teilweise Angleichung der Anforderungen für die Mitverbrennung und die reine Abfallverbrennung[459]. Damit leistet die Abfallverbrennungsrichtlinie – obwohl noch unzureichend – einen wesentlichen Beitrag zur Harmonisierung der Standards bezüglich der Abfallverbrennung in unterschiedlichen Entsorgungswegen[460]. Diesbezüglich mussten die deutschen Regelungen in der alten 17. BImSchV grundsätzlich überarbeitet werden. Gemäß § 5 Abs. 3 der alten 17. BImSchV galten für Mitverbrennungsanlagen, in denen der Anteil der Abfälle an der gesamten Feuerungswärmeleistung nicht mehr als 25 % beträgt, nicht die regulären Grenzwerte des § 5 Abs. 1 der Verordnung für Abfallverbrennungsanlagen, sondern Mischgrenzwerte. Nach der sog. Mischrechnungsregel (bzw. Mischungsregel) sollen hierbei die Anforderungen für den Regelbrennstoffbetrieb in der betreffenden Industrieanlage, wie sie einerseits in der 13. BImSchV und in der TA Luft und andererseits in den für reine Abfallverbrennungsanlagen geltenden strengeren Anforderungen der 17. BImSchV festgelegt sind, im Verhältnis des jeweiligen Anteils der eingesetzten Regelbrennstoffe und Abfälle zur

---

455 Verordnung über Verbrennungsanlagen für Abfälle und ähnliche brennbare Stoffe vom 23.11.1990, BGBl. I 1990, S. 2545.

456 Näher dazu Sellner, in: Rengeling (Hrsg.), EUDUR, Bd. II, § 49 Rn. 49 ff.

457 Sellner, in: Rengeling (Hrsg.), EUDUR, Bd. II, § 49 Rn. 65.

458 Theben, in: Landmann/Rohmer (Hrsg.), Umweltrecht, Bd. 2, Stand: Oktober 2003, Vorb. der 17. BImSchV Rn. 12; SRU, Umweltgutachten 2004, Tz. 588.

459 Vgl. Theben, in: Landmann/ Rohmer (Hrsg.), Umweltrecht, Bd. 2, Stand: 10. 2003, Vorb. der 17. BImSchV Rn. 4 ff.

460 SRU, Umweltgutachten 2002, Tz. 886 ff.

Geltung kommen[461]. Die Abfallverbrennungsrichtlinie erforderte einen weitgehenden Verzicht auf die Mischrechnungsregel[462].

Die Novelle der 17. BImSchV vom 14. August 2003[463] legt nun zwar insgesamt angemessene Grenzwerte fest, schafft jedoch weitgehende problematische Ausnahmeregelungen, insbesondere in Bezug auf die Regelungen für die Zementindustrie[464]. Nach Ansicht des SRU ist zu empfehlen, Anforderungsniveaus von Industrieanlagen und Müllverbrennungsanlagen vollständig anzugleichen, da nichts dafür spricht, für Industrieanlagen ein höheres Umweltrisiko anzunehmen. Die mittel- bis langfristige Zielsetzung soll mithin die Harmonisierung der Grenzwerte der TA Luft, der 13. BImSchV sowie der Anforderungen an die Mitverbrennung auf dem Niveau von § 5 der 17. BImSchV sein[465].

c) Umsetzung der novellierten Großfeuerungsanlagen-Richtlinie – die Novelle der 13. BImSchV

Die Umsetzung der novellierten Großfeuerungsanlagen-Richtlinie 2001/80/EG erfolgte in Deutschland durch die neugefasste Verordnung über Großfeuerungs- und Gasturbinenanlagen (13. BImSchV) vom 20. Juli 2004[466]. Sie löst die aus dem Jahr 1983 stammende Verordnung über Großfeuerungsanlagen (alte 13. BImSchV)[467] ab. Die Emissionsgrenzwerte in der neuen 13. BImSchV sind entsprechend der novellierten Großfeuerungsanlagen-Richtlinie 2001/80/EG verschärft worden. Manche gehen sogar über die Anforderungen der Richtlinie hinaus. Die Verordnung sollte einen Beitrag zur Senkung der Schadstoffemissionen vor allem bei Staub (einschließlich Schwermetalle) und Stickstoffoxiden (NOx) leisten. Zusammen mit der TA Luft 2002 und der 17. BImSchV schreibt sie den gegenwärtigen Stand der Technik von Feuerungsanlagen fest[468].

Da die Großfeuerungsanlagen immer noch eine wesentliche und teilweise sogar dominante Emittentengruppe von Luftschadstoffen darstellen, hat SRU in seinem Umweltgutachten 2004 zutreffend darauf hingewiesen, dass die novellierte 13. BImSchV nicht nur der novellierten Großfeuerungsanlagen-Richtlinie 2001/80/EG dient, sondern darüber hinaus auch die Funktion hat, eine Konkretisierung der Emissionsgrenzwerte nach Art. 9 Abs. 3 der IVU-Richtlinie und

461 SRU, Umweltgutachten 2002, Tz. 885.

462 Theben, in: Landmann/Rohmer (Hrsg.), Umweltrecht, Bd. 2, Stand: Oktober 2003, Vorb. der 17. BImSchV Rn. 8.

463 BGBl. I. 1633.

464 Näher dazu S. SRU, Umweltgutachten 2004, Tz. 592 f.

465 Vgl. SRU, Umweltgutachten 2004, Tz. 589, 594 f.

466 BGBl. I S. 1717, ber. S. 2847.

467 Vom 22. 6. 1983, BGBl. I 719.

468 Vgl. http://www.bmu.de/pressearchiv/15_legislaturperiode/pm/6148.php, letzter Aufruf am 23.6.2005.

dem entsprechenden BVT (Besten Verfügbaren Techniken)-Merkblatt[469] zu Großfeuerungsanlagen darzustellen, einen Beitrag zu der Einhaltung der nationalen Emissionshöchstmengen in Deutschland für SO_2 und NOx nach der NEC-Richtlinie zu leisten sowie zu der Einhaltung der Grenzwerte zum Schutz der menschlichen Gesundheit nach der EG-Luftqualitätsrahmenrichtlinie und der ersten Tochterrichtlinie bei Partikeln (PM10) und NOx beizutragen[470]. Nach dem Befund des SRU erfüllt die neue 13. BImSchV aber nicht die Erwartungen. Der Vergleich mit den Vorschlägen zu den Besten Verfügbaren Techniken (BVT) für Großfeuerungsanlagen zeigt, dass die Emissionsgrenzwerte der 13. BImSchV in der Regel am anspruchsloseren Ende der Spannen liegen, die in der europäischen Arbeitsgruppe mehrheitlich als BVT vorgeschlagen werden. In einigen Fällen sind die Emissionsgrenzwerte sogar schwächer als die Empfehlungen der Arbeitsgruppe zur Erarbeitung des Europäischen BVT-Merkblattes"[471]. Außerdem ermöglichen die vielfältigen Ausnahmen für bestehende Anlagen, die Grenzwerte zu entschärfen. So dürfen beispielsweise für die Steinkohlenstaubfeuerung Neuanlagen mit einer Feuerungswärmeleistung von 50 MW bis 100 MW einen NOx-Grenzwert von 400 mg/m3 (Tagesmittelwert) und die mit einer Feuerungswärmeleistung von mehr als 100 MW einen NOx-Grenzwert von 200 mg/m3 (Tagesmittelwert) nicht überschreiten (vgl. § 3 Abs. 1 S. 2 Buchstabe d) der 13. BImSchV). Für Altanlagen gilt aber ein abgeschwächter Grenzwert. Für Altanlagen mit einer Feuerungswärmeleistung 50 MW bis 100 MW ist ein NOx-Grenzwert von 500 mg/m3 (Tagesmittelwert) und für die mit einer Feuerungswärmeleistung über 100 MW bis 300 MW ein NOx-Grenzwert von 400 mg/m3 (Tagesmittelwert) vorgesehen (§ 3 Abs. 10 der 13. BImSchV). Der SRU befürchtet, dass die Emissionshöchstmengen für NOx gemäß der NEC-Richtlinie mit der Relativierung der Grenzwerte der novellierten 13. BImSchV in Deutschland nicht eingehalten werden könnten[472].

d) Die Umsetzung der NEC-Richtlinie (2001/81/EG)

Zur Umsetzung der NEC-Richtlinie in deutsches Recht war eine Verordnung zur Verminderung von Sommersmog, Versauerung und Nährstoffeinträgen (33.

---

469 In der englischen Fassung BREF (Best AvailABl.e Technique Reference)-Documents. Nach Art. 16 Abs. 2 der IVU-Richtlinie soll die Kommission einen Informationsaustausch zwischen den Mitgliedstaaten und der betroffnen Industrie über die BVT, die damit verbundenen Überwachungsmaßnahmen und die Entwicklungen auf diesem Gebiet durchführen. Die Ergebnisse des Informationsaustauschs hat die Kommission alle drei Jahre zu veröffentlichen. Die Ergebnisse des Informationsaustauschs sind die BVT-Merkblätter. Für die Koordination dieser Konsultation ist ein IPPC-Büro in Sevilla zuständig (www.eippc.jrc.es). Deshalb wird es häufig auch als Sevilla-Prozess bezeichnet. Näher vgl. Tausch, NVwZ 2002, 676 ff.

470 SRU, Umweltgutachten 2004, Tz. 596 f.

471 SRU, Umweltgutachten 2004, Tz. 600.

472 SRU, Umweltgutachten 2004, Tz. 602.

BImSchV) vom 13. Juli 2004[473] zu erlassen, die auch der Umsetzung der 3. Tochterrichtlinie der Luftqualitätsrahmenrichtlinie, also der Ozon-Richtlinie 2002/3/EG[474], diente. Mit der Verordnung ist auch die Verordnung über die Festlegung von Konzentrationswerten (23. BImSchV)[475] außer Kraft gesetzt worden. Zudem hat die Bundesregierung gemäß Art. 6 der NEC-Richtlinie ein „Nationales Programm zur Einhaltung der Emissionshöchstmengen für bestimmte Luftschadstoffe nach der Richtlinie 2001/81/EG (NEC-RL)“[476] vorgelegt.

In diesem deutschen Programm wird aufgrund vorhandener Rechtsvorschriften zuerst die Emissionsprognose für SO_2, NOx, NH_3 und NMVOC im Jahr 2010 aufgestellt, sodann werden die Deckungslücken im Vergleich mit den Vorgaben der NEC-Richtlinie gezeigt, um anschließend Ausführungen zu den geplanten zusätzlichen Maßnahmen anzuführen. Mit diesen prognostizierten Emissionen zeigt sich, dass in 2010 nur die Emissionshöchstmengen für SO_2 eingehalten werden könnten, während sie für NOx um 75 kt (circa 7 %), für NH_3 um 35 kt (6 %) und für NMVOC um 197 kt (circa 20 %) verfehlt würden. Es wird allerdings darauf hingewiesen, dass die Deckungslücke für NOx sogar bei 150 kt (14 %) liegen könnte, weil eine aktuelle, noch nicht abschließend geprüfte Untersuchung unerwartet hohe Emissionen bei Euro-II-LKW-Motoren gezeigt hat[477]. Jedenfalls sind zur Einhaltung der Emissionshöchstmengen im Jahr 2010 für NOx, NH_3 und NMVOC zusätzliche Maßnahmen erforderlich. Nach Ansicht des BMU bedarf es eines gemeinsamen Vorgehens in der EU bei Kraftfahrzeugen, mobilen Maschinen/Geräten, Lösemitteln in Produkten sowie in Bezug auf integrierte Maßnahmen in der Landwirtschaft. Auf nationaler Ebene wurden Maßnahmen nach der novellierten TA Luft, der Novellierung der 13. und 17. BImSchV u.s.w. genannt[478]. Nach Ansicht des SRU seien die im Programm genannten Maßnahmen zur Senkung der NH_3-Emissionen aus der Landwirtschaft aber zu vage formuliert. Zudem sei das Programm bei der späteren Novellierung der 13. BImSchV bezüglich der NOx-Minderung nur unzureichend umgesetzt worden. Außerdem reiche es nicht aus, lediglich die Emissionshöchstmengen der NEC-Richtlinie einzuhalten. Denn die Studie zeige, dass es in Deutschland trotz der Einhaltung der Emissionshöchstmengen noch erhebliche Überschreitungen der Wirkungsschwellen hinsichtlich der Versauerung, der Eutrophierung und der Schädigung durch bodennahes Ozon geben wird[479].

---

473 Die war zum 27.11.2002 umzusetzen.

474 ABl. 2002 L 67/14.

475 Vom 16.12.1996, BGBl. I S. 1962.

476 Abrufbar unter http://www.bmu.de/luftreinhaltung/doc/6884.php bzw. vgl. den Bericht „Maßnahmen gegen Versauerung, Überdüngung und Sommersmog – Die Bundesregierung legt nationalen Bericht vor“, in der Umwelt 5/2003, S. 292 ff.

477 S. das nationale Programm, S. 6 f. Abrufbar unter http://www.bmu.de/luftreinhaltung/doc/6884.php, letzter Aufruf am 24.6.2005.

478 S. das nationale Programm, S. 9 ff.

479 Vgl. SRU, Umweltachten 2004, Tz. 607 f.

III. Auswirkungen des europäischen auf das deutsche Luftreinhalterecht

1. Auswirkungen der EG-Luftqualitätsrichtlinien

a) Qualitätsbezogener vs. quellenbezogenen Ansatz

Der fundamentale Strukturunterschied zwischen dem EG-Luftqualitätsrecht und dem deutschen herkömmlichen quellenbezogenen Luftreinhalterecht lässt sich inzwischen klar erkennen. Beide Ansätze weisen jeweilige Stärken und Schwächen auf. Der qualitätsbezogene Ansatz hat eine deutliche Zielsetzung und einen übergreifenden, quellenunabhängigen Charakter. Er kann übergreifende Probleme zielgerichtet besser erkennen und lösen, und zwar unter Einbezug aller möglichen Verursacher. Luftqualitätsziele lassen sich aber nur erreichen, wenn alle maßgeblichen Emittenten zu Emissionsminderungen verpflichtet sind. Ein qualitätsbezogener Ansatz muss infolgedessen notwendig durch quellenbezogene Vorschriften ergänzt werden[480]. Außerdem stellen quellenbezogene Emissionsgrenzwerte ein wirksames Instrument der Umweltvorsorge dar. Die Schwäche des quellenbezogenen Ansatzes liegt jedoch – gerade im Gegensatz zu dem qualitätsbezogenen Ansatz – darin, dass sich die Gesamtqualität nicht genau erfassen lässt, dass er sich eher auf bestimmte Verschmutzungsquellen konzentriert, strukturell zur Ungleichbehandlung der Verursacher tendiert und mithin unbemerkt Regelungslücken hinterlässt[481]. Dies zeigt sich im deutschen Luftreinhalterecht vor allem am Verkehrsbereich, der nur unzureichend normiert ist. Dies führt nicht nur zu einer fragwürdigen Ungleichbehandlung, sondern gefährdet auch den Effekt und die Effizienz der Luftreinhaltung, weil insbesondere der Straßenverkehr etwa für NOx und damit auch für das bodennahe Ozon, aber auch für Benzol und Partikel im Wesentlichen mitverantwortlich ist[482]. Vor diesem Hintergrund bietet das EG-Luftqualitätsrecht eine gute Ergänzung zum herkömmlichen deutschen Luftreinhalterecht. Seine Schwäche und Mängel könnten durch eine konsequente Anwendung der EG-Luftqualitätsrichtlinien abgebaut werden[483].

Im Folgenden wird auf die Auswirkungen der EG-Luftqualitätsrichtlinien in zwei Phasen einzugehen sein. In der ersten Umsetzungsphase in den 80er und 90er Jahren führte die entsprechende Rechtsprechung des EuGH zu bedeutenden Änderungen des deutschen allgemeinen Verwaltungsrechts. Diese betrafen die Tauglichkeit der normenkonkretisierenden Vorschriften zur Umsetzung der EG-Richtlinien einerseits und großzügigere Klagemöglichkeiten vor den deutschen

---

480 Jarass, in: Dokumentation der GfU (2003), 17, 20.

481 Jarass, in: Dokumentation der GfU (2003), 17, 20.

482 Näher s. den vorstehenden Abschnitt III 1 „Überblick“ (zur Enzwicklung des deutschen Luftreinhalterechts).

483 Jarass, in: Dokumentation der GfU (2003), 17, 21.

Gerichten andererseits (b). Mit der zweiten Umsetzung im Jahr 2002 erfährt das deutsche Luftreinhalterecht materielle und grundlegende Änderungen (c).

b) Umsetzung in den 80er und 90er Jahren

Wie erwähnt, hat Deutschland die in den 80er Jahren erlassenen Luftqualitätsrichtlinien zuerst nur durch die TA Luft 1986 umgesetzt. Der EuGH hielt das allerdings in zwei Urteilen aus dem Jahr 1991 für unzureichend[484]. Unstreitig war, dass die Immissionswerte der TA Luft 1986 den EG-Anforderungen genügten. Der EuGH beanstandete jedoch, dass die TA Luft 1986 keine allgemein zwingende Regelung darstelle, wie es hierbei für die Umsetzung der Richtlinien notwendig war. Ihr Anwendungsbereich sei auf genehmigungsbedürftige Anlagen nach § 4 BImSchG beschränkt und beziehe andere mögliche Immissionsquellen nicht ein. Dadurch würden die Immissionswerte nicht allgemein auf das gesamte Hoheitsgebiet angewendet[485]. Zudem entfalte die TA Luft 1986 als eine Verwaltungsvorschrift keine mittelbare Verbindlichkeit gegenüber Dritten. Ihr fehle also ein zwingender Charakter[486]. Insgesamt habe Deutschland keine ausreichenden Maßnahmen vorgesehen, um die Einhaltung der Grenzwerte sicherzustellen. Die Regelungen über Luftreinhaltepläne gemäß §§ 44 bis 47 BImSchG und die TA Luft 1986 seien keine geeigneten Maßnahmen dazu[487].

Diese beiden und weitere ähnliche Entscheidungen des EuGH[488] führten in Deutschland heftige Diskussionen herbei. Die erste Thematik ist die Tauglichkeit der normenkonkretisierenden Vorschriften zur Umsetzung der Anforderungen von EG-Richtlinien, sofern sie Rechte und Pflichten der Einzelnen begründen. Der EuGH ist der Auffassung, dass die Anforderungen der Richtlinien, soweit sie Rechte und Pflichten der Einzelnen begründen sollen, einer Umsetzung durch verbindliche Rechtsvorschriften bedürfen. Einerseits könne dadurch der Einzelne Gewissheit über den Umfang seiner Rechte haben, um sie gegebenenfalls vor den nationalen Gerichten geltend machen zu können, andererseits würde auch derjenige, dessen Tätigkeiten geeignet sind, Immissionen zu verursachen, über den Umfang seiner Verpflichtungen genau in Kenntnis gesetzt[489]. In diesem Zusammenhang sieht der EuGH normenkonkretisierende Vorschriften wie beispielsweise TA Luft nicht als zwingende Vorschriften an. Die in Deutschland zur Konkretisierung der Normen eingeübte Praxis wurde insofern

---

484 In zwei Urteilen vom 30.5.1991: EuGH, Rs. C-361/88 (Kommission/Deutschland), Slg. 1991, I-2567; Rs. C-59/89 (Komission/Deutschland), Slg. 1991, I-2607.

485 EuGH, Rs. C-361/88, Slg. 1991, I-2567, 2601 f.

486 EuGH, Rs. C-361/88, Slg. 1991, I-2567, 2602 f.

487 EuGH, Rs. C-361/88, Slg. 1991, I-2567, 2604 f.

488 Insbesondere EuGH, Rs. C-131/88, Slg. 1991, I-825; Rs. C-58/89, Slg. 1991, I-4983; Rs. C-298/95, Slg. 1996, I-6747.

489 EuGH, Rs. C-361/88, Slg. 1991, I-2567, Rn. 15 f., 20.

verworfen. In Reaktion darauf wurde 1993 die 22. BImSchV[490] erlassen, um die drei Luftqualitätsrichtlinien insoweit europarechtskonform umzusetzen.

Ferner geht der EuGH hinsichtlich der Voraussetzungen für die Einführung eines nationalen gerichtlichen Rechtsschutzes von einem anderen Ansatz als das deutsche Recht aus. In den beiden Entscheidungen stellte der EuGH fest, dass die in den Richtlinien vorgeschriebene Verpflichtung der Mitgliedstaaten, Grenzwerte vorzuschreiben, „insbesondere zum Schutz der menschlichen Gesundheit" geschaffen worden sei. Dies bedeute, dass die Betroffenen in allen Fällen, in denen die Überschreitung der Grenzwerte die menschliche Gesundheit gefährden könnte, in der Lage sein müsse, sich auf zwingende Vorschriften zu berufen, um ihre Rechte geltend machen zu können[491]. Durch seine Aussage bestätigte der EuGH hierbei nicht nur den drittschützenden Charakter der Grenzwerte und damit deren Einklagbarkeit[492], sondern entwickelte auch erste Vorstellungen über die Klagebefugnis vor nationalen Gerichten. Obwohl der EuGH zu einer stimmigen Doktrin über die Klagebefugnis noch unterwegs ist[493] und ein Ende der deutschen Debatte darüber zur Zeit nicht in Sicht ist, lassen sich aber bereits einige Konturen erblicken: Mittels Rekurses auf den Schutzzweck der Norm ist die Klagemöglichkeit zu bestimmen. Sofern das Interesse des Einzelnen zu den Sektoren des öffentlichen Interesses gehört, die die Norm schützt[494], tendiert der EuGH dazu, den betroffenen Einzelnen die Klagebefugnis einzuräumen [495]. Ob die Norm nur dem Allgemeininteresse oder auch dem Individualinteresse dient und ob sie Gefahrenabwehr oder Vorsorge bezweckt, spielt hier keine Rolle. Dadurch ist zwar auch nach EG-Recht die Auslegung der betroffenen Norm der Anknüpfungspunkt für die Klagebefugnis, und dabei ist wie in der deutschen Konzeption die Ermittelung des Willens des Richtliniengebers maßgeblich[496]. Nach der Schutznormtheorie des deutschen Verwaltungsrechts liegt die Klagebefugnis jedoch nur vor, wenn die Norm dem Schutz spezifisch individueller Interessen des Klägers dient, wobei u.a. das Kriterium des abgegrenzten und beschränkten Personenkreises eine wichtige Rolle spielt[497]. Dagegen verfolgt das Gemeinschaftsrecht hierbei offenbar einen

490 22. Verordnung zur Durchführung des Bundes-Immissionsschutzgesetzes – Verordnung über Immissionswerte vom 26.10.1993, BGBl. I 1819, geändert am 27.5.1994, S. 1095.

491 EuGH, Rs. C-361/88, Slg. 1991, I-2567, Rn. 16.

492 Soweit die Immissionswerte dem Schutz der menschlichen Gesundheit dienen. Jarass, in: Dokumentation der GfU (2003), 17, 39.

493 Winter, in: Dokumentation der GfU (1999), 100, 105.

494 Epiney spricht von dem Schutz der „personalen Rechtsgüter". Die jeweilige Norm müsse insofern personal ausgerichtet sein, als sie auch den Schutz personenbezogener Rechtsgüter zum Ziel und Gegenstand haben müsse. S. Epiney, VVDStRL 61 (2002), 362, 397 ff.

495 Statt vieler nur Winter, in: Dokumentation der GfU (1999), 100, 107; Epiney, VVDStRL 61 (2002), 362, 397 ff. m.w.N.

496 Epiney, VVDStRL 61 (2002), 362, 412.

497 Winter, in: Dokumentation der GfU (1999), 100 ff.; Lübbe-Wolff, Implementation des Umweltrechts, 103.

folgt das Gemeinschaftsrecht hierbei offenbar einen weiteren Ansatz als das deutsche Recht im Rahmen des § 42 II VwGO[498]. Man spricht mithin im Gemeinschaftsrecht von einer „generalisierenden Schutznormtheorie"[499] oder einer „normativen Interessentenklage"[500]. Dem deutschen Verwaltungsrecht bereitet der Ansatz des EuGH also Schwierigkeiten. Wie es diese gemeinschaftsrechtliche Herausforderung behandeln soll – zugunsten einer Erweiterung der Schutznormtheorie oder aber für die Beibehaltung der Zweispurigkeit –, ist immer noch ein brisantes Thema[501]. Aufgrund der Aarhus-Konvention[502] und der entsprechenden Umsetzung auf Gemeinschaftsebene, nämlich Art. 3 Ziff. 7 und Art. 4 Ziff. 4 Richtlinie 2003/35/EG[503] – das Gebot eines weiten Zugangs zu Gerichten über UVP- und IVU-Verfahren zu gewähren –, erweist sich der Handlungsbedarf als noch aktueller. Darauf ist bereits im ersten Kapitel B IV im Einzelnen eingegangen worden. Zur Umsetzung der Richtlinie 2003/35/EG, die bis zum 25. Juni 2005 umzusetzen war, erstellte das Umweltministerium nun zwei Gesetzentwürfe, nämlich den Entwurf eines Gesetzes über die Öffentlichkeitsbeteiligung in Umweltangelegenheiten (Öffentlichkeitsbeteiligungsgesetz) und den Entwurf eines Gesetzes über ergänzende Vorschriften zu Rechtsbehelfen in Umweltangelegenheiten (Umwelt-Rechtsbehelfsgesetz)[504]. Die endgültigen Ausgestaltungen der Umsetzungsgesetze lassen noch auf sich warten.

Dagegen erregte die andere Beanstandung des EuGH, derzufolge die TA Luft nicht alle Immissionsquellen erfasse, sondern auf die genehmigungsbedürftigen Anlagen beschränkt sei, kaum Aufmerksamkeit. Dieser Mangel indes spiegelt eigentlich den wesentlichen Unterschied zwischen dem qualitätsbezogenen Ansatz der EG einerseits und dem quellenbezogenen Ansatz der Bundesrepublik Deutschland anderseits wider. Diese strukturfremde Herausforderung des EG-Luftreinhalterechts wurde in Deutschland in den 80er und 90er Jahren jedoch nicht behandelt. Auch durch die später erlassene 22. BImSchV[505], die in Reaktion auf die Urteile des EuGH erlassen wurde, blieb die Thematik unberührt. Ähn-

---

498 Vgl. Epiney, VVDStRL 61 (2002), 362, 397 Fn. 167.

499 Winter, in: Dokumentation der GfU (1999), 100, 107.

500 Epiney, VVDStRL 61 (2002), 362, 398.

501 Winter, in: Dokumentation der GfU (1999), 100, 104; Epiney, VVDStRL 61 (2002), 413 f.

502 Übereinkommen über den Zugang zu Informationen, die Öffentlichkeitsbeteiligung an Entscheidungsverfahren und den Zugang zu Gerichten in Umweltangelegenheit vom 25.6.1998. Sie ist im Oktober 2001 in Kraft getreten.

503 Richtlinie 2003/35/EG des Europäischen Parlaments und des Rates vom 26.5.2003 über die Beteiligung der Öffentlichkeit bei der Ausarbeitung bestimmter umweltbezogener Pläne und Programme und zur Änderung der Richtlinien 85/337/EWG und 96/61/EG des Rates in Bezug auf die Öffentlichkeitsbeteiligung und den Zugang zu Gerichten, ABl. L 156/7.

504 Abrufbar unter http://www.bmu.de/buergerbeteiligungsrechte/downloads/doc, letzter Aufruf am 29.8.2005.

505 22. Verordnung zur Durchführung des Bundes-Immissionsschutzgesetzes – Verordnung über Immissionswerte vom 26.10.1993, BGBl. I 1819, geändert am 27.5.1994, S. 1095.

lich wie die TA Luft seit 1986 enthielt sie zwar in Form der Immissionsgrenzwerte allgemeine Luftqualitätsziele, diese Luftqualitätsziele jedoch wurden immer noch vorrangig durch die Regulierung nur einer Emittentengruppe, nämlich durch die der Industrieanlagen, zu verwirklichen versucht[506].

c) Umsetzung im Jahr 2002

Wie bereits angesprochen, führen die Luftqualitätsrahmenrichtlinie 1996/62/EG und ihre Tochterrichtlinien zu der 7. Novelle zum BImSchG, der grundlegenden Novellierung der 22. BImSchV und der Neufassung der TA Luft. Damit werden im deutschen Luftreinhalterecht anspruchsvolle Immissionswerte festgelegt, deren Einhaltung für einige Stoffe erheblicher Anstrengungen bedarf (aa). Weitere wesentliche Änderungen betreffen die Schaffung der neuen Ermächtigungsgrundlagen für Verkehrsbeschränkungen (bb), für die Erweiterung und Verbesserung des planerischen Instrumentariums (cc), für die Stärkung der Öffentlichkeitsinformation (dd) sowie für die Umstellung des Mess- und Beurteilungsverfahren vom Flächenbezug auf Punktbezug (ee).

aa) Festlegung der anspruchsvollen Immissionswerte

Die Luftqualitätsrahmenrichtlinie 1996/62/EG und ihre vier Tochterrichtlinien legen anspruchsvolle Immissionswerte fest. Damit werden nicht nur Anforderungen für bestimmte Schadstoffe gegenüber den alten Luftqualitätsrichtlinien aus den 80er Jahren erheblich verschärft, sondern auch mehr Stoffe als bisher einbezogen[507].

Die Einhaltung der Immissionswerte für einige Stoffe bereitet in Deutschland Schwierigkeiten. Das gilt für Partikel, NOx, Ozon und – Prognosen zufolge – zukünftig auch für Schwermetalle, Arsen und polyzyklische aromatische Kohlenwasserstoffe (PAK)[508]. Eine zuverlässige, den Kriterien der ersten Tochterrichtlinie 1999/30 entsprechende Erfassung der PM10-Immissionen (Partikelfraktion mit einem Durchmesser < 10 µm) besteht in Deutschland erst seit 1999. Ihr flächendeckendes Netz von Messstationen gibt es seit 2001[509]. Nach den Vorgaben der ersten Tochterrichtlinie 1999/30 und der sie umsetzenden 22. BImSchV[510] darf die PM10-Konzentration der Luft seit dem 1. Januar 2005 den Tagesmittelwert von 50 Mikrogramm pro Kubikmeter (µg/m3) nicht mehr als 35 Tage im Jahr bzw. den Jahresmittelwert von 40 µg/m3 nicht überschreiten. Fast alle größeren Städte Deutschlands – und dort insbesondere an Straßen mit hohen

---

506 Koch/Prall, NVwZ 2002, 666, 668 f.; SRU, Umweltgutachten 2004, Tz. 539.
507 Hansmann, NuR 1999, 10.
508 SRU, Umweltgutachten 2004, Tz. 542.
509 SRU, Umweltgutachten 2004, Tz. 548, 551.
510 § 4 Abs. 2 und 3 der 22. BImSchV.

Verkehrsaufkommen – haben zur Zeit wie prognostiziert[511] Schwierigkeiten die Vorgaben einzuhalten[512]. Um das aktuelle Problem zu lösen, hat die Bundesregierung unter anderen vor, mit einer steuerlichen Förderung für eine rasche Markteinführung von Diesel-Pkws mit Russpartikelfiltern zu sorgen[513]. Auch die NOx- und Ozonbelastung ist an vielen Standorten Deutschlands weiterhin problematisch. Der Handlungsbedarf ist dringlich.

bb) Zugriff auf den Verkehrsbereich

Das deutsche Verkehrsimmissionsrecht war, wie bereits angemerkt, mangelhaft. Durch die 7. Novelle zum BImSchG wird dies nun verbessert, wenngleich nicht ganz berichtigt. Zum einen ist geboten, dass Maßnahmen in den Luftreinhalteplänen und Aktionsplänen entsprechend des Verursacheranteils gegen alle Emittenten zu richten sein sollen (§ 47 Abs. 4 S. 1 BImSchG), womit unter anderem der Verkehr als ein wichtiger Adressat einbezogen werden muss. Zum anderen sind zwei neue Ermächtigungsgrundlagen für Verkehrsbeschränkungen und Verkehrsverboten wegen Luftverunreinigungen in § 40 Abs. 1 und Abs. 2 BImSchG geschaffen worden. Damit dürfte den zuständigen Behörden ein verbessertes Instrumentarium an die Hand gegeben werden, in entsprechenden Belastungslagen den Verkehr anzugreifen. Angesichts des aktuellen Handlungsbedarfs bezüglich der NOx- und Partikelemissionen in Deutschland könnten Luftreinhaltepläne und Aktionspläne, aber auch die neu geschaffenen Ermächtigungsgrundlagen in § 40 Abs. 1 und 2 BImSchG insoweit eine relevante Bedeutung erlangen[514].

cc) Erweiterung und Verbesserung des planerischen Instrumentariums

Das planerische Instrumentarium stellte eine Schwäche des herkömmlichen deutschen Luftreinhalterechts dar. Die neuen EG-Luftqualitätsrichtlinien geben einen Impuls, es im deutschen Recht fortzuentwickeln. Nun erfährt nicht nur der Luftreinhalteplan des BImSchG eine Aufwertung, auch das neue Instrument des Aktionsplans wird eingeführt[515]. Es bleibt indes noch abzuwarten, ob diese Maßnahmen auch entsprechende Auswirkungen in der Praxis zeitigen werden[516].

---

511 Vgl. SRU, Umweltgutachten 2004, Tz. 548.

512 Vgl. Daten zur Luftqualität auf der Webseite des Umweltbundesamt: http://www.env-it.de/luftdaten/start.fwd, letzter Aufruf am 31.7.2005.

513 Vgl. http://www.bmu.de/pressemitteilungen/pressemitteilungen_ab_01012005/pm/35464.php, letzter Aufruf am 29.8.2005

514 Vgl. SRU, Umweltgutachten 2004, Tz. 539 ff.

515 Koch/Prall, NVwZ 2002, 666, 669.

516 Pessimistisch, Jarass, in: Rengeling (Hrsg.), EUDUR, Bd. II, § 48, Rn. 79.

dd) Stärkung der Öffentlichkeitsinformation

Die Öffentlichkeitsbeteiligung und -information wird im EG-Recht traditionell groß geschrieben. Um einen effektiveren Umweltschutz zu erreichen, wird die Öffentlichkeit stark einbezogen und als Helfer zur Durchsetzung des EG-Rechts angesehen. Insoweit geht das EG-Recht immer wieder über deutsche Vorgaben hinaus [517]. Anschauliche Beispiele bilden die Umweltinformationsrichtlinie 90/313/EWG[518] und ihre Nachfolgerichtlinie 2003/4/EG[519] sowie die Öko-Audit-Verordnung 1836/93[520] und ihre Nachfolgeverordnung 761/2001/EG (sog. E-MAS-Verordnung)[521]. Auch in Luftqualitätsrichtlinien gibt es detaillierte Regelungen über Information und Zugang der Öffentlichkeit. Zur Verfügung zu stellen sind aktuelle Informationen über die Konzentrationen von Schadstoffen in der Luft, einschließlich aller Überschreitungen der Grenzwerte, Alarmwerte und Zielwerte sowie eine Kurzbewertung und eine angemessenen Unterrichtung über gesundheitliche Auswirkungen[522]. Bei Überschreitung der Alarmschwellen ist die Öffentlichkeit des Weiteren über Zeitpunkt, Ort und Gründe der Überschreitung sowie über die voraussichtliche Entwicklung zu informieren[523].

ee) Umstellung auf ein punktbezogenes Beurteilungsverfahren

Mit der Umstellung vom Flächenbezug auf den Punktbezug in der TA Luft 2002 verfügt das deutsche Luftreinhalterecht nun über das gleiche Mess- und Beurteilungsverfahren wie das im EG-Luftqualitätsrecht. Das Verfahren ist aber mit erheblichen Unsicherheiten belastet. Gemäß Nr. 4.6.2.6 TA Luft 2002 sind die Beurteilungspunkte so festzulegen, dass eine Beurteilung der Gesamtbelastung „an den Punkten mit mutmaßlich höchster relevanter Belastung für dort nicht nur vorübergehend exponierte Schutzgüter" auch nach Einschätzung der zuständigen Behörde ermöglicht wird. Zudem sind viele angegebene Gesichtspunkte

---

517 Jarass, UPR 2000, 241, 247.

518 Richtlinie 90/313/EWG des Rates vom 7.6.1990 über den freien Zugang zu Informationen über die Umwelt, ABl. 1990, L 158/56.

519 Richtlinie 2003/4/EG des Europäischen Parlaments und des Rates vom 28.1.2003 über den Zugang der Öffentlichkeit zu Umweltinformationen und zur Aufhebung der Richtlinie 90/313/EWG des Rates, ABl. 2003 L 41/26.

520 Verordnung 1836/93/EWG des Rates vom 29. 6. 1993 über die freiwillige Beteiligung gewerblicher Unternehmen an einem Gemeinschaftssystem für das Umweltmanagement und die Umweltbetriebsprüfung, ABl. 1993, L 168/1. In der Verordnung ist auch die »Unterrichtung der Öffentlichkeit durch die Unternehmen über die Umweltaspekte ihrer Tätigkeit« vorzusehen. Vgl. hierzu 8. Erwägungsgrund der Verordnung.

521 Verordnung 761/2001/EG des Europäischen Parlaments und des Rates vom 19.3.2001 über die freiwillige Beteiligung von Organisationen an einem Gemeinschaftssystem für das Umweltmanagement und die Umweltbetriebsprüfung, ABl. 2001. L 114/1.

522 Vgl. Art. 8 RL 99/30, Art. 7 RL 2000/69, Art. 6 RL 2002/3 und Art. 7 RL 2004/107.

523 Vgl. Art. 8 Abs. 3 i.V.m. Anhang I Abschnitt III und Anhang II Abschnitt III RL 99/30, Art. 6 Abs. 2 i.V.m. Anhang II Abschnitt II RL 2002/3.

zu beachten. Da die in der TA Luft genannten Kriterien anders als präzise sind, sind Streitigkeiten über die Auswahl der Beurteilungspunkte vorprogrammiert[524].

2. Im anlagenbezogenen Luftreinhalterecht

Mit ihrer Vorreiterrolle im anlagenbezogenen Luftreinhalterecht hat die Bundesrepublik Deutschland die Ausprägung des EG-Rechts in diesem Bereich tief beeinflusst. Vor allem gingen die Industrieanlagen-Richtlinie 84/360 und die alte Großfeuerungsanlagen-Richtlinie 88/690 auf Initiativen der Bundesrepublik zurück und nicht über die damaligen deutschen Regelungen – §§ 4 ff. BImSchG und die alte Großfeuerungsanlagen-Verordnung (13. BImSchV) vom 22. Juni 1983 – hinaus[525]. Die neue EG-Großfeuerungsanlagen-Richtlinie 2001/80/EG erforderte zwar einige Anpassungen der vorgenannten alten 13. BImSchV[526]. Die neugefasste 13. BImSchV vom 20. Juli 2004[527] erfüllt aber nicht nur den Umsetzungsbedarf, sondern geht auch zum Teil darüber hinaus[528]. Auch die zur Umsetzung der Richtlinien zu Verbrennungsanlagen für Siedlungsmüll (89/369, 89/429) dienende alte 17. BImSchV vom 23. November 1990[529] enthielt einen bereiteren Anwendungsbereich und strengere Vorgaben als die EG-Richtlinien[530]. Sogar die neue EG-Abfallverbrennungsrichtlinie 2000/76/EG orientiert sich bei den Anforderungen an Müllverbrennungsanlagen noch eng an der alten 17. BImSchV[531]. Im Grunde genommen ist die Bundesrepublik Deutschland beim anlagenbezogenen Luftreinhalterecht immer noch ein Musterknabe in der Gemeinschaft.

Anderseits kommen auch Anstöße für das deutsche anlagenbezogene Luftreinhalterecht aus dem EG-Recht. Das deutsche Recht war und ist in jüngerer Zeit unter gravierendem Anpassungsdruck. Im Wesentlichen geht es um die Ausrichtung auf den medienübergreifenden, integrierten Umweltschutz. Schon seit der UVP-Richtlinie, vor allem aber seit Inkrafttreten der IVU-Richtlinie steht die Überlegung im Vordergrund, dass die Auswirkungen eines Vorhabens auf die Umwelt insgesamt in den Blick genommen werden sollen, damit den Verlagerungseffekten von Umwelteinwirkungen von einem Umweltmedium auf das andere Rechnung getragen wird. Dies führt zu nachhaltigen Veränderungen des

---

524 Vgl. Hansmann, in: Dokumentation der GfU(2003), 51, 74; Gerhold, UPR 2003, 44, 47; SRU, Umweltgutachten 2004, Tz. 571 ff.

525 Sellner, in: Rengeling (Hrsg.), EUDUR, Bd. II, § 49 Rn. 20 f., 28 f., 32 f.; Jarass, UPR 2000, 241, 242.

526 Sellner, in: Rengeling (Hrsg.), EUDUR, Bd. II, § 49 Rn. 30.

527 Verordnung über Großfeuerungs- und Gasturbinenanlagen vom 20.7.2004, BGBl. I S. 1717, ber. S. 2847.

528 SRU, Umweltgutachten 2004, Tz. 599.

529 Verordnung über Verbrennungsanlagen für Abfälle und ähnliche brennbare Stoffe vom 23. 11. 1990, BGBl. I 1990, S. 2545.

530 Näher dazu Sellner, in: Rengeling (Hrsg.), EUDUR, Bd. II, § 49 Rn. 49 ff.

531 SRU, Umweltgutachten 2004, Tz. 588.

deutschen Anlagenrechts, das herkömmlich aus zersplitterten Fachrechten, wie dem Immissionsschutzrecht, dem Wasserrecht usw. besteht. Für nähere Darstellungen zu damit einhergehenden Strukturwandlungen sei aber auf Ausführungen im ersten Kapitel dieser Arbeit verwiesen. Eine andere bedeutsame Tendenz des EG-Rechts ist die Mobilisierung der Öffentlichkeit, die bereits angemerkt wurde. Diese Tendenz findet sich in allen Bereichen des Umweltrechts. Auch in allen anlagenbezogenen EG-Richtlinien gibt es detaillierte Regelungen über Information und Zugang der Öffentlichkeit, z. B. Art. 9 der Industrieanlagen-Richtlinie 84/360/EWG, Art. 9 der Richtlinie 89/369/EWG über neue Verbrennungsanlagen für Siedlungsmüll, Art. 8 der Richtlinie 89/429/EWG über bestehende Verbrennungsanlagen für Siedlungsmüll, Art. 4 der Richtlinie 94/67/EG über die Verbrennung gefährlicher Abfälle, Art. 12 der Lösemittelrichtlinie 1999/13/EG usw. Es wird verlangt, die Öffentlichkeit über Genehmigungsanträge und Genehmigungsentscheidungen sowie die Ergebnisse der durchgeführten Emissionsmessungen zu unterrichten. Die Abfallverbrennungsrichtlinie 2000/76/EG sieht weiterhin vor, dass bei Verbrennungs- oder Mitverbrennungsanlagen mit einer Nennkapazität von zwei Tonnen stündlich oder mehr der jährliche Bericht über das Funktionieren und die Überwachung der Anlage, den der Betreiber der Behörde vorzulegen hat, der Öffentlichkeit zugänglich gemacht werden soll[532] (Art. 12 Abs. 2 der Richtlinie).

3. Im kraftfahrzeugbezogenen Luftreinhalterecht

Bei den Produktanforderungen an Brenn- und Kraftstoffe hat die Bundesrepublik mit ihrer Vorreiterrolle Einfluss auf das Gemeinschaftsrecht ausgeübt. Dadurch wurden die Grenzwerte von Benzin- und Schwefelgehalt in den EG-Regelungen ständig abgesenkt[533]. In der aktuell gültigen Richtlinie 1999/32 über eine Verringerung des Schwefelgehalts bestimmter flüssiger Kraft- und Brennstoffe[534] wurde auch aufgrund deutscher Initiative die künftige Verschärfung des Grenzwerts, also in der zweite Stufe, festgelegt[535]. Über VOC-Emissionen beim Betanken von Kraftfahrzeugen an Tankstellen stellt die deutsche 21. BImSchV[536] bisher noch einen nationalen Alleingang dar[537]. Über Produktanforderungen an Kraftfahrzeuge hat die Bundesrepublik dagegen allerdings von an Anfang an darauf verzichtet, eigene nationale Standards zu treffen. Stattdessen hat sie sich auf der Gemeinschaftsebene für eine Verschärfung der Emissionsgrenzwerte einzusetzen, um die Unterschiede zwischen den US-Werten und den

532 Sellner, in: Rengeling (Hrsg.), EUDUR, Bd. II, § 49 Rn. 67 b.
533 Vgl. Scheuing, in: Rengeling (Hrg.), EUDUR, Bd. II, § 51, Rn. 31 f., 53, 55; Ronellenfitsch /Delbanco, in: Rengeling (Hrg.), EUDUR, Bd. II, § 50, Rn. 12.
534 ABl. 1999 L 121/13.
535 Scheuing, in: Rengeling (Hrg.), EUDUR, Bd. II, § 51, Rn. 58.
536 Verordnung zur Begrenzung der Kohlenwasserstoffemissionen bei der Betankung von Kraftfahrzeugen vom 7.10.1992, BGBl. I 1992, S. 1730.
537 Scheuing, in: Rengeling (Hrg.), EUDUR, Bd. II, § 51, Rn. 66.

Gemeinschaftswerten auszugleichen und damit die Wettbewerbsfähigkeit der deutschen Automobilindustrie auf dem US-amerikanischen Markt zu unterstützen[538]. Infolgedessen wird das nationale Verkehrsimmissionsrecht zwar zunehmend durch Gemeinschaftsrecht dominiert, die Bundesrepublik hat zur Ausprägung der EG-Regelungen jedoch maßgeblich beigetragen. Die deutschen Motive indes speisten sich überwiegend aus handelspolitischen Erwägungen. Die kontinuierliche Absenkung der EG-Abgasgrenzwerte von Kraftfahrzeugen war in der Vergangenheit quasi ein „Trittbrettfahrer der Exportinteressen"[539]. In jüngster Zeit hat sich die Kommission aber mit den Programmen Auto-Öl I und II ehrgeizige Ziele gesetzt und daraufhin auch bereits viele Maßnahmen ergriffen. Damit ist der Schwerpunkt des EG-Verkehrsimmissionsrechts weg von den Handelsinteressen und hin zum Umweltschutz verschoben worden.

IV. Fazit

Die Rechtsprechung des EuGH zu den EG-Luftqualitätsrichtlinien führte in den 80er Jahren in zwei Punkten zu einer Wende des deutschen Verwaltungsrechts: zum einen in Bezug auf die Untauglichkeit der normenkonkretisierenden Vorschriften zur Umsetzung der EG-Richtlinien und zum anderen in Bezug auf den weiteren Zugang zum nationalen gerichtlichen Rechtsschutz. Das letztere Gebot ist aufgrund der Aarhus-Konvention und der entsprechenden Umsetzung auf der Gemeinschaftsebene noch ausgeweitet worden. Die Auswirkungen der neuen EG-Luftqualitätsrahmenrichtlinie und ihrer Tochterrichtlinien sind noch gravierender. Sie bringen nicht nur grundlegende Strukturänderungen des deutschen Luftreinhalterechts mit sich, sondern könnten auch bei einigen Schadstoffen zu besserer Luftqualität führen. Mit der Festlegung strengerer Immissionswerte werden auch Instrumente zu ihrer Durchsetzung im deutschen Recht entwickelt. Entgegen dem traditionellen quellenbezogenen Ansatz ist nun vorgesehen, eine bestimmte örtliche Luftqualität zu gewährleisten, indem Maßnahmen gegen alle maßgeblichen Emittenten – also nicht nur gegen Industrieanlagen – ergriffen werden. Dadurch hat sich das deutsche Luftreinhalterecht von seiner anlagenrechtlichen Schwerpunktsetzung gelöst und ist bestrebt, nun auch andere Emittentengruppen in seine Reglementierung einzubeziehen. Vor allem die Unterentwicklung des verkehrsbezogenen Luftreinhalterechts dürfte dadurch einigermaßen berichtigt werden. Auch das planerische Instrumentarium wird verbessert und ausgeweitet. In Bezug auf die Partikel, NOx, Ozon sowie – nach den Prognosen – zukünftig auch für Schwermetalle, Arsen und polyzyklische aromatische Kohlenwasserstoffe (PAK) bereitet es Deutschland Schwierigkeiten, EG-Immissionswerte einzuhalten. Dazu muss Deutschland noch zusätzliche Anstrengungen unternehmen. Auch die NEC-Richtlinie verlangt verstärkte Bemühungen auf Seiten Deutschlands. Für die Einhaltung der Emissionshöchstmenge von NOx, NH_3 und NMVOC im Jahr 2010 ist der Handlungsbedarf dringlich.

538 Vgl. Berkemann, in: Koch (Hrsg.), Verkehrspolitik, 175, 212 f.
539 Berkemann, in: Koch (Hrsg.), Verkehrspolitik, 175, 216.

Weitere bedeutende Anregungen aus dem EG-Recht stellen der integrative Ansatz dar, der für das aus zersplitterten Fachrechten bestehende deutsche Umweltrecht auch eine fundamentale Wandlung herbeiführt, sowie die Stärkung der Öffentlichkeitsinformation.

Das EG-Luftreinhalterecht hat sich in großem Maße positiv – obwohl auch punktuell nicht gerade ermutigend – auf das deutsche Recht ausgewirkt. Man kann sagen, dass das EG-Recht hierbei dem deutschen die Triebkraft zur Innovation und Modernisierung gibt. Nicht zu übersehen ist aber umgekehrt der Einfluss des deutschen Rechts auf das EG-Recht oder die Entwicklung des EG-Rechts aufgrund deutscher Initiative. Insbesondere strahlt das deutsche anlagenbezogene Luftreinhalterecht mit zahlreichen Beispielen auf das EG-Recht aus. Beim verkehrsbezogenen Luftreinhalterecht trägt Deutschland auch immer dazu bei, die EG-Emissionsgrenzwerte der Kraftfahrzeuge herabzusetzen und den Gehalt der Schadstoffe in Brenn- und Kraftstoffen zu verringern.

C. Lärmschutzrecht

I. Vorbemerkung

Heutzutage stellt der Verkehr das Hauptproblem des Lärmschutzes dar. Dabei bildet der Straßenverkehr die bedeutendste Lärmquelle; Flugverkehr und Schienenverkehr rangieren an zweiter und dritter Stelle[540]. Der von Industrieanlagen ausgehende Lärm ist zwar noch relevant, scheint aber keine Hauptlärmbelastung für die Bevölkerung mehr zu sein[541]. Andere wesentliche Lärmquellen sind noch die im Freien verwendeten Maschinen, darunter v.a. Baumaschinen sowie Sportanlagen und Freizeiteinrichtungen zu nennen. Nach dem stabilisierten Forschungsstand beginnen extraaurale Gesundheitsrisiken bei einem Dauerschallpegel außen über 65 dB(A)[542]. Nach Schätzungen der EG-Kommission im Grünbuch über die künftige Lärmschutzpolitik[543] sind allerdings 17-22 % der Bevölkerung der EU, also etwa 80 Millionen Menschen, tagsüber einem Dauerschallpegel von über 65 dB(A) ausgesetzt. Problematischer noch ist die Lärmbelastung in den Städten. Im 5. Aktionsprogramm wird angegeben, dass 11-16 % der Bevölkerung in den Städten nachts einem Dauerschallpegel von über 65 dB(A), 8 % der dort lebenden Bevölkerung sogar einem über 70 dB(A) ausgesetzt sind[544]. Auch in Deutschland sind etwa 16 % der Bevölkerung einem Dauerschallpegel durch den Straßenverkehr von tagsüber 65 dB(A) und mehr, 17 % nachts von 55 dB(A) und mehr betroffen, obwohl die 16. BImSchV[545] Grenz-

540 Koch/Prall, NVwZ 2002, 666, 672; Koch, NVwZ 2000, 490 f.
541 Koch, in: Rengeling (Hrsg.), EUDUR, Bd. II, § 56, Rn. 1
542 Koch, in: Rengeling (Hrsg.), EUDUR, Bd. II, § 55, Rn. 8a.
543 KOM (96) 540 endg.
544 Koch, in: Rengeling (Hrsg.), EUDUR, Bd. II, § 55, Rn. 10.
545 Verkehrlärmschutzverordnung vom 12. 6. 1990, BGBl. I 1990, S. 1036.

werte von tagsüber 59 dB(A) und nachts 49 dB(A) bestimmt[546]. Der Handlungsbedarf ist offenbar erheblich.

Im Folgenden soll zunächst die Entwicklung des Europäischen Lärmschutzrechts dargestellt werden (B). Nach einem Überblick (1) wird auf die EG-Umgebungslärmrichtlinie 2002/49/EG einzugehen sein. Sie ist nun die grundlegende, bedeutsamste Richtlinie im EG-Lärmschutzrecht (2). Anschließend soll die Entwicklung des deutschen Lärmschutzrechts nach Lärmquellen skizziert werden (C). Danach können die Auswirkungen des europäischen auf das deutsche Lärmschutzrecht erörtert werden (D). Einem kurzen Überblick (1) wird die Erörterung der Auswirkungen der EG-Umgebungslärmrichtlinie folgen. Sie bringt neue Dimensionen für das deutsche Lärmschutzrecht mit sich (2). Abschließend werden die Ergebnisse in einem kurzen Fazit zusammengefasst (E).

II. Entwicklung des europäischen Lärmschutzrechts

1. Überblick

Wie im Bereich der verkehrsbezogenen Luftreinhaltung ist seit den 70er Jahren zwar eine Vielzahl von Richtlinien gegen Lärmbelastungen in der Gemeinschaft erlassen worden. Es handelte sich jedoch überwiegend um produktbezogene Vorschriften, die in erster Linie der Verwirklichung des Binnenmarktes dienten[547]. Gleichwohl enthielten sie maximale Geräuschpegel für jeweils betroffene Produkte. Im Bereich des Straßenverkehrs legt die Richtlinie 70/157/EWG[548] Geräuschgrenzwerte für die Kraftfahrzeuge fest. Sie gilt für Pkw, Lkw und Busse. Nicht erfasst sind Schienenfahrzeuge, landwirtschaftliche Zug- und Arbeitsmaschinen und fahrbare Maschinen. Die Geräuschgrenzwerte sind seit dem Erlass der Richtlinie sukzessive gesenkt worden. Die Richtlinie folgte zuvor dem Konzept der sog. optionellen Harmonisierung. Es blieb also den Mitgliedstaaten unbenommen, abweichende Anforderungen im nationalen Recht vorzusehen. Verboten war es aber, die Kraftfahrzeuge, die den Anforderungen der EG-Richtlinie entsprachen, die EWG-Betriebserlaubnis oder die nationale Betriebserlaubnis zu verweigern. Mit der Richtlinie 92/97/EWG[549] hat sich die Richtlinienpraxis in eine vollständige Harmonisierung verwandelt. Sie schrieb also zwingend vor, dass abweichende nationale Anforderungen nicht mehr zulässig waren, dass die Betrieberlaubnis und Zulassung bei Nichteinhaltung der EG-

---

546 Koch, in: Rengeling (Hrsg.), EUDUR, Bd. II, § 55, Rn. 1.

547 Vgl. Koch, in: Rengeling (Hrsg.), EUDUR, Bd. II, § 55, Rn. 68; Schulte/Schröder, DVBl 2000, 1085, 1086.

548 Richtlinie 70/157/EWG des Rates vom 6. 2. 1970 zur Angleichung der Rechtsvorschriften der Mitgliedstaaten über den zulässigen Geräuschpegel und die Auspuffvorrichtung von Kraftfahrzeugen, ABl. 1970 L 42/16, zuletzt geändert durch Richtlinie 99/101/EG, ABl. 1999 L 334/41.

549 ABl. 1992, L 371/1.

Geräuschgrenzwerte nicht mehr erteilt werden dürften[550]. Die Geräuschgrenzwerte liegen zurzeit nach den Bestimmungen der Richtlinie 92/97/EWG zwischen 74 dB(A) für Pkw und 80 dB(A) für leistungsstarke Nutzfahrzeuge[551]. Darüber hinaus finden sich noch die Richtlinie 74/151/EWG für land- oder forstwirtschaftliche Zugmaschinen auf Rädern [552] und die Richtlinie 78/1015/EWG für Krafträder[553], die allerdings durch die Richtlinie 97/24/EG über bestimmte Bauteile und Merkmale von zweirädrigen oder dreirädrigen Kraftfahrzeugen[554] aufgehoben wurde. Für den Bereich des Schienenverkehrs sind demgegenüber bislang keine entsprechenden gemeinschaftlichen Richtlinien erlassen worden. Nur die Richtlinie 96/48 über die Interoperabilität des Hochgeschwindigkeitsnetzes[555] sieht am Rand Lärmschutzwerte für den transeuropäischen Hochgeschwindigkeitsschienen-verkehr vor[556].

Wegen der internationalen Verflechtung des Luftverkehrs ist eine einseitige Festsetzung von Lärmhöchstwerten unmöglich. Die meisten Länder der Welt sind dem im Rahmen der Internationalen Zivilluftfahrt-Organisation (ICAO) abgeschlossenen Luftfahrtabkommen beigetreten. Dieses Abkommen schreibt Grenzwerte für verschiedene Flugzeugtypen vor, die vom Gewicht und der Zahl der Triebwerke abhängen. Danach sind die Luftfahrzeuge hinsichtlich ihrer Geräuschemissionen in zwei Gruppen eingeteilt worden, also Kapitel 2-Flugzeuge und Kapitel 3-Flugzeuge. Zur ersten Gruppe gehören ältere Luftfahrzeugtypen, zur zweiten moderne lärmreduzierte Typen[557]. Die EG-Richtlinien beschränkten sich auf die Umsetzung der Bestimmungen der ICAO zur Reduzierung des Triebwerklärms. Seit dem Erlass der ersten diesbezüglichen Richtlinie 80/51/EWG[558] werden die Vorschriften zur Begrenzung der Schallemissionen

---

550 Vgl. Koch, in: Rengeling (Hrsg.), EUDUR, Bd. II, § 55, Rn. 17, 55; Schulte/Schröder, DVBl. 2000, 1085, 1087; Schulze-Fielitz, in: Koch/Scheuing (Hrsg.), GK-BImSchG, 1994, § 38 Rn. 22 f.

551 Koch, in: Rengeling (Hrsg.), EUDUR, Bd. II, § 55, Rn. 17; http://europa.eu.int/scadplus/leg/de/lvb/l21045b.htm, letzter Aufruf am 14. 9. 2005.

552 Richtlinie 74/151/EWG des Rates vom 4. 3. 1974 zur Angleichung der Rechtsvorschriften der Mitgliedstaaten über bestimmte Bestandteile und Merkmale von land- oder forstwirtschaftlichen Zugmaschinen auf Rädern, ABl. 1974 L 84/25, zuletzt geändert durch Richtlinie 98/38/EG der Kommission, ABl. 1998, L 170/13.

553 Richtlinie 78/1015/EWG des Rates vom 23. 11. 1978 zur Angleichung der Rechtsvorschriften der Mitgliedstaaten über den zulässigen Geräuschpegel und die Auspuffanlagen von Krafträdern, ABl. L 349/21.

554 Richtlinie 97/24/EG des Europäischen Parlaments und des Rates vom 17. Juni 1997 über bestimmte Bauteile und Merkmale von zweirädrigen oder dreirädrigen Kraftfahrzeugen, ABl. L 226 vom 18. 8. 1997. Näher vgl. http://europa.eu.int/scadplus/leg/de/lvb/l21221.htm, letzter Aufruf am 14. 9. 2005.

555 ABl. 1996 L 235/6.

556 Vgl. Koch, in: Rengeling (Hrsg.), EUDUR, Bd. II, § 55, Rn. 27.

557 Koch, in: Rengeling (Hrsg.), EUDUR, Bd. II, § 55, Rn. 22 f.

558 Richtlinie 80/51/EWG des Rates vom 20. 12. 1979 zur Verringerung der Schallemissionen von Unterschallflugzeugen, ABl. 1980 L 18/26.

von Flugzeugen schrittweise verschärft. Nach der Richtlinie 92/14[559] sind die ältesten und lautesten Flugzeugen seit April 1995 unzulässig und ab dem 1. April 2002 dürfen nur noch die leisen Kapitel 3-Flugzeuge auf den Gemeinschaftsflughäfen landen[560]. Außerdem hat die EG am 24. September 1999 die sog. Hushkits-Verordnung (EG) Nr. 925/99[561] erlassen. Gemäß dieser Verordnung dürften solche Flugzeuge nicht mehr in die mitgliedstaatlichen Luftfahrzeugrollen eingetragen werden, die durch Nachrüstung von Kapitel 2-Flugzeugen zu Kapitel 3-Flugzeuge aufsteigen. Wegen des Widerstands der USA hat die 33. ICAO-Versammlung allerdings beschlossen, dass die Hushkits-Verordnung aufgehoben und stattdessen zukünftig flughafenspezifische Lärmschutzmaßnahmen gegen die umstrittenen Flugzeuge erlaubt werden sollten[562]. Infolgedessen hat die EG die Richtlinie 2002/30/EG über Regeln und Verfahren für lärmbedingte Betriebs-beschränkungen auf Flughäfen der Gemeinschaft[563] erlassen, die auf die Reduzierung der Lärmbelastung durch Flugzeuge auf Flughäfen abzielt und die Hushkits-Verordnung (EG) Nr. 925/99 aufhebt[564]. Die Richtlinie legt gemeinsame Regeln fest, die es Flughäfen mit hoher Lärmbelastung unter bestimmten Voraussetzungen erlauben, eine Reihe von Betriebsbeschränkungen, einschließlich des allmählichen Verbots von Flugzeugen mit den höchsten Lärmemissionen, anzuordnen[565]. Außerdem liegt momentan noch ein Vorschlag der Gemeinschaft vor, der die harmonisierte Lärmeinstufung ziviler Unterschallluftfahrzeuge zur Berechnung von Lärmentgelten bezweckt[566].

In der IVU-Richtlinie 96/61/EG gibt es Vorschriften über den von Industrieanlagen ausgehenden Lärm[567]. Die IVU-Richtlinie trifft Rahmenregelungen für eine integrierte Vermeidung und Verminderung von „Umweltverschmutzung" durch Großanlagen. Der Begriff der Umweltverschmutzung umfasst ge-

---

559 ABl. 1992, L 76/21.

560 Vgl. Koch, in: Rengeling (Hrsg.), EUDUR, Bd. II, § 55, Rn. 26.

561 Verordnung (EG) Nr. 925/1999 des Rates vom 29. 4. 1999 zur Registrierung und Betrieb innerhalb der Gemeinschaft von bestimmten Typen ziviler Unterschall-Strahlflugzeuge, die zur Einhaltung der in Band I Teil II Kapitel 3 des Anhangs 16 des Abkommens über die Internationale Zivilluftfahrt, dritte Ausgabe (Juli 1993), festgelegten Normen umgerüstet und neubescheinigt worden sind, ABl 1999 L 115/1.

562 Koch, in: Rengeling (Hrsg.), EUDUR, Bd. II, § 55, Rn. 26a.

563 Richtlinie 2002/30/EG des Europäischen Parlaments und des Rates vom 26. 3. 2002 über Regeln und Verfahren für lärmbedingte Betriebsbeschränkungen auf Flughäfen der Gemeinschaft, ABl. 2002, L 85/40.

564 Gemäß Art. 15 der Richtlinie ist die Hushkits-Verordnung (EG) 925/1999 mit Inkrafttreten dieser Richtlinie aufgehoben worden.

565 Näher http://europa.eu.int/scadplus/leg/de/lvb/l28068.htm, letzter Aufruf am 14. 9. 2005.

566 Vorschlag für eine Richtlinie des Europäischen Parlaments und des Rates über die Festlegung eines Gemeinschaftsrahmens für die Lärmeinstufung ziviler Unterschallluftfahrzeuge zur Berechnung von Lärmentgelten vom 20. 12. 2001, KOM (2001) 74 endg., ABl. C 103 E vom 30. 4. 2002.

567 Vom 24. 9. 1996, ABl. L 257/26.

mäß Art. 2 Nr. 2 auch die durch menschliche Tätigkeiten direkt oder indirekt bewirkte Freisetzung von Lärm, die der menschlichen Gesundheit oder Umweltqualität schaden bzw. zu einer Störung von Annehmlichkeiten und anderen legitimen Nutzungen der Umwelt führen kann[568]. Auf die Richtlinie ist aber bereits im ersten Kapitel eingegangen worden. Für den Lärm aus Haushaltsgeräten liegt die Richtlinie 86/594/EWG[569] vor, die aber im Wesentlichen darauf abzielt, die Öffentlichkeit über den Geräuschpegel von Haushaltsgeräten zu informieren. Sie legt keine Geräuschgrenzwerte fest, enthält vielmehr allgemeine Grundsätze für die Veröffentlichung der Informationen über die Geräuschemissionen, Messverfahren und Kontrollmodalitäten[570]. Die Vielzahl von Richtlinien für Baumaschinen und Baugeräte[571] und die Richtlinie 84/538/EWG für Rasenmäher[572] sind von der aktuellen Richtlinie 2000/41/EG über umweltbelastende Geräuschemissionen von zur Verwendung im Freien vorgesehenen Geräten und Maschinen (Geräte- und Maschinenrichtlinie)[573] ersetzt worden. Darauf wird sogleich zurückzukommen sein.

Die vorgenannten EG-Richtlinien brachten Teilerfolge mit sich. Seit dem Erlass der ersten einschlägigen Vorschriften ist beispielsweise der durchschnittliche Geräuschpegel von Motorrädern um 60%, der von Pkws um 85% und der von Lkws um über 90% gesunken. Auch die von einem modernen Flugzeug verursachten Geräuschemissionen haben im Vergleich mit den alten Flugzeugtypen erheblich abgenommen. Trotzdem blieb die Gesamtbelastung konstant oder nahm sogar zu, da insbesondere ein rasches Steigen des Kfz- und Luftverkehrsaufkommens den Erfolg der bisherigen Lärmreduzierung kompensierte[574]. Vor diesem Hintergrund stellt sich die Frage, ob die bisherige EG-Lärmpolitik, nur produktbezogene Vorschriften über maximale Geräuschpegel für Kraftfahrzeuge, Flugzeuge und Maschinen zu erlassen, ausreichte. In Sachen Lärmbekämpfung sollten offenbar verstärkte Anstrengungen unternommen werden.

---

568 Koch, in: Rengeling (Hrsg.), EUDUR, Bd. II, § 56, Rn. 4.

569 Richtlinie 86/594/EWG des Rates vom 1.12. 1986 über die Geräuschemissionen von Haushaltsgeräten, ABl. L 344/24.

570 Koch, in: Rengeling (Hrsg.), EUDUR, Bd. II, § 56, Rn. 15; http://europa.eu.int/scadplus/leg/de/lvb/l21187a.htm, letzter Aufruf am 14. 9. 2005.

571 Vgl. Schulte/Schröder, DVBl. 2000, 1085, 1087 f.

572 Richtlinie 84/538/EWG des Rates vom 17. 9. 1984 zur Angleichung der Rechtsvorschriften der Mitgliedstaaten über den zulässigen Schallleistungspegel von Rasenmähern, ABl. L 300/171, zuletzt geändert durch Richtlinie 88/181/EWG, ABl. 1988, L 81/71.

573 Richtlinie 2000/14/EG des Europäischen Parlaments und des Rates vom 8. 5. 2000 zur Angleichung der Rechtsvorschriften der Mitgliedstaaten über umweltbelastende Geräuschemissionen von zur Verwendung im Freien vorgesehenen Geräten und Maschinen, ABl. 2000 L 162/1.

574 Koch, in: Rengeling (Hrsg.), EUDUR, Bd. II, § 55, Rn. 68 ff.; Schulte/Schröder, DVBl 2000, 1085, 1091 f.

Im 5. Umwelt-Aktionsprogramm aus dem Jahre 1993[575] hat die EU lärmbezogene Ziele angegeben. Zu diesen zählte, dass ab dem Jahr 2000 die Lärmbelastung nachts nicht mehr 65 dB(A) und zu jedem anderen Zeitpunkt nicht mehr 85 dB(A) überschreiten sollte. Zum Erreichen dieser Ziele, die bis zum Jahr 2000 aber verfehlt worden sind, hat die EU eine Reihe von Aktionen geplant. Weitere Maßnahmen wurden noch bei der Überarbeitung dieses Programms im Jahre 1995 angekündigt[576]. Am 4. November 1996 stellte die EU-Kommission ein Grünbuch über die künftige Lärmschutzpolitik[577] vor, das den ersten Schritt zur Umsetzung des vorgenannten Programms bildet und eine öffentliche Diskussion über die künftige Ausrichtung der Lärmschutzpolitik bewirken solle. Danach sei nach Ansicht der EU-Kommission ein »neues Gesamtkonzept« für eine erfolgreiche Lärmschutzpolitik erforderlich. Gefragt seien „auf einer gemeinsamen Verantwortung basierende Rahmenbedingungen, die die Festlegung von Zielwerten, die Überwachung der erzielten Fortschritte sowie Mechanismen für eine bessere Genauigkeit und Einheitlichkeit der Daten einschließen, um die verschiedenen Maßnahmen besser aufeinander abstimmen zu können“[578]. Da Daten über Lärmbelastung europaweit nur unvollständig und – wegen unterschiedlichen Mess- und Berechnungssystemen – kaum vergleichbar sind, hat die EU-Kommission daher die Vorlage eines Richtlinienvorschlags erwogen, der z.B. folgende Maßnahmen umfassen könnte: 1. Festlegung einer gemeinsamen EG-Lärmbeurteilungsgröße; 2. Entwicklung und Verwendung harmonisierter Vorhersage- und Messverfahren zur Bewertung der von unterschiedlichen Arten von Lärmquellen hervorgerufenen Lärmbelastung; 3. Informationsaustausch zwischen den Mitgliedstaaten über Lärmbelastungen; 4. Ermittlung der Lärmbelastung durch die Mitgliedstaaten und Information der Öffentlichkeit. Dafür sei das Aufstellen von Lärmkarten empfehlenswert[579]. Im Bereich der einzelnen Geräuschquellen, also im Straßenverkehr, Eisenbahnverkehr, Luftverkehr und bei den im Freien verwendeten Maschinen hat die Kommission noch weitere Maßnahmen angekündigt[580].

Auf der Basis des Grünbuches wurde zum einem die Richtlinie 2000/41/EG über umweltbelastende Geräuschemissionen von zur Verwendung im Freien vorgesehenen Geräten und Maschinen (Geräte- und Maschinenrichtlinie)[581] erlassen.

---

575 ABl. 1993 C 138/56.

576 KOM (95) 647.

577 KOM (96) 540 endg.

578 KOM (96) 540 endg./Zusammenfassung.

579 KOM (96) 540 endg./21 ff.

580 Zum Grünbuch über die künftige Lärmschutzpolitik, vgl. auch http://europa.eu.int/scadplus/leg/de/lvb/l21224.htm, letzter Aufruf am 14. 9. 2005; Koch, in: Rengeling (Hrsg.), EUDUR, Bd. II, § 55, Rn. 80 ff.; § 56, Rn. 46 ff.; Schulte/Schröder, DVBl 2000, 1085, 1091 f.

581 Richtlinie 2000/14/EG des Europäischen Parlaments und des Rates vom 8. 5. 2000 zur Angleichung der Rechtsvorschriften der Mitgliedstaaten über umweltbelastende Ge-

Das Ziel der Richtlinie ist es, die Vorschriften der bestehenden Richtlinien zu Geräuschemissionen unterschiedlicher Baumaschinen und der Richtlinie 84/538/EWG für Rasenmäher zu vereinfachen und zu vereinheitlichen sowie weitere Geräte und Maschinen einzubeziehen. Als eine Rahmenrichtlinie umfasst die Richtlinie nun mehr als 50 Typen von zur Verwendung im Freien vorgesehenen Geräten und Maschinen wie beispielsweise Kompressoren, Baggerlader, verschiedene Sägetypen und Mischmaschinen, Geräte der Stadtreinigung und Abfallbeseitigung sowie Altglascontainer (aufgelistet in den Artikeln 12 und 13 und definiert in Anhang 1). Durch die Richtlinie sollen die Rechtsvorschriften über Geräuschemissionsnormen, Konformitätsbewertungsverfahren, Kennzeichnung, technische Unterlagen sowie über die Sammlung von Geräuschemissionsdaten harmonisiert werden (Art. 1 der Richtlinie). Schlüssig sind die Anforderungen an das Inverkehrbringen oder die Inbetriebnahme der Geräte und Maschinen (Art. 4 der Richtlinie): der Hersteller oder sein in der Gemeinschaft ansässige Bevollmächtigte sollte die Geräte und Maschinen mit der CE-Kennzeichnung und der Angabe des garantierten Schallleistungspegels versehen und eine EG-Konformitätserklärung beifügen, mit der bescheinigt wird, dass die Geräte und Maschinen dieser Richtlinie und allen anderen einschlägigen Richtlinien entsprechen. Für die Bewertung der Konformität gibt es zwei unterschiedliche Verfahren: Bei Geräten und Maschinen, für die ein zulässiger Schalleistungspegel festgelegt ist (s. Art. 12 der Richtlinie), wird ein Konformitätsbewertungsverfahren als zweckmäßig erachtet, bei dem eine benannte Stelle hinzugezogen wird (Art. 14 Abs. 1, Art. 15 der Richtlinie). Bei Geräten und Maschinen, die nur der Geräuschkennzeichnung unterliegen (Art. 13 der Richtlinie), genügt eine Eigenbescheinigung (Art. 14 Abs. 2 der Richtlinie). Die Mitgliedstaaten überwachen die Einhaltung der Anforderungen der Richtlinie (Art. 5 der Richtlinie). Bei Verstößen gegen die Anforderungen an das Inverkehrbringen der Geräte und Maschinen werden die Mitgliedstaaten ermächtigt, alle zweckdienlichen Maßnahmen einschließlich des Verbots des Inverkehrbringens zu treffen (Art. 9 der Richtlinie)[582].

Zum anderen ist eine grundlegende Richtlinie 2002/49/EG des Europäischen Parlaments und des Rates vom 25. Juni 2002 über die Bewertung und Bekämpfung von Umgebungslärm (Umgebungslärmrichtlinie)[583] aufgrund des Grünbuches ergangen. Da es bei der Umgebungslärmrichtlinie um ein gemeinsames, grundlegendes Konzept zur Lärmminderung und daher um ein bedeutendes Regelwerk im Lärmschutzbereich der EU geht, wird sie nachfolgend im Einzelnen darzustellen sein.

---

räuschemissionen von zur Verwendung im Freien vorgesehenen Geräten und Maschinen, ABl. 2000 L 162/1.

582 Näher zur Richtlinie vgl. http://europa.eu.int/scadplus/leg/de/lvb/l28048.htm, letzter Aufruf am 14. 9. 2005; Koch, in: Rengeling (Hrsg.), EUDUR, Bd. II, § 56, Rn. 5 ff.

583 ABl. 2002 L 189/12.

2. Umgebungslärmrichtlinie

Ziel der Umgebungslärmrichtlinie 2002/49/EG[584] ist es, ein gemeinsames Konzept festzustellen, um vorzugsweise schädliche Auswirkungen, einschließlich Belästigungen, durch Umgebungslärm zu verhindern, ihnen vorzubeugen oder sie zu mindern. Hierzu normiert die Richtlinie die Ermittlung der Lärmbelastung durch Lärmkarten nach gemeinsamen Bewertungsmethoden, die Information der Öffentlichkeit und die Aufstellung von Aktionsplänen (Art. 1 Abs. 1 der Richtlinie). Darüber hinaus soll die Richtlinie auch eine Grundlage für die Einführung von Gemeinschaftsmaßnahmen zur Lärmminderung bei den Quellen darstellen (Art. 1 Abs. 2 der Richtlinie). Nach der Begriffsbestimmung des Art. 3 a) erfasst der Umgebungslärm nicht nur gesundheitsschädliche, sondern auch unerwünschte Geräusche im Freien, die durch Aktivitäten von Menschen verursacht werden, einschließlich des Lärms, der von Verkehrsmitteln, Straßenverkehr, Eisenbahnverkehr, Flugverkehr sowie Industriegeländen ausgeht.

Nach der Richtlinie sind die Mitgliedstaaten in erster Linie verpflichtet, »strategische Lärmkarten« aufzustellen. In einer ersten Stufe, also bis spätestens zum 30. Juni 2007, sind Ballungsräume mit mehr als 250.000 Einwohnern, Hauptverkehrsstraßen mit einem Verkehrsaufkommen von über 6 Millionen Kraftfahrzeugen pro Jahr, Haupteisenbahnstrecken mit über 60.000 Zügen pro Jahr und sämtliche Großflughäfen (mit über 50.000 Flugbewegungen pro Jahr) zu kartieren. Die strategischen Lärmkarten in der zweiten Stufe sind spätestens zum 30. Juni 2012 auszuarbeiten, und zwar für sämtliche Ballungsräume sowie für sämtliche Hauptverkehrsstraßen und Haupteisenbahnstrecken. Die Lärmkarte muss den Mindestanforderungen nach Anhang IV genügen und mindestens alle fünf Jahre nach dem Zeitpunkt ihrer Aufstellung überprüft und bei Bedarf überarbeitet werden (vgl. Art. 7 der Richtlinie).

Bemerkenswert ist hierbei noch, dass für die Ausarbeitung und Überprüfung strategischer Lärmkarten die neue Lärmindizes Lden (Tag-Abend-Nacht-Pegel) und Lnight (Nachtlärmindex) nach Anhang I zu verwenden sind. Beide Lärmindizes sind als A-bewertete äquivalente Dauerschallpegel gemäß ISO 1996-2: 1987 in Dezibel (dB) zu erfassen. Für den Lden entspricht der Tag einem Zeitraum von 12 Stunden, der Abend einem Zeitraum von 4 Stunden und die Nacht einem Zeitraum von 8 Stunden. Die Mitgliedstaaten können den Abend um eine oder zwei Stunden kürzen und den Tag und/oder den Nachtzeitraum entsprechend verlängern, sofern dies für sämtliche Lärmquellen einheitlich geregelt ist. Wenn der Tagesanfang (und damit der Anfang des Tages und der Nacht) nicht von den Mitgliedstaaten anders festgelegt ist, gelten die Standardzeiten 7.00-19.00, 19.00-23.00 und 23.00-7.00 Ortszeit (vgl. Nr. 1 des Anhangs I der Richtlinie). Gemeinsame Bewertungsmethoden für die Bestimmung der Lden und

---

584 Richtlinie 2002/49/EG des Europäischen Parlaments und des Rates vom 25. 6. 2002 über die Bewertung und Bekämpfung von Umgebungslärm, ABl. 2002 L 189/12.

Lnight-Werte werden von der Kommission nach dem Verfahren des Artikels 13 Absatz 2 der Richtlinie im Wege einer Überprüfung des Anhangs II festgelegt. Bis zur Annahme dieser Methoden können die Mitgliedstaaten Bewertungsmethoden anwenden, die gemäß Anhang II angepasst wurden und auf den in ihren nationalen Rechtsvorschriften vorgesehenen Methoden basieren (Art. 6 Abs. 2 der Richtlinie). Inzwischen hat die Kommission Leitlinien zu den Interimsmethoden am 6. August 2003 veröffentlicht[585]. Schließlich können die gesundheitsschädlichen Auswirkungen nach Artikel 6 Absatz 3 der Richtlinie mit den Dosis-Wirkungs-Relationen nach Anhang III bewertet werden, die allerdings erst durch künftige Änderungen dieses Anhangs nach dem in Artikel 13 Absatz 2 bestimmten Verfahren eingeführt werden.

Ein weiteres wesentliches Instrument der Umgebungslärmrichtlinie stellt die Aufstellung von Aktionsplänen dar. Auf der Grundlage der Ergebnisse von Lärmkarten sollen Aktionspläne ausgearbeitet werden, um den Umgebungslärm zu verhindern und zu mindern und die Umweltqualität in den Fällen zu erhalten, in denen sie zufriedenstellend ist (Art. 1 Abs. 1 Ziff. c) der Richtlinie). Entsprechend dieser Zielsetzung und der Begriffbestimmung über den Umgebungslärm[586] sollen Aktionspläne also nicht nur gesundheitsschädliche, sondern auch unerwünschte und belästigende Geräusche verhindern und mindern und darüber hinaus auch die zufriedenstellende Umweltqualität vorbeugend gegen eine Verschlechterung erhalten, nämlich ruhige Gebiete gegen eine Zunahme des Lärms schützen (vgl. Art. 8 Abs. 1 b) der Richtlinie)[587]. Spätestens ein Jahr nach Aufstellung der Strategischen Lärmkarten sind Aktionspläne aufzustellen, d. h. bis zum Jahr 2008 und 2013. Auch die Aktionspläne sollen mindestens alle fünf Jahre nach dem Zeitpunkt ihrer Aufstellung überprüft und erforderlichenfalls überarbeitet werden. Schließlich soll die Öffentlichkeit die Möglichkeit erhalten, an der Ausarbeitung und Überprüfung der Aktionspläne rechtzeitig und effektiv mitzuwirken. (Art. 8 der Richtlinie).

Des Weiteren sind die strategischen Lärmkarten und Aktionspläne der Öffentlichkeit zugänglich zu machen und an sie zu verteilen (Art. 9 der Richtlinie) Darüber hinaus normiert die Richtlinie sowohl für die Mitgliedstaaten als auch für die Europäische Kommission gegenüber Parlament und Rat (Art. 10, 11 der Richtlinie) umfangreiche Berichtspflichten. Dadurch sind Daten europaweit zu erfassen und entsprechende zusammenfassende Berichte für die gesamte Gemeinschaft auszuarbeiten, die als Grundlage für die künftige Gemeinschaftspolitik und erforderlichenfalls für weitere Maßnahmen der Gemeinschaft sowie für

---

585 Empfehlung der Kommission über Leitlinien für die geänderten vorläufigen Berechnungsmethoden für Industrie-, Flug-, Straßenverkehrs- und Eisenbahnlärm und diesbezügliche Emissionsdaten, ABl. L 212 vom 12. 8. 2003, S. 49.

586 Art. 3 a) der Umgebungslärmrichtlinie.

587 Feldmann, ZUR 2005, 352, 354.

die weitergehende Information der Öffentlichkeit notwendig sind (vgl. Erwägungsgrund Nr. 13 der Richtlinie).

III. Entwicklung des deutschen Lärmschutzrechts

1. Überblick

Auf dem Gebiet des Lärmschutzes sind in der Vergangenheit in Deutschland erhebliche Anstrengungen unternommen worden. Dies kam auch in der Normsetzung zum Ausdruck. Es ist nicht Ausdruck einer systematischen rechtspolitischen Konzeption, vielmehr verteilt sich das deutsche Lärmschutzrecht – reagierend auf punktuelle Problematiken – nach Quellenarten auf zahlreiche Rechtsmaterien[588]: hinsichtlich des Verkehrslärms ist der Straßenverkehrslärm im Straßenrecht ebenso im Immissionsschutz- wie im Fachplanungsrecht geregelt; der Luftverkehr fällt aber unter das Fluglärmgesetz und das Luftverkehrsgesetz. Die anlagenbezogenen Regelungen, die nach Industrie- und Gewerbe-, Sportanlagen- und Freizeitanlagenlärm zu unterscheiden sind, finden sich im Wesentlichen im BImSchG. Alle Anlagenarten sind weiter in jeweiligen Verordnungen oder Verwaltungsvorschriften geregelt, wie TA Lärm, AVV-Baulärm, BaumaschinenVO und SportanlagenlärmschutzVO. Die Vielfalt und Segmentierung des Lärmschutzrechts, aber auch die Rechtsprechung dazu, erschweren die summative Betrachtung der Lärmbelastung aus verschiedenenartigen Quellen[589]. Im Folgenden ist der Komplex des deutschen Lärmschutzrechts kurz zu skizzieren[590].

2. Verkehrslärm

a) Straßenverkehrslärm

Wie im Abschnitt „Luftreinhalterecht" schon erwähnt, befasst sich der Vierte Teil des BImSchG mit dem Verkehrsimmissionsschutz. Er enthält drei heterogene Regelungsgruppen, nämlich Vorschriften über die Begrenzung der Abgas- und Geräuschemissionen durch Anforderungen an Beschaffenheit und Betrieb von Fahrzeugen (§§ 38, 39 BImSchG), über Verkehrsbeschränkungen und -verbote wegen Luftverunreinigung (§§ 40, 40a-e) sowie über die Verkehrswegeplanung (§§ 41-43 BImSchG)[591]. Da die zweite Regelungsgruppe nur die Luftverunreinigung, nicht aber den Lärm betrifft, soll sie an dieser Stelle nicht erörtert werden. Durch § 38 BImSchG soll der Straßenverkehrslärm an der E-

---

588 Koch, NVwZ 2000, 490, 492.

589 Koch, NVwZ 2000, 490, 493.

590 Im Einzelheiten vgl. Koch, NVwZ 2000, 490, 494 ff.; Koch, Zeitschrift für Lärmbekämpfung, 2002, 235 ff.

591 Schulze-Fielitz, in: Koch/Scheuing (Hrsg.), GK-BImSchG, 1994, Vor §§ 38-43, Rn. 1, 68 ff.

missionsquelle, also an den Fahrzeugen, bekämpft werden. § 38 BImSchG sieht zwar die Möglichkeit vor, zum Zwecke der Emissionsreduzierung Anforderungen an die Beschaffenheit und den Betrieb von Fahrzeugen zu stellen. Die Bundesregierung verzichtete aber darauf, aufgrund § 38 BImSchG oder dem konkurrierenden § 6 Straßenverkehrsgesetz (StVG) eigene Geräuschgrenzwerte an Fahrzeugen festzulegen. Stattdessen wurden die EG-Anforderungen über den zulässigen Geräuschpegel und Schalldämpferanlagen der Kraftfahrzeuge völlig in deutsches Recht übernommen. Der einschlägige § 49 der Straßenverkehrszulassungsordnung (StVZO) verweist seit ihrer Neufassung vom 14. Juni 1988[592] direkt auf die EG-Richtlinien[593].

Die dritte Regelungsgruppe des BImSchG, also die Vorschriften über Verkehrswegeplanung, stellt ein weiteres wesentliches Instrumentarium zur Lärmbekämpfung dar. Maßgebend hierfür ist das vierstufige Lärmschutzprogramm der §§ 41 ff. BImSchG in Verbindung mit der Verkehrslärmschutzverordnung (16. BImSchV)[594] und der Verkehrswege-Schallschutzmaßnahmenverordnung (24. BImSchV)[595]. Nach dem Programm sind in erster Linie bei der Trassenführung Wohngebiete und andere schutzwürdige Gebiete tunlichst zu schonen (§§ 41 Abs. 1, 50 BImSchG). Sodann ist sicherzustellen, dass keine schädliche Umwelteinwirkungen auftauchen, die nach dem Stand der Technik vermeidbar sind (§ 41 Abs. 1 BImSchG). Mit der normkonkretisierenden 16. BImSchV orientiert sich dieser sog. aktive Lärmschutz an verbindlichen Grenzwerten. Soweit aktiver Lärmschutz wegen unverhältnismäßiger Kosten nicht gilt (§ 41 Abs. 2 BImSchG), müssen passive Schallschutzmaßnahmen an baulichen Anlagen nach Maßgabe der 24. BImSchV unternommen werden (§ 43 Abs. 1 Nr. 3 BImSchG). Soweit auch dies keinen hinreichenden Schutz bietet, ist eine angemessene Entschädigung in Geld zu leisten (§ 42 BImSchG, § 74 Abs. 2 Satz 3 Verwaltungsverfahrensgesetz)[596]. Während die 16. BImSchV die Immissionsgrenzwerte nach der Schutzbedürftigkeit der jeweiligen Gebiete festlegt, schreibt die 24. BImSchV Innengrenzwerte vor. Danach soll den Mittelungspegel von 40 dB(A) in Wohn- und 30 dB(A) in Schlafräumen eingehalten werden[597].

Die Vorschriften der §§ 41 ff. BImSchG i.V.m. der 16. und 24. BImSchV gelten aber nur für den Neubau oder die wesentliche Änderung von Verkehrswegen. Es

---

592 BGBl. I 788.

593 Vgl. Berkemann, in: Koch (Hrsg.), Verkehrspolitik, 175, 212 f., 215 f.; Koch, in: Rengeling (Hrsg.), EUDUR, Bd. II, § 55, Rn. 37; Schulze-Fielitz, in: Koch/Scheuing (Hrsg.), GK-BImSchG, 1994, § 38, Rn. 25.

594 VO vom 12. 6. 1990, BGBl. I 1990, S. 1036.

595 VO vom 4. 2. 1997, BGBl. I S. 172, ber. S. 1253, geändert durch VO v. 23. 9. 1997, BGBl. I S. 2329.

596 Vgl. SRU, Umweltgutachten 2004, Tz. 654; Koch, in: Rengeling (Hrsg.), EUDUR, Bd. II, § 55, Rn. 29 f.

597 Vgl. SRU, Umweltgutachten 2004, Tz. 654; Koch, in: Rengeling (Hrsg.), EUDUR, Bd. II, § 55, Rn. 31.

fehlen also Vorschriften für Lärmsanierung vorliegender Verkehrswege. Außerdem erfolgt in der 16. BImSchV eine segmentierende Betrachtung jedes Verkehrsweges an sich. Die kumulativen Effekte durch andere Verkehrswege bzw. weitere Lärmquellen finden hier keine Berücksichtigung. Dies entspricht weder dem Begriff der schädlichen Umwelteinwirkungen gemäß BImSchG noch gewährt es einen ausreichenden Lärmschutz[598].

Darüber hinaus ist die Bauleitplanung für den Lärmschutz von Bedeutung. Im Rahmen der Bauleitplanung müssen auch den Belangen des Lärmschutzes Rechnung getragen werden (Vgl. §§ 1 Abs. 6 i.V.m. 1. Abs. 5 Baugesetzbuch). Dabei haben die Gemeinden die verschiedenen Lärmregelwerke zu beachten[599]. Ferner normierte § 47a BImSchG in der alten Fassung (a.F.) eine besondere Art der Planung, nämlich Lärmminderungspläne. Nach § 47a Abs. 1 BImSchG a.F. hatten die Gemeinde oder die nach Landesrecht zuständigen Behörden für Gebiete, in denen schädliche Umwelteinwirkungen durch Geräusche hervorgerufen oder zu erwarten sind, Lärmbelastung zu ermitteln. Nach dem Abs. 2 hatten die Gemeinden für Wohngebiete und andere schutzwürdige Gebiete Lärmminderungspläne aufzustellen, wenn in denen dauernd schädliche Umwelteinwirkungen durch Geräusche vorkommen. Lärmminderungspläne sollen Angaben über die Lärmbelastungen, ihre Quellen und die Maßnahmen zur Lärmminderung enthalten. Zu § 47a BImSchG a.F. hatte der Länderausschuss für Immissionsschutz (LAI) eine Musterverwaltungsvorschrift erarbeitet, die eine maßgebliche Grundlage für die praktische Anwendung der Lärmminderungsplanung bot. In der Praxis zeigten sich allerdings erhebliche Defizite bei der Durchführung der Lärmminderungsplanung, die nicht zuletzt auf finanzielle Probleme zurückzuführen waren[600].

Schließlich kommen noch Instrumente der Verkehrlenkung zum Schutz der Wohnbevölkerung vor Luftverschmutzung und Lärm hinzu. Nach § 45 Straßenverkehrsordnung (StVO) können sowohl Verkehrsbeschränkungen und -verbote auf bestimmten Straßen angeordnet als auch Fußgängerbereiche, verkehrsberuhigte Bereiche sowie geschwindigkeitsbeschränkte Zonen festgesetzt werden[601].

b) Schienenverkehrslärm

§ 38 BImSchG über Anforderungen an die Beschaffenheit und den Betrieb von Fahrzeugen findet zwar auch für Schienenfahrzeuge Anwendung. Von dieser Vorschrift wird aber kein Gebrauch gemacht. Ebenso wie auf europäischer Ebe-

---

598 Vgl. SRU, Umweltgutachten 2004, Tz. 655; Koch, in: Rengeling (Hrsg.), EUDUR, Bd. II, § 55, Rn. 32 f.

599 Koch, in: Rengeling (Hrsg.), EUDUR, Bd. II, § 55, Rn. 34, § 56, Rn. 36.

600 Schmidt, UPR 2002, 327.

601 Koch, in: Rengeling (Hrsg.), EUDUR, Bd. II, § 55, Rn. 40; SRU, Umweltgutachten 2004, Tz. 657.

ne besteht auf deutscher Ebene eine erhebliche Regelungslücke betreffend Maßnahmen an den Emissionsquellen beim Schienenverkehrslärm. Die Vorschriften der §§ 41 ff. BImSchG i.V.m. der 16. und 24. BImSchV über der Verkehrswegeplanung gelten auch für den Neubau oder die wesentliche Änderung von Schienenwegen. Genauso wie bei Straßenwegen gibt es bisher auch keine Regelungen für die Lärmsanierung an bestehenden Schienenwegen[602].

c) Fluglärm

Für den Fluglärm sind die Vorschriften des Gesetzes zum Schutz gegen Fluglärm (Fluglärmgesetz)[603] von 1971, des Luftverkehrsgesetzes (LuftVG)[604] und ihrer untergesetzlichen Regelwerke maßgebend. Das Fluglärmgesetz sieht die Festsetzung von Lärmschutzbereichen vor. Ein Lärmschutzbereich umfasst das Gebiet außerhalb des Flughafengeländes, in dem der durch Fluglärm hervorgerufene äquivalente Dauerschallpegel LAeq 67 dB(A) übersteigt. Das seit 1991 unverändert geltende Gesetz bietet aber nur ein unzulängliches Schutzniveau[605]. Zurzeit liegt ein vom Bundeskabinett am 25. Mai 2005 beschlossener Entwurf eines Gesetzes zu seiner Novellierung[606] vor.

Nach den Vorschriften des LuftVG und der Luftverkehrsordnung (LuftVO)[607] können außerdem Betriebsregelungen hinsichtlich des Lärmschutzes für Flugplätze festgelegt werden. In Betracht kommen z.B. Betriebszeitregelungen, insbesondere Nacht-Start- und -Landeverbote[608]. Die Umsetzung der Richtlinie 2002/30/EG über Regeln und Verfahren für lärmbedingte Betriebsbeschränkungen auf Flughäfen der Gemeinschaft[609], die bis zum 26. März 2004 hätte umgesetzt sein müssen, steht aber noch aus. Ferner befinden sich noch Vorschriften über die von den Lärmemissionen abhängige Zulassung von Luftfahrzeugen in dem LuftVG und in der Luftverkehrszulassungsordnung (LuftVZO)[610]. Die Anforderungen der EG-Richtlinie 92/14[611] über die Ausmusterung

---

602 Koch, in: Rengeling (Hrsg.), EUDUR, Bd. II, § 55, Rn. 42; SRU, Umweltgutachten 2004, Tz. 660.

603 Gesetz vom 30. 3. 1971, BGBl. I 1971, S. 282, letzte Änderung vom 25. 9. 1990, BGBl. I 1990, S. 2106.

604 Vom 1. August 1922, BGBl. I S. 681, in der Fassung der Bekanntmachung vom 27. März 1999, BGBl. I S. 550, zuletzt geändert durch Artikel 2 des Gesetzes vom 19. April 2005, BGBl. I S. 1070.

605 Koch, in: Rengeling (Hrsg.), EUDUR, Bd. II, § 55, Rn. 44 f.

606 http://www.bmu.de/files/pdfs/allgemein/application/pdf/schutz_fluglaerm.pdf, letzter Aufruf am 14. 10. 2005.

607 In der Fassung vom 27. 3. 1999, BGBl. I S. 580; zuletzt geändert am 21. 6. 2005, BGBl. I S. 1818.

608 Koch, in: Rengeling (Hrsg.), EUDUR, Bd. II, § 55, Rn. 45 ff.

609 Vom 26. 3. 2002, ABl. 2002, L 85/40.

610 VO vom 19. 6. 1964, BGBl. I 1964, S. 370, i. d .F. der Bek. v. 27. 3. 1999, BGBl. I S. 630; zuletzt geändert durch VO vom 27. 7. 2005, BGBl. I S. 2275.

611 ABl. 1992, L 76/21.

der Kapitel 2- Flugzeuge sind in § 11c der LuftVO umgesetzt[612]. Hinzu kommen noch lärmabhängige Start- und Landegebühren, die zu einer schnelleren Umstellung von lauten Kapitel 2-Flugzeugen auf die moderneren und leiseren Kapitel 3-Flugzeuge beitragen[613]. Angesichts der in Vorbereitung befindlichen EG-Lärmentgelterichtlinie wird vielleicht in naher Zukunft ein Anpassungsbedarf der deutschen Flugplatzgebührenordnungen bestehen.

3. Anlagen- und Maschinenlärm

Das BImSchG enthält im Wesentlichen anlagenspezifische Rechtsnormen. Zum Schutz vor schädlichen Umwelteinwirkungen müssen nach dem BImSchG bei der Genehmigung zur Einrichtung und zum Betrieb von Anlagen der Aspekt des Lärmschutzes ebenso wie der Luftreinhaltung Rechnung getragen werden. Im Bereich des Industrie- und Gewebelärms sind die lärmschutzbezogenen Anforderungen in einer Verwaltungsvorschrift, nämlich der Technischen Anleitung zum Schutz vor Lärm (TA Lärm) konkretisiert. Die aktuelle TA Lärm vom 26. August 1998 (TA Lärm 1998)[614] hat die zuvor 30 Jahre unverändert geltende, aus der Zeit vor dem BImSchG stammende TA Lärm 1968[615] ersetzt. Dadurch wurde das industrieanlagenbezogene Lärmschutzrecht stark verbessert. Hinsichtlich der Problematik der summativen Lärmbelastung sieht die TA Lärm 1998 zwar ausdrücklich vor, dass es maßgeblich ist, ob die »Gesamtbelastung« am Immissionsort die Immissionsrichtwerte nach Nr. 6 überschreitet (Nr. 3.2.1 TA Lärm). Nach Nr. 2.4 Abs. 3 TA Lärm gilt allerdings als »Gesamtbelastung« die Belastung, die von allen unter die TA Lärm fallenden – und nur von diesen – Anlagen hervorgerufen wird. Verkehrswege, Sportanlagen, Freizeitanlagen usw. zählen also nicht dazu. Insofern geht es hier nicht um die Gesamtbetrachtung der Lärmbelastung aus verschiedenartigen Quellen. Möglich und auch erforderlich ist es, durch eine ergänzende Sonderprüfung gemäß Nr. 3.2.2 TA Lärm auch andere relevante Lärmquellen in die Gesamtbetrachtung einzubeziehen[616].

Regelungen zur Baulärmbekämpfung gibt es in Deutschland schon lange. Manche funktionierten sogar für die alte EG-Baumaschinenrichtlinie als Vorbild[617]. Baumaschinen und Baustellen an sich werden gemäß § 3 Abs. 5 Nr. 2 u. 3 BImSchG auch als Anlagen eingeordnet. Durch die Baumaschinenverordnung (15. BImSchV)[618] waren die alten EG-Baumaschinenrichtlinien in deutsches Recht umgesetzt worden. Außerdem enthält die Allgemeine Verwaltungsvor-

---

612 Koch, in: Rengeling (Hrsg.), EUDUR, Bd. II, § 55, Rn. 48 f.
613 Koch, in: Rengeling (Hrsg.), EUDUR, Bd. II, § 55, Rn. 52, 63.
614 GMBl. 1998 S. 503.
615 Vom 16. 7. 1968, Beilage zum Bundesanzeiger Nr. 137.
616 Koch, in: Rengeling (Hrsg.), EUDUR, Bd. II, § 56, Rn. 19 ff.
617 Koch, in: Rengeling (Hrsg.), EUDUR, Bd. II, § 56, Rn. 38.
618 VO vom 10. November 1986, BGBl. I S. 1729, zuletzt geändert durch Artikel 7 des Gesetzes vom 3. Mai 2000, BGBl. I S. 632.

schrift zum Schutz gegen Baulärm von 1970 (AVV-Baulärm)[619] u.a. gebietsbezogene Immissionsrichtwerte für die Lärmbelastung von Baustellen[620]. Forschritte bringt neuerlich die zur Umsetzung der EG- Richtlinie 2000/14/EG am 5. September 2002 verkündete Geräte- und Maschinenlärmschutzverordnung (32. BImSchV)[621] mit sich. Entsprechend den Anforderungen der EG-Richtlinie enthält sie verschärfte Emissionsgrenzwerte für viel mehr Geräte- und Maschinenarten sowie Regelungen für Marktzugang und –überwachung[622]. Mit der 32. BImSchV sind zugleich die Rasenmäherlärmschutzverordnung (8. BImSchV)[623], die Baumaschinenlärmschutzverordnung (15. BImSchV) sowie zahlreiche Verwaltungsvorschriften für einzelne Arten von Baumaschinen aufgehoben worden.

4. Sportanlagen- und Freizeitanlagenlärm

Auch Sportanlagen und Freizeiteinrichtungen sind als nicht genehmigungsbedürftige Anlagen im Sinne des BImSchG einzuordnen. Für die von Sportanlagen ausgehenden Geräusche gelten die detaillierten Regelungen der Sportanlagenlärmschutzverordnung (18. BImSchV)[624]. Für Freizeitanlagen gibt es aber keine entsprechende konkretisierte Verordnung. Nur der Länderausschuss für Immissionsschutz (LAI) hat eine Musterverwaltungsvorschrift, also die sog. Freizeitlärm-Richtlinie von 1995, angeboten[625].

5. Probleme einer Gesamtlärmbewertung

Nach dem Begriff der Immissionen in § 3 Abs. 2 BImSchG und damit dem Begriff der schädlichen Umwelteinwirkungen in § 3 Abs. 1 BImSchG geht das BImSchG von einer summativen, akzeptorbezogenen Betrachtungsweise am maßgeblichen Einwirkungsort aus, also einer Gesamtlärmbeurteilung. Auch ein ausreichender Lärmschutz verlangt notwendig eine Beurteilung der Gesamteinwirkung verschiedener Lärmquellen. Die maßgeblichen lärmbezogenen Anforderungen in Deutschland verteilen sich allerdings, wie schon dargelegt, quellenbezogen auf zahlreiche Regelwerke, in denen es an keiner Stelle Regelungen über die Pflicht und das Instrument zur Gesamtgeräuschbeurteilung gibt. Mit der 16. BImSchV erfolgt eine segmentierende Betrachtung des jeweiligen Verkehrsweges. Die 18. BImSchV sieht eine summative Betrachtung nur für Sport-

---

619 Verwaltungsvorschrift vom 19. 8. 1970, Beilage zum Bundesanzeiger Nr. 160 vom 1. 9. 1970.

620 Vgl. Koch, in: Rengeling (Hrsg.), EUDUR, Bd. II, § 56, Rn. 23.

621 BGBl I 2002 S. 3478, zuletzt geändert durch Artikel 23 des Gesetzes vom 6. 1. 2004, BGBl. I S. 2.

622 SRU, Umweltgutachten 2004, Tz. 661.

623 In der Fassung der Bekanntmachung vom 13.7.1992, BGBl. I S. 1248, zuletzt geändert durch Artikel 4 des Gesetzes vom 3.5.2000, BGBl. I S.632.

624 VO vom 18.7.1991, BGBl. I 1991, S. 1588, bes. S. 1790.

625 Vgl. Koch, in: Rengeling (Hrsg.), EUDUR, Bd. II, § 56, Rn. 27 ff.; SRU, Umweltgutachten 2004, Tz. 663.

anlagen vor[626]. Die TA Lärm 1998 normiert einschränkend die Beurteilung der „Gesamtbelastung“, die von der unter die TA Lärm fallenden – und nur von diesen – Anlagen hervorgerufen wird, ermöglicht jedoch immerhin eine ergänzende Sonderfallprüfung, die sich auf andere relevante Lärmquellen erstreckt. Außerdem finden sich in den Regelwerken verschiedene Mess- und Beurteilungsverfahren für Lärm aus verschiedenen Quellen, so dass auf der Grundlage der geltenden Regeln eine Gesamtlärmbeurteilung kaum möglich ist[627].

Unbefriedigend ist auch die Rechtsprechung des Bundesverwaltungsgerichtes (BVerwG) zu dieser Thematik. In der Entscheidung zur 16. BImSchV[628] akzeptierte der 4. Senat des BVerwG ihre separierte Betrachtungsweise und setzte eine Grenze nur insofern, als dass summierte Immissionen nicht zur Gesundheitsgefährdung führen dürften[629]. In einer anderen Entscheidung zum »Freizeitbereich«[630] betrachtete der 7. Senat des BVerwG die segmentierende Betachtung der 18. BImSchV als eine Wiedergabe der Einschätzungsprärogative des Verordnungsgebers[631]. Die Auffassungen des BVerwG stießen auf heftige Kritik[632].

6. Umsetzung der Umgebungslärmrichtlinie 2002/49/EG

Die Umsetzung der Umgebungslärmrichtlinie 2002/49/EG in deutsches Recht erfolgte durch die Änderung des BImSchG vom 24. Juni 2005[633]. § 47a BImSchG a. F. über Lärmminderungspläne wurde dadurch aufgehoben. Unter der Überschrift „Lärmminderungsplanung“ wurde ein Sechster Teil eingefügt. Er enthält § 47a bis § 47f, die den Anwendungsbereich des Sechsten Teils, Begriffsbestimmungen, Anforderungen über Lärmkarten und Lärmaktionspläne, die zuständigen Behörden sowie Ermächtigungsgrundlagen zur Rechtsverordnungen vorsehen. Diese Vorschriften haben meistens die EG-Anforderungen wörtlich übernommen. Außerdem ist noch eine Reihe von Rechtsverordnung erlassen worden, um die eher „technischen“ Vorgaben um- und durchzusetzen.

---

626 Vgl. Dolde, Gesamtlärmbewertung, 451, 452 ff.; Koch, in: Rengeling (Hrsg.), EUDUR, Bd. II, § 56, Rn. 33.

627 Näher vgl. Dolde, Gesamtlärmbewertung, 451, 458 ff.

628 BVerwGE 101, 1.

629 Näher Vgl. SRU, Umweltgutachten 2004, Tz. 655; Dolde, Gesamtlärmbewertung, 451, 455 f.

630 U. v. 16. 5. 2001 – 7 C 16/00, NVwZ 2001, 1167.

631 Näher Vgl. Dolde, Gesamtlärmbewertung, 451, 455; Koch, in: Rengeling (Hrsg.), EUDUR, Bd. II, § 56, Rn. 34.

632 Koch, in: Rengeling (Hrsg.), EUDUR, Bd. II, § 56, Rn. 34; ders., NVwZ 2000, 490, 495 f.; Dolde, Gesamtlärmbewertung, 451, 456 mit vielen Literaturhinweisen.

633 Art. 1 des Gesetzes zur Umsetzung der EG-Richtlinie über die Bewertung und Bekämpfung von Umgebungslärm vom 24. 6. 2005, BGBl. I 1794.

IV. Auswirkung des europäischen Lärmschutzrechts auf das deutsche Recht

1. Überblick

Hinsichtlich des Verkehrslärmschutzrechts schreibt Deutschland, wie auch im Bereich des fahrzeugbezogenen Luftreinhalterechts, nach wie vor keine eigenen innerstaatlichen Geräuschgrenzwerte für Kraftfahrzeuge vor. Sie übernimmt direkt die einschlägigen EG-Anforderungen. Aber nicht zuletzt wegen der deutschen Initiative sind die EG-Geräuschgrenzwerte schrittweise abgesenkt worden. Beispielsweise sind die Geräuschgrenzwerte von Krafträdern durch die auch von Deutschland initiierte Änderungsrichtlinie 87/56[634] stufenweise herabgesetzt worden[635].

Die den Industrielärm regulierende EG-IVU-Richtlinie ist gegenüber ihren vorherigen Entwürfen in vielen Elemente vom deutschen Anlagenrecht übernommen. Hierzu sei auf Ausführungen im ersten Kapitel verwiesen. In Sachen Baulärmbekämpfung war Deutschland ein Vorreiter. Sehr früh fanden sich auf Länderebene bereits ein paar maschinenspezifische Regelungen. Die deutsche Allgemeine Verwaltungsvorschrift zum Schutz gegen Baulärm (AVV-Baulärm) übte großen Einfluss auf die EG-Richtlinien über Lärm aus Maschinen oder Geräten aus[636]. Nun geht aber die EG-Geräte- und Maschinen-Richtlinie weit über die AVV-Baulärm hinaus, und zwar sowohl bei den Anwendungsbereichen als auch bei den Marktzugangs- und Marktüberwachungsregeln[637].

2. Auswirkungen der Umgebungslärmrichtlinie

Die englische Bezeichnung der EG-Umgebungslärmrichtlinie macht sehr deutlich, dass es ihr um ein »Management of Environmental Noise« geht[638]. Der Umgebungslärmrichtlinie liegt nämlich ein gemeinsamer, umfassender Managementansatz zugrunde, der sich auf einen weitgehenden Anwendungsbereich erstreckt, der sowohl die Beseitigung und Verminderung, als auch die Vorbeugung von Lärmbelästigungen bezweckt. Mit dem Ansatz sollen vollständige und vergleichbare Daten über Lärmbelastung durch die strategischen Lärmkarten, die die harmonisierten Lärmindizes und Bewertungsmethoden verwendeten, gesammelt werden. Auf der Grundlage der Lärmkarten sind Aktionspläne zu erstellen, die mit einem Maßnahmenpaket ausgerüstet sein sollen, um den Umgebungslärm zu verhindern oder zumindest zu mindern sowie eine zufriedenstel-

---

634 Vom 18. 12. 1986, ABl. L 24/42.

635 Koch, in: Rengeling (Hrsg.), EUDUR, Bd. II, § 55, Rn. 56; Schulze-Fielitz, in: Koch/Scheuing (Hrsg.), GK-BImSchG, 1994, § 38 Rn. 27.

636 Koch, in: Rengeling (Hrsg.), EUDUR, Bd. II, § 56, Rn. 38; Umwelt Nr. 11/1996, 380.

637 Koch, in: Rengeling (Hrsg.), EUDUR, Bd. II, § 56, Rn. 39.

638 Feldmann, ZUR 2005, 352, 354.

lende Umweltqualität zu erhalten. Auch die Information und Beteiligung der Öffentlichkeit stellt ein effektives Instrumentarium dar. Demgegenüber bot das für den deutschen Lärmschutz zentrale BImSchG im Wesentlichen ein klassisches ordnungsrechtliches Instrumentarium an[639]. Auch die Vorgaben über die Lärmminderungsplanung gemäß § 47a BImSchG a.F. blieben bezüglich des Anwendungsbereiches und der Zielsetzung hinter dem Gemeinschaftsrecht zurück[640]. Die Umgebungslärmrichtlinie gibt in vielerlei Hinsicht neue Impulse für das deutsche Lärmschutzrecht:

a) Verbesserung der segmentierten Rechtslage und Betrachtungsweise des deutschen Lärmschutzrechts

Die Umgebungslärmrichtlinie stellt, wie schon ausgeführt, ein gemeinsames Konzept der Gemeinschaft dar, um Umgebungslärm zu bekämpfen. Unter den Anwendungsbereich der Richtlinie fallen alle unerwünschten oder gesundheitsschädlichen Geräusche im Freien, die durch Aktivitäten von Menschen verursacht werden, einschließlich des Lärms, der von Verkehrsmitteln, Straßenverkehr, Eisenbahnverkehr, Flugverkehr sowie Industriegeländen ausgeht. Dementsprechend sollen Lärmkarten für alle Hauptlärmquellen und für Ballungsräume ausgearbeitet, sowie Aktionspläne für alle Orte in der Nähe von Hauptlärmquellen und für Ballungsräume aufgestellt werden. Angesichts des segmentierten und unübersichtlichen deutschen Lärmschutzrechts ist die von der Umgebungslärmrichtlinie geschaffene gemeinsame umfassende Grundlage erfreulich.

Außerdem bietet die Umgebungslärmrichtlinie auch eine Chance, die zurzeit segmentierende Betrachtung der verschiedenartigen Lärmquellen des deutschen Rechts aufzugeben und die summative, akzeptorbezogene Bewertung der Gesamtlärmbelastung hinzunehmen[641]. Obwohl die strategische Lärmkarte entgegen ihrer Begriffsbestimmung – derzufolge sie eine Karte zur Gesamtbewertung der auf verschiedene Lärmquellen zurückzuführenden Lärmbelastung in einem bestimmten Gebiet oder für die Gesamtprognosen für ein solches Gebiet (Art. 3 r) der Richtlinie) darstellt – jeweils für jede Art der Lärmquellen getrennt zu erstellen ist[642], muss der Aktionsplan die Daten der Lärmkarten zusammenfassen und notwendig auch das Zusammenwirken mehrerer Lärmquellen berücksichtigen, damit Lärmprobleme und Lärmauswirkungen richtig bekämpft werden können[643]. Vor allem ist es auch Ziel der Aktionspläne, ruhige Gebiete ge-

---

639 Philipp-Gerlach/Hensel, ZUR 2004, 329, 331.

640 Vgl. Feldmann, ZUR 2005, 352, 353 f. Nach Ansicht Schmidts entsprechen aber die Vorgaben der Lärmminderungsplanung nach § 47a BImSchG vom Ansatz her den Vorgaben der EG-Umgebungslärmrichtlinie. S. Schmidt, UPR 2002, 327 ff.

641 SRU, Umweltgutachten 2004, Tz. 652; Schmidt, UPR 2002, 327, 330; Koch, Zeitschrift für Lärmbekämpfung, 2002, 235, 244..

642 Vgl. Art. 7 und vor allem Anhang IV, Ziffer 8, 1. Satz. S. Philipp-Gerlach/Hensel, ZUR 2004, 329, 333.

643 Feldmann, ZUR 2005, 352, 357.

gen eine Zunahme des Lärms zu schützen. Nach der Begriffbestimmung des Art. 3 l) der Richtlinie bedeutet „ruhiges Gebiet in einem Ballungsraum" ein von der zuständigen Behörde festgelegtes Gebiet, in dem ein geeigneter Lärmindex „für sämtliche Schallquellen" einen bestimmten, von dem Mitgliedstaat festgelegten Wert nicht übersteigt. Das heißt, dass eine Gesamtbetrachtung der verschiedenen Lärmquellen bei der Beurteilung ruhiger Gebiete geboten ist[644]. Nicht zu übersehen ist aber, dass eine Gesamtlärmbewertung ein harmonisiertes Berechnungsverfahren für verschiedenartige Lärmquellen voraussetzt, das zurzeit allerdings sowohl auf europäischer als auch auf deutscher Ebene aussteht und dringlich zu entwickeln ist[645].

b) Ausdehnung des Anwendungsbereiches

Mit ihrer offiziellen Bezeichnung macht die Umgebungslärmrichtlinie schon deutlich, dass es nicht nur um die Vermeidung und Verminderung von schädlichen Umwelteinwirkungen durch Geräusche geht, wie es beim BImSchG der Fall war, sondern weitergehend um die Bekämpfung des Umgebungslärms[646]. Nach der Zielsetzung des Art. 1 zielt die Richtlinie darauf ab, „vorzugsweise schädliche Auswirkungen, einschließlich Belästigung, durch Umgebungslärm zu verhindern, ihnen vorzubeugen oder sie zu mindern. Außerdem bezeichnet der Umgebungslärm gemäß der Begriffbestimmung des Art. 3 a) der Umgebungslärmrichtlinie nicht nur gesundheitsschädliche, sondern auch „unerwünschte" Geräusche. Dementsprechend sind bei der strategischen Lärmkartierung nicht nur die schädlichen oder erheblich belästigenden Geräusche zu dokumentieren, vielmehr ist die allgemeine Lärmsituation der Hauptlärmquellen und in den Ballungsräumen einzubeziehen. Demgegenüber befasste sich das für deutschen Lärmschutz zentrale BImSchG gemäß § 3 Abs. 1 u. 2 nur mit „schädlichen Umwelteinwirkungen" durch Geräuschimmissionen, die Gefahren, erhebliche Nachteile oder „erhebliche" Belästigung herbeiführen können. Die Umgebungslärmrichtlinie bewirkt daher in Deutschland eine Ausweiterung des Anwendungsbereiches des Lärmschutzrechts.

c) Einfügung des Elements der weitgehenden Vorbeugung

Ziel der Umgebungslärmrichtlinie ist es, wie immer betont, ein gemeinsames Konzept festzulegen, um vorzugsweise schädliche Auswirkungen einschließlich der Belästigung durch Umgebungslärm sowohl zu verhindern und zu mindern, als auch ihnen vorzubeugen. Dementsprechend sollen Aktionspläne nicht nur den Umgebungslärm verhindern und mindern, sondern auch zufriedenstellende Umweltqualitäten erhalten, nämlich ruhige Gebiete gegen eine Zunahme des Lärms vorbeugend schützen. Der weitreichende Vorsorgecharakter der Richtli-

---

644 Philipp-Gerlach/Hensel, ZUR 2004, 329, 332.

645 Vgl. Feldmann, ZUR 2005, 352, 357; Dolde, Gesamtlärmbewertung, 451, 458 ff.

646 Feldmann, ZUR 2005, 352, 354.

nie ist ein Novum für das deutsche Lärmschutzrecht[647]. Obwohl auch die Vorschriften der §§ 41 ff. BImSchG i.V.m. der 16. und 24. BImSchV über die Verkehrswegeplanung ein Element der Vorsorge enthalten[648], bezwecken sie jedoch nicht den Erhalt zufriedenstellender Umweltqualitäten. Vielmehr gewährleisten sie nur, dass die Umweltqualität nicht wegen des Neubaus oder der wesentlichen Änderung von Verkehrswegen so schlecht wird, dass die vorgeschriebenen Immissionsgrenzwerte überschritten werden. Der Vorsorgegedanke des Aktionsplanes geht also weit über den der Verkehrswegeplanung der §§ 41 ff. BImSchG hinaus. Hinsichtlich der Lärmminderungspläne gemäß § 47a BImSchG a.F. ging es allein um „die Beseitigung oder Verminderung der schädlichen Umwelteinwirkungen", nämlich lediglich um ein Sanierungsprogramm, nicht um die Vorbeugung[649].

d) Harmonisierung der Lärmindizes und Bewertungsmethoden

Mit der Umgebungslärmrichtlinie sind europaweit harmonisierte Lärmindizes für sämtliche Lärmquellen eingeführt worden. Die vereinheitlichten gemeinsamen Bewertungsmethoden für die Bestimmung dieser Lärmindizes sind in Arbeit[650]. Die harmonisierten Lärmindizes und Bewertungsmethoden werden in erster Linie zur Vergleichbarkeit der Daten über die Lärmbelastung auf Gemeinschaftsebene beitragen. Sie dienen aber auch der Gesamtbewertung der verschiedenartigen Lärmquellen. Insbesondere das letztere ist eine erfreuliche Entwicklung für das deutsche Lärmschutzrecht, das nicht zuletzt wegen unterschiedlicher Mess- und Beurteilungsverfahren der Gesamtlärmbetrachtung nicht gerecht wird[651].

e) Verpflichtung zur Ausarbeitung der umfassenden Lärmbelastungsdaten und zur Anwendung eines weitgehenden Planinstrumentariums

Nach der Umgebungslärmrichtlinie sind Mitgliedstaaten verpflichtet, strategische Lärmkarten für Hauptlärmquellen und Ballungsräume mit bestimmten

---

647 Philipp-Gerlach/Hensel, ZUR 2004, 329, 330 f.

648 Vgl. Koch, in: Rengeling (Hrsg.), EUDUR, Bd. II, § 55, Rn. 32.

649 Philipp-Gerlach/Hensel, ZUR 2004, 329, 330 f.; Feldmann, ZUR 2005, 352, 354.

650 Näher Vgl. Feldmann, ZUR 2005, 352, 355 f. Bis zum Erlass gemeinsamer Bewertungsmethoden werden in Deutschland die bisherigen nationalen Berechnungsverfahren weiter verwendet. Für den Eisenbahnlärm geht es um die Schall 03, für den Straßenverkehrslärm die RLS 90 und für den Fluglärm die AzB, und zwar mit dem DES, das als Datenerfassungssystem dazu gehört. Für den Industrie- und Gewerbelärm ist dann noch der Anhang der TA Lärm zu nennen. Alle diese Verfahren sind an die Vorgaben der Umgebungslärmrichtlinie anzupassen. Auch die bisherigen Grenzwerte sind entsprechend auf die neuen Lärmindizes umzurechnen. Vgl. Feldmann, ZUR 2005, 352, 355 f.; Philipp-Gerlach/Hensel, ZUR 2004, 329, 331.

651 Dolde, Gesamtlärmbewertung, 451, 458 ff.

„Schwellenwerten“[652] innerhalb bestimmter Fristen auszuarbeiten. Anders als beim Ansatz des alten § 47a Abs. 1 BImSchG, der auf die Möglichkeit oder das Bestehen schädlicher Umwelteinwirkungen durch Geräusche abstellte, sind nach der EG-Anforderungen sämtliche Hauptlärmquellen und Ballungsräume mit bestimmten „Schwellenwerten“ zu kartieren, und zwar unabhängig vom Vorliegen einer bestimmten Höhe der Lärmbelastung[653]. Dadurch könnten umfassende Lärmbelastungsdaten gesammelt und könnte mithin der Informationsstand verbessert werden[654].

Neu fürs deutsche Lärmschutzrecht ist auch die Verpflichtung zur Anwendung eines weitreichenden Planinstrumentariums, also des Aktionsplanes. Der Managementansatz der Umgebungslärmrichtlinie kommt insbesondere in den Aktionsplänen zum Ausdruck: sie übernehmen die Verantwortung, die Zielsetzung der Richtlinie zu erfüllen, nämlich wie schon immer erwähnt, vorzugsweise schädliche Auswirkungen, einschließlich Belästigung, durch Umgebungslärm zu verhindern, ihnen vorzubeugen oder sie zu mindern. Aktionspläne sollen für alle Orte in der Nähe von Hauptlärmquellen und für Ballungsräume aufgestellt werden, wenn freilich ihre Maßnahmen insbesondere auf die Prioritäten eingehen sollten. Ziel der Aktionspläne ist auch, wie dargestellt, ruhige Gebiete gegen eine Zunahme des Lärms vorbeugend zu schützen[655]. Dagegen ging es bei Lärmminderungsplänen gemäß § 47a BImSchG a.F. nur um die Beseitigung oder Verminderung der schädlichen Umwelteinwirkungen. Von daher geht das planerische Instrumentarium der EG-Umgebungslärmrichtlinie weit über das in § 47a BImSchG a.F. hinaus.

Nicht zu übersehen ist es, dass der mit der Ausarbeitung der strategischen Lärmkarten und Aktionspläne einhergehende Kostenaufwand sehr hoch ist. Eine ausreichende Finanzierung spielt daher eine Schlüsselrolle für ihre wirksame Umsetzung[656].

---

652 Bis spätestens zum 30. 6. 2007 sind Ballungsräume mit mehr als 250.000 Einwohnern, Hauptverkehrsstraßen mit einem Verkehrsaufnahmen von über 6 Millionen Kraftfahrzeugen pro Jahr, Haupteisenbahnstrecken mit über 60.000 Zügen pro Jahr, und sämtliche Großflughäfen (mit über 50.000 Flugbewegungen pro Jahr) zu kartieren. Die strategischen Lärmkarte in der zweiten Stufen sind spätestens zum 30. 6. 2012 auszuarbeiten, und zwar für sämtliche Ballungsräumen sowie für sämtliche Hauptverkehrsstraßen und Haupteisenbahnstrecken.

653 Feldmann, ZUR 2005, 352, 353. Die andere Meinung vgl. Schmidt, UPR 2002, 327, 328 ff.

654 SRU, Umweltgutachten 2004, Tz. 651.

655 Philipp-Gerlach/Hensel, ZUR 2004, 329, 330 f.

656 Schmidt, UPR 2002, 327, 333.

f) Information und Beteiligung der Öffentlichkeit

Wie bei allen umweltrechtlichen EG-Richtlinien wird auch bei der Umgebungslärmrichtlinie der Information und Beteiligung der Öffentlichkeit ein hoher Wert beimessen. Danach muss die Öffentlichkeit rechtzeitig und effektiv die Möglichkeit erhalten, an der Ausarbeitung und der Überprüfung der Aktionspläne mitzuwirken. Dafür sind angemessene Fristen mit einer ausreichenden Zeitspanne für jede Phase der Mitwirkung der Öffentlichkeit vorzusehen. Außerdem sind Lärmkarten und Aktionspläne der Öffentlichkeit zugänglich zu machen und an sie zu verteilen. Die bisherigen Anforderungen über die Öffentlichkeitsbeteiligung im BImSchG waren im Rahmen des Genehmigungsverfahrens von Anlagen nur beschränkt vorgeschrieben[657]. Und § 47a BImSchG a.F. über die Lärmminderungsplanung enthielt überhaupt keine Vorgaben dazu[658]. Mit dem Umsetzungsgesetz[659] sind nun die EG-Anforderungen an die Öffentlichkeitsbeteiligung durch § 47d Abs. 3 BImSchG wörtlich ins deutsche Recht übernommen worden. Hinsichtlich der Information der Öffentlichkeit ist aber noch eine Rechtsverordnung zu erlassen.

V. Fazit

Mit der Umgebungslärmrichtlinie tritt das EG-Lärmschutzrecht in eine neue Etappe ein. Statt nur die Produktanforderungen an Kraftfahrzeuge, Flugfahrzeuge und Maschinen festzusetzen wie in der Vergangenheit, bezweckt sie zunächst Daten über Umgebungslärmbelastung nach harmonisierten Kriterien europaweit zu erfassen, zusammenzustellen und zu sammeln, sowie erste Aktionspläne mit großen mitgliedstaatlichen Spielräumen auszuarbeiten. Diese Richtlinie soll also die Grundlage für die Weiterentwicklung und Ergänzung der bestehenden EG-Emissionsmaßnahmen sowie für die Entwicklung zusätzlicher kurz-, mittel- und langfristig angelegter Maßnahmen bilden. Für das deutsche Lärmschutzrecht bringt die Richtlinie eine Chance zur Verbesserung mit sich. Die gemeinsamen umfassenden Grundlagen der Richtlinie, aber auch ihre Harmonisierung der Lärmindizes und Bewertungsmethoden könnten eine Verbesserung der segmentierten Rechtslage und Betrachtungsweise des deutschen Lärmschutzrechts zur Folge haben. Darüber hinaus muss das deutschen Lärmschutzrecht entsprechend den EG-Anforderungen einen weitergehenden Anwendungsbereich haben, zufriedenstellende Umweltqualitäten zu erhalten suchen sowie zwei umfassende Instrumente anwenden, nämlich das der Lärmkartierung und das der Aktionsplanung. Auch die Information und Beteiligung der Öffentlichkeit zählt, wie in den anderen Bereichen des Umweltrechts, zu den Neuerungen für das deutsche Lärmschutzrecht. Zu bemerken ist aber noch, dass sowohl die Umsetzung der

---

657 Feldmann, ZUR 2005, 352, 357.

658 Schmidt, UPR 2002, 327, 328.

659 Art. 1 des Gesetzes zur Umsetzung der EG-Richtlinie über die Bewertung und Bekämpfung von Umgebungslärm vom 24. 6. 2005, BGBl. I 1794.

Richtlinie als auch der Vollzug der Vorschriften zur strategischen Lärmkarte und zu den Aktionsplänen eine gravierende Aufgabe darstellen. Vor allem der damit einhergehende Kostenaufwand ist nicht unerheblich.

Neben der Umgebungslärmrichtlinie geht nun auch die EG-Geräte- und Maschinen-Richtlinie weit über deutsche Anforderungen hinaus. Die zwei Beispiele verdeutlichen, dass das EG-Recht zunehmend auch das Lärmschutzrecht prägt und damit das nationale Steuerungspotential gleichzeitig vermindert.

D. Anlagensicherheitsrecht

I. Vorbemerkung

Für die Anlagensicherheit sind die deutschen Regelungen im Rahmen des Bundes-Immissionsschutzrechts im Wesentlichen in der Störfallverordnung (12. BImSchV) festgelegt. In der Gemeinschaft wurden gegen die Gefahren schwerer Unfälle nacheinander die Seveso-I-Richtlinie, die Seveso-II-Richtlinie und die Seveso-II-Änderungsrichtlinie erlassen. Während die Seveso-I-Richtlinie entsprechend der deutschen Störfallverordnung anlagenbezogen war, bezieht sich die Seveso-II-Richtlinie nun, wie sich zeigen wird, auf einen weiter gefassten Betriebsbegriff. Angesichts der Umsetzungsverpflichtung des Mitgliedstaates sind die deutschen Störfallregelungen auch dementsprechend geändert worden. Es wäre daher präziser, nunmehr vom „Betriebsbereichsicherheitsrecht" zu sprechen. Zum Zweck einer einfachen und systematischen Darstellung wird das Störfallrecht auf deutscher und Gemeinschaftsebene an dieser Stelle aber wie gewohnt noch unter dem Titel „Anlagensicherheitsrecht" darzustellen sein.

II. Entwicklung des europäischen Anlagensicherheitsrechts

Im Jahr 1982 hat die EWG erstmals zum Anlagensicherheitsrecht die Richtlinie 82/501/EWG über die Gefahren schwerer Unfälle bei bestimmten Industrietätigkeiten[660] erlassen. Sie wurde als Seveso(-I)-Richtlinie genannten, weil sie als Reaktion auf die Umweltkatastrophe von Seveso im Jahre 1976 ergangen war. Während des Entstehungsprozesses der Richtlinie wirkte die deutsche Störfallverordnung (12. BImSchV) von 1980[661] als Vorbild[662]. Die Seveso(-I)-Richtlinie betrifft die Verhütung schwerer Unfälle, die durch bestimmte Industrietätigkeiten verursacht werden können, sowie die Begrenzung der Unfallfolgen für Menschen und Umwelt (Art. 1 der Richtlinie). Sie galt im Wesentlichen für die in Anhang I der Richtlinie aufgeführten Industrieanlagen und auch für Anlagen, in

---

660 Richtlinie 82/501/EWG des Rates vom 24. 6. 1982 über die Gefahren schwerer Unfälle bei bestimmten Industrietätigkeiten, ABl. 1982 L 230/1, L 289/35.

661 12. Verordnung zur Durchführung des Bundes-Immissionsschutzgesetzes (Störfallverordnung) vom 27. 6. 1980, BGBl. I 772.

662 Feldhaus, UPR 2000, 121; Sellner, in: Rengeling (Hrsg.), EUDUR, Bd. II, § 49, Rn. 84.

denen die in Anhang II und Anhang III der Richtlinie aufgeführten besonders gefährlichen Stoffe gelagert werden bzw. bei der Produktion eingesetzt werden oder anfallen können.

Am 9. Dezember 1996 hat die Gemeinschaft die Richtlinie 96/82/EG zur Beherrschung der Gefahren bei schweren Unfällen mit gefährlichen Stoffen (sog. Seveso-II-Richtlinie)[663] erlassen, die die Seveso-I-Richtlinie 82/501/EWG zum 3. Februar 1999 abgelöst hat. Der Seveso-II-Richtlinie liegt ein fundamentaler Systemwechsel zugrunde. Eine zentrale Änderung betrifft den Anknüpfungspunkt und auch die Betrachtungsweise. Gegen den bisherigen anlagenbezogenen Regelungsansatz, bestimmte Anlagen in einer Liste aufzuführen, wurde eingewandt, dass über andere Anlagen mit gleichem Gefahrenpotential hinweggegangen werde, es mithin dazu kommen könnte, dass potentielle Gefahrenquellen, die zu schweren Unfälle führen können, von den Rechtsvorschriften nicht erfasst würden[664]. Der Anwendungsbereich der neuen Richtlinie erfasst daher alle Betriebe, in denen gefährliche Stoffe in einer für die Gefahr eines schweren Unfalls relevanten Menge vorhanden sind (Art. 2 der Richtlinie). Nach Art. 3 Nr. 1 der Richtlinie ist der Begriff des „Betriebes" definiert als „der gesamte, unter der Aufsicht eines Betreibers stehende Bereich, in dem gefährliche Stoffe in einer oder in mehreren Anlagen, einschließlich gemeinsamer oder verbundener Infrastrukturen und Tätigkeiten vorhanden sind". Die Pflichten sind daher nicht wie bisher auf einzelne Anlage bezogen, sondern auf den gesamten Betriebsbereich. Alle gefährlichen Stoffe aus einem Betrieb sind nunmehr zu addieren. Verlangt wird also eine Gesamtbetrachtung der in einem Betriebsbereich vorhandenen gefährlichen Stoffe[665]. Zum Ausgleich für die Ausdehnung des Anwendungsbereiches (Betriebsbereich anstelle von Anlage) werden allerdings die Schwellenwerte für die gefährlichen Stoffe überwiegend deutlich angehoben[666]. Dies führt dazu, dass ein großer Teil der Anlagen nicht mehr unter den Geltungsbereich der Störfallregelung fällt.

Eine weitere Änderung betrifft den Nachdruck, der auf Management- bzw. Organisationsaspekte gelegt wird. Mit der Feststellung, dass eine Analyse der in der Gemeinschaft gemeldeten schweren Unfälle zeigt, dass in den meisten Fällen Management- bzw. organisatorische Mängel die Ursache waren[667], hebt die Seveso-II-Richtlinie ausdrücklich Elemente der betrieblichen Managementsysteme hervor, die Parallelen zum Konzept des EG-Öko-Audit- bzw. EMAS-

---

663 Richtlinie 96/82/EG des Rates vom 9. 12. 1996 zur Beherrschung der Gefahren bei schweren Unfällen mit gefährlichen Stoffen, ABl. 1997 L10/13. Kritisch dazu vgl. Rebentisch, NVwZ 1997, 6 ff.

664 Vgl. Erwägungsgrund 11 der Seveso II-Richtlinie.

665 Vgl. Müggenborg, NVwZ 2000, 1096, 1097.

666 SRU, Umweltgutachten 2000, Tz. 770; Feldhaus, UPR 2000, 121.

667 Erwägungsgrund 15 der Seveso II-Richtlinie.

Systems[668] aufweisen[669], während die Seveso-I-Richtlinie den Schwerpunkt dagegen vielmehr auf den sicherheitstechnischen Aspekt legte. Alle erfassten Betriebe müssen danach ein betriebsinternes »Konzept zur Verhütung schwerer Unfälle« ausarbeiten. Es soll die Gesamtziele und die allgemeinen Grundsätze des Vorgehens des Betreibers zur Begrenzung von Störfallrisiken umfassen (vgl. Anhang III a). Damit soll ein hohes Schutzniveau für Menschen und Umwelt durch geeignete Mittel, Organisation und Managementsysteme sichergestellt werden (Art. 7 Abs. 1 Satz 2 der Richtlinie)[670]. Ferner müssen die Betriebe mit erhöhtem Gefahrenpotential Sicherheitsberichte erstellen (Art. 9 der Richtlinie). Im Sicherheitsbericht muss insbesondere dargelegt werden, dass das »Konzept zur Verhütung schwerer Unfälle« umgesetzt wurde und ein Sicherheitsmanagement (s. Anhang III) vorhanden ist. Der Mindestinhalt des Sicherheitsberichts ist in Anhang II näher geregelt. Der Sicherheitsbericht ist regelmäßig zu überprüfen und erforderlichenfalls zu aktualisieren.

Um zu verhindern, dass unterschiedliche Schutzgrade durch unterschiedliche Regelungen über die behördliche Inspektion der Betriebe entstehen, sind des Weiteren die grundlegenden Anforderungen, die die mitgliedstaatlichen Überwachungssysteme anwenden müssen, auf Gemeinschaftsebene festgelegt[671]. Art. 18 der Seveso-II-Richtlinie verlangt deshalb, dass die zuständigen Behörden ein der jeweiligen Art angemessenes Inspektionssystem einrichten, das eine planmäßige und systematische Prüfung der betriebstechnischen, organisatorischen und managementspezifischen Systeme des Betriebs ermöglicht. Das Inspektionssystem erfasst insbesondere die Erstellung eines Inspektionsprogramms für alle Betriebe und eines Berichtes nach jeder Inspektion, sowie gegebenenfalls die Überprüfung der Folgemaßnahmen. Für die unter Art. 9 fallende Betriebe, also diejenigen mit einem erhöhten Gefährdungspotential, ist ferner eine zumindest jährliche Vor-Ort-Inspektion vorgeschrieben.

Zu den weiteren wesentlichen Anforderungen zählt, dass Art. 8 die Verhütung der Gefahr von Domino-Effekten vorsieht. Hinsichtlich von Betrieben oder

---

668 Verordnung 1836/93/EWG des Rates vom 29. 6. 1993 über die freiwillige Beteiligung gewerblicher Unternehmen an einem Gemeinschaftssystem für das Umweltmanagement und die Umweltbetriebsprüfung, ABl. 1993 L 168/1. Sie wurde von der neuen Verordnung 761/2001/EG des Europäischen Parlaments und des Rates vom 19. 3. 2001 über die freiwillige Beteiligung von Organisationen an einem Gemeinschaftssystem für das Umweltmanagement und die Umweltbetriebsprüfung (ABl. 2001 L 114/1) ersetzt.

669 Vgl. Rebentisch, NVwZ 1997, 6, 8 f., 10; Sellner, in: Rengeling (Hrsg.), EUDUR, Bd. II, § 49, Rn. 89.

670 Das Konzept zeigt Ähnlichkeit mit der »Umweltpolitik« im EG-Öko-Audit- bzw. EMAS-System. In der »Umweltpolitik« müssen auch die (umweltbezogenen) Gesamtziele und Handlungsgrundsätze eines Unternehmens (einer Organisation) festgelegt werden. S. Art. 2 lit. a der Verordnung 1836/93/EWG und der Verordnung 761/2001/EG. Näheres Rebentisch, NVwZ 1997, 6, 9.

671 Vgl. Erwägungsgrund 16 der Seveso II-Richtlinie.

Gruppen von Betrieben, bei denen aufgrund ihres Standorts und ihrer Nähe sowie ihrer Verzeichnisse gefährlicher Stoffe eine erhöhte Störfall-Wahrscheinlichkeit bestehen kann oder deren Störfall-Folgen schwerer sein können, sind ein geeigneter Informationsaustausch sowie eine Zusammenarbeit zugunsten einer Unterrichtung der Öffentlichkeit und die Angabenübermittelung an die zuständige Behörde vorgeschrieben. Art. 11 verlangt die Erstellung interner Notfallpläne durch den Betreiber und externer Notfallpläne durch die zuständige Behörde. Die internen Notfallpläne sind unter Beteiligung der Betriebsbeschäftigten zu erstellen und zu den externen Notfallplänen ist die Öffentlichkeit zu hören. Art. 12 fordert die Mitgliedstaaten auf, auch bei der »Flächennutzungspolitik« die Verhütung von schweren Unfällen zu berücksichtigen. Langfristig soll bei der Flächennutzungspolitik dem Erfordernis Rechnung getragen werden, dass zwischen den Betrieben einerseits und Wohngebieten, öffentlich genutzten Gebieten und unter dem Gesichtspunkt des Naturschutzes besonders wertvollen bzw. besonders empfindlichen Gebieten andererseits ein angemessener Abstand gewahrt bleibt. In Art. 13 ist die Beteiligung und Information der Öffentlichkeit weiter zu verbessern. Unter anderem sind die von den Betrieben vorgelegten Sicherheitsberichte der Öffentlichkeit zugänglich zu machen. Die Öffentlichkeit kann auch im Rahmen der Industrieansiedlungs- und Flächennutzungspolitik Stellung nehmen. Schließlich ist noch anzumerken, dass die Kommission gemäß Art. 19 ein Informations- und Registriersystem über eingetretene schwere Unfälle errichten muss, zu dem neben den Mitgliedstaaten auch Industrie- und Handelsverbände, Gewerkschaften sowie im Umweltschutz tätige Organisationen Zugang haben.

Infolge der schweren Industrieunfälle in Baia Mare (Rumänien), Enschede (Niederlande) und Toulouse sowie angesichts der Studien über krebserzeugende und umweltgefährliche Stoffe wurde am 16. Dezember 2003 die Richtlinie 2003/105/EG zur Änderung der Seveso-II-Richtlinie (kurz: Seveso-II-Änderungsrichtlinie)[672] erlassen. Damit wird der Anwendungsbereich der Seveso-II-Richtlinie durch Einbeziehung der durch die Lagerung und Aufbereitung im Bergbau entstehenden Risiken ausgeweitet, die Definition pyrotechnischer und explosionsgefährlicher Stoffe präzisiert und vereinfacht, sowie die bisherigen Kategorien von Ammoniumnitrat und Düngemitteln auf Ammoniumnitrat-Basis überarbeitet, um zurückgewiesenes Material aus dem Produktionsprozess und aus Retouren an den Hersteller (sog. „Off-Specs", d. h. nicht spezifikationsgerechtes Material) einzubeziehen. Darüber hinaus werden die Liste der krebserzeugenden Stoffe erweitert und die Mengenschwellen für umweltgefährliche Stoffe gesenkt. Ferner werden effektivere Regelungen zur Erleichterung des Vollzugs der Richtlinie eingeführt, die Anforderungen an die Sicherheitsberichte, die Notfallpläne und das Sicherheitsmanagement der Betriebe erhöht. Die

672 Richtlinie 2003/105/EG des Europäischen Parlaments und des Rates vom 16. 12. 2003 zur Änderung der Richtlinie 96/82/EG des Rates zur Beherrschung der Gefahren bei schweren Unfällen mit gefährlichen Stoffen. ABl. 2003, L 345/97.

Kommission soll über Seveso-II-Betriebe besser informiert werden. Schließlich sind angemessene Abstände zu Schutzobjekten wie Wohnsiedlungen oder Erholungsgebieten bei der Ansiedlung gefährlicher Betriebe einzuhalten[673].

III. Entwicklung des deutschen Anlagensicherheitsrechts

Hauptsächlich durch die Störfallverordnung (12. BImSchV) hat die technische Sicherheit von Industrieanlagen in Deutschland einen hohen Stand erreicht. Die Störfallverordnung von 1980[674] hat den Inhalt der später erlassenen Seveso-I-Richtlinie der EG tief beeinflusst. Eine gesonderte Umsetzung der Richtlinie war daher unnötig[675]. In der Folgezeit wurde die Störfallverordnung wegen Änderungen der Richtlinie mehrmals novelliert. Bis zum 2. Mai 2000 galt die Störfallverordnung 1991[676], die zuletzt durch die Verordnung vom 20. April 1998[677] geändert wurde.

Dagegen bestand ein erheblicher Umsetzungsbedarf hinsichtlich der Seveso-II-Richtlinie. Ihre Umsetzung ins deutsche Recht bereitete auch gewisse Schwierigkeiten[678]. Die Ursache lag insbesondere darin, dass der Anwendungsbereich dieser Richtlinie nicht mehr an den Anlagenbegriff, sondern an den Begriff des »Betriebs« anknüpfte. Rechtssystematisch war es schwierig, den neuen Ansatz des EG-Rechts in das bestehende deutsche Immissionsschutzrecht einzufügen, das bezüglich der Sicherheit ebenso wie der Luftreinhaltung und des Lärmschutzes den Anlagenbezug aufwies. Außerdem unterlagen bisher nur genehmigungsbedürftige Anlagen i. S. v. § 4 ff. BImSchG der Störfallverordnung. Eine weitere Schwierigkeit bestand darin, dass die dem deutschen Umweltrecht noch weitgehend fremden Elemente der betrieblichen Managementsysteme eingeführt wurden, die vor allem der angelsächsische Rechtskreis favorisiert[679]. Die deutschen Störfallregelungen legten eher auf sicherheitstechnische Maßnahmen Wert.

Neben den Strukturunterschieden führten auch die damit verbundenen divergierenden Auffassungen über die Umsetzungsvariante zu erheblichen Versäumnissen der Umsetzungsfrist. Der sachliche Anwendungsbereich des Störfallrechts wird zwar durch die Seveso-II-Richtlinie erweitert. Unter der Bezugnahme auf den Betriebsbereich erfasst die Seveso-II-Richtlinie nicht nur genehmigungsbe-

---

673 Vgl. Bartholmes/Breckheimer/Caßor-Pfeiffer/Duikers, in: Jb. UTR 2004, 401, 524; Bartholmes/Barton/Bischofs/Caßor/Evers/Stuckert, in: Jb. UTR 2003, 481, 634 f.

674 12. Verordnung zur Durchführung des Bundes-Immissionsschutzgesetzes (Störfallverordnung) vom 27. 6. 1980, BGBl. I 772.

675 Sellner, in: Rengeling (Hrsg.), EUDUR, Bd. II, § 49, Rn. 84.

676 BGBl. I 1991, 1838. I. d. F. d. Bek. v. 20. 9. 1991, BGBl. I 1891.

677 BGBl. I 723. Näher dazu vgl. Hasche/Schulte, in: Jb. UTR 1999, 417, 437 f.

678 Vgl. Feldhaus, UPR 2000, 121; Sellner, in: Rengeling (Hrsg.), EUDUR, Bd. II, § 49, Rn. 92 f.

679 Rebentisch, NVwZ 1997, 6, 9.

dürftige Anlagen wie bisher, sie erstreckt sich nun auch auf nichtgenehmigungsbedürftige Anlagen. Darüber hinaus sind alle gefährlichen Stoffe aus einem Betriebsbereich, also in allen Anlagen einschließlich der Neben- und Infrastruktureinrichtungen, zu addieren. Mit der Ausdehnung des Bezugobjektes werden die Mengenschwellen für die gefährlichen Stoffe jedoch zum Teil deutlich heraufgesetzt[680]. Dies hat zur Folge, dass ein großer Teil der Anlagen durch eine deckungsgleiche Umsetzung der Richtlinie (1: 1-Umsetzung) aus dem Störfallregime entlassen worden wäre. Dies hätte sowohl kleine Betriebsbereiche, in denen nur eine Anlage betrieben wird, als auch große Industriestandorte, z.B. Industrieparks, auf deren Gebiet mehrere unterschiedliche Betreiber Anlagen betreiben, getroffen[681] und würde ca. 4570 von den bisher ca. 7800 der Störfallverordnung 1991 unterliegenden Anlagen betreffen[682]. Aufgrund günstigerer Kosten wegen der geringeren Anlagenzahl wurde die Lösung der 1:1-Umsetzung von einigen Bundesländern bevorzugt. Die Bundesregierung vertrat dagegen eine Gegenposition, die den Status quo der deutschen Störfallverordnung beibehalten und sie um die Anforderungen der Seveso-II-Richtlinie ergänzen wollte[683]. Mit Abstrichen hat sich schließlich die Konzeption der Bundesregierung durchgesetzt.

Die Umsetzung der Seveso-II-Richtlinie ins deutsche Recht erfolgte zunächst durch das 5. Änderungsgesetz zum BImSchG von 1998[684]. Damit wurde in § 3 Abs. 5a BImSchG der Begriff »Betriebsbereich« eingeführt und entsprechend dem Begriff des »Betriebs« in der Seveso-II-Richtlinie definiert. Weiter wurden § 20 Abs. 1a, § 23 Abs. 1 Satz 1, § 25 Abs. 1a, § 37, § 48a und § 50 BImSchG eingefügt oder geändert. Die weitere notwendige Umsetzung erfolgte – mehr als ein Jahr später nach dem Ablauf der Umsetzungsfrist am 3. Februar 1999 – durch Verordnung vom 26. April 2000[685] mit der neuen Störfallverordnung (im Folgenden als „Störfallverordnung 2000“ genannt) und Änderung der 9. BImSchV[686]. Entsprechend der Seveso-II-Richtlinie galt die Störfallverordnung 2000 grundsätzlich für Betriebsbereiche einschließlich der nicht genehmigungsbedürftigen Anlagen (§ 1 der Verordnung). Über die Seveso-II-Richtlinie hinausgehend galt sie auch für genehmigungsbedürftige Anlagen nach dem BImSchG, die nicht Betriebsbereich oder nicht Teil eines Betriebsbereichs sind

680 SRU, Umweltgutachten 2000, Tz. 770; Feldhaus, UPR 2000, 121.
681 SRU, Umweltgutachten 2000, Tz. 770.
682 Angabe nach Feldhaus, UPR 2000, 121, 123.
683 SRU, Umweltgutachten 2000, Tz. 771.
684 Das Fünfte Gesetz zur Änderung des Bundes-Immissionsschutzgesetzes vom 19.10.1998, BGBl. I. 3178.
685 BGBl. I 2000, S. 603.
686 Neunte Verordnung zur Durchführung des Bundes-Immissionsschutzgesetzes (Verordnung über das Genehmigungsverfahren), i.d.F der Bekanntmachung vom 29.05.1992 (BGBl. I 1992, S. 1001), vormals zul. geänd. durch Art. 2 ÄndVO vom 23.02.1999 (BGBl. I 1999, S. 186, 188). Sie regelt die Durchführung des Genehmigungsverfahrens einschließlich des Umfangs der vorzulegenden Antragsunterlagen.

und bei denen bestimmte Mengen von gefährlichen Stoffen vorhanden sein können (§ 1 Abs. 3 i. V. m. Anhang VII, §§ 17, 18 der Verordnung). Damit unterliegen bestimmte nicht mehr vom Gemeinschaftsrecht erfasste Anlagen, die aber ein hohes Gefährdungspotential aufweisen, weiter den Anforderungen des Störfallrechts.[687]. Nur ca. 10 bis 20 % der bislang der Störfallverordnung 1991 unterliegenden Anlagen fielen aus dem Anwendungsbereich des Störfallregimes aus[688]. Ferner führte die Störfallverordnung 2000 auch das Element der betrieblichen Managementsysteme ein. Der Betreiber hat vor Inbetriebnahme ein schriftliches Konzept zur Verhinderung von Störfällen auszuarbeiten und für die zuständige Behörde verfügbar zu halten (§ 8 der Verordnung). Für den Betriebsbereich mit erhöhtem Gefahrenpotential muss nunmehr ein Sicherheitsbericht anstelle der bisherigen Sicherheitsanalyse erstellt und der Behörde vorgelegt werden (§ 9 der Verordnung). Die Behörde hat ein Überwachungssystem errichtet, das eine planmäßige und systematische Prüfung der technischen, organisatorischen und managementspezifischen Systeme des Betriebsbereichs ermöglicht (§ 16 der Verordnung). Danach muss die zuständige Behörde neben der traditionellen Risikobewertung und Sicherheitstechnik auch organisatorische und managementspezifische Systeme prüfen. Entsprechend der Seveso-II-Richtlinie sieht § 16 Abs. 2 der Verordnung ein bestimmtes Prüfschema vor[689].

Die Seveso-II-Änderungsrichtlinie wurde im Juni 2005 rechtzeitig durch die Änderungen des Bundes-Immissionsschutzgesetzes [690] und der Störfall-Verordnung[691] in deutsches Recht umgesetzt. Der Erfolg der Störfallverordnung 2000, den störfallrechtlichen Status quo der Störfallverordnung 1991 zu erhalten, ist allerdings durch diese Novellierung nicht erreicht worden. Der Bundesrat hat nämlich die Umsetzung der Seveso-II-Änderungsrichtlinie zum Anlass genommen, diejenigen Teile der bisherigen Störfall-Verordnung aufzuheben, die über das europäische Störfallrecht hinausgehen, insbesondere § 1 Abs. 3 und 4, die §§ 17 und 18 sowie Anhang VII[692].

---

687 Dies betrifft insbesondere Flüssiggas- und Ammoniakkälteanlagen, Anlagen mit explosionsfähigen Staub/Luftgemischen sowie Läger i. S. von Nummer 9 des Anhangs der 4. BImSchV. S. Feldhaus, UPR 2000, 121, 123.

688 Angabe nach Feldhaus, UPR 2000, 121, 123.

689 Näher zur Störfallverordnung vgl. Feldhaus, UPR 2000, 121; Müggenborg, NVwZ 2000, 1096.

690 Gesetz zur Umsetzung der Richtlinie 2003/105/EG des Europäischen Parlaments und des Rates vom 16. 12. 2003 zur Änderung der Richtlinie 96/82/EG des Rates zur Beherrschung der Gefahren bei schweren Unfällen mit gefährlichen Stoffen, BGBl. 2005 I S. 1865.

691 Verordnung zur Umsetzung der Richtlinie 2003/105/EG des Europäischen Parlaments und des Rates vom 16. 12. 2003 zur Änderung der Richtlinie 96/82/EG des Rates zur Beherrschung der Gefahren bei schweren Unfällen mit gefährlichen Stoffen, BGBl. 2005 I S. 1591; Neubekanntmachung der Störfallverordnung, BGBl. 2005 I S. 1598.

692 Vgl. http://www.bmu.de/anlagensicherheit/downloads/doc/35722.php, letzter Aufruf am 28. 8. 2005.

IV. Die Auswirkungen des europäischen Anlagensicherheitsrechts auf das deutsche Recht

Wegen der Seveso-II-Richtlinie sind grundlegende Strukturen des deutschen Störfallrechts geändert worden. Die Störfallbetrachtung nimmt nun Bezug auf den Betriebsbereich und erfasst daher nicht nur genehmigungsbedürftige Anlagen, sondern auch alle unter der Aufsicht desselben Betreibers stehende nichtgenehmigungsbedürftige Anlagen und Infrastruktureinrichtungen. Der sachliche Anwendungsbereich ist dadurch ausgeweitet. Außerdem sind alle gefährlichen Stoffe aus einem Betriebsbereich zu addieren. Nach der Störfallverordnung 1991 wurden nur die gefährlichen Stoffe der einzelnen genehmigungsbedürftigen Anlagen desselben Betreibers addiert, wenn die Entfernung zwischen den einzelnen Anlagen weniger als 500 Meter beträgt oder aus anderen Gründen nicht ausreicht, um unter voraussehbaren Umständen das Entstehen oder die Erhöhung einer ernsten Gefahr auszuschließen (§ 1 Abs. 4 der Verordnung). Hierdurch könnte der Betreiber nun verschärften Anforderungen unterliegen[693]. Zudem wird das die Sicherheitstechnik fokussierte deutsche Störfallrecht um die Elemente der betrieblichen Managementsysteme ergänzt.

Die die Seveso-II-Richtlinie herbeiführenden Neuerungen sind allerdings nicht in allen Gesichtspunkten erfreulich. Der Betriebsbereichsbezug gilt nun im deutschen Recht lediglich für das Störfallrecht, während das sonstige Immissionsschutzrecht der Bundesrepublik, also Luftreinhaltungs- und Lärmschutzrecht, weiterhin anlagenbezogen ist. Dies erschwert gewissermaßen die Übersicht des Rechtssystems und kompliziert die Rechtsanwendung. Obwohl die Ausdehnung des Anwendungsbereichs und die Addition der dort vorhandenen Stoffe tendenziell zur Vermehrung der erfassten Anlagen und zum Unterliegen der verschärften Anforderungen führen, hat das zum Ausgleich teilweise deutliche Heraufsetzen der Mengenschwellen der gefährlichen Stoffe die erhebliche Abnahme der Anlagenzahl zur Folge. Mit der Novellierung der Störfallverordnung von 2005 wurden die über das europäische Störfallrecht hinausgehenden Regelungen aufgehoben und daher über die Hälfte der von Störfallverordnung 1991 erfassten Anlagen nun aus dem Störfallregime entlassen. Das störfallbezogene Schutzniveau in Deutschland ist dadurch gravierend und in einem bedenklichen Maß abgesenkt worden[694].

Mit ihrem Nachdruck auf die betrieblichen Managementsysteme enthält die Seveso-II-Richtlinie keine materiellen Anforderungen an die Sicherheitstechnik[695]. In Hinblick auf die Schlüsselinstrumente, also Konzepte zur Verhinderung von Störfällen, den Sicherheitsbericht sowie das Sicherheitsmanagementsystem sieht die Richtlinie lediglich allgemeine Grundsätze vor. Konkrete Kriterien fehlen

---

693 Müggenborg, NVwZ 2000, 1096, 1099.
694 SRU, Umweltgutachten 2000, Tz. 772.
695 Rebentisch, NVwZ 1997, 6, 9.

völlig[696]. Die Vorgaben über das Inspektionssystem der zuständigen Behörden räumen auch den Mitgliedstaaten erheblichen Spielraum ein. Dies könnte zur Uneinheitlichkeit des Vollzuges der Richtlinie in den einzelnen Mitgliedstaaten führen. Es ist lediglich zu erwarten, dass mittels des ständigen Informationsaustauschens gemäß Art. 19 der Richtlinie konkrete Anwendungsleitlinien ausgearbeitet werden. Bisher beinhaltet die deutsche Störfallverordnung 2000 die materiellen Anforderungen an den Betreiber. Insbesondere nach § 3 Abs. 4 der Verordnung müssen die Beschaffenheit und der Betrieb der Anlagen des Betriebsbereichs immer noch „dem Stand der Sicherheitstechnik entsprechen". Die deutsche Rechtstradition vertraut nicht auf reine Verfahrensvorschriften.

V. Fazit

Wie in den anderen Fachbereichen des Umweltrechts hat sich die Rolle Deutschlands in der EG-Umweltpolitik auch beim Störfallrecht in den letzten Jahren sehr verändert. Während die deutsche Störfall-Verordnung von 1980 den Anstoß für die erste entsprechende Gemeinschaftsregelung, also die Seveso-I-Richtlinie, gab, setzte die Fortentwicklung des EG-Störfallrechts, nämlich die Seveso-II-Richtlinie, aber neue Elemente und Instrumente ein, die fürs deutsche Recht fremd waren und Schwierigkeiten bei der Umsetzung bereiteten. Ob sich die geltenden EG-Regelungen auf das deutsche Recht positiv oder negativ auswirken, ist generell schwer zu bewerten. Es handelt sich hierbei eher um einen Paradigmenwechsel, bei dem man sich zwar neu orientieren muss, der aber nicht unbedingt deutliche Verbesserungen zur Folge hat. Grundsätzlich sind die Gesamtbetrachtung der im Betriebsbereich vorhandenen gefährlichen Stoffe und der Nachdruck auf Management- bzw. Organisationsaspekte begrüßenswert. Das Heraufsetzen der Schwellenwerte für die gefährlichen Stoffe hat aber klar negative Auswirkungen. Obwohl es nicht verboten ist, strengere nationale Regelungen als EG-Vorgaben vorzuschreiben, hat der deutsche Verordnungsgeber unter der Forderung des Bundesrates die über das EG-Störfallrecht hinausgehenden Anforderungen aufgehoben. Die Zahl der dem Störfallrecht unterliegenden Anlagen ist dadurch drastisch abgesenkt worden.

E. Resümee

Die Europäisierung des Umweltrechts erfolgt im Bereich des Immissionsschutzrechts wie in den anderen Bereichen des Umweltrechts nunmehr nicht nur punktuell, sondern immer umfassender und systematischer. Unter rechtspolitischen Gesichtspunkten sind in diesem Zusammenhang insbesondere die Impulse aus dem europäischen Umweltrecht zu den neuen Umweltinstrumenten von großer Bedeutung. Beim Luftreinhalterecht bringen die qualitätsorientierte Luftqualitätsrahmenrichtlinie und ihre Tochterrichtlinien mit den verbindlichen Zielvor-

---

[696] Feldhaus, UPR 2000, 121, 124 f.

gaben und den Planungsinstrumenten die Chance mit sich, Schwächen des deutschen herkömmlichen quellenbezogenen Immissionsschutzrechts zu überwinden. Die deutliche Zielsetzung mit einem übergreifenden, quellenunabhängigen Charakter unter Einbeziehung aller möglichen Verursacher ist gerade das, was dem deutschen Luftreinhalterecht fehlt. Auch die NEC-Richtlinie könnte ähnlich wirken. Mit den nationalen Emissionshöchstmengen und dem Planungsinstrument eröffnet die NEC-Richtlinie die Möglichkeit, übergreifende Probleme zielgerichtet zu erkennen und zu lösen. Beim Lärmschutzrecht zeigt die Umgebungslärmrichtlinie schon erste Konturen des qualitätsorientierten Instruments, obwohl sie noch keine Immissionswerte enthält[697]. Mit ihrer umfassenden Datensammlung und Erstellung der Aktionspläne ist zu erwarten, dass der europaweite, und damit auch der deutsche, Lärmbelastungsstand besser erfasst wird. Außerdem geht die Umgebungslärmrichtlinie von einem weiter reichenden Ansatz als das deutsche Lärmschutzrecht aus. Aufgrund eines Managementansatzes erfasst diese Richtlinie nicht nur gesundheitsschädliche, sondern auch unerwünschte Geräusche, bezweckt sowohl die Beseitigung und Verminderung als auch die Vorbeugung der Lärmbelastung, namentlich die zufriedenstellende Umweltqualität zu erhalten. Sie bietet gleichzeitig eine Chance, die segmentierte Rechtslage und Betrachtungsweise des deutschen Lärmschutzrechts zu verbessern. Beim Anlagensicherheitsrecht führt die Seveso-II-Richtlinie das Element des Betriebsmanagements ein. Noch zu bemerken ist die Mobilisierung der Öffentlichkeit im EU-Immissionsschutzrecht. Fast in allen Richtlinien gibt es detaillierte Anforderungen zur Beteiligung und Information der Öffentlichkeit. Insoweit geht das EU-Recht über das deutsche Recht hinaus. Hinsichtlich der bedeutenden Tendenz der EU-Umweltpolitik, einen integrativen, medienübergreifenden Ansatz einzusetzen, sei im Einzelnen auf das erste Kapitel verwiesen.

Obwohl das nicht in jedem Einzelfall zutrifft, ermöglicht das EU-Immissionsschutzrecht gewissermaßen auch den besseren Umweltschutz. Die Luftqualitätsrichtlinien legen anspruchsvolle Immissionswerte fest, deren Einhaltung – für Partikel, NOx, Ozon und zukünftig auch für Schwermetalle, Arsen und polyzyklische aromatische Kohlenwasserstoffe (PAK) – Deutschland Schwierigkeiten bereitet. Auch die deutsche Emissionshöchstmenge für NOx, NH_3 und NMVOC im Jahr 2010 gemäß der NEC-Richtlinie wird ohne zusätzliche Maßnahmen verfehlt. Insofern muss Deutschland verstärkte Anstrengungen unternehmen. Beim Lärmschutzbereich macht die Umgebungslärmrichtlinie mit ihrer europaweiten Sammlung der vergleichbaren Daten zur Lärmbelastung einen ersten und notwendigen Schritt zum besseren Lärmschutz in der EU. Auf deren Grundlage ist in der Zukunft eine Weiterentwicklung der EU-Maßnahmen zu erwarten. Dagegen ist die Umweltbilanz bei der Seveso-II-Richtlinie nicht gerade positiv. Zum Ausgleich der Ausdehnung des Anwendungsbereiches sind die Mengeschwellen der gefährlichen Stoffe überwiegend heraufgesetzt worden. Dadurch unterliegt

---

[697] SRU, Umweltgutachten 2004, Tz. 651.

ein großer Teil der Anlagen nicht mehr der EU-Störfallregelung. Schließlich sind aber noch die von der Rechtsprechung des EuGH zu den alten Luftqualitätsrichtlinien ausgelösten Änderungen des deutschen allgemeinen Verwaltungsrechts, nämlich die Untauglichkeit der normkonkretisierenden Vorschriften zur Umsetzung der EU-Richtlinien und großzügigere Klagmöglichkeit vor den deutschen Gerichten, aus Sicht des Rechtsschutzes zu begrüßen.

Wie bereits klargestellt, treten bei der EU-Umweltpolitik die Qualitätsvorgaben mit den Planungsinstrumenten immer mehr in den Vordergrund. Angesichts der Tatsache, dass die Qualitätsziele zum großen Teil durch die Regulierung der Emittenten, also durch quellenbezogene Vorschriften, erreicht werden müssen, steht Deutschland insofern noch ein großer Spielraum zu Verfügung, Einfluss auf das EU-Recht auszuüben. Mit anspruchsvollen Anforderungen im nationalen Ordnungsrecht hat Deutschland in der Vergangenheit oft dazu beigetragen, dass die Umweltstandards und -vorschriften in der EU sukzessive verschärft wurden.

Kapitel 3: Wasserrecht

A. Einführung

Die Europäisierung des Wasserrechts erfolgt seit mehr als einem Vierteljahrhundert. Obwohl es in der Vergangenheit eine Vielzahl von wasserrechtlichen EG-Vorschriften gab und die Bundesrepublik Deutschland wiederholt vom EuGH verurteilt wurde, ging es eher um punktuelle Einwirkungen aus dem Gemeinschaftsrecht. Mit der Richtlinie 2000/60/EG vom 23. Oktober 2000 zur Schaffung eines Ordnungsrahmens für Maßnahmen der Gemeinschaft im Bereich der Wasserpolitik, der sog. Wasserrahmenrichtlinie (WRRL)[698], erzeugt das europäische Gewässerschutzrecht erstmals einen konsistenten Rahmen und erreicht die Europäisierung des Wasserrechts eine neue Stufe.

Im Folgenden wird zunächst die Entwicklung des europäischen Gewässerschutzrechts dargestellt (B). Nach einem kurzen Überblick (I) wird auf den Inhalt der WRRL eingegangen (II). Anschließend sollen zum Vergleich die Charakteristika und Entwicklungen des deutschen Wasserrechts kurz skizziert werden (C). Dieses ist gekennzeichnet durch den Wasserföderalismus (I), Ermessensentscheidungen (II) sowie den Fokus auf das Emissionsprinzip und zugleich die Vernachlässigung der Immissionsansätze (III). Durch Erörterung dieser Charakteristika soll die grobe Entwicklung des deutschen Wasserrechts illustriert werden. Danach wird den Auswirkungen des europäischen Gewässerschutzrechts auf das deutsche Recht näher nachgegangen (D). Zunächst werden punktuelle zentrale Auswirkungen auf das deutsche Wasser- und Verwaltungsrecht infolge der Rechtsprechung des EuGH in der Vergangenheit ausgeführt (I). Dann wird auf das Thema der Auswirkungen der Epoche machenden WRRL auf das deutsche Wasserecht (II) eingegangen. Zum Schluss folgt ein Fazit dieses Kapitels (E).

B. Die Entwicklung des europäischen Gewässerschutzrechts

I. Überblick

Zumindest vor der WRRL stellte das europäische Gewässerschutzrecht kein systematisches Regelwerk dar[699]. Es setzte sich zusammen aus punktuellen Rechtsakten, die auf enge Problemsituationen reagierten. Die zahlreichen wasserwirtschaftlichen EG-Richtlinien waren unsystematisch, in Ausrichtung und Rege-

---

698 Richtlinie 2000/60/EG des europäischen Parlaments und des Rates vom 23. Oktober 2000 zur Schaffung eines Ordnungsrahmens für Maßnahmen der Gemeinschaft im Bereich der Wasserpolitik (Wasserrahmenrichtlinie - WRRL), ABl 2000 L 327/1.

699 Auch die WRRL hat die inkonsistenten europawasserrechtlichen Regelungen aber nur teilweise bereinigt. Vgl. Breuer, in: Rengeling (Hrsg.), EUDUR, Bd. II, § 65 Rn. 52, 135.

lungsansatz sehr unterschiedlich. Nach dem zutreffenden Befund von R. Breuer bildeten die Richtlinien des europäischen Gewässerschutzes einen „Flickenteppich aus unterschiedlichen, teilweise inkonsistenten und sogar widersprüchlichen Teilregelungen“[700]. Im Folgenden wird darüber ein kurzer Überblick gegeben.

Die grundlegende »Gewässerschutzrichtlinie« 76/464/EWG vom 4. Mai 1976 betreffend die Verschmutzung infolge der Ableitung bestimmter gefährlicher Stoffe in die Gewässer der Gemeinschaft[701] und ihre Tochterrichtlinien stellten zentrale wasserrechtliche Instrumente auf Gemeinschaftsebene dar. Die Gewässerschutzrichtlinie zielt darauf ab, die Gewässerverschmutzung durch bestimmte, als besonders gefährlich eingestufte Stoffe, also Stoffe aus der Liste I, zu beseitigen, und die Verschmutzung durch weniger gefährliche Stoffe aus der Liste II zu verringern. Nach ihrem Regelungskonzept sind im Prinzip Emissionsbegrenzungen für Stoffe der Liste I auf der Gemeinschaftsebene festzulegen, während für Stoffe der Liste II den Mitgliedstaaten auferlegt ist, Programme zur Begrenzung aufzustellen[702]. Dementsprechend hat die Kommission im Jahr 1982 im Bereich der gefährlichen Stoffe im Sinne der Liste I der Richtlinie zunächst 129 Einzelstoffe aufgelistet[703] und diese später auf 132 ausgeweitet. Bis 1990 wurden Emissionswerte jedoch nur bei 17 Stoffen der Liste I durch Tochterrichtlinien festgelegt[704]. Seitdem standen weitere Tochterrichtlinien nicht in Aussicht[705]. Der Regelungsansatz der Gewässerschutzrichtlinie ist unvollendet geblieben. Außerdem wurde durch britische Initiative in Art. 6 Abs. 3 der Gewässerschutzrichtlinie der sog. parallele Ansatz eingeführt, der es den Mitgliedstaaten erlaubt, statt der Emissionsgrenzwerte die vom Rat auf Vorschlag der Kommission festgesetzten Qualitätsziele zu verfolgen und damit nicht an die Anforderungen der Folgerichtlinien gebunden zu sein. Das Regelungsziel der Gewässerschutzrichtlinie wurde auch dadurch weit verfehlt[706]. Diese Richtlinie wird 13 Jahre nach Inkrafttreten der WRRL aufgehoben (vgl. Art. 22 Abs. 2 WRRL).

---

700 Breuer, NuR 1997, 1211.

701 ABl. 1976 L 129/23; geändert durch Richtlinie 91/692/EWG, ABl. 1991 L 377/48.

702 Näher vgl. Epiney, Umweltrecht in der EU, S. 227 ff.

703 ABl. 1982 C 176/3.

704 Sie sind Richtlinie 82/176/EWG über Quecksilberableitungen (ABl. 1982 L 81/29), Richtlinie 83/513/EWG über Cadmiumableitungen (ABl. 1983 L 291/1), Quecksilberrichtlinie 84/156/EWG (ABl. 1984 L 74/49), Richtlinie 84/491/EWG über Ableitungen von Hexachlorcyclohexan (ABl. 1984 L 274/11) und Richtlinie 86/280/EWG über die die Ableitung bestimmter gefährlicher Stoffe (ABl. 1986 L 181/16), die durch die Richtlinien 88/347/EWG und 90/415/EWG geändert wurde. Diese fünf Tochterrichtlinien sind jeweils durch Richtlinie 91/692/EWG des Rates (ABl. 1991 L 377/48) geändert worden.

705 Breuer, in: Rengeling (Hrsg.), EUDUR, Bd. II, § 65 Rn. 29.

706 Breuer, in: Rengeling (Hrsg.), EUDUR, Bd. II, § 65 Rn. 29 ff.; ders., NuR 1997, 1211; Caspar, DÖV 2001, 529, 530.

Daneben liegen noch zahlreiche Richtlinien im europäischen Gewässerschutzrecht vor[707]. Auch in den 70er Jahren wurden bereits mehrere gewässer- und immissionsbezogene Qualitätsrichtlinien mit sektoralen Nutzungszielen erlassen. Sie sind die Rohwasserrichtlinie 75/440/EWG[708], die Badegewässerrichtlinie 76/160/EWG[709], die Fischgewässerrichtlinie 78/659/EWG[710] sowie die Muschelgewässerrichtlinie 79/923/EG [711]. Dann folgen die Grundwasserrichtlinie 80/68/EWG[712] und die Trinkwasserrichtlinie 80/778/EG, die später durch Richtlinie 98/83/EG ersetzt wurde[713]. Ferner kommen noch die kommunale Abwasserrichtlinie 91/271/EWG[714], die Pestizidrichtlinie 91/414/EWG[715] und die Nitratrichtlinie 91/676/EWG[716] hinzu.

---

707 Vgl. Epiney, Umweltrecht in der EU, S. 219 ff.; Caspar, DÖV 2001, 529, 530; Breuer, NuR 1997, 1211, 1212 ff.

708 Richtlinie 75/440/EWG des Rates vom 16.6.1975 über die Qualitätsanforderungen an Oberflächenwasser für die Trinkwassergewinnung in den Mitgliedstaaten, ABl. 1975 L194/34; geändert durch Richtlinien 79/869/EWG und 91/692/EWG. Diese Richtlinie wird durch WRRL mit Wirkung ab 22.12.2007 aufgehoben. Vgl. http://europa.eu.int/scadplus/leg/de/lvb/l28006a.htm.

709 Richtlinie 76/160/EWG des Rates vom 8.12.1975 über die Qualität der Badegewässer, ABl. 1976 L 31/1; zuletzt geändert durch Richtlinie 91/692/EWG, ABl. 1991 L 377/48. Zurzeit liegt ein Vorschlag für eine Richtlinie über die Qualität der Badegewässer vor, die die Richtlinie 76/160/EWG ersetzen soll (KOM(2002) 581 endg. - Amtsblatt C 45 E vom 25.2.2003). Nach der Abgabe der Stellungnahmen von dem Ausschuss der Regionen sowie von dem Wirtschafts- und Sozialausschuss hat das Parlament am 21.10.2003 den Vorschlag der Kommission mit einigen Änderungen gebilligt. Näher vgl. http://europa.eu.int/scadplus/leg/de/lvb/l28007.htm.

710 Richtlinie 78/659/EWG des Rates vom 18.7.1978 über die Qualität von Süßwasser, das schutz- oder verbesserungsbedürftig ist, um das Leben von Fischen zu erhalten, ABl. 1978 L 222/1, geändert durch Richtlinie 91/692/EWG und Verordnung (EG) Nr. 807/2003. In WRRL ist eine Aufhebung dieser Richtlinie ab 22.12.2013 vorgesehen. Die Kommission hat einen Vorschlag vom 19.1.2004 für eine neue Fischgewässerrichtlinie vorgelegt (KOM(2004) 19 - Nicht im Amtsblatt veröffentlicht). Vgl. http://europa.eu.int/scadplus/leg/de/lvb/ 28010.htm.

711 Richtlinie 79/923/EWG des Rates vom 30.10.1979 über die Qualitätsanforderungen an Muschelgewässer, ABl. L 281/47, geändert durch die Richtlinie 91/692/EWG.

712 Richtlinie 80/68/EWG des Rates vom 17.12.1979 über den Schutz des Grundwassers gegen Verschmutzung durch bestimmte gefährliche Stoffe, ABl. 1980 L 20/43. Sie wird durch WRRL mit Wirkung ab 22.12.2013 aufgehoben. Zurzeit liegt ein Vorschlag für eine neue Richtlinie des Europäischen Parlaments und des Rates zum Schutz des Grundwassers vor Verschmutzung vor (KOM(2003) 550 endg. - Nicht im Amtsblatt veröffentlicht). Näher Vgl. http://europa.eu.int/scadplus/leg/de/lvb/l28139.htm.

713 Richtlinie 80/778/EWG des Rates vom 15.7.1980 über die Qualität von Wasser für den menschlichen Gebrauch (ABl. 1980 L 229/11), die mit Wirkung vom 25.12.2003 aufgehoben und durch die Richtlinie 98/83/EG des Rates vom 3. November 1998 über die Qualität von Wasser für den menschlichen Gebrauch (ABl. 1998 L 330/32) ersetzt wurde. Näher vgl. http://europa.eu.int/scadplus/leg/de/lvb/l28079.htm.

714 Richtlinie 91/271/EWG des Rates vom 21.5.1991 über die Behandlung von kommunalem Abwasser, geändert durch die Richtlinie 98/15/EG der Kommission vom 27. Februar 1998, ABl. 1998 L 67/29. Näher vgl. http://europa.eu.int/scadplus/leg/de/lvb/l28008.htm.

Von Bedeutung ist in den letzten Jahren vor allem die medienübergreifende IVU-Richtlinie, also die Richtlinie 96/61/EWG über die integrierte Vermeidung und Verminderung der Umweltverschmutzung[717], die für eine große Zahl von besonders umweltrelevanten Industrieanlagen gilt. Sie ergreift einen medienübergreifenden Ansatz, der neben den Gewässern auch Luft und Boden einem integrierten Schutz unterwirft, und betrifft im Bereich des Gewässerschutzes auch von diesen Anlagen ausgehende Abwasserleitungen. Die IVU-Richtlinie normiert integrative materielle Grundpflichten und Genehmigungsvoraussetzungen für den Betrieb bestehender und neuer Industrieanlagen sowie die Verpflichtung der Mitgliedstaaten für eine vollständige Koordinierung des Genehmigungsverfahrens und der Genehmigungsauflagen zu sorgen. Dazu sind Öffentlichkeitsbeteiligung und eine regelmäßige Überprüfung der Genehmigungsauflagen vorzusehen. Eine nähere Erörterung dieser Richtlinie erfolgt im ersten Kapitel dieser Arbeit. Anzumerken ist hierbei nur noch, dass die IVU-Richtlinie nur für bestimmte industrielle Großanlagen gilt[718] und die Festlegung der gemeinschaftlichen Emissionsgrenzwerte gemäß Art. 18 der Richtlinie nur nach Maßgabe der Erforderlichkeit und Subsidiarität erfolgt ist. Die Voraussetzung ist hierbei, dass sich insbesondere aufgrund des Informationsaustauschs herausgestellt hat, dass die Gemeinschaft tätig werden muss. Den mitgliedstaatlichen Maßnahmen zur Emissionsbegrenzung wird also faktisch der Vorzug gegeben. Im Hinblick auf gemeinschaftsweite einheitliche Schutzstandards bleibt die IVU-Richtlinie eher hinter der Gewässerrichtlinie 76/464/EWG zurück[719].

Insgesamt fehlte in den vergangenen Jahren eine konsistente Gewässerschutzkonzeption. Vor dem Hintergrund erschienen die Neuorientierung in der europäischen Wasserpolitik und die Erarbeitung einer konsolidierten normativen Gesamtkonzeption dringend notwendig. Infolgedessen ist die WRRL vom 23. Oktober 2000 erlassen worden, um, wie ihr Name ausdrücklich zeigt, einen Ordnungsrahmen für Maßnahmen der Gemeinschaft im Bereich der Wasserpolitik zu schaffen. In der Tat beschränken sich die Vorschriften der WRRL aber nicht nur auf einen grundsätzlichen wasserpolitischen Ordnungsrahmen. Mit den de-

---

715 Richtlinie 91/414/EWG des Rates vom 15.7.1991 über das Inverkehrbringen von Pflanzenschutzmitteln, ABl. 1991 L 230/1. Zur thematischen Strategie der nachhaltigen Nutzung von Pestiziden der EU vgl. http://europa.eu.int/scadplus/leg/de/lvb/l21288.htm.

716 Richtlinie 91/676/EWG des Rates vom 12.12.1991 zum Schutz der Gewässer vor Verunreinigung durch Nitrat aus landwirtschaftlichen Quellen, ABl. 1991 L 375/1, geändert durch Verordnung (EG) Nr. 1882/2003, ABl. 2003 L 284/1. vgl. http://europa.eu.int/scadplus/leg/de/lvb/l28013.htm.

717 Vom 24.9.1996, ABl. 1996 L 257/26.

718 Für kleinere Anlagen wurde zunächst geplant, eine sog. „kleine" IVU-Richtlinie zu erlassen. Schließlich wurde das Vorhaben jedoch nach Beratungen mit den Mitgliedstaaten zugunsten der WRRL aufgegeben. Vgl. Caspar, DÖV 2001, 529, 530.

719 Caspar, DÖV 2001, 529, 530; Breuer, NuR 1997, 1211, 1214.

taillierten Bewirtschaftungsvorgaben in großem Ausmaß schlägt die Richtlinie einen Weg zur rechtlichen Feinsteuerung der Wasserwirtschaft ein[720].

II. Wasserrahmenrichtlinie

Die am 22. Dezember 2000 in Kraft tretende WRRL bringt eine grundlegende und umfassende Neuordnung für das europäische Gewässerschutzrecht. Sie unterstellt das Umweltmedium „Wasser" in seiner Gesamtheit einem umfassenden europäischen Schutzregime. Nachfolgend werden ihre wesentlichen Inhalte näher ausgeführt[721].

1. Ziel

Die WRRL erfasst alle Binnenoberflächengewässer, Übergangsgewässer, Küstengewässer und das Grundwasser. Ziele sind u.a. die Vermeidung einer weiteren Verschlechterung sowie Schutz und Verbesserung des Zustands der aquatischen Ökosysteme sowie eine nachhaltige Wassernutzung auf der Grundlage eines langfristigen Ressourcenschutzes (vgl. Art. 1 WRRL). Solche übergeordnete Ziele werden wiederum in Art. 4 mit dem Titel „Umweltziele" konkretisiert. Danach sollen die Mitgliedstaaten nicht nur die notwendigen Maßnahmen durchführen, um eine Verschlechterung des Zustands aller Oberflächengewässer und Grundwasserkörper zu verhindern. Sie sollen darüber hinaus spätestens 15 Jahre nach Inkrafttreten der Richtlinie, also bis zum 22. Dezember 2015, einen guten Zustand aller Gewässer erreichen. Bei Oberflächengewässern bedeutet »guter Zustand« »einen guten ökologischen und chemischen Zustand«, und bei Grundwassern »einen guten mengenmäßigen und chemischen Zustand« (vgl. Art. 2 Nr. 18, 20 WRRL). Oberflächenwasserkörper können aber als »künstlich oder erheblich verändert« eingestuft werden, wenn die Voraussetzungen des Art. 4 Abs. 3 WRRL erfüllt sind. Dann wird Ziel sein, statt »einen guten ökologischen und chemischen Zustand« »ein gutes ökologisches Potential und einen guten chemischen Zustand« zu erreichen. Der umfangreiche Anhang V WRRL bestimmt die Kriterien der Qualitätseinstufung der Gewässer näher. Dort werden hinsichtlich der Oberflächengewässer drei Qualitätskomponenten zur Einstufung des ökologischen Zustands – differenziert nach verschiedenen Gewässerarten[722] – genannt, nämlich biologische, hydromorphologische und chemisch- und physikalisch-chemische Komponenten. Dann folgen normative Begriffsbestimmungen zur Einstufung der Gewässer als in sehr gutem, gutem oder in mäßigem Zustand. Ferner sieht der Anhang noch Vorschriften über die Überwachung und Darstellung des Zustandes vor. Zum Grundwasser enthält der Anhang auch ein ähnlich komplexes Verfahren. Abweichungen von den vorgenannten Umweltzielen erlaubt die WRRL jedoch ausdrücklich unter bestimmten Bedingungen.

---

720 Berendes, ZfW 2002, 197, 211, 214 f., 219.

721 Im Einzelnen vgl. Faßbender, NVwZ 2001, 241 ff.; Caspar, DÖV 2001, 529 ff.

722 Also Flüsse, Seen, Übergangsgewässer, Küstengewässer, künstliche Wasserkörper.

Nach Art. 4 Abs. 4 bis 7 WRRL sind Fristverlängerungen, weniger strenge Umweltziele, eine vorübergehende Verschlechterung des Zustandes bei Umweltkatastrophen und Unfällen sowie Abweichungen infolge neuer Änderungen der Gewässerstruktur bedingt zulässig[723].

2. Flussgebietseinheiten

Um das Ziel der WRRL zu erreichen, bestimmen die Mitgliedstaaten zunächst einzelne Einzugsgebiete innerhalb ihres Hoheitsgebiets und ordnen sie den jeweiligen (gegebenenfalls internationalen) Flussgebietseinheiten als Haupteinheiten für die Gewässerbewirtschaftung zu. Für jede Flussgebietseinheit sind die Mitgliedstaaten – im Gegensatz zu dem ursprünglichen Kommissionsvorschlag[724] – nicht zur Errichtung von besonderen Flussgebietsbehörden verpflichtet. Sie sollten jedoch für geeignete Verwaltungsvereinbarungen, einschließlich der Bestimmung der geeigneten zuständigen Behörde sorgen. Geht eine Flussgebietseinheit über das Gebiet der EU hinaus, so bemühen sich die Mitgliedstaaten um eine geeignete Koordinierung mit den entsprechenden Drittstaaten (vgl. Art. 3 WRRL).

3. Bewirtschaftungspläne

Auf der Grundlage von Flussgebietseinheiten sieht WRRL Bewirtschaftungspläne und Maßnahmenprogramme als zentrale wasserwirtschaftliche Planungsinstrumente vor. Nach Art. 13 WRRL sind die Mitgliedstaaten gehalten, für jede Flussgebietseinheit in ihrem Hoheitsgebiet einen Bewirtschaftungsplan zu erstellen. Hinsichtlich der internationalen Flussgebietseinheiten (vollständig im Gemeinschaftsgebiet oder über die Gemeinschaftsgrenzen hinaus) müssen sie sich um gemeinsame Bewirtschaftungspläne bemühen. Der Bewirtschaftungsplan enthält die in Anhang VII genannten Informationen. Dazu gehören eine allgemeine Beschreibung der Merkmale der Flussgebietseinheit, eine Zusammenfassung der signifikanten Belastungen und anthropogenen Einwirkungen, eine Kartierung der Schutzgebiete und der Überwachungsnetze, eine Liste der Umweltziele nach Art. 4 WRRL, eine Zusammenfassung der wirtschaftlichen Analyse des Wassergebrauchs, eine Zusammenfassung des Maßnahmenprogramms, ein Verzeichnis etwaiger detaillierterer Programme und Bewirtschaftungspläne für Flussgebietseinheiten, in denen besondere Teileinzugsgebiete usw. behandelt werden, eine Zusammenfassung der Maßnahmen zur Information und Anhörung der Öffentlichkeit, eine Liste der zuständigen Behörden sowie Anlaufstellen und Verfahren für die Beschaffung der Hintergrunddokumente und -informationen.

---

723 Im Einzelnen zu Ausnahmen zu den Bewirtschaftungszielen im Wasserrecht vgl. Ginzky ZUR 2005, 515 ff.

724 Vgl. den Konsultationsentwurf vom 4.12.1996, Art. 3, Begründung: Ziff. 4.4 und 4.8.

4. Maßnahmeprogramme

Nach Art. 11 WRRL hat der Mitgliedstaat für jede Flussgebietseinheit ein Maßnahmeprogramm festzulegen, um die in Art. 4 WRRL festgelegten Umweltziele zu verwirklichen. Das Programm setzt sich aus „grundlegenden" und gegebenenfalls „ergänzenden" Maßnahmen zusammen. Grundlegende Maßnahmen sind insbesondere solche zur Umsetzung des bestehenden gemeinschaftlichen Gewässerschutzrechts und der zukünftigen Tochterrichtlinien der WRRL. Hierzu zählen die in Anhang VI Teil A aufgeführten Richtlinien (u.a. Badegewässerrichtlinie, Vogelschutzrichtlinie, Trinkwasserrichtlinie, Sevesorichtlinie, UVP-Richtlinie) und die in Art. 10 Abs. 2 WRRL genannten Richtlinien (u.a. IVU-Richtlinie, Kommunale Abwasserrichtlinie, Nitratrichtlinie) sowie die in Anhang IX aufgenommenen Richtlinien (u.a. Quecksilberrichtlinie, Richtlinie über Cadmiumeinleitungen) (vgl. Art. 11 Abs. 3 WRRL). Ergänzende Maßnahmen sind solche, die zusätzlich zu den grundlegenden Maßnahmen in das Programm aufgenommen werden, um die gemäß Artikel 4 festgelegten Ziele zu erreichen. Anhang VI Teil B WRRL enthält eine nichterschöpfende Liste solcher Maßnahmen. Sie reichen über rechtliche, administrative, wirtschaftliche Instrumente bis hin zu Fortbildungsmaßnahmen.

5. Öffentlichkeitsbeteiligung

Die WRRL stellt auch anspruchsvolle Anforderungen an die Öffentlichkeitsbeteiligung[725]. Gemäß Art. 14 Abs. 1 Satz 1 WRRL haben die Mitgliedstaaten die „aktive Beteiligung" aller interessierten Stellen an der Umsetzung dieser Richtlinie, insbesondere an der Aufstellung, Überprüfung und Aktualisierung der Bewirtschaftungspläne für die Einzugsgebiete zu fördern. Für die Information der Öffentlichkeit stellt Art. 14 Abs. 1 Satz 2 einen 3-stufigen Zeitplan über die jeweilige Vorbereitungsphase zur Aufstellung des Bewirtschaftungsplans auf. Zu diesen Unterlagen müssen die Mitgliedsaaten der Öffentlichkeit eine Frist von mindestens sechs Monaten für schriftliche Bemerkungen einräumen (Art. 14 Abs. 2 WRRL). Gemäß Anhang VII A Nr. 9 WRRL gehören sowohl die Zusammenfassung der Maßnahmen zur Information und Anhörung der Öffentlichkeit als auch deren Ergebnisse und der darauf zurückgehenden Änderungen des Plans zum Inhalt des Bewirtschaftungsplans, der zu veröffentlichen und der Kommission sowie allen betroffenen Mitgliedstaaten zu übermitteln ist. Dadurch geht die WRRL über die bloße Stellungnahme der Öffentlichkeit hinaus und etabliert einen Zusammenarbeitsprozess zwischen Behörden und Öffentlichkeit[726]. Art. 14 WRRL erwähnt zwar ausdrücklich nur Bewirtschaftungspläne, nicht Maßnahmenprogramme. Bei ihrer Aufstellung ist jedoch zumindest nach Vorschriften der SUP-Richtlinie, also der Richtlinie 2001/42/EG über die Prü-

---

725 Näher vgl. SRU, Umweltgutachten 2004, Tz. 418 ff.

726 Vgl. Fisahn, ZUR 2004, 136; Knopp, in: Koch/Schürmann (Hrsg.), Das EG-Umweltrecht und seine Umsetzung in Deutschland und Polen, 59, 69.

fung der Umweltauswirkungen bestimmter Pläne und Programme[727], ebenfalls eine Öffentlichkeitsbeteiligung zu gewährleisten[728].

6. Kombinierter Ansatz

Bemerkenswert ist noch der kombinierte Ansatz gemäß Art. 10 WRRL. Nach Erwägungsgrund Nr. 40 sollte er die Basis der gemeinschaftlichen Wasserpolitik darstellen. Die Verschmutzungen sollten sowohl an der Quelle durch die Vorgabe von Emissionswerten bekämpft, als auch durch Festlegung von Umweltqualitätsnormen kontrolliert werden. Nach Art. 10 Abs. 1 WRRL sorgen die Mitgliedstaaten dafür, dass alle in Absatz 2 genannten Einleitungen in Oberflächengewässer entsprechend dem kombinierten Ansatz begrenzt werden. Nach Art. 10 Abs. 2 WRRL müssen die Emissionsbegrenzungen auf der Grundlage der besten verfügbaren Technologien (a) oder die einschlägigen Emissionsgrenzwerte (b) oder bei diffusen Auswirkungen die Begrenzungen, die gegebenenfalls die beste verfügbare Umweltpraxis einschließen (c), gemäß dort ausgeführten EU-Rechtsvorschriften festgelegt und durchgeführt werden. Damit wird der parallele Ansatz der Gewässerschutzrichtlinie 76/464/EWG beseitigt, der die Alternative zwischen Emissionsgrenzwerten und Umweltqualitätsnormen ermöglicht. Die Mitgliedstaaten, die aufgrund dieser Alternative die Qualitätsziele verfolgt und mithin die Anforderungen ihrer Tochterrichtlinien unterlaufen haben, müssen nunmehr auch die Emissionsgrenzwerte einhalten[729]. Bedeutsam ist vor allem Art. 10 Abs. 3 WRRL: wenn die aufgrund einer gemeinschaftlichen Rechtsvorschrift festgelegten Qualitätsziele oder Qualitätsstandards strengere Bedingungen erforderlich machen, als dies nach Maßgabe des Abs. 2 erfolgt, müssen dementsprechend strengere Emissionsbegrenzungen festgelegt werden. Damit wird die Ausgestaltung des Emissionsprinzips an die Erreichung der festgelegten Qualitätsziele gekoppelt[730]. Die emissions- und immissionsbezogenen Anforderungen werden danach zu einem koordinierten Konzept und einer Verschärfung der Umweltstandards führen[731].

Auf den ersten Blick scheint es, als ob Emissions- und Immissionsprinzip damit auf der europäischen Ebene gleichwertig beachtet und entwickelt würden[732]. Ob dies tatsächlich geschieht, bleibt aber abzuwarten[733]. Die Festlegung der einheitlichen Emissionsbegrenzungen ist auf europäischer Ebene in der Vergangenheit in die Stagnation geraten. Nur für 17 von 132 Schadstoffen oder Stoffgruppen

---

727 ABl. 2001 L 197/30.
728 Näher vgl. Knopp, ZUR 2001, 368, 379.
729 Vgl. Appel, ZUR 2001, 129, 134; Caspar, DÖV 2001, 529 ,533.
730 Caspar, DÖV 2001, 529, 533.
731 Appel, ZUR 2001, 129, 134; Caspar, DÖV 2001, 529, 533.
732 Zur positiven Beurteilung vgl. Caspar, DÖV 2001, 529, 533 f.; Appel, ZUR 2001, 129, 134 f.
733 Pessimistisch vgl. Breuer, in: Rengeling (Hrsg.), EUDUR, Bd. II, § 65 Rn. 66 ff., 134.

der Liste I der Gewässerschutzrichtlinie gibt es Gemeinschaftsvorgaben[734]. Unter den in Art. 10 Abs. 2 WRRL genannten EU-Rechtsvorschriften gilt die IVU-Richtlinie einerseits nur für bestimmte industrielle Großanlagen und sieht andererseits in Art. 18, wie schon erwähnt, gemeinschaftliche Emissionsgrenzwerte nur nach Maßgabe der Erforderlichkeit und Subsidiarität vor. Außerdem bleiben die Emissionsbegrenzungen für kommunales Abwasser und für Nitrat aus landwirtschaftlichen Quellen sowie Emissionsgrenzwerte in den fünf Tochterrichtlinien zur Gewässerschutzrichtlinie 76/464/EWG (s. Anhang IX WRRL) unverändert. Diese Bestimmungen verweisen also nur auf die bisherigen emissionsseitigen EU-Regelungen[735]. Den einzigen Hoffnungsträger für die Weiterentwicklung des Emissionsprinzips spielen hierbei die künftigen, nach Art. 16 WRRL erlassenen Richtlinien, worauf anschließend eingegangen wird. Die im Folgenden beleuchtete Entwicklung dazu wird jedoch zeigen, dass es mehrerer Anstrengungen zur Fortentwicklung der einheitlichen EU-Emissionsbegrenzungen bedarf.

7. Strategie gegen die Wasserverschmutzung

Art. 16 WRRL gibt Strategien gegen die Wasserverschmutzung vor. Danach sollen das Europäischen Parlament und der Rat spezifische Maßnahmen verabschieden, um die Wasserverschmutzung durch einzelne Schadstoffe oder Schadstoffgruppen zu bekämpfen (Art. 16 Abs. 1 WRRL). Dazu soll die Kommission einen Vorschlag für eine Liste prioritärer Stoffe vorlegen (Art. 16 Abs. 2 WRRL). Innerhalb von zwei Jahren nach Aufnahme des betreffenden Stoffs in die Liste muss die Kommission zumindest für die Emissionsbegrenzung von Punktquellen und für Umweltqualitätsnormen Vorschläge unterbreiten. Kommt sechs Jahre nach Inkrafttreten dieser Richtlinie, also bis zum 22. Dezember 2006, keine Einigung auf Gemeinschaftsebene zustande, so legen die Mitgliedstaaten Umweltqualitätsnormen und Begrenzungsmaßnahmen für die Hauptquellen dieser Einleitungen fest. Für die später in die Liste aufgenommenen Stoffe ergreifen die Mitgliedstaaten die entsprechenden Maßnahmen fünf Jahre nach Aufnahme in die Liste, wenn bis dahin keine Einigung auf Gemeinschaftsebene zustande kommt (Art. 16 Abs. 8 WRRL). Dies bedeutet, dass künftige gemeinschaftliche Vorgaben zwar angestrebt, aber nicht gewährleistet werden[736]. Wenn einheitliche Emissionsbegrenzungen und Qualitätsvorgaben auf Gemeinschaftsebene nicht fristgerecht festgelegt werden sollten, fällt die Zuständigkeit also wieder den Mitgliedstaaten zu.

---

[734] Vgl. Breuer, in: Rengeling (Hrsg.), EUDUR, Bd. II, § 65, Rn. 29, 41-44, 50, 63-67.
[735] Breuer, in: Rengeling (Hrsg.), EUDUR, Bd. II, § 65 Rn. 68.
[736] Breuer, in: Rengeling (Hrsg.), EUDUR, Bd. II, § 65 Rn. 69.

Mit der Entscheidung Nr. 2455/2001/EG des Europäischen Parlaments und des Rates vom 20. November 2001[737] wurde entsprechend Art. 16 Abs. 2 und 3 WRRL schon die Liste der prioritären Stoffe einschließlich der prioritären gefährlichen Stoffe festgelegt und als Anhang X der WRRL angefügt. Auch einen Vorschlagsentwurf zu den prioritären gefährlichen Stoffen hat die Kommission vorgelegt[738]. Die EU-Liste enthält aber nur 33 Schadstoffe oder Stoffgruppen, dabei sind wiederum lediglich elf Stoffe als prioritäre gefährliche Stoffe eingestuft. Im Vergleich mit den 140 von der EU-Kommission selbst im Rahmen ihrer Chemikalienpolitik als prioritär eingestuften Stoffen und den im Rahmen der OSPAR- und Helsinki-Übereinkommens erarbeiteten Listen erscheint diese EU-Liste zur WRRL offenbar zu bescheiden. Angesichts dessen ist ihre kontinuierliche Erweitung genauso wichtig und notwendig, wie die zügige Erarbeitung von Emissionsbegrenzungen und Qualitätsvorgaben dafür auf Gemeinschaftsebene[739].

8. Strategie zur Verhinderung und Begrenzung der Grundwasserverschmutzung

Weitere zusätzliche rechtliche Vorgaben verlangt die WRRL noch in Art. 17 zur Verhinderung und Begrenzung der Grundwasserverschmutzung und zur Erreichung eines guten chemischen Zustandes des Grundwassers. Die bestehende Grundwasserrichtlinie 80/68/EWG[740] wird durch WRRL mit Wirkung zum 22. Dezember 2013 aufgehoben (vgl. Art. 22 Abs. 2 WRRL). Inzwischen liegt schon ein Vorschlag zur Grundwasserrichtlinie vor[741]. Im Juli 2005 hat der Umweltministerrat gegen die Stimme Deutschlands den gemeinsamen Standpunkt dazu verabschiedet[742].

9. Deckung der Kosten der Wasserdienstleistungen

Schließlich stellt noch die Einführung des umweltpolitischen Lenkungsinstruments, also der angemessenen Kostenerhebung der Wasserdienstleistung, in das Europäische Gewässerschutzrecht (vgl. Art. 9 WRRL) eine weitere Neuerung dar. Die Mitgliedstaaten haben unter Einbeziehung der ökonomischen Analyse nach Maßgabe des Anhangs III und aufgrund des Verursacherprinzips den Grundsatz der Deckung der Kosten der Wasserdienstleistungen einschließlich

---

737 Entscheidung Nr. 2455/2001/EG des Europäischen Parlamentes und des Rates vom 20.11.2001 zur Festlegung der Liste prioritärer Stoffe im Bereich der Wasserpolitik und zur Änderung der Richtlinie 2000/60/EG, ABl. 2001 L 331/1.

738 Knopp, ZUR 2005, 505, 508.

739 Vgl. SRU, Umweltgutachten 2004, Tz. 380.

740 ABl. 1980 L 20/43.

741 KOM(2003) 550 endg. - Nicht im Amtsblatt veröffentlicht. Näher zum Richtlinievorschlag vgl. Knopp, ZUR 2005, 505, 508; http://europa.eu.int/scadplus/leg/de/lvb/l28139.htm.

742 Holzwarth, ZUR 2005, 510, 515.

umwelt- und ressourcenbezogener Kosten zu berücksichtigen. Die Mitgliedstaaten sorgen bis zum Jahr 2010 dafür, dass einerseits die Wassergebühren angemessene Anreize für die Benutzer zur effizienten Nutzung der Wasserressourcen darstellen und dass anderseits die Wassernutzungen auf den verschiedenen Sektoren – Industrie, Haushalte und Landwirtschaft – einen angemessenen Beitrag zur Deckung der Kosten der Wasserdienstleistungen leisten.

Das Kostendeckungsprinzip ist allerdings dadurch in starkem Maße relativiert, dass die Mitgliedstaaten dabei den sozialen, ökologischen und wirtschaftlichen Auswirkungen der Kostendeckung sowie die geographischen und klimatischen Gegebenheiten der betreffenden Regionen Rechnung tragen können[743] (Art. 9 Abs. 1 S. 2). Ferner bedarf die Einbeziehung von Umwelt- und Ressourcenkosten noch weitgehender definitorischer und methodischer Entwicklungsarbeiten. Die EU-Kommission hat mithin die Frage der Operatonalisierung von Methoden zur Bewertung von Umwelt- und Ressourcenkosten in die Liste zur zukünftigen Entwicklungsarbeit eingeschrieben, zugleich um später die Kosteneffizienz von Maßnahmen und Maßnahmenkombinationen im Maßnahmenprogramm überhaupt beurteilen zu können (vgl. Anhang III)[744].

10. Weitere Entwicklung

Die tatsächliche Durchsetzung der WRRL bedarf weiterer Harmonisierungsprozesse und Entwicklungsarbeiten auf EU-Ebene. Mit der EU-Kommission haben sich die Mitgliedstaaten auf eine gemeinsame Strategie[745] der Umsetzung der WRRL geeinigt. Im Vordergrund steht die Fortschreibung des Interkalibrierungsprozesses, das die Bewertung der Gewässer auf gleicher oder vergleichbarer wissenschaftlicher Grundlage ermöglichen soll. Das Thema der Kosteneffizienz von Maßnahmen wird als eine der ausgewählten Fragen der integrierten Flussbewirtschaftung eingehend behandelt. Ein weiterer Schwerpunkt auf Gemeinschaftsebene ist die Entwicklung eines elektronischen Informationssystems für den gesamten Wasserbereich in Europa. Außerdem bringt die Kommission auch Vorhaben zum Hochwasserschutz und Meeresschutz vor[746].

C. Charakteristika und Entwicklung des deutschen Wasserrechts

Der deutsche Gewässerschutz hat in den letzten Jahrzehnten beachtliche Erfolge erzielt. Fortschritte zeigen sich vor allem in Hinsicht auf Gewässerbelastungen aus Punktquellen wie Abwasserreinigungsanlagen und Industrieanlagen. Trotzdem verbleibt immer noch erheblicher Handlungsbedarf. Zahlreiche diffuse

---

743 SRU, Umweltgutachten 2000, Tz. 651.

744 SRU, Umweltgutachten 2004, Tz. 407, 425.

745 http://europa.eu.int/comm/environment/water/water-framework/guidance_documents.html.

746 Näher vgl. Holzwarth, ZUR 2005, 510, 514 f.

Schadstoff- und Nährstoffquellen beeinträchtigen die Gewässerqualität. Die Konzentrationen mehrerer Schwellmetalle in Abwässern und Gewässern sind immer noch zu hoch. Hinzu kommen zunehmend persistente organische Schadstoffe usw.[747] Im Folgenden werden die Charakteristika des deutschen Wasserrechts, nämlich der Wasserföderalismus, Ermessensentscheidungen sowie die Hervorhebung des Emissionsprinzips und die Vernachlässigung der Immissionsansätze, dargestellt werden. Daraus kann man die Kontur der Entwicklung des deutschen Gewässerschutzes ersehen.

I. Wasserföderalismus

Erste Besonderheit des deutschen Wasserrechts ist der sog. Wasserföderalismus. Nach Art. 75 Abs. 1 S. 1 Nr. 4 des Grundgesetzes (GG) hat der Bund für den Wasserhaushalt zwar eine Gesetzgebungskompetenz, aber nur die Rahmenkompetenz. Der Bund darf also die Materie nicht erschöpfend regeln und muss den Landesgesetzgebern substantielle Regelungsbereiche überlassen. Auf dieser Kompetenzgrundlage hat der Bund das Wasserhaushaltgesetz (WHG) vom 27. Juli 1957[748] erlassen, das in der Folgezeit mehrmals novelliert worden ist[749]. Diesen bundesrechtlichen Rahmen haben die Länder durch die Landeswassergesetze ausgefüllt. Das deutsche Wasserrecht besteht infolgedessen aus dem WHG und den Landeswassergesetzen.

Von Bedeutung ist die Verfassungsänderung von 1994, die u.a. den Absatz 2 in Art. 75 GG eingefügt hat. Danach dürfen Rahmenvorschriften nur in Ausnahmenfällen in Einzelheiten gehende oder unmittelbar geltende Regelungen enthalten. Zu diesem Absatz liegen allerdings zwei ganz unterschiedliche Meinungen vor[750]. Einer Auffassung nach erlaube er lediglich in eng begrenzten Ausnahmenfällen in Einzelheiten gehende oder unmittelbar geltende Regelungen bei Rahmengesetzgebung. Der Gegenmeinung nach stelle der Begriff der „Ausnahmefälle" jedoch keine weitergehende Verschärfung des von der Rechtsprechung bislang geforderten „besonders starken und legitimen Interesses" [751] für solche Regelungen dar. Der Streit ist für die Bundesgesetzgebungskompetenz des Umweltgesetzbuches (UGB) von Bedeutung. Es herrscht längst eine weitgehende Einigkeit in Deutschland, dass das zersplitterte, zu kompliziert gewordene Umweltrecht durch ein UGB vereinheitlicht und vereinfacht werden soll. Das Vorhaben von einem Ersten Buch zu einem UGB (UGB I), das das Kernstück eines Gesamt-UGB bilden und nebenbei zur Umsetzung der UVP-Änderungsrichtlinie 97/11/EG und IVU-Richtlinie 96/61/EG dienen sollte, ist allerdings im Herbst 1999 nach der offiziellen Angabe wegen der unzureichenden Bundeskompetenz

---

747 Näher vgl. SRU, Umweltgutachten 2004, Tz. 374.

748 BGBl. I, S. 1110, 1386.

749 Im Jahr 1964, 1967, 1976, 1986, 1996 und 2002.

750 Vgl. Berendes, ZfW 2002, 197, 203, Fn. 24 mit weitreichenden Literaturhinweisen.

751 BVerfGE 36, 193, 202; 43, 291, 343; 66, 270, 285.

im Wasserrecht gescheitert. Die Gegenmeinung führt aber die Ursache des Scheiterns auf politische Motive, also auf Koalitionsprobleme, Ressortegoismen und den Widerstand der Wirtschaft, zurück. Darauf wurde bereits im ersten Kapitel B. III 2 im Einzelnen eingegangen. Jedenfalls wurde schließlich an Stelle eines UGB I eine sog. kleine Lösung unternommen, nämlich ein Artikelgesetz[752] erlassen. Durch das Artikelgesetz gibt es kein einheitliches UVP-Recht im Wasserbereich genau wegen der verfassungsrechtlichen Kompetenzverteilung. Dadurch schrieb das bundesrechtliche UVP-Gesetz bei den wasserwirtschaftlichen Vorhaben nur die obligatorische UVP-Pflicht für die Großprojekte des Anhangs I der UVP-Änderungsrichtlinie vor. Die übrigen wasserwirtschaftlichen Vorhaben der UVP-Änderungsrichtlinie fielen den Gesetzgebungsbefugnissen der Länder zu. Hinsichtlich der Umsetzung der IVU-Richtlinie ging das Artikelgesetz vom Fortbestehen paralleler Zulassungsverfahren, also der Beibehaltung vom Bundes-Immissionsschutzgesetz (BImSchG) und des WHG mit den Wassergesetzen der Länder, aus. Mit dem neuen § 7 Abs. 1 S. 3 WHG wurden die Länder beauftragt, zur Umsetzung der IVU-Richtlinie Vorschriften über die in wasserrechtlichen Erlaubnisverfahren zu beachtenden Anforderungen zu erlassen. Sie umfassen insbesondere Vorschriften über Antragstellung, die vollständige Koordinierung der durchzuführenden Zulassungsverfahren sowie der Inhalts- und Nebenbestimmungen, die Überwachung und Überprüfung der Erlaubnis, Änderungen des Anlagenbetriebs, die Erklärung von Gewässerbenutzern über ihre Emissionen in Gewässer sowie die inländische und grenzüberschreitende Behörden- und Öffnungsbeteiligung[753]. Die Erfahrung mit dem Artikelgesetz macht besonders deutlich, dass das deutsche Wasserrecht durch die aus den EG-Richtlinien erwachsenden Regelungsaufgaben und aufgrund des vorliegenden Wasserföderalismus immer komplizierter und unübersichtlicher wird[754].

Die Situation ist durch die neuere Rechtsprechung des BVerfG zu Art. 72 Abs. 2 und Art. 75 Abs. 2 GG[755] noch komplizierter geworden. Nun wird dem Bundesgesetzgeber bei Gesetzgebung insgesamt eine schwere Darlegungslast auferlegt, nicht zuletzt bei der Rahmengesetzgebung. Bei letzterer müssen zunächst nach Art. 75 Abs. 1 i.V.m. Art. 72 Abs. 2 GG die Erforderlichkeit und das Ausmaß der Rahmenvorschriften gerechtfertigt werden. Genauso wie bei der konkurrierenden Gesetzgebung muss der Bundesgesetzgeber hierbei darlegen, dass die Herstellung gleichwertiger Lebensverhältnisse im Bundesgebiet oder die Wahrung der Rechts- oder Wirtschaftseinheit im gesamtstaatlichen Interesse eine solche bundesrechtliche Regelung erforderlich macht. So dann muss der Bun-

752 Gesetz zur Umsetzung der UVP-Änderungsrichtlinie, der IVU-Richtlinie und weiterer EG-Richtlinien zum Umweltschutz, BGBl. I. S. 1950.

753 Vgl. Berendes, ZfW 2002, 198, 208; Böhm, ZUR 2002, 6, 10 f.

754 Näher vgl. Berendes, ZfW 2002, 197, 206 ff.

755 BVerfGE 106, 62 (Altenpflegegesetz-Entscheidung); BVerfGE 111, 226 (Juniorprofessur-Entscheidung); BVerfG, NJW 2005, 493 (Studiengebühren-Entscheidung).

desgesetzgeber für die in Ausnahmefällen in Einzelheiten gehende oder unmittelbar geltende Regelung weiter darlegen, dass Rahmenvorschriften ohne solche Regelungen „verständigerweise nicht erlassen werden können". Sie müssen also im konkreten Fall „schlechthin unerlässlich" sein[756]. Zu den Einzelheiten ist auf das erste Kapitel C. III 1 im Zusammenhang mit der Umsetzung der Richtlinie 2001/42/EG über die Prüfung der Umweltauswirkungen bestimmter Pläne und Programme (SUP-Richtlinie) zu verweisen.

II. Ermessensentscheidungen

Ein weiteres Merkmal des deutschen Wasserrechts stellt das Bewirtschaftungsermessen dar. Nutzungen der Gewässer bedürfen der behördlichen Erlaubnis oder Bewilligung (§ 2 Abs. 1 WHG). Diese ist aber zu versagen, wenn von der beabsichtigten Benutzung eine Beeinträchtigung des »Wohls der Allgemeinheit«, insbesondere eine Gefährdung der öffentlichen Wasserversorgung, zu erwarten ist (vgl. § 6 WHG). Im Wasserrecht ist also nicht vorgesehen, wann eine Genehmigung zu erteilen ist, wie es beim BImSchG der Fall ist; geklärt ist hierbei nur, wann eine Genehmigung zu versagen ist. Bei Vorliegen der Versagungsgründe ist die Erteilung einer Erlaubnis oder Bewilligung zu versagen; bei Fehlen der Versagungsgründe muss sie aber nicht erteilt werden, sondern erteilt werden kann. Dies steht im Ermessen der Genehmigungsbehörden, das sich am »Wohl der Allgemeinheit« orientieren und einer einzelfallbezogenen Optimierung des Gewässerschutzes dienen soll[757].

III. Hervorhebung des Emissionsprinzips und Vernachlässigung der Immissionsansätze

Der Schwerpunkt des deutschen Wasserrechts liegt seit Anfang der 70er Jahre auf der Emissionsbegrenzung. Durch den Erlass von bundeseinheitlichen Mindestanforderungen an Abwassereinleitungen zielt das deutsche Gewässerschutzkonzept darauf ab, die Gewässerverschmutzung vorbeugend und flächendeckend zu verringern. Nach § 7 a WHG, der durch die 4. Novelle zum WHG vom 26. April 1976[758] hingefügt und später mehrfach geändert worden ist, sind emissionsbezogene Anforderungen an das Einleiten von Abwasser nach den allgemein anerkannten Regeln der Technik bzw. dem Stand der Technik[759] im einzelnen

756 BVerfGE 111, 226 (Juniorprofessur-Entscheidung), Rn. 94.

757 Vgl. Kloepfer, Umweltrecht, § 13 Rn. 90 ff.; Breuer, in: Rengeling (Hrsg.), EUDUR, Bd. II, § 65 Rn. 74, 82.

758 BGBl. I 1976, S. 1109.

759 In der 4. Novelle des WHG (1976) sind die Mindestanforderungen nach Maßgabe der allgemein anerkannten Regeln der Technik festgelegt worden. Die 5. Novelle des WHG (1986) (BGBl. I 1986, S. 1165) hat diese Anforderungen abgestuft und teilweise verschärft. Abwasser, das gefährliche Stoffe enthält, soll seitdem nach »dem Stand der Technik« behandelt werden. Mit der 6. Novelle des WHG (1996) wurde eine solche Differenzierung wieder aufgegeben und das Einheitsniveau des Stands der Technik ein-

festgelegt worden. Seitdem, insbesondere nach der 5. Novelle zum WHG vom 25. Juli 1986[760], sind zahlreiche Abwasser-Verwaltungsvorschriften mit einheitlichen und gewässerunabhängigen Anforderungen erlassen worden. Die behördlichen Genehmigungen dürfen nur erteilt werden, wenn die Schadstofffracht entsprechend der Emissionsgrenzwerte gering gehalten würde. Dadurch vermochte die Qualität der deutschen Gewässer in der Vergangenheit sukzessive verbessert zu werden[761].

Theoretisch hätten die Emissionsbegrenzungen als Mindestanforderungen von immissionsbezogenen Planungsinstrumenten zur Steuerung der Gewässerbewirtschaftung gut flankiert werden können. Dazu bot das WHG vier Planungstypen an, nämlich wasserwirtschaftliche Rahmenpläne (§ 36 WHG a. F.), Bewirtschaftungspläne (§ 36 b WHG a. F.), Abwasserbeseitigungspläne (§ 18 a Abs. 3 WHG a. F.) und Reinhalteordnungen (§ 27 WHG a. F.). Die wasserwirtschaftlichen Rahmenpläne sollten dazu dienen, die für die Entwicklung der Lebens- und Wirtschaftsverhältnisse notwendigen wasserwirtschaftlichen Voraussetzungen zu sichern. Sie umfassten aber keinen konkreten Maßnahmenkatalog[762] und entfalteten lediglich eine verwaltungsinterne Bindungswirkung[763]. Bei den Bewirtschaftungsplänen nach § 36 b WHG a. F. handelte es sich um den Schutz der Gewässer als Bestandteil des Naturhaushalts, die Schonung der Grundwasservorräte und das Abflussverhalten und die Nutzungserfordernisse, soweit die Ordnung des Wasserhaushalts es erfordert. Der Mindestinhalt von Bewirtschaftungsplänen umfasste die Nutzungen, denen das Gewässer dienen soll, die einzuhaltenden Merkmale des Gewässers, die erforderlichen Maßnahmen für die festgelegten Merkmale und sonstige Maßnahmen. Angesichts ihrer Zielsetzung waren durch die Bewirtschaftungspläne eine stärkere Beachtung ökologischer Gesichtspunkte und eine bessere Güte- und Mengenbewirtschaftung des Grundwassers möglich. Solche Pläne waren an Ziel- und Qualitätsvorgaben orientiert und durch konkrete Maßnahmen durchsetzbar. Ihrer Rechtsnatur nach hatten sie aber nicht mehr als verwaltungsinterne Wirkung[764]. Von Bewirtschaftungsplänen haben die Länder aber wegen dem damit verbundenen personellen,

---

zuführen. Durch das sog. Artikelgesetz vom 27.7.2001 ist diese Vorschrift nochmals geändert und der Begriff »Stand der Technik« neu definiert worden, um ihn an die IVU-Richtlinie anzupassen. Im Einzelnen, s. Breuer, in: Rengeling (Hrsg.), EUDUR, Bd. II, § 65 Rn. 88 ff.

760 BGBl. I 1986, S. 1165.

761 Breuer, in: Rengeling (Hrsg.), EUDUR, Bd. II, § 65 Rn. 88.

762 Kloepfer, Umweltrecht, § 13 Rn. 172.

763 Breuer, in: Rengeling (Hrsg.), EUDUR, Bd. II, § 65 Rn. 109; Kloepfer, Umweltrecht, § 13 Rn. 172. Nach § 20 Abs. 4 NordrhWestfWG ist der Rahmenplan sogar nur als Richtlinie zu berücksichtigen, nicht einmal behördenverbindlich. S. Holtmeier, ZfW 1999, 69, 71.

764 Appel, ZUR 2001, 129, 131.

finanziellen und zeitlichen Aufwand sehr begrenzt Gebrauch gemacht[765]. Mit der zunehmenden Erkenntnis über den Mangel an Zielvorgaben ist die Nachfrage nach diesen Plänen seit Anfang der neunziger Jahre schwach angestiegen. Schließlich wurde für eine Reihe von gefährlichen Stoffen – Schwermetalle, Industriechemikalien und Pestizide – Immissionswerte festgelegt[766]. Sie sind aber nur auf bestimmte gefährliche Stoffe bezogen und werden lediglich als Orientierungswerte betrachtet[767].

Zum Mindestinhalt der Abwasserbeseitigungspläne gehörten Angaben zu den Standorten für bedeutsame Abwasserbehandlungsanlagen, ihrem Einzugsbereich, den Grundzügen der Abwasserbehandlung sowie den Trägern der Maßnahmen. Sie wiesen zunächst ebenfalls nur verwaltungsinterne Wirkung auf, konnten aber für verbindlich erklärt werden. Dagegen haben Reinhalteordnungen außenverbindliche Rechtswirkungen. Sie sind für oberirdische Gewässer oder Gewässerteile, aber nicht für das Grundwasser zu erlassen. Sie konnten insbesondere im Folgenden vorsehen: das Verbot der Zuführung bestimmter Stoffe, Mindestanforderungen, denen zugeführte bestimmte Stoffe genügen müssen und die Abwehr der bestimmten sonstigen nachteiligen Einwirkungen.

Insgesamt betrachtet hätten sich zusätzliche Anforderungen neben Emissionsbegrenzungen insbesondere aus Bewirtschaftungsplänen und Reinhalteordnungen ergeben können. Obwohl Bewirtschaftungspläne nur verwaltungsintern verbindlich waren, konnten ihre Vorgaben über Einzelermessensentscheidungen außenwirksam durchgesetzt werden[768]. Solche Möglichkeiten wurden aber in der Praxis vernachlässigt. Sie wurden vielmehr nur in einzelnen Ansätzen und inkonsequent benutzt[769]. Das deutsche Wasserrecht blieb überwiegend emissionsorientiert.

D. Auswirkungen des europäischen Gewässerschutzrechts auf das deutsche Recht

Wegen des unsystematischen Charakters des europäischen Gewässerschutzrechts lässt sich kaum ein klares Gesamtbild von seinen Auswirkungen auf das deutsche Wasserrecht zeichnen. Die wiederholten Verurteilungen der Bundesre-

---

765 Appel, ZUR 2001, 129, 131; Kloepfer, Umweltrecht, § 13 Rn. 169. Kritik an den Planungsinstrumenten des §§ 36 u. 36b WHG a.F., vgl. SRU, Umweltgutachten 2000, Tz. 641; BUM (Hrsg.), Umweltgesetzbuch (UGB-KomE), S. 1062 f.

766 Im Einzelnen vgl. Länderarbeitsgemeinschaft Wasser (Hrsg.), Zielvorgaben zum Schutz oberirdischer Binnengewässer, Bd. I, II, III, 1998.

767 Im Einzelnen vgl. Appel, ZUR 2001, 129, 132.

768 Vgl. Klopfer, § 13 Rn. 110 f. Darunter freilich auch durch entsprechende Reinhalteordnungen, a.a.O., Rn. 111.

769 Appel, ZUR 2001, 129, 131.

publik Deutschland durch den EuGH[770] zeigen aber deutliche Auswirkungen auf das deutsche Wasser- und Verwaltungsrecht. Hierbei werden daher infolge der Rechtsprechung des EuGH punktuelle zentrale Thematiken zu bemerken sein (I). Dann sollen die Auswirkungen der Epoche machenden WRRL auf das deutsche Wasserecht im Einzelnen erörtert werden (II).

I. Rechtsprechung des EuGH

1. Untauglichkeit der Verwaltungsvorschriften zur Umsetzung der Anforderungen von EG-Richtlinien und weiterer Zugang zu nationalem gerichtlichen Rechtsschutz

Seit den Urteilen des EuGH vom 30. Mai 1991 zur TA Luft[771] vertritt der EuGH die Auffassung, dass die Anforderungen der Richtlinien, soweit sie Rechte und Pflichten der Einzelnen begründen sollen, einer Umsetzung durch verbindliche Rechtsvorschriften bedürfen. Erst dadurch könne der Einzelne Gewissheit über den Umfang seiner Rechte haben, um sie gegebenenfalls vor den nationalen Gerichten geltend machen zu können. Aber auch diejenigen, deren Tätigkeiten geeignet sind, Immissionen zu verursachen, können den Umfang ihrer Verpflichtungen genau erkennen[772]. Der EuGH hält normenkonkretisierende Vorschriften wie TA Luft nicht für zwingende Vorschriften in diesem Sinne. Außerdem stellte der EuGH in den beiden Urteilen fest, dass die in den Richtlinien vorgeschriebene Verpflichtung der Mitgliedstaaten, Grenzwerte vorzuschreiben, „insbesondere zum Schutz der menschlichen Gesundheit" geschaffen worden sei. Dies bedeute, dass die Betroffenen in allen Fällen, in denen die Überschreitung der Grenzwerte die menschliche Gesundheit gefährden könnte, in der Lage sein müssen, sich auf zwingende Vorschriften zu berufen, um ihre Rechte geltend machen zu können[773]. Durch seine Aussage bestätigte der EuGH hierbei den drittschützenden Charakter der Grenzwerte und damit deren Einklagbarkeit[774] und gab gleichzeitig eine erste Vorstellung über die Klagebefugnis vor nationalen Gerichten. Näher auf diese Thematiken wurde schon im zweiten Kapitel „Immissionsschutzrecht" unter dem Abschnitt B. III. 1. b eingegangen.

Auch im Gewässerschutzrecht beharrt der EuGH auf die vorgenannten Ansichten. Nach zwei ähnlichen Urteilen im Jahr 1991[775] hat er mit Urteil vom 7. November 1996[776] erneut entschieden, die Bundesrepublik Deutschland habe die

---

770 Vgl. Casper, DÖV 2001, 529, 534 Fn. 40 m.w.N.; SRU, Umweltgutachten 2004, Tz. 375.

771 EuGH, Rs. C-361/88, Slg. 1991, S. I-2567; EuGH, Rs. C-59/89, Slg. 1991, S. I-2607.

772 EuGH, Rs. C-361/88, Slg. 1991, I-2567, Rn. 15 f., 20.

773 EuGH, Rs. C-361/88, Slg. 1991, I-2567, Rn. 16.

774 Soweit die Immissionswerte dem Schutz der menschlichen Gesundheit dienen. Jarass, in: Dokumentation der GfU (2003), 17, 39.

775 EuGH, Rs. C-131/88, Slg. 1991, S. I-825; EuGH, Rs. C-58/89, Slg. 1991, S. I-4983.

776 EuGH, Rs. C-262/95, Slg. 1996, S. I-5729.

Folgerichtlinien zur Gewässerschutzrichtlinie 76/464/EWG nicht hinreichend umgesetzt, weil Verwaltungsvorschriften und somit auch die Abwasserverwaltungsvorschriften zu § 7 a WHG a. F. zur Umsetzung von EG-Richtlinien formell untauglich seien. Nach Urteilen des EuGH vom 12. Dezember 1996[777] hat die Bundesrepublik Deutschland aus demselben Grund auch die kommunale Abwasserrichtlinie 91/271/EWG sowie die Fischgewässerrichtlinie 78/659/EWG und die Muschelgewässerrichtlinie 79/923/EWG nicht fristgerecht in deutsches Recht umgesetzt und dadurch gegen ihre europarechtlichen Verpflichtungen verstoßen[778]. Der EuGH führt aus: „Unter diesen Umständen ist es besonders wichtig, dass die Richtlinien durch Maßnahmen umgesetzt werden, deren zwingender Charakter außer Zweifel steht. Denn in allen Fällen, in denen die mangelnde Befolgung der durch eine Richtlinie vorgeschriebenen Maßnahmen die Gesundheit von Menschen gefährden könnte, müssen die Betroffenen die Möglichkeit haben, sich auf zwingende Vorschriften zu berufen, um ihre Rechte geltend machen zu können"[779].

Zur Erfüllung formellrechtlicher Forderungen des EuGH musste vorab § 7a WHG a.F. geändert werden, um die gesetzliche Ermächtigung zum Erlass normkonkretisierender Verwaltungsvorschriften durch eine Verordnungsermächtigung zu ersetzen. Diese Änderung erfolgte durch die 6. Novelle des WHG vom 11. November 1996. Dann wurde dementsprechend am 21. März 1997 die Verordnung über Anforderungen an das Einleiten von Abwasser in Gewässer und zur Anpassung der Anlage des Abwasserabgabengesetzes[780] erlassen. Deren Art. 1 ist die Verordnung über Anforderungen an das Einleiten von Abwasser in Gewässer (Abwasserverordnung), die die zu § 7 a WHG a. F. erlassenen Abwasserverwaltungsvorschriften ablöst. Damit wurden die kommunale Abwasserrichtlinie 91/271/EWG und die Folgerichtlinien zu der Gewässerschutzrichtlinie 76/464/EWG europarechtskonform ins deutsche Recht umgesetzt, wie der EuGH es verlangt hatte[781].

2. Erforderlichkeit der Aufstellung von Programmen mit Qualitätszielen

Bereits in dem vorgenannten Urteil vom 12. Dezember 1996[782] hat der EuGH festgestellt, dass die Bundesrepublik Deutschland wegen der fehlenden Programme zur Erreichung der vorgegebenen Qualitätsziele gegen den EG-Vertrag verstoßen habe. Nach dem Art. 5 der Fischgewässerrichtlinie 78/659/EWG und Muschelgewässerrichtlinie 79/923/EWG seien die Mitgliedstaaten zur Aufstel-

---

777 EuGH, Rs. C-297/95, Slg. 1996, S. I-6739; EuGH, Rs. C-298/95, Slg. 1996, S. I-6747.

778 Vgl. Breuer, in: Rengeling (Hrsg.), EUDUR, Bd. II, § 65 Rn. 30, 90.

779 EuGH, Rs. C-298/95, Slg. 1996, S. I-6747, Rn. 16.

780 BGBl. I 1997, S. 566; Fassung der Bekanntmachung vom 20.9.2001, BGBl. I 2001, S. 2440; zuletzt geändert durch VO vom 2.7.2002, BGBl. I 2002, S. 2497.

781 Vgl. Breuer, in: Rengeling (Hrsg.), EUDUR, Bd. II, § 65 Rn. 90 f., 100, 102.

782 EuGH, Rs. C-298/95, Slg. 1996, S. I-6747.

lung besonderer Programme verpflichtet. Die in den Bundesländern bestehenden Sanierungsprogramme seien keine besonderen Programme in diesem Sinn. Außerdem entspreche ihr Ziel, die Gewässerverschmutzung durch Abwassereinleitungen zu verringern, nicht notwendig dem spezifischeren Ziel der Richtlinie 78/659, die Süßwasserqualität zu verbessern, um das Leben von Fischen zu ermöglichen[783].

Später hat der EuGH mit Urteil vom 11. November 1999[784] wieder festgestellt, die Bundesrepublik Deutschland habe dadurch gegen ihre Verpflichtung aus der Gewässerschutzrichtlinie 76/464/EWG verstoßen, dass sie entgegen deren Art. 7 keine Programme mit Qualitätszielen zur Verringerung der Verschmutzung durch 99 Stoffe aus der Liste I des Anhangs aufgestellt habe. Diese Stoffe, für die keine europäischen Emissionsgrenzwerte nach Art. 6 der Richtlinie festgelegt worden seien, seien als Stoffe aus der Liste II des Anhangs zu behandeln (vgl. den ersten Gedankenstrich der Liste II). Das erste Verteidigungsargument der Bundesrepublik Deutschland bezog sich auf Art. 10 der Richtlinie, der es den Mitgliedstaaten erlaubt, strengere Bestimmungen festzulegen. Einheitlich anwendbare Emissionsgrenzwerte, die Deutschland auf der Grundlage von § 7a WHG und bereits für alle Stoffe aus den Listen I und II festgesetzt habe, stellten gerade solche Maßnahmen dar. Als das zweite Verteidigungsargument hat Deutschland geltend gemacht, dass dieser an sie gerichtete Vorwurf der Vertragsverletzung die Folge der eigenen Untätigkeit der Kommission sei, da die Kommission nicht verpflichtungsgemäß Grenzwerte für jene Stoffe vorgeschlagen habe. Hilfsweise wurde noch vorgebracht, dass die tatsächliche Umsetzung von Artikel 7 der Richtlinie gewährleistet sei, da das WHG im Wesentlichen ein Programm in Sinne dieses Artikels darstelle. Zu Lasten Deutschlands hat der EuGH jedoch festgestellt, dass die Aufstellung von Programmen mit Qualitätszielen unentbehrlich sei. Die Festlegung von Emissionsgrenzwerten reiche nicht aus, einen Mitgliedstaat von der Verpflichtung zu befreien[785]. Zudem dienten diese Programme der vergleichenden Prüfung der verschiedenen Gewässerschutzregelungen von Mitgliedstaaten und ihrer Harmonisierung[786]. Außerdem könnten die Programme mit Qualitätszielen Verschmutzungen durch Stoffe aus diffusen Quellen erfassen[787]. Vor allem hat der EuGH hervorzuheben, dass diese Programme einen spezifischen Charakter hatten und ein kohärentes Gesamtkonzept darstellten. Weder eine allgemeine Regelung noch punktuelle Maßnahmen, die zwar eine große Zahl von Vorschriften zum Gewässerschutz enthalten, aber keine Qualitätsziele für einzelne Wasserläufe oder Wasserflächen festlegen,

---

783 EuGHE, a.a.O. Rn. 24 ff.

784 EuGH, Rs. C-184/97, Slg. 1999, S. I-7837. Vgl. Breuer, in: Rengeling (Hrsg.), EUDUR, Bd. II, § 65 Rn. 69.

785 EuGHE, a.a.O. Rn. 29.

786 EuGHE, a.a.O. Rn. 31 f.

787 EuGHE, a.a.O. Rn. 36.

könnten als Programme im Sinne von Artikel 7 der Richtlinie angesehen werden[788].

Hierbei zeigt sich deutlich die strukturelle Divergenz zwischen europäischem und deutschem Recht. Die Systemvorstellungen, die dem deutschen einerseits und dem europäischen Gewässerschutzrecht anderseits zugrunde liegen, weichen stark voneinander ab. Auf Gemeinschaftsebene herrscht die Bevorzugung von Programmen mit Qualitätszielen, während das deutsche System eher an einer technikorientierten Emissionsbegrenzung ausgerichtet ist. Die Rechtsprechung des EuGH stärkt die systematische Ausrichtung des EG-Gewässerschutzrechts an Programmen mit Qualitätszielen. Danach spielt es hier keine Rolle, ob die Emissionswerte strengere Bestimmungen darstellen. Es geht eher um die Errichtung vergleichbarer Schutzsysteme in den Mitgliedstaaten[789].

II. Wasserrahmenrichtlinie

1. Umsetzung der Wasserrahmenrichtlinie

Bis zum 22. Dezemer 2003 war die WRRL umzusetzen. Über den Wasserhaushalt hat der Bund nach der verfassungsrechtlichen Kompetenzlage, wie schon erwähnt, nur die Rahmengesetzgebungskompetenz, dabei sind ausnahmsweise in Einzelheiten gehende oder unmittelbar geltende Regelungen zu erlauben. Auf dieser Grundlage erfolgte zuerst die bundesrahmengesetzliche Umsetzung der WRRL durch das Siebtes Gesetz zur Änderung des Wasserhaushaltsgesetzes (WHG) vom 18. Juni 2002[790]. Dann folgte einerseits die Anpassung der Landeswassergesetze, um den bundesgesetzlichen Rahmen auszufüllen und die Umsetzung der WRRL zu vervollständigen. Anderseits wurden zur Umsetzung der Anhänge II (Beschreibung und Charakterisierung der Gewässer) und V (Festlegung von ökologischen Zielen, Umweltqualitätszielen, Überwachung, Güteklassifizierung und Darstellung der Überwachungsbefunde) der WRRL gesonderte Rechtsverordnungen der Länder erlassen[791]. Die Länderarbeitsgemeinschaft Wasser (LAWA) erarbeitete Mustervorschriften für die Anpassung der Landeswassergesetze und eine Musterverordnung für die Umsetzung der Anhänge II und V WRRL durch die ergänzenden Rechtsverordnungen. Am 8. Mai 2005 erhob die Europäische Kommission Klage gegen die Bundesrepublik Deutschland, weil sie die erforderlichen Rechts- und Verwaltungsvorschriften zur Umsetzung der WRRL nicht erlassen bzw. der EU-Kommission nicht mitgeteilt hat. Inzwi-

---

788 EuGHE, a.a.O. Rn. 55 ff.

789 Karstens, ZUR 2000, 226.

790 BGBl. I S. 1914; in der Fassung der Bek. vom 19. 8. 2002, BGBl. I S. 3245, zuletzt geändert durch Gesetz vom 25. 6. 2005, BGBl. I S. 1746.

791 Knopp, in: Koch/Schürmann (Hrsg.), Das EG-Umweltrecht und seine Umsetzung in Deutschland und Polen, 59, 60 f.

schen haben aber alle Länder ihre Landeswassergesetze angepasst und die Rechtsverordnungen erlassen[792].

Nach der rechtlichen Umsetzung war der nächste Schritt die Bestandsaufnahme bis Ende 2004 nach Art. 5 WRRL und die Berichterstattung an die Kommission bis zum März 2005 nach Art. 15 Abs. 2 WRRL. Auf dieser Basis haben die Mitgliedstaaten nach Art. 8 WRRL bis Ende 2006 noch Programme zur Überwachung des Zustandes der Gewässer aufzustellen (das sog. Monitoring). Dann soll die Aufstellung der Bewirtschaftungspläne und Maßnahmenprogramme bis Ende 2009 nach Art. 11 und 13 WRRL folgen. Das Ziel der WRRL, nämlich ein guter Zustand der Gewässer, ist bis Ende 2015 zu erreichen. Dementsprechend wurden in Deutschland zum ersten Mal alle Belastungen der in Wasserkörper unterteilten Oberflächengewässer und der Grundwasserkörper bis 2004 bewertet[793], es wurde also eine Bestandsaufnahme durchgeführt. Trotz der differenzierten bundesländerspezifischen Vorgehensweise sowie unvollständiger und uneinheitlicher Datenlage[794] zeigt sich als Gesamtbild der Bestandsaufnahme[795], dass in Deutschland ein Großteil der Gewässer in der Struktur der Hydromorphologie erheblich verändert, ein ebenfalls großer Teil mit Nährstoffen überlastet und ein kleiner Teil mit Schadstoffen noch übermäßig belastet ist. Es ist festzustellen, dass ohne zusätzliche Sanierungsmaßnahmen der überwiegende Teil der Wasserkörper in Deutschland eine gute Gewässerqualität im Sinne der WRRL wahrscheinlich nicht erreichen würde. Die Ursachen für diesen Befund liegen bei den Oberflächengewässern in den morphologischen Veränderungen der Gewässerstrukturen aufgrund der Nutzung für Schifffahrt, Wasserkraft, Land- und Forstwirtschaft und Hochwasserschutz usw. Vor allem Querbauwerke behindern die Wanderung von Fischen. Stoffliche Belastungen stammen meistens aus diffusen Quellen, insbesondere aus der Landwirtschaft. Das Grundwasser wird vor allem durch Nitrat belastet, das aus der Landwirtschaft kommt[796].

Für knapp ein Viertel der Fließgewässer wollen die Bundesländer jedoch gemäß Art. 4 Abs. 3 WRRL prüfen, ob sie als »erheblich verändert« eingestuft werden können. Vorausgesetzt ist danach einerseits, dass die zum Erreichen eines guten ökologischen Zustands erforderlichen Änderungen der hydromorphologischen Merkmale dieses Wasserkörpers signifikante negative Auswirkungen auf die Umwelt oder wichtige nachhaltige Entwicklungstätigkeiten des Menschen (z. B. Schifffahrt, Trinkwasserversorgung, Stromerzeugung usw.) hätten, anderseits, dass die Ziele der vorliegenden Gewässernutzungen aus technischen oder Kos-

792 Knopp, ZUR 2005, 505 f.; Halzwarth, ZUR 2005, 510, 511.

793 Holzwarth, ZUR 2005, 510.

794 Die heftige Kritik dazu vgl. SRU, Umweltgutachten 2004, Tz. 403 ff.

795 Hierzu BUM: Die Wasserrahmenrichtlinie-Ergebisse der Bestandausnahme in Deutschland – Kurzfassung –. Berlin, Januar 2005. Aufrufbar unter http://www.bmu.de/gewaesserschutz/downloads/doc/35242.php.

796 Holzwarth, ZUR 2005, 510, 511 ff.; Knopp, ZUR 2005, 505, 506.

tengründen nicht in anderer umweltverträglicher Weise zu erreichen sind. Die Einstufung eines Gewässer als »künstlich oder erheblich verändert« hat zur Folge, dass statt des guten ökologischen Zustands nur das gute ökologische Potenzial als Ziel zu erreichen ist. So werden vermutlich viele Wasserkörper nicht mehr für die Zielerreichung als »at risk« betrachtet[797]. Die Einstufung und deren Gründe sind im bis Ende 2009 zu erstellenden Bewirtschaftungsplan darzulegen (vgl. Art. 4 Abs. 3 Unterabs. 2 WRRL). Umstritten ist aber, ob die Einstufung eines Gewässers als »künstlich oder erheblich verändert« als Ausnahmetatbestand zu verstehen ist. Zum Teil wird die Ansicht vertreten, dass es sich hierbei um ein zweigliedriges Bewirtschaftungsmodell mit unterschiedlichen materiellen Anforderungen handelt und kein Regel-Ausnahme-Verhältnis besteht[798]. Die Gegenmeinung befürchtet allerdings die Konterkarierung der ansonsten ehrgeizigen Ziele der WRRL und plädiert für die Beschränkung der Ausweisung solcher Wasserkörper nur auf wirkliche Ausnahmefälle[799].

2. Probleme föderaler Struktur im Wasserbereich

Die verfassungsrechtliche Kompetenzordnung über den Wasserhaushalt erregt immer öfter Bedenken, zumal die Veränderung des Grundgesetzes im Jahr 1994 und die neuere Rechtsprechung des BVerfG zu Art. 72 Abs. 2 und 75 Abs. 2 GG die Ausübung der Rahmengesetzgebung des Bundes noch komplizierter und schwieriger machen. Auch der Europäisierungsprozess verschärft diese Problematik. Die Umsetzung der WRRL wurde und wird gerade durch den Wasserföderalismus erschwert. Wie bereits dargestellt, wurde die WRRL durch die 7. Novelle des WHG nur bundesrahmenrechtlich umgesetzt. In großem Ausmaß wurde die normative Umsetzungsaufgabe den 16 Ländern überlassen. Die WRRL beansprucht einerseits eine länder- und staatenübergreifende kohärente Gewässerbewirtschaftung in den Flussgebietseinheiten und enthält teilweise detaillierte Vorschriften, räumt anderseits aber auch viele Ausgestaltungs- und Auslegungsspielräume ein. Für eine harmonisierte Umsetzung in den Ländern waren daher die Abstimmung und Koordinierung unerlässlich. Darauf wurde schon viel Zeit und Energie verwendet. Es fanden zahlreiche Abstimmungsprozesse zwischen Bund und Ländern und den Ländern untereinander statt. Ein Musterentwurf für die Anpassung der Landeswassergesetze und eine Musterverordnung für die Umsetzung der Anhänge II und V WRRL durch die ergänzenden Rechtsverordnungen wurden von der Länderarbeitsgemeinschaft Wasser (LAWA) erarbeitet. Für die Erfüllung der Umsetzungsaufgaben haben die Länder insgesamt seit dem Inkrafttreten der Novelle zum WHG bis zu drei Jahren gebraucht.

797 Holzwarth, ZUR 2005, 510, 512 f.
798 Knopp, ZUR 2005, 505, 507; Ginzky, ZUR 2005, 515, 516 f.
799 Vgl. SRU, Umweltgutachten 2004, Tz. 376, 388, 414.

Auf den ersten Blick ist es schon vor dem Hintergrund der europäischen Rechtsharmonisierung merkwürdig, dass die verfassungsrechtliche Kompetenzlage hier zur Stärkung der Besonderheiten der einzelnen Landeswassergesetze tendiert. Die Entwicklung zeigte daher paradoxerweise einerseits, dass den Ländern der Hauptanteil der Gesetzgebungskompetenz zukam, anderseits, dass sich einheitliche Vorgaben hierbei als notwendig erwiesen und die Länder eine Vielzahl davon hinnahmen. Die Ansicht liegt daher nahe, dass eine konkurrierende Gesetzgebung nach Art. 72 GG für den Wasserhaushalt, wie es für das Immissionsschutz- und das Abfallrecht der Fall ist, die Umsetzung der integralen EU-Richtlinien, wie WRRL, erheblich vereinfachen und beschleunigen würde[800]. Auch für die fachliche Umsetzung gilt nichts anderes. Eine völlige Länderkoordination ist zwar die Voraussetzung für effektive Gewässerbewirtschaftung in den Flussgebieten. In der Praxis hat jedoch der konkrete Koordinierungsprozess bis jetzt keine Form angenommen[801]. Die ersten Erfahrungen mit der im Jahr 2004 abgeschlossenen Bestandsaufnahme zeigte bereits deutlich Mängel an Abstimmung. Sie beruhte also auf den bundesländerabhängig divergierenden Datenlagen und Bewertungskriterien[802]. Es wird mithin empfohlen, statt der bisherigen ausschließlichen Verwaltungszuständigkeit der Länder eine Bundesauftragsverwaltung für die Gewässerbewirtschaftung zu prüfen. Denn die Gewässerbewirtschaftung hält sich nicht an Ländergrenzen und bedarf einer Vernetzung ebenso wie der Bau von Schienen, Straßen oder Wasserwegen[803].

3. Auswirkungen der Wasserrahmenrichtlinie

Die WRRL bringt eine grundlegende und umfassende Neuordnung des europäischen Gewässerschutzes. Von den zahlreichen Neuerungen entfalten vor allem die Ausrichtung an die Flussgebietseinheiten, die verbindliche Qualitätszielorientierung und die Aufstellung der Bewirtschaftungspläne und Maßnahmeprogramme tiefe Auswirkungen auf das deutsche Wasserrecht. Darauf soll im Folgenden näher eingegangen werden. Die anderen Konzeptionen, wie der kombinierte Ansatz oder das Kostendeckungsprinzip, bedürfen jedoch noch weiterer Entwicklungsarbeiten und daher lassen sich ihre Einwirkungen nicht schon jetzt einschätzen.

a) Flussgebietsbezogene Gewässerbewirtschaftung

Ein Kernpunkt der WRRL ist die flussgebietsbezogene Gewässerbewirtschaftung, die für das deutsche Wasserrecht eine neuartige Konzeption und zugleich eine wesentliche Herausforderung darstellt. Als Haupteinheit der Bewirtschaf-

---

800 Vgl. SRU, Umweltgutachten 2004, Tz. 398 f., 1249 f.; auch Berendes, ZfW 2002, 197, 220 f.; Holzwarth, ZUR 2005, 510, 511, 515.

801 Näher vgl. SRU, Umweltgutachten 2004, Tz. 400.

802 Näher vgl. SRU, Umweltgutachten 2004, Tz. 403 ff.

803 Vgl. SRU, Umweltgutachten 2004, Tz. 400, 1249 f.

tung ist nun die Flussgebietseinheit, unabhängig von den Grenzen der Verwaltungsbezirke, nach den hydrologischen Gegebenheiten gemäß der vorgegebenen Merkmale der Richtlinien zu bilden (Art. 3 Abs. 1 und Art. 5 i. V. m. Anhang II WRRL). Die Gewässer sind also flussgebietsbezogen von der Quelle bis zur Mündung mit allen Zuflüssen zu bewirtschaften[804]. Auf dieser Grundlage entfalten die Mitgliedstaaten umfassende wasserwirtschaftliche Planungs-, Ausführungs- und Kontrollaufgaben. In Deutschland bestehen 10 Flussgebietseinheiten, von denen 6 Flussgebietseinheiten (Oder, Elbe, Rhein, Ems, Maas und Donau) international sind. Sie alle sind in § 1b Abs. 1 WHG aufgeführt und im Anhang 1 des WHG in Kartenform dargestellt.

Dieses Konzept folgt weitgehend dem britischen und französischen zentralistischen Modell und bringt mithin dem föderalen System des deutschen Gewässerschutzrechts eine gravierende Herausforderung. Wie schon dargelegt, fordert die geltende Fassung[805] des Art. 3 der WRRL – im Gegensatz zu dem früheren Entwurf[806] – die Mitgliedstaaten nicht mehr zur Schaffung einer jeweils für die Flussgebietseinheit verantwortlichen Behörde (River Bassin Authority/Agence de Bassin) auf, wie dies in Großbritannien und Frankreich der Fall ist. Die Kommission hat die textliche Änderung ausdrücklich damit begründet, „dass es den Mitgliedstaaten freistehen muss, die Aufgabe der Bewirtschaftungsplanung der Flussgebietseinheiten von einer zentralen Behörde oder einer koordinierten Verwaltungsstruktur zu erreichen“[807]. Nunmehr verlangt die geltende Fassung von den Mitgliedstaaten nur für geeignete Verwaltungsvereinbarungen, einschließlich der Bestimmung der geeigneten zuständigen Behörde, zu sorgen. Die administrativen Ausgestaltungen bleiben mithin Angelegenheiten der Mitgliedstaaten[808]. Den Einwänden, dass die WRRL in die institutionelle Autonomie der Mitgliedstaaten eingreife, dass die Bundesrepublik Deutschland dadurch einen tiefen Einbruch in die bundesstaatliche Struktur und weitere Verluste im staatsrechtlichen Gefüge erleiden werde[809], ist daher nicht zu folgen[810]. Stattdessen

---

804 Vgl. Berendes, ZfW 2002, 197, 213; Breuer, in: Rengeling (Hrsg.), EUDUR, Bd. II, § 65 Rn. 53; Knopp, in: Koch/Schürmann (Hrsg.), Das EG-Umweltrecht und seine Umsetzung in Deutschland und Polen, 59, 61.

805 Zur Entstehungsgeschichte der deutschen Fassung, im einzelnen Breuer, in: Rengeling (Hrsg.), EUDUR, Bd. II, § 65 Rn. 51.

806 Vgl. den Konsultationsentwurf vom 4.12.1996, Art. 3, Begründung: Ziff. 4.4 und 4.8.

807 Entwurf des Kommissionsvorschlags einer Wasserrahmenrichtlinie vom 26. 2. 1997, KOM (97), S. 18.

808 Caspar, DÖV 2001, 529, 531 f.; Appel, ZUR 2001, 129, 135; nach Breuers Meinung berge solche Auslegung aber die Gefahr in sich, Vertragsverletzungsverfahren vor dem EuGH auszusetzen. Vgl. Breuer, in: Rengeling (Hrsg.), EUDUR, Bd. II, § 65 Rn. 62, 136 ff.

809 Breuers Meinung nach sei der Eingriff in die institutionelle Autonomie der Mitgliedstaaten gemäß der geltenden Fassung allenfalls „abgeschwächt“, nicht aber aufgehalten worden. S. Breuer, in: Rengeling (Hrsg.), EUDUR, Bd. II, § 65 Rn. 53 ff.; ders., NuR 2000, S. 541, 545 f.

810 SRU, Umweltgutachten 2004, Tz. 377.

stellt eher die praktische koordinierte Durchführung einer Staats- und Ländergrenzungen überschreitenden flussgebietsbezogenen Gewässerbewirtschaftung ein zentrales und brisantes Thema dar.

Die 7. Novelle des WHG beauftragt den Ländergesetzgeber in § 1 b Abs. 2 nur, die Koordinierung der Bewirtschaftung der Flussgebietseinheiten auf nationaler und internationaler Ebene zu regeln. Dafür, wie die Koordinierung konkret erfolgt, gibt es kein Konzept im WHG. Diese Koordinierung soll die Bestandsaufnahme des Gewässerzustands, die Einstufung der Gewässerkörper einschließlich ihrer Einstufung als künstlich oder erheblich verändert, die Festlegung der Ziele in den einzelnen Flussgebietseinheiten sowie die Erstellung der Bewirtschaftungspläne und Maßnahmenprogramme betreffen[811]. Es ist nur festzustellen, dass die Abstimmung der Maßnahmen der Länder in der Wasserwirtschaftsverwaltung künftig viel Zeit und Energie erfordert. In der Praxis hat jedoch, wie schon erwähnt, der konkrete Koordinierungsprozess immer noch keine Form angenommen[812]. Die ersten Erfahrungen mit der im Jahr 2004 abgeschlossenen Bestandsaufnahme zeigten deutlich Mängel in der Abstimmung. Ob sich die Zusammenarbeit und Koordination der Bundesländer in der Zukunft allmählich verbessert, ist abzuwarten[813].

b) Qualitätsorientierte Gewässerbewirtschaftung

Mit der Wasserrahmenrichtlinie schlägt das europäische Gewässerschutzrecht endgültig den Weg zu einem qualitätsorientierten Bewirtschaftungsregime ein. Die Umweltziele gemäß Art. 4 i.V.m. Anhang V der Richtlinie bilden den Dreh- und Angelpunkt der Gewässerbewirtschaftung[814]. Sie sind rechtlich allgemeinverbindlich und zwingend einzuhalten. Sie müssen mittels zu erstellender Bewirtschaftungspläne und Maßnahmenprogramme erreicht werden. Außerdem ergreifen die Qualitätsvorgaben einen breiten Schutzansatz: die Qualitätseinstufung der Gewässer gemäß Anhang V umfasst nicht nur bekannte physikalisch-chemische Parameter, sondern auch biologische und hydromorphologische Komponenten. Damit wird erstmals die Bedeutung der ökologischen Dimension zum Schutz naturtypischer Lebensgemeinschaften und der Hydromorphologie neben die der physikalisch-chemischen Wasser-beschaffenheit aufgewertet[815].

---

811 Vgl. Knopp, ZUR 2001, 368 , 371 f.

812 Näher vgl. SRU, Umweltgutachten 2004, Tz. 400.

813 Berendes, ZfW 2002, 197, 213 f.

814 Breuer, in: Rengeling (Hrsg.), EUDUR, Bd. II, § 65 Rn. 112.

815 Appel spricht von „eine[r] Abkehr von der die bisherigen Gewässerschutzrichtlinien prägenden, durch das Schlagwort der 'Stofflastigkeit' gekennzeichneten Fixierung auf den chemischen Gewässerzustand sowie die Hinwendung zu einer Gesamtbetrachtung der Gewässerqualität.“ S. Appel, ZUR 2001, 129. Vgl. auch SRU, Umweltgutachten 2004, Tz. 378 ff.; Holzwarth, ZUR 2005, 510, 512.

Im Gegensatz dazu hat das deutsche Wasserrecht, wie dargelegt, den Schwerpunkt auf die Emissionsbegrenzung unerwünschter Stoffe gelegt. Die Festlegung des Qualitätsstandards wurde zwar den verantwortlichen Ländern überlassen, von ihnen wurde jedoch in der Praxis wenig unternommen. Obwohl sich die Praxis seit Anfang der neunziger Jahre stärker mit den Zielvorgaben der Gewässer beschäftigt hat und mithin Immissionswerte für eine Reihe von gefährlichen Stoffen festgelegt worden sind[816], ist ihnen keine rechtliche Verbindlichkeit zugekommen. Sie wurden nur als Orientierungswerte betrachtet, und zwar unter Rücksichtnahme auf die regionalen Besonderheiten. Sie wiesen außerdem eine stärkere „Stofflastigkeit“[817] auf, bezogen sich also lediglich auf bestimmte gefährliche Stoffe. Darüber hinaus wurde dabei kaum mehr Wert auf ökologische Zielvorstellungen und eine Gesamtbetrachtung der Gewässerqualität gelegt, auch die Gewässerstruktur und die Hydromorphologie wurden nicht hervorgehoben[818]. Mit einer Konzeption der qualitätsorientierten Gewässerbewirtschaftung bringt die Wasserrahmenrichtlinie infolgedessen einen der bedeutsamsten Paradigmenwechsel für das deutsche Wasserrecht. Die künftig zur Erreichung der Bewirtschaftungsziele geltenden Qualitätsnormen reichern nämlich den Begriff des Wohls der Allgemeinheit in § 6 WHG an. In der Zukunft werden bei der Einzelentscheidung sowohl Emissionsgrenzwerte der Abwasserverwaltungsvorschriften als auch Qualitätsstandards maßgeblich sein. Dies impliziert insgesamt eine Steigerung des Schutzniveaus[819].

c) Neues Planungsinstrumentarium

Eine weitere Säule der WRRL ist ihr Planungsinstrumentarium. Zur Verwirklichung von Umweltqualitätszielen gemäß Art. 4 i.V.m. Anhang V der Richtlinie sind Bewirtschaftungspläne und Maßnahmenprogramme vorgesehen. Sie müssen ein kohärentes Gesamtkonzept und Maßnahmenpaket bieten. Die Frist, bis Dezember 2009 Bewirtschaftungspläne und Maßnahmenprogramme aufzustellen, ist kurz, weil in diesem Zeitraum auch die Öffentlichkeitsbeteiligung nach Art. 14 WRRL und gemäß den Vorschriften der SUP Richtlinie 2001/42/EG das Zusammenwirken mit den Raumordnungsbehörden nach § 36 Abs. 1 Satz 2 WHG und gegebenenfalls die Koordinierung der internationalen Flussgebietseinheiten zu erfolgen hat[820].

Mit der 7. Novelle zum WGH sind die zwei Planungsinstrumente der WRRL im deutschen Wasserrecht übernommen worden (§§ 36, 36 b WHG n. F.). Alle bis-

---

816 Vgl. Länderarbeitsgemeinschaft Wasser (Hrsg.), Zielvorgaben zum Schutz oberirdischer Binnengewässer, Bd. II, II, III, 1998.

817 Appel, ZUR 2001, 129, 132.

818 Vgl. Appel, ZUR 2001, 129, 130 ff.

819 SRU, Umweltgutachten 2004, Tz. 387.

820 Knopp, in: Koch/Schürmann (Hrsg.), Das EG-Umweltrecht und seine Umsetzung in Deutschland und Polen, 59, 65 f.

herigen immissionsbezogenen Planungsinstrumente im Bundesrahmenrecht, also wasserwirtschaftliche Rahmenpläne, Bewirtschaftungspläne alten Rechts, Abwasserbeseitigungspläne und Reinhalteordnungen, sind dadurch abgeschafft worden[821].

E. Fazit

Die WRRL eröffnet eine neue Epoche für den gemeinschaftsrechtlichen Gewässerschutz und ergibt zugleich für das deutsche Wasserrecht eine völlig neue Ordnung. Die Bewirtschaftung sowohl der Oberflächengewässer als auch des Grundwassers wird künftig maßgeblich durch die Anforderungen der EG-WRRL geprägt werden. Vor allem mit dem Flussgebietsmanagement, Gewässerqualitätszielen, Bewirtschaftungsplänen und Maßnahmenprogrammen bringt die WRRL einen tiefgreifenden Wandel mit sich, der das Gesamtsystem des deutschen Wasserrechts berührt. Infolge der WRRL sind die Gewässer nun, unabhängig von den Grenzen der Verwaltungsbezirke, flussgebietsbezogen von der Quelle bis zur Mündung mit allen Zuflüssen zu bewirtschaften. Das Qualitätsziel, nämlich einen guten Zustand aller Gewässer zu erreichen, ist rechtlich allgemeinverbindlich. Für die Qualitätseinstufung sind nicht nur bekannte physikalisch-chemische Parameter, sondern auch biologische und hydromorphologische Komponenten maßgeblich. Mit den Bewirtschaftungsplänen und Maßnahmenprogrammen sollen ein kohärentes Gesamtkonzept und Maßnahmepaket für Flussgebietseinheiten geboten werden, um ihre Umweltqualitätsziele zu erreichen. Gerade all dies ist keine Stärke des deutschen Wasserrechts. Dieses ist vielmehr durch den Wasserföderalismus und das Emissionsprinzip gekennzeichnet.

Im Prozess der Europäisierung des deutschen Rechts zeigt sich oft, wie das gerade im Wasserbereich besonders ausgeprägte föderalistische System die Umsetzung von integralen und integrativen EG-Richtlinien erschwert. Die Erfahrung mit dem zur Umsetzung der UVP-Änderungsrichtlinie und der IVU-Richtlinie verabschiedeten Artikelgesetz 2001 macht es schon klar, wie das deutsche Wasserrecht durch die EU-Regelungsaufgaben vor dem Hintergrund föderaler Strukturen immer komplizierter und unübersichtlicher geworden ist. Dies gilt auch für das zur Umsetzung der SUP-Richtlinie erlassene SUPG vom 25. Juni 2005. Es hat das UVPG novelliert und darin entsprechend der Kompetenzlage die Aufstellung von Ausfüllungs- und Ergänzungsregelungen auch im Wasserbereich den Ländern aufgetragen. Außerdem nahmen allein die kompetenziellen Ausführungen mehr als 15 Seiten in der allgemeinen Begründung des

---

821 Diese Abschaffung war zwar europarechtlich nicht zwingend geboten, dient aber der Rechtsklarheit und Rechtsvereinfachung. Die Länder können aber sich entscheiden, ein oder mehrere bisherige Planungsinstrumente weiter beizubehalten. Vgl. Berendes, ZfW 2002, 197, 215.

Regierungswurfs zum SUPG ein[822]. Neben dem Energie- und Zeitaufwand steigt dabei auch das Potenzial der Einleitung des Vertragsverletzungsverfahrens vor dem EuGH wegen unzureichender oder verspäteter (länderrechtlicher) Umsetzung. Nicht zuletzt drängt sich der wesentliche Zweifel auf, ob der Wasserföderalismus überhaupt der Vernunft des Umweltschutzes entspricht. Bei der Umsetzung der WRRL ist der deutsche Gewässerschutz einmal mehr mit der Kompetenzproblematik konfrontiert. Nicht nur ihre rechtliche, sondern auch ihre fachliche Umsetzung verlangte und verlangt mehr Abstimmung und Koordinierung der Länder. Der deutsche Wasserföderalismus steht gerade vor seiner größten Bewährungsprobe[823].

---

822 Näher s. 2. Kapitel C III 1 und 3.

823 Berendes, ZfW 2002, 197, 220.

Kapitel 4: Naturschutzrecht

A. Einführung

Obwohl sich nur relativ wenige europäische Regelwerke mit dem Naturschutz befinden, wird das mitgliedstaatliche Naturschutzrecht auch maßgeblich durch sie beeinflusst. Besonders nennenswert sind die EG-Vogelschutzrichtlinie[824] und FFH-Richtlinie[825]. Sie führen mit der Kategorie des Schutzgebietssystems eine neue Qualität ein und bringen daher in qualitativer und quantitativer Hinsicht eine grundlegende Neuorientierung mit sich. Vor allem sind die Rechtsfolgen der Schutzgebietsausweisung danach so gravierend, dass die Bereitstellung von Schutzgebieten sogar wie der Verlust von Gebietshoheit empfunden wird[826]. Die damit einhergehende Chance, europaweit ein hohes Niveau des Naturschutzes zu gewährleisten, ist allerdings erfreulich. Das folgende Kapitel wird das Phänomen der „Europäisierung des Naturschutzrechts" eingehend untersuchen und die Auswirkungen auf das deutsche Naturschutzrecht näher kennzeichnen.

Zunächst soll ein Blick auf die Entwicklung des Europäischen Naturschutzrechts geworfen werden (B). Ausführlich dargestellt werden erstens die Vogelschutzrichtlinie (I) einschließlich ihres Inhalts (1) und die bedeutsamen Entscheidungen des Europäischen Gerichtshofs (EuGH) dazu (2). Die Problematiken, mit denen sich der EuGH auseinandersetzte, betrafen den Ermessens- bzw. Beurteilungsspielraum der Mitgliedstaaten bei der Schutzgebietsausweisung (a), die Verkleinerung eines ausgewiesenen besonderen Schutzgebietes (b), die sog. faktischen Vogelschutzgebiete (c) und die Ausgestaltung des Schutzstatus (d). Danach ist zweitens die FFH-Richtlinie zu behandeln (II). Nach einem kurzen Überblick über ihren Inhalt (1) ist die brisante Frage nach den sog. potentiellen FFH-Gebieten zu erörtern (2). Hierbei sind die unterschiedlichen Auffassungen des Schrifttums und die wichtigen Entsprechungen des Bundesverwaltungsgerichtes (BVerwG) darzustellen. Schließlich ist die Frage nach der nachträglichen Änderung oder Aufhebung einer Schutzgebietsausweisung zu klären (3). Anschließend soll die Entwicklung des deutschen Naturschutzrechts kurz skizziert werden (C). Bevor auf die Hauptsachen einzugehen sein wird, müssen vorab jedoch erst ein paar Anmerkungen gemacht werden (I). Das Gesetz über Naturschutz und Landschaftspflege (Bundesnaturschutzgesetz – BNatSchG) vom 20. Dezember 1976[827] hat sich in den letzten Jahren nach mehrfacher Novellierung

---

824 Richtlinie 79/409/EWG des Rates vom 2.4.1979 über die Erhaltung der wildlebenden Vogelarten, ABl. 1979 L 103/1, zuletzt geändert durch Akte über die Bedingungen des Beitritts der Tschechischen Republik usw. ABl. 2003, L236/870.

825 Richtlinie 92/43/EWG des Rates vom 21.5.1992 zur Erhaltung der natürlichen Lebensräume sowie der wildlebenden Tiere und Pflanzen, ABl. 1992 L 206/7, zuletzt geändert durch Verordnung (EG) Nr. 1882/2003 vom 29.9.2003, ABl. 2003 L 284/1.

826 Ramsauer, in: Erbguth (Hrsg.) Europäisierung, 107, 113.

827 BGBl. I 1976, S. 3574 und 1977, S. 650.

und Neubekanntmachung in wichtigen Bereichen weiter fortentwickelt. Besonders bedeutsam sind die letzten Novellen, nämlich die 2. am 30. April 1998, die 3. am 26. August 1998 und die 4. am 25. März 2002 (II). Nach der Darstellung der historischen Rechtsetzungsentwicklungen sollen angesichts des Ziels der Untersuchung die Charakteristiken der Ausweisung von Schutzgebieten im deutschen Naturschutzrecht bezeichnet werden (III). Schließlich wird noch auf den Stand der Ausweisung von den besonderen Vogelschutzgebieten und FFH-Gebieten einzugehen sein (IV).

Nach der Vorstellung der Entwicklung des europäischen und deutschen Naturschutzrechts werden die Auswirkungen der „Europäisierung des Naturschutzrechts" genau dargestellt (D). Es handelt sich um größere Landesflächen zu den Schutzgebieten (I), um den Verlust von Spielräumen bei der Flächenauswahl (II), um das Schutzregime und die nachträgliche Änderung oder Aufhebung (III) sowie um Verdrängungsauswirkungen auf andere Naturschutzaufgaben (IV). Zum Schluss folgt eine Zusammenfassung dieses Kapitels (E).

B. Die Entwicklung des Europäischen Naturschutzrechts

Anders als auf den Gebieten des Immissionsschutzes, des Wasserhaushalts und der Abfallbewirtschaftung bestehen nur wenige europäische Verordnungen und Richtlinien auf dem Gebiet des Naturschutzes. Zu nennen sind davon insbesondere die zwei wichtigsten Regelwerke: Richtlinie 79/409/EWG vom 2. April 1979 über die Erhaltung der wildlebenden Vogelarten (Vogelschutzrichtlinie)[828], Richtlinie 92/43/EWG vom 21. Mai 1992 zur Erhaltung der natürlichen Lebensräume sowie der wildlebenden Tiere und Pflanzen (sog. Fauna-Flora-Habitat-Richtlinie, FFH-Richtlinie)[829].

I. Vogelschutzrichtlinie

1. Inhalt

Die schon 1979 erlassene EG-Vogelschutzrichtlinie 79/409/EWG verpflichtet die Mitgliedstaaten zu einem verbesserten und einheitlichen Vogelschutz. Für sämtliche im europäischen Gebiet der Mitgliedstaaten wildlebenden Vogelarten sollen die Mitgliedstaaten die erforderlichen Maßnahmen treffen, um ihre ausreichende Vielfalt und ausreichende Flächengrößen ihrer Lebensräume zu erhalten oder wieder herzustellen, wobei den ökologischen, wissenschaftlichen und

---

828 Richtlinie 79/409/EWG des Rates vom 2. 4. 1979 über die Erhaltung der wildlebenden Vogelarten, ABl. 1979 L 103/1, zuletzt geändert durch Akte über die Bedingungen des Beitritts der Tschechischen Republik usw. ABl. 2003, L236/870.

829 Richtlinie 92/43/EWG des Rates vom 21. 5. 1992 zur Erhaltung der natürlichen Lebensräume sowie der wildlebenden Tiere und Pflanzen, ABl. 1992 L 206/7, zuletzt geändert durch Verordnung (EG) Nr. 1882/2003 vom 29. 9. 2003, ABl. 2003 L284/1.

kulturellen sowie den wirtschaftlichen und freizeitbedingten Erfordernissen Rechnung getragen wird (Art. 1 , 2 i.V.m. 3 Abs. 1 Vogelschutzrichtlinie). Zu solchen Maßnahmen gehören insbesondere die Einrichtung von Schutzgebieten, die als „einfache (bzw. allgemeine) Schutzgebiete" bezeichnet werden[830] (Art. 3 Abs. 2 lit. a Vogelschutzrichtlinie). Für die gefährdeten Vogelarten und die regelmäßig auftretenden Zugvogelarten sieht Art. 4 Vogelschutzrichtlinie aber noch spezifische Regelungen vor[831]. Um das Überleben und die Vermehrung der Arten des Anhangs I sicherzustellen, haben die Mitgliedstaaten „besondere Schutzmaßnahmen" hinsichtlich ihrer Lebensräume anzuwenden, wobei bestimmte ornithologische Kriterien zu berücksichtigen sind. Unter anderem sind die Mitgliedstaaten insbesondere verpflichtet, die „zahlen- und flächenmäßig geeignetsten Gebiete" zu Schutzgebieten zu erklären (Art. 4 Abs. 1 Vogelschutzrichtlinie). Ferner müssen auch für die nicht in Anhang I aufgeführten, regelmäßig auftretenden Zugvögelarten entsprechende Maßnahmen, vor allem die Einrichtung der Schutzgebiete, ergriffen werden[832] (Art. 4 Abs. 2 Vogelschutzrichtlinie). Solche für Vogelarten des Anhangs I und Zugvogelarten ausgewiesene Schutzgebiete werden als „besondere Schutzgebiete" bezeichnet[833]. Für besondere Schutzgebiete sind geeignete Maßnahmen zu treffen, um ihre Verschmutzung oder Beeinträchtigung sowie die Belästigung der Vögel zu vermeiden, sofern sich diese erheblich auswirken (Art. 4 Abs. 4 S. 1 Vogelschutzrichtlinie). Die Mitgliedstaaten müssen sich ferner darum bemühen, auch außerhalb dieser Schutzgebiete die Verschmutzung oder Beeinträchtigung der Lebensräume zu vermeiden (Art. 4 Abs. 4 S. 2 Vogelschutzrichtlinie). Seit Inkrafttreten der FFH-Richtlinie, auf die sogleich eingegangen wird, unterliegen solche Schutzgebiete an Stelle des Art. 4 Abs. 4 S. 1 Vogelschutzrichtlinie aber dem Schutzregime nach Art. 6 Abs. 2 bis 4 FFH-Richtlinie (Art. 7 FFH-Richtlinie).

2. Bedeutsamen Entscheidungen des Europäischen Gerichtshofs (EuGH)

Die Bedeutung der Vogelschutzrichtlinie ist lange unterschätzt worden. Die nachher unerwartet strenge Aufsicht und Kontrolle zur Durchsetzung der Vogelschutzrichtlinie von der EG-Kommission und dem Europäischen Gerichtshofs (EuGH) erschütterte die Mitgliedstaaten. Mehrere Entscheidungen des EuGH, die in vielerlei Hinsicht auch für die FFH-Richtlinie bedeutsam sind, standen in der jüngeren Vergangenheit im Blickpunkt der Öffentlichkeit:

a) Spielraum der Mitgliedstaaten bei der Schutzgebietsausweisung

Eine grundsätzliche Frage, mit der der EuGH immer konfrontiert wird, ist, ob und inwieweit den Mitgliedstaaten bei der Ausweisung von besonderen Schutz-

830 Jarass, NuR 1999, 481.
831 EuGH Urt. v. 2. 8. 1993 – Rs. C-355/90 (Santoña), Slg. 1993, I-4221, Rn. 23.
832 Gellermann, in: Rengeling (Hrsg.), EUDUR, Bd. II, § 78 Rn. 19.
833 Vgl. Art. 3 Abs. 1 UAbs. 2 und Art. 7 FFH-Richtlinie. S. Jarass, NuR 1999, 481.

gebieten gemäß Art. 4 Abs. 1, 2 Vogelschutzrichtlinie ein Ermessensspielraum zusteht[834]. Den Spielraum hat der EuGH in seiner Rechtsprechung zwar mehrfach anerkannt, aber teils von „Beurteilungsspielraum“[835], teils von „Ermessensspielraum“[836] gesprochen. Nach den ständigen Entscheidungen des EuGH wird der Spielraum aber zuerst dadurch begrenzt, dass die Ausweisung dieser Schutzgebiete ausschließlich den in Art. 4 Vogelschutzrichtlinie festgelegten fachlichen, ornithologischen Kriterien folgt. Die in Art. 2 der Richtlinie genannten Belange der „wirtschaftlichen und freizeitbedingten Erfordernisse“ können nicht in Betracht kommen[837]. Zulässige Gründe für eine Abweichung sind nur solche des Gemeinwohls, die Vorrang vor den mit der Richtlinie verfolgten Umweltbelangen haben[838]. Die wirtschaftlichen Erfordernisse dürfen aber nicht einmal als Gründe des Gemeinwohls berücksichtigt werden[839]. Mit dem Niederlande-Urteil hat der EuGH den undeutlich formulierten sog. „Ermessens- bzw. Beurteilungsspielraum“ weiter präzisiert: er bezieht sich demzufolge nicht darauf, „diejenigen Gebiete zu besonderen Schutzgebieten zu erklären, die nach ornithologischen Kriterien am geeignetsten erscheinen, sondern nur auf die Anwendung dieser Kriterien für die Bestimmung der Gebiete, die für die Erhaltung der in Anhang I der Richtlinie aufgeführten Arten am geeignetsten sind. Folglich sind die Mitgliedstaaten verpflichtet, alle Gegenden zu besonderen Schutzgebieten zu erklären, die nach ornithologischen Kriterien am geeignetsten für die Erhaltung der betreffenden Arten erscheinen“[840]. Der EuGH kam zum Ergebnis, dass ein Mitgliedstaat gegen seine Verpflichtung verstoße, wenn Zahl und Gesamtfläche der von ihm ausgewiesenen besonderen Schutzgebiete „offensichtlich“ unter der Zahl und Gesamtfläche der Gegenden lägen, die für die Erhaltung der betreffenden Arten als die geeignetsten angesehen werden[841]. Im Übrigen wurde in diesem Urteil erstmals die wissenschaftliche Studie »Important Bird Areas in Europe« (sog. IBA-Studie)[842] als Bezugsgrundlage angewandt, um

---

834 Eingehend dazu vgl. Jarass, NuR 1999, 481, 486 f.; Maaß, NuR 2000, 121 ff.; Iven, NuR 1998, 528, 529.

835 EuGH Urt. v. 28. 2. 1991 – Rs. C-57/89 (Leybucht), Slg. 1991, I-924 (= NuR 1991, 249), Rn 20.

836 EuGH Urt. v. 2. 8. 1993 – Rs. C-355/90 (Santoña), Slg. 1993, I-4221, Rn. 26; EuGH, Urt. v. 19. 05. 1998 – Rs. C 3/96 (Kommission/Niederlande), Slg. 1998, I-3031(= NuR 1998, 538), Rn. 60 f.

837 EuGH Urt. v. 2. 8. 1993 (Santoña), a.a.O., Rn. 26; EuGH, Urt. v. 11. 7. 1996 – C-44/95 (Lappel-Bank), Slg. 1996 I-3805, Rn. 23 ff.; EuGH, Urt. v. 19. 05. 1998 (Kommission/Niederlande), a.a.O., Rn. 59 f.

838 EuGH Urt. v. 2. 8. 1993 (Santoña), a.a.O., Rn. 19.

839 EuGH Urt. v. 11. 7. 1996 (Lappel-Bank), a.a.O., Rn. 28 ff.

840 EuGH Urt. v. 19. 05. 1998 (Kommission/Niederlande), a.a.O., Rn. 61 f.

841 EuGH, Urt. v. 19. 05. 1998 (Kommission/Niederlande), a.a.O., Rn. 63.

842 Die Studie wurde von der Europäischen Gruppe für die Erhaltung der Vögel und Lebensräume gemeinsam mit dem Internationalen Rat für Vogelschutz in Zusammenarbeit mit Sachverständigen der Kommission erarbeitet. Die IBA-Studie von 1989 wurde abgedruckt bei Grimmet/Jones, Important Bird Areas in Europe, ICBP Techn. Publ. No. 9,

zu beurteilen, ob der Mitgliedstaat die zahlen- und flächenmäßig geeignetsten Gebiete zu besonderen Schutzgebieten erklärt hat[843]. Zusammenfassend kann festgestellt werden, dass der Spielraum der Mitgliedstaaten bei Ausweisung von besonderen Schutzgebieten nach der Rechtsprechung des EuGH sehr eng ist[844].

b) Verkleinerung eines ausgewiesenen besonderen Schutzgebietes

Zur Verkleinerung eines bereits ausgewiesenen besonderen Schutzgebiets[845] hat der EuGH vorher im Leybucht-Urteil festgelegt, dass die Mitgliedstaaten ein besonderes Schutzgebiet nur flächenmäßig verkleinern dürfen, wenn dafür Gründe des Gemeinwohls vorliegen, die Vorrang vor den mit der Richtlinie verfolgten Umweltbelangen haben, wie beispielsweise die Überschwemmungsgefahr und der Küstenschutz[846]. Seit Inkrafttreten der FFH-Richtlinie gelten für solche Schutzgebiete anstelle der Schutzregelungen nach Art. 4 Abs. 4 S. 1 Vogelschutzrichtlinie die Schutzregelungen nach Art 6 Abs. 2 bis 4 FFH-Richtlinie. Gemäß Art. 6 Abs. 4 S. 1 FFH-Richtlinie dürfen „zwingende Gründe des überwiegenden öffentlichen Interesses einschließlich solcher sozialer oder wirtschaftlicher Art“ einen unverträglichen Plan oder Projekt rechtfertigen, soweit eine Alternativlösung nicht vorhanden ist und alle notwendigen Ausgleichsmaßnahmen ergriffen werden. Im Urteil Lappel-Bank bestätigte der EuGH, dass Art. 6 Abs. 4 FFH-Richtlinie das Spektrum der Gründe nach dem Leybucht-Urteil, die eine Beeinträchtigung eines besonderen Schutzgebiets rechtfertigen können, durch ausdrückliche Aufnahme der Gründe sozialer oder wirtschaftlicher Art erweitert hat[847]. Insoweit ist das Schutzregime abgesenkt worden[848] und die Leybucht-Formel überholt[849].

Cambridge 1989; aktualisierte Fassung Heath/Evans, Important Bird Areas in Europe. Priority sites for conservation, Cambridge 2000.

843 EuGH, Urt. v. 19. 05. 1998 (Kommission/Niederlande), a.a.O., Rn. 68 ff.

844 Maaß, NuR 2000, 121, 123 ff.; ders., ZUR 2001, 80. Es handelt sich eher darum, was im deutschen Verwaltungsrecht als Beurteilungs- oder Bewertungsspielraum bezeichnet wird. S. Gellermann, Natura 2000, 21 f.; Jarass, NuR 1999, 481, 486.

845 Eingehend zur Änderungen der Ausweisung von den besonderen Vogelschutzgebieten, Jarass, NuR 1999, 481, 487 ff.

846 EuGH Urt. v. 28. 2. 1991 (Leybucht), a.a.O., Rn. 21 ff.

847 EuGH Urt. v. 11. 7. 1996 (Lappel-Bank), a.a.O., Rn. 37 f.

848 Vgl. Ramsauer, in: Erbguth (Hrsg.), Europäisierung, 107, 132.

849 Für die faktischen Schutzgebiete gilt nach dem Urteil Basses Corbières des EuGH, worauf gleich eingegangen wird, aber noch die Schutzregelung des Art. 4 Abs. 4 S. 1 Vogelschutzrichtlinie und daher auch weiter die hier beschriebenen Leybucht-Formel. Vgl. SRU, Umweltgutachten 2004, Tz. 159.

c) Faktische Vogelschutzgebiete

Ein brisantes Thema betrifft sog. „faktische (oder potentielle) Vogelschutzgebiete“[850]. Die Aufgabe der Schutzgebietsauswahl ist zwar den Mitgliedstaaten einzuräumen. Es kann jedoch ornithologisch gewichtige Gebiete geben, in denen aufgrund der hohen Schutzwürdigkeit kein nennenswerter Entscheidungsspielraum für die Mitgliedstaaten verbleibt, und sie können mithin nur durch die Ausweisung solcher Gebiete als Schutzgebiete ihre gemeinschaftsrechtlichen Verpflichtungen erfüllen. Dies hat der EuGH seit dem Santoña-Urteil[851] immer wieder bestätigt. Für solche faktischen Schutzgebiete gilt folglich auch Art. 4 Abs. 4 Vogelschutzrichtlinie, der den Mitgliedstaaten auferlegt, geeignete Maßnahmen gegen Verschmutzung, Beeinträchtigung und Belästigung zu treffen, obwohl sie rechtswidrig nicht zu einem besonderen Schutzgebiet erklärt werden[852]. Die Vorgaben der Vogelschutzrichtlinie gelten hier also unmittelbar. Zur Identifizierung einzelner faktischer Vogelschutzgebiete stützt sich der EuGH im Urteil Basses Corbières ausdrücklich auf die Kriterien der seit dem Niederlande-Urteil angewandten »IBA-Studie«[853]. Ferner wurde in diesem Urteil klargestellt, dass die faktischen Gebiete nach dem Inkrafttreten der FFH-Richtlinie weiterhin der Regelung des Art. 4 Abs. 4 S. 1 der Vogelschutzrichtlinie unterliegen, und dass nur die zu besonderen Schutzgebieten erklärten Gebiete gemäß Art. 7 FFH-Richtlinie unter Art. 6 Abs. 2 bis 4 dieser Richtlinie fallen[854]. Die vorgenannte Leybucht-Formel gilt also weiter für die faktischen Schutzgebiete. Damit unterliegen die faktischen Schutzgebiete einer strengeren Schutzregelung als die ausgewiesenen besonderen Schutzgebiete. So schafft die Dualität der Regelungen nach Ansicht des EuGH wie auch des Generalanwalts einen Anreiz für die Mitgliedstaaten, besondere Schutzgebiete auszuweisen[855].

d) Ausgestaltung des Schutzstatus

Ein weiteres Problem stellt die Ausgestaltung des Schutzstatus dar. Die Vogelschutzrichtlinie schreibt keine Regelung darüber vor, in welcher Weise die Unterschutzstellung der Gebiete zu erfolgen hat. Im Seine-Urteil stellte der EuGH fest, dass Art. 4 Abs. 1, 2 Vogelschutzrichtlinie die Mitgliedstaaten dazu verpflichtet, „ein besonderes Schutzgebiet mit einem rechtlichen Schutzstatus aus-

---

850 Vgl. Maaß, NuR 2000, 121; ders., ZUR 2001, 80 ; Iven, NuR 1998, 528.

851 EuGH Urt. v. 2. 8. 1993 (Santoña), a.a.O.

852 EuGH Urt. v. 2. 8. 1993 (Santoña), a.a.O., Rn. 22; EuGH Urt. v. 18. 3. 1999 –Rs. C-166/97 (Seine), Slg. 1999, I-1719, Rn. 38; EuGH Urt. v. 7. 12. 2000 – Rs. C-374/98 (Basses Corbières), NuR 2001, 210, Rn. 26.

853 EuGH v. 7. 12. 2000 (Basses Corbières), a.a.O., Rn. 25. Zum Streit über die Bedeutung der IBA-Studie bzw. IBA-Kriterien, vgl. Maaß, NuR 2000, 121, 123 ff.; ders., ZUR 2001, 80 f.; Gellermann, Natura 2000, 29 f.

854 EuGH v. 7. 12. 2000 (Basses Corbières), a.a.O., Rn. 44 ff.

855 EuGH v. 7. 12. 2000 (Basses Corbières), a.a.O., Rn. 56 und die Anmerkung von Maaß, ZUR 2001, 80, 81 f.

zustatten, der geeignet ist, u. a. das Überleben und die Vermehrung der in Anhang I der Richtlinie aufgeführten Vogelarten sowie die Vermehrung, die Mauser und Überwinterung der nicht in Anhang I aufgeführten, regelmäßig auftretenden Zugvogelarten sicherzustellen“[856]. Anschließend führte der EuGH im Poitou-Urteil deutlich aus, dass weder ein nationales Wasserrecht, das nur Regelungen zur Wasserwirtschaft enthält, noch freiwillige Agrarumweltmaßnahmen – wie Verträge mit betroffenen Landwirten im vorliegenden Fall, die lediglich eine Anreizfunktion für Landwirte haben, die in dem besonderen Schutzgebiet Land bewirtschaften –, einen ausreichenden Schutz im Sinne der genannten Bestimmung gewährleisten können[857]. Schließlich beanstandete der EuGH im Urteil Basses Corbières die französischen Schutzmaßnahmen hinsichtlich ihrer geografischen Ausdehnung[858]. Solange den oben genannten Erfordernissen genügt wird, steht allerdings den Mitgliedstaaten die konkrete Ausgestaltung des Schutzstatus frei[859].

II. FFH-Richtlinie

1. Inhalt

Da sich der Zustand der natürlichen Lebensräume im europäischen Gebiet der Mitgliedstaaten unaufhörlich verschlechtert, die verschiedenen Arten wildlebender Tiere und Pflanzen in zunehmender Zahl ernstlich bedroht sind[860], wurde die FFH-Richtlinie 92/43/EWG verabschiedet, um die Erhaltung der biologischen Vielfalt durch den Aufbau eines Verbundnetzes sowie durch besondere Artenschutzregelungen zu fördern.

Gemäß Art. 3 der FFH-Richtlinie ist ein kohärentes europäisches ökologisches Netz besonderer Schutzgebiete mit der Bezeichnung „Natura 2000“ zu errichten. Dieses Schutzgebietsnetz umfasst Lebensraumtypen des Anhangs I und Habitate der Arten des Anhangs II der FFH-Richtlinie. Auch die aufgrund der Vogelschutzrichtlinie ausgewiesenen besonderen Vogelschutzgebiete werden automatisch Bestandteil des Natur-2000-Netzes. Das Netz muss den Fortbestand oder gegebenenfalls die Wiederherstellung eines günstigen Erhaltungszustandes dieser natürlichen Lebensraumtypen und Habitate der Arten in ihrem natürlichen Verbreitungsgebiet gewährleisten.

Artikel 4 der FFH-Richtlinie normiert in Verbindung mit Anhang III ein mehrstufiges Verfahren zur Erstellung der Gemeinschaftsliste vom Schutzgebietsnetz

---

856 EuGH Urt. v. 18. 3. 1999 (Seine), a.a.O., Rn. 21; auch in diesem Sinne, aber undeutlich EuGH Urt. v. 2. 8. 1993 (Santoña), a.a.O., Rn. 28 bis 32.

857 EuGH v. 25. 11. 1999 – Rs. C-96/98 (Poitou), Slg. 1999, I-8531, Rn. 25 f.

858 EuGH v. 7. 12. 2000 (Basses Corbières), a.a.O., Rn. 23 ff.

859 vgl. Gellermann, in: Rengeling (Hrsg.), EUDUR, Bd. II, § 78 Rn. 20.

860 Vgl. Erwägungsgründen der FFH-Richtlinie.

„Natura 2000". In Phase 1 muss der Mitgliedstaat eine Liste von solchen Gebieten vorlegen, in denen Lebensraumtypen des Anhangs I bzw. Lebensräume der Arten des Anhangs II vorkommen (die nationale Vorschlagsliste). Die Auswahl und Abgrenzung von Schutzgebieten richtet sich nach den „in Anhang III (Phase 1) festgelegten Kriterien und einschlägigen wissenschaftlichen Informationen" (vgl. Art. 4 Abs. 1 FFH-Richtlinie), also ausschließlich nach den naturschutzfachlichen Kriterien. Den Anforderungen von Wirtschaft, Gesellschaft und Kultur sowie den regionalen und örtlichen Besonderheiten[861] darf nicht Rechnung getragen werden[862]. In Phase 2 soll die Kommission im Einvernehmen mit den Mitgliedstaaten aus der nationalen Vorschlagsliste den Entwurf einer Liste der Gebiete von gemeinschaftlicher Bedeutung erstellen. Dabei werden Gebiete mit prioritären Lebensräumen oder Arten[863] aus Gründen ihrer besonderen Schutzwürdigkeit automatisch übernommen[864]. Danach wird der Listenentwurf einem Habitatausschuss zur Stellungnahme zugeleitet[865]. Stimmt der Ausschuss dem Entwurf zu, legt die Kommission die Liste der Gebiete von gemeinschaftlicher Bedeutung (Kommissionsliste) fest; andernfalls unterbreitet die Kommission dem Rat einen Vorschlag, über den mit qualifizierter Mehrheit zu beschließen ist. Sobald ein Gebiet in die Kommissionsliste aufgenommen ist, unterliegt es den Schutzanforderungen des Art. 6 Abs. 2-4 FFH-Richtlinie[866]. In Phase 3 müssen die Mitgliedstaaten die Gebiete in der Kommissionsliste innerhalb von sechs Jahren als besondere Schutzgebiete ausweisen. Erst dann ist das in Art. 4 geregelte Gebietsauswahlverfahren abgeschlossen.

Die besonderen Schutzgebiete von „Natura 2000" (FFH-Gebiete) unterliegen dem Schutzregime des Art. 6 FFH-Richtlinie. Das in Art. 6 Abs. 1 FFH-Richtlinie vorgesehene Gebietsmanagement verpflichtet die Mitgliedstaaten Maßnahmen zu ergreifen, die nicht nur zur Erhaltung des Status quo erforderlich sind, sondern auch Pflege- und Entwicklungsmaßnahmen zur zweckentsprechenden Weiterentwicklung des Gebiets umfassen[867]. Ferner haben die Mitgliedstaaten gemäß Art. 6 Abs. 2 FFH-Richtlinie geeignete Maßnahmen zu treffen, um die Verschlechterung der natürlichen Lebensräume und Habitate sowie »erhebliche« Störungen der Arten zu vermeiden. Nach dem Wortlaut bezieht sich die Einschränkung in die Erheblichkeit nur auf das Störungsverbot, aber nicht auf das Verschlechterungsverbot. Insoweit ist das erste im Vergleich mit dem

---

861 Wie sie in Art. 2 Abs. 3 FFH-Richtlinie genannt sind.

862 EuGH, Urt. v. 7. 11. 2000 – Rs. C-371/98 (Severn-Mündung), NuR 2001, 206. Vgl. auch Ramsauer, in: Erbguth (Hrsg.), Europäisierung, 107, 110; Gellermann, Natura 2000, 53 ff.; ders., in: Rengeling (Hrsg.), EUDUR, Bd. II, § 78 Rn. 23.

863 Lebensräume oder Arten, die in den Anh. I, II mit einem Sternchen (*) gekennzeichnet sind. S. Art. 1 lit. d, h FFH-Richtlinie.

864 Gemäß Anhang III Phase 2 Nr. 1 FFH-Richtlinie.

865 Vgl. Art. 4 Abs. 2 UAbs. 3 i.V.m. Art. 21 FFH-Richtlinie.

866 Vgl. Art. 4 Abs. 5 FFH-Richtlinie.

867 Vgl. Ramsauer, in: Erbguth (Hrsg.), Europäisierung, 107, 113 f.; Gellermann, in: Rengeling (Hrsg.), EUDUR, Bd. II, § 78 Rn. 38.

letzteren abgeschwächt[868]. Gegenüber dem allgemeinen Verschlechterungs- und Störungsverbot enthält Art. 6 Abs. 3, 4 FFH-Richtlinie noch spezielle Vorgaben für schutzgebietsrelevante Pläne und Projekte[869]. Gemäß Art. 6 Abs. 3 S. 1 erfordern Pläne und Projekte[870], die ein solches Gebiet einzeln oder im Zusammenwirken mit anderen Plänen und Projekten erheblich beeinträchtigen könnten, eine Prüfung auf Verträglichkeit mit den für dieses Gebiet festgelegten Erhaltungszielen. Mit dem Herzmuschelfischerei-Urteil hat der EuGH klargestellt, dass eine Verträglichkeitsprüfung bereits erforderlich ist, wenn die Wahrscheinlichkeit oder die Gefahr besteht, dass Pläne oder Projekte das betreffende Gebiet erheblich beeinträchtigen. Eine solche Gefahr liegt dann vor, wenn sich der Eintritt einer erheblichen Gebietsbeeinträchtigung nicht anhand objektiver Umstände ausschließen lässt[871]. Die Erheblichkeit der Auswirkung von Plänen und Projekten ist im Hinblick auf die für dieses Gebiet festgelegten Erhaltungsziele zu prüfen. Drohen solche Pläne oder Projekte die für dieses Gebiet festgelegten Erhaltungsziele zu gefährden, so steht dadurch fest, dass sie dieses Gebiet erheblich beeinträchtigen könnten[872]. Bei der Durchführung der Prüfung sind „unter Berücksichtigung der besten einschlägigen wissenschaftlichen Erkenntnisse" „sämtliche Gesichtspunkte der Pläne oder Projekte" zu ermitteln, die für sich oder in Verbindung mit anderen Plänen oder Projekten die Erhaltungsziele beeinträchtigen können. Die zuständigen Behörden müssen die Genehmigung des Planes oder Projektes versagen, wenn Unsicherheit darüber besteht, dass keine nachteiligen Auswirkungen auf das Gebiet als solches auftreten. Pläne oder Projekte sind also nur dann zu genehmigen, wenn sie Gewissheit darüber erlangt haben, dass sie sich nicht nachteilig auf dieses Gebiet als solches auswirken. Dies ist dann der Fall, wenn aus wissenschaftlicher Sicht kein vernünftiger Zweifel daran besteht, dass es keine solchen Auswirkungen gibt[873].

Unverträgliche Pläne und Projekte dürfen nur ausnahmsweise verwirklicht bzw. zugelassen werden, wenn die Voraussetzungen des Art. 6 Abs. 4 FFH-Richtlinie

---

868 Gellermann, in: Rengeling (Hrsg.), EUDUR, Bd. II, § 78 Rn. 27. Einer anderen Ansicht nach sei trotzdem davon auszugehen, dass die darin zum Ausdruck kommende Relativierung auch für das Verschlechterungsverbot der Lebensräume und Habitate gelte. Vgl. Ramsauer, in: Erbguth (Hrsg.), Europäisierung, 107, 114.

869 Zum Verhältnis zwischen den Absatz 2 und 3 der Art. 6 FFH-Richtlinie, s. EuGH, Urt. v. 7. 9. 2004 – Rs. C-127/02 (Herzmuschelfischerei), Rn. 31-38, NuR 2004, 788, 789, und die Anmerkung von M. Gellermann, NuR 2004, 769, 770.

870 Ausgenommen sind Pläne und Projekte, die unmittelbar mit der Verwaltung des Gebietes in Verbindung stehen oder hierfür notwendig sind.

871 EuGH, Urt. v. 7. 9. 2004 (Herzmuschelfischerei), a.a.O., Rn. 39-45 und die Anmerkung von M. Gellermann, NuR 2004, 769, 771.

872 Die Beurteilung dieser Gefahr ist nach Ansicht des EuGH namentlich im Licht der besonderen Merkmale und Umweltbedingungen des von solchen Plänen oder Projekten betroffenen Gebietes vorzunehmen. S. EuGH, Urt. v. 7. 9. 2004 (Herzmuschelfischerei), a.a.O., Rn. 46-49 und die Anmerkung von M. Gellermann, NuR 2004, 769, 771.

873 EuGH, Urt. v. 7. 9. 2004 (Herzmuschelfischerei), a.a.O., Rn. 50-61 und die Anmerkung von M. Gellermann, NuR 2004, 769, 771 ff.

gegeben sind. Nach Art. 6 Abs. 4 UAbs. 1 FFH-Richtlinie dürfen unverträgliche Pläne und Projekte nur dann verwirklicht werden, wenn hierfür „zwingende Gründen des überwiegenden öffentlichen Interesses einschließlich solcher sozialer oder wirtschaftlicher Art" vorliegen und „eine Alternativlösung nicht vorhanden ist". In diesem Fall müssen die Mitgliedstaaten alle notwendigen Ausgleichsmaßnahmen für den Schutz der Kohärenz von „Natura 2000" ergreifen[874]. Diese Zulassungsvoraussetzungen werden noch im zweiten Unterabsatz dieser Vorschrift verschärft, soweit das betreffende Gebiet ein solches mit einem prioritären Lebensraumtyp oder einer besonderen Art[875] ist: es können nur Erwägungen im Zusammenhang mit der Gesundheit des Menschen und der öffentlichen Sicherheit oder im Zusammenhang mit maßgeblichen günstigen Auswirkungen für die Umwelt oder, nach Stellungnahme der Kommission, andere zwingende Gründe des überwiegenden öffentlichen Interesses[876] geltend gemacht werden.

In Ausnahmefällen kann gemäß Art. 5 FFH-Richtlinie ein bilaterales Konzertierungsverfahren zwischen dem Mitgliedstaat und der Kommission eingeleitet werden, wenn die Kommission feststellt, dass ein Gebiet mit prioritären Lebenstypen oder Arten in der nationalen Liste nicht aufgeführt ist, das ihres Erachtens aber unerlässlich ist. Kommt es weiterhin zu keiner Einigkeit, übermittelt die Kommission dem Rat einen Vorschlag über die Auswahl des Gebietes. Darüber beschließt der Rat einstimmig. Infolge des Einstimmigkeitserfordernisses ist es unmöglich, ein Gebiet gegen den Willen des Mitgliedstaates in die Gemeinschaftsliste aufzunehmen[877].

2. Potentielle FFH-Gebiete

a) Einführung

In der Praxis verzögert sich die Meldung der FFH-Gebieten von den Mitgliedstaaten aber sehr. Die Mitgliedstaaten hätten bereits bis zum 5. Juni 1995 die nationale Liste der EU-Kommission zugeleitet. Bis zum 1. März 2001 waren jedoch die Gebietsmeldungen von fünf Mitgliedstaaten, darunter auch Deutsch-

---

874 Eingehend zu den Tatbestandsvoraussetzungen des Art. 6 Abs. 4 UAbs. 1 FFH-Richtlinie vgl. Ramsauer, in: Erbguth (Hrsg.), Europäisierung, 107, 116 ff.

875 Unklar ist, ob „reine" besondere Vogelschutzgebiete, d.h. ohne die in Anhang I, II der FFH-Richtlinie gekennzeichneten prioritären Lebensraumtypen oder Arten, dieser Vorschrift unterstellt werden können. Die Streitursache liegt darin, dass die in Anhang I, II der FFH-Richtlinie gekennzeichneten prioritären Lebensraumtypen oder Arten keinen Bezug auf Vögel nehmen, und dass die Anhänge der Vogelschutzrichtlinie eine entsprechende Kennzeichnung vermissen lassen. Vgl. Gellermann, Natura 2000, 100 ff.

876 Umstritten ist, ob auch wirtschaftliche und soziale Erwägungen eine Beeinträchtigung prioritärer Gebiete rechtfertigen vermögen. S. Gellermann, in: Rengeling (Hrsg.), EUDUR, Bd. II, § 78 Rn. 36; Ramsauer, in: Erbguth (Hrsg.), Europäisierung, 107, 131 ff., jeweils m.w.N.

877 Gellermann, Natura 2000, 59 f., 122 f.

land, nach der Ansicht der Kommission weiterhin eindeutig unzureichend[878], die von den übrigen Mitgliedstaaten zwar im Wesentlichen vorhanden, aber unvollständig[879]. Die Kommission geht davon aus, dass sich die Schutzgebietsausweisungen auf insgesamt 10 bis 15 % der Landesfläche erstrecken sollen, obwohl die FFH-Richtlinie darüber keinerlei Vorgaben enthält. Nicht zuletzt wegen Versäumnissen der Mitgliedstaaten ist es auch nicht dazu gekommen, dass die Kommissionsliste richtliniengemäß bis zum 5. Juni 1998 erstellt wurde. Durch zahlreiche Vertragsverletzungsverfahren[880] und die Verknüpfung von den Meldungslisten und der Zahlung aus Strukturfonds hat es die Kommission inzwischen geschafft, Druck auf die Mitgliedstaaten auszuüben[881] und es daher ermöglicht, allmählich vollständige nationale Gebietslisten zu erhalten[882]. Im Dezember 2001 erstellte die Kommission die erste Liste für die makaronesische Region. Im Dezember 2003 folgte die Liste für die alpine Region. Ein Jahr später lagen Listen für die atlantischen und kontinentalen Regionen vor. Im Januar 2005 wurde die Liste für die boreale Region erstellt. Von den sechs biogeografischen Regionen der Mitgliedstaaten in den alten Grenzen (EU-15) fehlt noch die Liste für die mediterrane Region. Im Zug der EU-Erweiterung[883] wird das Netz „Natura 2000“ auf die neuen zehn Mitgliedstaaten ausgeweitet. Neben der Aktualisierung der Liste der alpinen, borealen, kontinentalen und mediterranen Regionen wird die Kommission noch eine Liste für pannoniane Region erarbeiten, die das Territorium Ungarns und Teilterritorien der Slowakei und der Tschechischen Republik umfasst[884].

Vor diesem Hintergrund ist längst auch die Frage von gewichtiger Bedeutung, ob auch „potentielle FFH-Gebiete“ existieren und ob in ihnen das Schutzregime des Art. 6 Abs. 2 bis 4 FFH-Richtlinie unmittelbar gilt, damit die schutzwürdigen Gebiete bereits vor der Ausweisung gegen Beeinträchtigungen abgesichert werden können. Einigkeit herrscht zunächst einmal darüber, dass sich die aus dem Santoña-Urteil zu den faktischen Vogelschutzgebieten entwickelten Grund-

---

878 Weitere vier Mitgliedstaaten waren Belgien, Frankreich, Irland und vereinigten Königreich.

879 Vgl. Europäische Kommission (Hrsg.), Natura 2000, Heft 14 (April 2001), S. 7.

880 Beispielsweise hat der EuGH mit Urteilen von 11. 9. 2001 in den Rechtssachen C-71/99, C-67/99 und C-220/99 festgestellt, dass Irland, Deutschland und Frankreich gegen die FFH-Richtlinie verstoßen haben, indem sie nicht rechtzeitig eine Liste von FFH-Gebieten zusammen mit den Informationen darüber übermittelt haben.

881 Kloepfer, Umweltrecht, § 11 Rn. 23.

882 Hinsichtlich der aktuellen Meldungen aller Mitgliedstaaten vgl. die Barometer der Europäischen Kommission, aufrufbar unter http://europa.eu.int/comm/environment/nature.

883 Seit dem 1. 5. 2004 hat die erweiterte EU 25 Mitgliedstaaten.

884 Vgl. Press Releases 17/1/2005: „Nature protection: Commission designates 5000 sites in the Boreal region for the Natura 2000 network“ und “New progress in etablishing the Natura 2000 network in the Boreal region”. Aufrufbar unter http://europa.eu.int/comm/environment/nature/nature_conservation/useful_info/press_releasses/index_en.htm, letzter Aufruf am 23. 5. 2006.

sätze nicht uneingeschränkt auf die FFH-Richtlinie übertragen lassen[885]. Im Unterschied zum einstufigen Auswahlmechanismus der Vogelschutzrichtlinie sieht die FFH-Richtlinie ein mehrstufiges Auswahlverfahren zu den Schutzgebieten vor, in dem der Wille des Mitgliedstaates eine wichtige Rolle spielt und in dem die Kommission beteiligt ist. Insbesondere aus Art. 5 FFH-Richtlinie ergibt sich, dass kein Gebiet mit prioritären Lebenstypen oder Arten gegen den Willen der Mitgliedstaaten in das Netz „Natura 2000“ aufgenommen werden kann. Von daher ist allein die Erfüllung der in Art. 4 i.V.m. Anh. III FFH-Richtlinie bezeichneten sachlichen Kriterien unzureichend, um ein Gebiet unter das Schutzregime des Art. 6 Abs. 2 bis 4 zu stellen.

b) Rechtsprechung des BVerwG

Mit den Fragen, welche Gebiete als potentielle FFH-Gebiete einzustufen sind und wie sie geschützt werden sollen, hat sich das BVerwG eingehend auseinandersetzt. Es geht längst von der rechtlichen Möglichkeit solcher „potentieller FFH-Gebiete“ aus. In den Urteilen vom 19. Mai 1998[886] und 27. Januar 2000[887] hat das BVerwG ausgeführt, dass ein Gebiet als potentielles Schutzgebiet einzustufen ist, wenn es die sachlichen Kriterien nach Art. 4 I FFH-Richtlinie erfüllt und dessen Meldung für die Aufnahme in ein kohärentes ökologisches Netz mit anderen Gebieten sich aufdrängt[888]. Die Schutzpflicht der Mitgliedstaaten für potentielle FFH-Gebiete hat es jedoch nicht aus den Schutzbestimmungen des Art. 6 Abs. 2-4 abgeleitet. Aus dem Gebot der Vertragstreue gemäß Art. 10 EGV (Art. 5 EGV a.F.) folge das Verbot, die Ziele der FFH-Richtlinie zu unterlaufen und vollendete Tatsachen zu schaffen, die geeignet sind, später die Erfüllung der Vertragspflichten unmöglich zu machen. Im Urteil vom 19. Mai 1998 hat es diese vorgezogene Verhaltenspflicht als Pflicht zur „Stillhaltung“ als gemeinschaftsrechtliche Vorwirkung verstanden und zudem einschränkend hinzugefügt, dass eine absolute Veränderungssperre nicht bestehe. Trotz vertragswidrigen Verhaltens dürfe ein Mitgliedstaat nicht mit Folgen belastet werden, die über jene Einschränkungen hinausgehen, welche die Richtlinie im Falle ordnungsgemäßer Umsetzung selbst vorsieht[889]. Im Urteil vom 27. Januar 2000 führte das BVerwG weiter aus, dass in dem potenziellen FFH-Gebiet ein Infrastrukturprojekt nur unter den in Art. 6 Abs. 3 und 4 FFH-Richtlinie bezeichneten Voraussetzungen unbedenklich sei[890]. Dies hat zur Folge, dass Bestimmungen in Art. 6 Abs. 3 und 4 FFH-Richtlinie bei Erfüllung der Stillhalteverpflichtung

---

885 Gellermann, Natura 2000, 122 f.; SRU, Umweltgutachten 2004, Tz. 159; Klopfer, Umweltrecht, § 11 Rn. 191.
886 BVerwGE 107, 1 = NVwZ 1998, 961.
887 BVerwGE 110, 302 = ZUR 2000, 331.
888 NVwZ 1998, 961, 967; ZUR 2000, 331, 332.
889 NVwZ 1998, 961, 967.
890 ZUR 2000, 331, 332.

doch noch anzuwenden sind, obwohl diese Verpflichtung nicht aus dem Schutzregime der Richtlinie abgeleitet wird.

Im Urteil vom 27. Oktober 2000 des BVerwG[891] war zwar auch von den potentiellen FFH-Gebieten die Rede, hier wurde unter dem Begriff aber der Fall verstanden, dass „sie so schutzwürdig wären, dass auch ihre Meldung sich aufdrängt"[892]. Die Voraussetzung, dass dessen Meldung für die Aufnahme in ein kohärentes ökologisches Netz mit anderen Gebieten sich aufdränge, war also entfallen. Über das Schutzregime äußerte sich das BVerwG auch anders: „Das Schutzregime entspricht indes noch nicht dem Niveau des Art. 6 FFH-Richtlinie (...). ... Dies läuft indes nicht auf eine Veränderungssperre hinaus, die einer Vorwegnahme des Art. 6 Abs. 2 FFH-Richtlinie gleichkommt. Die gemeinschaftsrechtliche Vorwirkung verhindert lediglich, dass Gebiete, deren Schutzwürdigkeit nach der FFH-Richtlinie auf der Hand liegt, zerstört oder anderweitig so nachhaltig beeinträchtigt werden, dass sie für eine Meldung nicht mehr in Betracht kommen."[893] Im Urteil vom 17. Mai 2002 hat das BVerwG deutlich zwei Fallgestaltungen zusammenfassend voneinander unterschieden. Es hat darauf hingewiesen, dass die gemeinschaftsrechtliche Vorwirkung unterschiedliche Rechtspflichten auslösen kann. „Drängt es sich auf, dass ein potentielles FFH-Gebiet nach seiner Meldung auch Aufnahme in die Gemeinschaftsliste (vgl. Art. 4 Abs. 2 FFH-Richtlinie) finden wird, ist die Zulässigkeit eines dieses Gebiet berührenden Straßenbauvorhabens an den Anforderungen des Art. 6 Abs. 3 und 4 FFH-Richtlinie zu messen (Urteil vom 27. Januar 2000 ...). Kann dagegen die Aufnahme in die Gemeinschaftsliste nicht hinreichend sicher prognostiziert werden, hat es mit dem Verbot sein Bewenden, das Gebot so nachhaltig zu beeinträchtigen, dass es für eine Meldung und Aufnahme in die Gemeinschaftsliste nicht mehr in Betracht kommt (BVerwG, Urteil vom 27. Oktober 2000)."[894] Der BVerwG hat dieses Urteil weiter dahingehend konkretisiert, dass potentielle FFH-Gebiete mit prioritären Lebensraumtypen oder Arten als die erstere Fallgruppe einzustufen sind, während nicht-prioritäre potentielle FFH-Gebiete zur letzteren gezählt werden müssen. Es führt aus, dass „Vorhaben in einem Gebiet, das wegen des Vorhandenseins prioritärer Biotope oder Arten dem Automatismus des Anhang III Phase 2 Nr. 1 unterliegt, dem strengen Regime des Art. 6 Abs. 3 und 4 FFH-Richtlinie zu unterwerfen (sind) (...), während es für Vorhaben in Gebieten ohne prioritäre Elemente mit dem Beeinträchtigungsverbot sein Bewenden hat, dessen Wirkungen der Senat im Urteil vom 27. Oktober 2000 ... näher beschrieben hat."[895]

---

891 BVerwGE 112, 140 = UPR 2001, 144.
892 UPR 2001, 144, 145.
893 UPR 2001, 144, 145.
894 UPR 2002, 448, 449.
895 UPR 2002, 448, 450.

Aus den Urteilen des BVerwG kann man eine kurze Bilanz ziehen. Zuerst bejaht das BVerwG die Existenz der potentiellen FFH-Gebiete und leitet dafür aus dem Gebot der Vertragstreue eine vorgezogene Verhaltenspflicht der Mitgliedstaaten ab. Als potentielle FFH-Gebiete versteht es solche, die so schutzwürdig sind, dass sich ihre Meldung aufdrängt. Es unterscheidet dabei ferner zwei Fallgruppen voneinander und knüpft an sie unterschiedliche Rechtsfolgen: Für ein potentielles FFH-Gebiet, dessen Aufnahme in die Gemeinschaftsliste hinreichend sicher prognostiziert werden kann, unterliegt dem Schutzregime des Art. 6 Abs. 3 und 4 FFH-Richtlinie. Dies ist der Fall bei den prioritären Gebieten. Für ein potentielles FFH-Gebiet, dessen Aufnahme in die Gemeinschaftsliste dagegen unsicher ist, genügt ein Beeinträchtigungsverbot. Das Verbot verhindert lediglich, dass schutzwürdige Gebiete zerstört oder anderweitig so nachhaltig beeinträchtigt werden, dass sie für eine Meldung nicht mehr in Betracht kommen. Sein Schutzregime entspricht noch nicht dem Niveau des Art. 6 FFH-Richtlinie. Seine Veränderungssperre läuft nicht auf eine hinaus, die einer Vorwegnahme des Art. 6 Abs. 2 FFH-Richtlinie gleichkommt.

c) Meinungsstand in der Literatur

Nach der herrschenden Meinung[896] gilt für gemeldete Gebiete, die prioritäre Lebenstypen oder Arten beherbergen, das Schutzregime des Art. 6 Abs. 2-4 FFH-Richtlinie. Denn der Mitgliedstaat hat sich durch die Meldung bereit erklärt, mit dem Schutz dieser Gebiete einverstanden zu sein. Prioritäre Meldegebiete sind außerdem nach Art. 4 Abs. 2 FFH-Richtlinie automatisch in die Gemeinschaftsliste zu übernehmen. Ob Entsprechendes auch für sämtliche gemeldeten nichtprioritären Gebiete gilt, wird dagegen kontrovers diskutiert. Teile des Schrifttums befürworten dies[897]. Andere Teile beschränken die unmittelbare Geltung des Art. 6 Abs. 2-4 auf solche Meldegebiete, auf deren Annahme in die Gemeinschaftsliste wegen ihres ökologischen Wertes nicht verzichtet werden kann[898].

Zu den sonstigen potenziellen, jedoch noch nicht gemeldeten FFH-Gebieten werden in der Literatur sehr unterschiedliche Meinungen geäußert. Als ein potentielles FFH-Gebiet wird häufig nur das Gebiet qualifiziert, das deutlich erkennbar den Kriterien nach Art. 4 I FFH-Richtlinie entspricht und die Aufnahme in die Gemeinschaftsliste sich aufdrängt[899]. Darunter versteht man überwiegend,

---

[896] SRU, Umweltgutachten 2004, Tz. 159; Gellermann, Natura 2000, 124; ders., in: Rengeling (Hrsg.), EUDUR, Bd. II, § 78 Rn. 43, jeweils m.w.N.; Erbguth, NuR 2000, 130, 136; Kloepfer, Umweltrecht, § 11 Rn. 193.

[897] Vgl. Gellermann, Natura 2000, 123 m.w.N.

[898] Vgl. Gellermann, Natura 2000, 124, und Erbguth, NuR 2000, 130, 136, jeweils m.w.N. Halama, NVwZ 2001, 506, 509, plädiert aber dafür, dass die gemeldeten nichtprioritären Gebiete wie die „potenziellen" Schutzgebiete nicht unter das Schutzregime des Art. 6 Abs. 2-4, sondern unter den Mindestschutz aus Stillhalteverpflichtung – dazu sogleich – gestellt werden.

[899] Gellermann, Natura 2000, 125 ff.

wieder anders als die Ansicht des BVerwG, nicht nur Gebiete mit prioritären Elementen, sondern auch Gebiete, die besonders bedeutend sind, die also aus Gründen etwa ihrer flächenmäßigen Ausdehnung, der Vielfalt ihres Biotop- und Arteninventars, ihres günstigen Erhaltungszustandes oder ihnen beizumessender Vernetzungsfunktionen einen maßgeblichen Beitrag zum Aufbau des Netzes Natura 2000 erbringen[900]. Hinsichtlich des Schutzregimes der potentiellen FFH-Gebiete wird weithin die Ansicht des BVerwG von der Literatur geteilt, dass die Pflicht der Mitgliedstaaten aus Art. 10 EVG (Art. 5 EVG a. F.) abgeleitet ist[901]. Im Schrifttum gibt es aber keine Differenzierung über den Schutzstatus zwischen verschiedenen Fallgruppen, wie sie das BVerwG im Urteil vom 17. Mai 2002 vornimmt. Außerdem hat man sehr unterschiedliche Vorstellungen über den Inhalt der aus Art. 10 EVG abgeleiteten Pflicht. Das Meinungsspektrum reicht von einem sich Art. 6 Abs. 2 bis 4 FFH-Richtlinie annähernden Schutzstatus bis zu einem Mindestschutz[902]. Beispielsweise plädiert M. Gellermann dafür, dass diese aus Art. 10 EVG abgeleitete Pflicht zwar weniger streng als diejenige des Art. 6 Abs. 2 FFH-Richtlinie sei, dass sie jedoch absolut gelte und einer Durchbrechung selbst dann unzugänglich sei, wenn die Voraussetzungen des Art. 6 Abs. 4 FFH-Richtlinie erfüllt sind[903]. A. Schink lehnt dagegen einen Mindestschutz ab und spricht sich dafür aus, das Schutzregime der FFH-Richtlinie anzuwenden, da ein ausschließlich auf einen Mindestschutz gegen Zerstörung des Regelungssubstrats ausgerichtetes Schutzregime unpraktikabel sei. Hierdurch könnten klare rechtliche Grenzen des Schutzes nicht aufgezeigt werden und im Übrigen bestehe die Gefahr, dass das Schutzziel bis auf ein Minimum ausgehöhlt wird[904].

d) Neue Rechtsprechung des EuGH und Fortentwicklung

Mit dem Urteil vom 13. Januar 2005[905] hat der EuGH endlich zum Schutz der sog. potentiellen FFH-Gebiete Stellung genommen. In dem sog. Dragaggi-Urteil hat der EuGH klargestellt, dass die in Art. 6 Abs. 2–4 der FFH-Richtlinie vorgesehenen Schutzmaßnahmen nur für die Gebiete getroffen werden müssen, die nach Art 4 Abs. 2 Unterabs. 3 der Richtlinie in die Kommissionsliste aufgenommen worden sind[906]. Der Anhang III Phase 2 Nr. 1 der FFH-Richtlinie schreibt zwar vor, dass alle von den Mitgliedsaaten gemeldeten Gebiete, die prioritäre natürliche Lebensraumtypen bzw. Arten beherbergen, als Gebiete von

---

900 Gellermann, Natura 2000, 125 f; Erbguth, NuR 2000, 130, 137.

901 Gellermann, Natura 2000, 125 ff; Halama, NVwZ 2001, 506, 508.

902 Halama, NVwZ 2001, 506; Erbguth, NuR 2000, 130, 137.

903 Gellermann, Natura 2000, 126 f.; ders., in: Rengeling (Hrsg.), EUDUR, Bd. II, § 78 Rn. 43. Die noch in der Vorauflage auf S. 96 vertretene Auffassung, dass relevante Beeinträchtigungen der potentiellen FFH-Febiete unter den in Art. 6 Abs. 4 FFH-Richtlinie bezeichneten Bedingungen für zulässig gehalten werden, wurde aufgegeben.

904 Schink, DÖV 2002, 45, 52.

905 Rs. C-117/03 (Dragaggi), NVwZ 2005, 311 f.

906 EuGH, a.a.O., Rn. 21 ff.

gemeinschaftlicher Bedeutung betrachtet werden. Dies führt jedoch nicht dazu, dass auf sie die in Art. 6 Abs. 2–4 der FFH-Richtlinie vorgesehenen Schutzmaßnahmen Anwendung finden, bevor sie in die Kommissionsliste aufgenommen wurden[907]. Die Mitgliedstaaten sind aber verpflichtet, für die gemeldeten Gebiete, insbesondere für solche mit prioritären natürlichen Lebensraumtypen bzw. Arten, geeignete Schutzmaßnahmen zur Wahrung ihrer ökologischen Bedeutung zu ergreifen[908].

Anschließend stellt sich aber die Frage, was der Begriff von „geeigneten Schutzmaßnahmen" konkret bedeutet, also welche Schutzmaßnahmen die Mitgliedstaaten im Einzelnen ergreifen müssen, vor allem welche Voraussetzungen für die Zulassung von Vorhaben vorliegen, die solche gemeldeten Gebiete beeinträchtigen können. Dazu weichen die Ansichten in der Literatur voneinander ab. Das Spektrum reicht von einem allenfalls den Anforderungen des Vereitelungsverbotes entsprechenden Grundsatz über ein (relatives) Verschlechterungsverbot entsprechend den Maßstäben des Art. 6 der FFH-Richtlinie bis zum einem absoluten Verschlechterungsverbot, also einem strengeren Schutz, als ihn die Richtlinie für die tatsächlich gelisteten FFH-Gebiete vorsieht[909].

Während der VGH München die Anforderung des EuGH-Urteils für unklar gehalten und daher mit Beschluss vom 19. April 2005 dem EuGH die entsprechende Frage vorgelegt hat[910], stellte der VGH Kassel fest, dass die Anwendung der Regelungen von Art. 6 Abs. 2-4 der FFH-Richtlinie dem im Dragaggi-Urteil des EuGH vorgegebenen Schutzniveau „geeigneter Schutzmaßnahmen" jedenfalls genügt[911]. Zwar ließ der VGH Kassel offen, welche konkreten Anforderungen sich aus dem EuGH-Urteil ergeben, stellte jedoch klar, dass eine entsprechende Anwendung der Regelungen des Art. 6 der FFH-Richtlinie jedenfalls nicht unzulässig ist, weil sie einen strengeren Maßstab darstellten als nach dem EuGH-Urteil geboten[912]. Zwischenzeitlich hat das BVerwG mit den Beschlüssen vom 7. September 2005[913] und vom 31. Januar 2006[914] die vom VGH Kassel getroffene Feststellung bestätigt[915]. Folglich ist es also abzusehen, dass sich die Zulassung von Vorhaben, die gemeldete potenzielle FFH-Gebiete beeinträchtigen können, in der deutschen Praxis weiterhin an Maßstäben des Art. 6 der FFH-Richtlinie orientieren wird, bevor der EuGH den Begriff von „geeigneten Schutzmaßnahmen" weiter konkretisiert.

---

907 EuGH, a.a.O., Rn. 22.
908 EuGH, a.a.O., Rn. 26 ff.
909 Im Einzelnen vgl. Wagner/Emmer, NVwZ 2006, 422, 423.
910 VGH München, BayVBl 2005, 569 = UPR 2005, 319 L.
911 VGH Kassel, NVwZ 2006, 230.
912 Vgl. Wagner/Emmer, NVwZ 2006, 422, 423 f.
913 BVerwG, NVwZ 2005, 1422.
914 BVerwG, Beschl. V. 31. 1. 2006 – 4 B 49/05, S. 3 der Beschlussausfertigung.
915 Vgl. Wagner/Emmer, NVwZ 2006, 422, 424.

3. Nachträgliche Änderungen einer Schutzgebietsausweisung

Nach alledem drängt sich die Frage auf, unter welchen Voraussetzungen und in welchem Verfahren die Ausweisung eines FFH-Gebietes geändert werden kann. Dabei kann es sich um die Ausweitung oder Einschränkung des Schutzes handeln. Brisanter ist der zuletzt genannte Fall. Hierbei handelt es sich nicht nur um eine Gebietsverkleinerung, zu konstatieren ist sogar eine vollständige Aufhebung des Schutzstatus. Eine ausdrückliche Regelung findet sich in Art. 9 FFH-Richtlinie. Die Kommission soll danach in regelmäßigen Zeitabständen mit dem Habitatausschuss den Beitrag von „Natura 2000“ zur Verwirklichung der Ziele der FFH-Richtlinie beurteilen. In diesem Zusammenhang kann die Aufhebung der Klassifizierung als besonderes Schutzgebiet in den Fällen erwogen werden, in denen die gemäß Artikel 11 von den Mitgliedstaaten zu überwachende natürliche Entwicklung der in Art. 2 genannten Lebenstypen und Arten dies rechtfertigt. Der Schutzstatus eines Schutzgebietes kann also aufgehoben werden, wenn der Zustand der Lebensraumtypen und Arten in ihrer natürlichen Entwicklung so günstig und stabilisiert ist, dass keine künstlichen Erhaltungs- und Schutzmaßnahmen mehr erforderlich sind[916]. Denkbar ist auch die Teilaufhebung, sofern sich ein Teil eines FFH-Gebietes identifizieren lässt, der die Voraussetzung des Art. 9 FFH-Richtlinie erfüllt.

Die Bestimmung des Art. 9 FFH-Richtlinie betrifft aber nur einen Sonderfall und kann daher keineswegs eine abschließende Regelung für die Änderung von Schutzgebietsausweisungen darstellen. Abgesehen davon gibt es keine allgemeine Regelung in der FFH-Richtlinie. Andere Möglichkeiten dazu lassen sich jedoch nicht von vornherein ausschließen. Im Schrifttum werden anhand der teleologischen Interpretation und aufgrund der entsprechenden Rechtsprechung des EuGH zur Vogelschutzrichtlinie Gründe für Änderungen der FFH-Schutzgebietsausweisung abgeleitet[917]. Da die Auswahl und Abgrenzung der FFH-Gebiete sich grundsätzlich an den naturschutzfachlichen Erfordernissen orientiert, kommen auch nachträgliche Änderungen einer Ausweisung zunächst aus naturschutzfachlichen Gründen in Betracht. Neben dem Grund der Erfüllung des Schutzgrundes gemäß Art. 9 FFH-Richtlinie (wie oben dargestellt) liegt der Grund ‚Wegfall des Schutzgrundes‘ nahe. Da die Erklärung zum besonderen Schutzgebiet ein Mittel darstellt, um einen günstigen Erhaltungszustand für Lebensraumtypen bzw. Arten der FFH-Richtlinie zu bewahren oder wiederherzustellen, macht es mithin keinerlei Sinn, ein Gebiet weiter unter den Schutz zu stellen, wenn es infolge nachträglich eingetretener Entwicklung keine Schutzgegenstände mehr gibt oder das Gebiet die ihm zugedachten Funktionen nicht

---

916 Im Einzelnen vgl. Gellermann, Natura 2000, 130; Rödiger-Vorwerk, FFH-Richtlinie, 142.

917 Vgl. Gellermann, Natura 2000, 129 ff. Jarass, NuR 1999, 481, 487 ff., bezieht sich zwar nur auf die Vogelschutzrichtlinie. Seine Ausführung kann aber im großen Umfang auf die FFH-Richtlinie übertragen werden.

mehr zu erfüllen vermag[918] und wenn das auch auf Dauer so sein wird[919]. Betrifft dies nur Teile eines Gebiets, kann eine Gebietsverkleinerung gekündigt werden[920].

Des Weiteren können gegebenenfalls auch „naturschutzexterne“ Belange die Änderung der Ausweisung rechtfertigen, und zwar aufgrund Art. 6 Abs. 3, 4 FFH-Richtlinie. Auf diese Auslegung hat der EuGH bereits in den Leybucht- und Lappel Bank-Urteilen verwiesen. Der Auffassung des EuGH nach hat Art. 6 Abs. 3 und 4 der FFH-Richtlinie ein Verfahren eingeführt, das es den Mitgliedstaaten erlaubt, aus zwingenden Gründen des überwiegenden öffentlichen Interesses unter bestimmten Voraussetzungen einen Plan oder ein Projekt, die ein besonderes Schutzgebiet beeinträchtigen, zu verabschieden und „damit eine Entscheidung über die Klassifizierung eines solchen Gebietes durch Verkleinerung der Fläche wieder rückgängig zu machen“[921].

C. Entwicklung des deutschen Naturschutzrechts

I. Vorbemerkung

Der 1994 in das Grundgesetz eingeführte[922] Art. 20 a GG erteilt dem deutschen Staat den Auftrag, auch in Verantwortung für die künftigen Generationen die natürlichen Lebensgrundlagen zu schützen. Im Hinblick auf den Naturschutz hat der Gesetzgeber bereits lange vor Deklarierung dieses Staatsziels zahlreiche Gesetze erlassen. Im Mittelpunkt des Naturschutzrechts[923] steht das Gesetz über Naturschutz und Landschaftspflege (Bundesnaturschutzgesetz – BNatSchG). Im Jahre 1976 machte der Bund von seiner Rahmengesetzgebungskompetenzen des Art. 75 Abs. 1 S. Nr. 3 GG Gebrauch und verabschiedete das Bundesnaturschutzgesetz vom 20. Dezember 1976[924]. Das BNatSchG ist in den letzten Jahren nach mehrfacher Novellierung und Neubekanntmachung, insbesondere durch die Novellen am 30. April 1998[925], am 26. August 1998[926] und zuletzt am 25.

---

918 Beispielsweise verlagern die Arten trotz des Schutzes ihren Lebensraum dauerhaft.

919 Gellermann, Natura 2000, 131; Jarass, NuR 1999, 481, 489.

920 Eine Ausnahme tritt ein, wenn die mangelnde Schutzzweckerreichung auf ein gemeinschaftswidriges Verhalten der Mitgliedstaaten rückführbar ist. Gellermann, Natura 2000, 132; Jarass, NuR 1999, 481, 489.

921 EuGH Urt. v. 11. 7. 1996 (Lappel-Bank), a.a.O., Rn. 39. Vgl. Gellermann, Natura 2000, 133 f.; Jarass, NuR 1999, 481, 489 f.

922 42. ÄndG zum GG v. 27. 10. 1994, BGBl. I 3146 ff.

923 Neben dem Bundesnaturschutzgesetz gehören noch die Vorschriften zum Schutz des Waldes, das Tierschutzrecht, das Pflanzenschutzrecht sowie die Bestimmungen des Fischerei- und Jagdrechts zum Normen des Naturschutzes.

924 BGBl. I 1976, 3574 und 1977, 650.

925 BGBl. I 823.

926 BGBl. I 2481.

März 2002[927], in wichtigen Bereichen weiter fortentwickelt worden. Als Rahmengesetz bedarf das BNatSchG jedoch grundsätzlich der Ausfüllung und Konkretisierung durch die jeweiligen Landesgesetzgeber. Die Länder sind verpflichtet, in dem Rahmen des BNatSchG die erforderlichen Landesgesetze zu erlassen, können diese jedoch unterschiedlich ausgestalten. Von daher kommt auch den Landesnaturschutzgesetzen bzw. Landespflegegesetzen gewichtige Bedeutung zu. Übrigens darf es bei den Rahmenvorschriften des Bundes doch noch unmittelbar geltende Vollregelungen geben. Durch die Einfügung des Art. 75 Abs. 2 GG im Jahr 1994 sind die Möglichkeiten aber verschärft worden. Danach dürfen Rahmenvorschriften des Bundes nunmehr nur in Ausnahmefällen in Einzelheiten gehende oder unmittelbar geltende Regelungen enthalten[928]. Dementsprechend hat die Zahl der unmittelbar geltenden Regelungen, die heute in § 11 BNatSchG v. 25. März 2002 (BNatSchG n. F.)[929] aufgeführt sind, erheblich abgenommen[930].

II. Zweite und Dritte Änderungsgesetze im Jahr 1998 und die vierte Novelle im Jahr 2002

Da sich der Zustand von Natur und Landschaft in Deutschland in den letzten Jahren durch ihre zunehmende Inanspruchnahme und wachsende Schadstoffbelastung weiter verschlechtert hat, war eine tiefgreifende Neugestaltung des Bundesnaturschutzgesetzes schon lange Gegenstand der umweltpolitischen Diskussion. Versuche, dieses Gesetz in umfassender Weise neu zu regeln, sind in den zurückliegenden Legislaturperioden regelmäßig an Streitigkeiten zwischen Bund und Ländern gescheitert[931]. Der Entwurf einer Gesamtnovellierung der Bundesregierung aus dem Jahr 1996[932] wurde zwar am 5. Juni 1997 vom Deutschen Bundestag verabschiedet, erhielt jedoch nicht die erforderliche Zustimmung des Bundesrates. Schließlich konnte man sich lediglich auf eine „kleine Lösung“ einigen[933], nämlich auf eine Novelle, die nur den EG-rechtlich notwendigen Anpassungen, insbesondere der Umsetzung der FFH-Richtlinie, mit der die Bundesrepublik Deutschland seit dem 5. Juni 1994 in Verzug geraten war, diente. Diese Novelle wurde als „Zweites Gesetz zur Änderung des Bundesnaturschutzgesetzes vom 30. April 1998“[934] verabschiedet. Kurz danach verabschiedete der Bundestag das Dritte Gesetz zur Änderung des Bundesnaturschutzge-

---

927 BGBl. I 1193.

928 Anderer Meinung nach stellt aber der Begriff der „Ausnahmefälle“ keine weitergehende Verschärfung des von der Rechtsprechung bislang geforderten „besonders starken und legitimen Interesses“ für solche Regelungen dar. Näher zum Streit und seine Bedeutung für die Einführung eines Umweltgesetzbuches, vgl. das 2. Kapitel B III 2.

929 BGBl. I 1193.

930 Kloepfer, Umweltrecht, § 11 Rn. 29.

931 Vgl. Kloepfer, Umweltrecht, § 11 Rn. 26 m.w.N.

932 BR-Dr 636/96 = BT-Dr 13/6441.

933 S. Müller-Terpitz, NVwZ 1999, 26.

934 BGBl. I 823.

setzes vom 26. August 1998[935] und zwar gegen den Widerstand des Bundesrates, der das Gesetz bezüglich der Bestimmungen zum Vertragsnaturschutz und zu den Ausgleichszahlungen für zustimmungsbedürftig hielt (vgl. Art. 84 I, 104a III GG). Das am 29. August 1998 in Kraft getretene 3. Änderungsgesetz bezweckte, Ansätze der vorher gescheiterten Gesamtnovelle durchzusetzen. Eine Neufassung des Bundesnaturschutzgesetzes ist am 21. September 1998 erfolgt[936].

Wie oben erwähnt, beschränkte sich das Zweite Änderungsgesetz des BNatSchG auf die gemeinschaftlich gebotene Umsetzung von EG-Richtlinien. Damit wurde insbesondere die Vogelschutzrichtlinie nach dreimaliger Verurteilung durch den EuGH[937] und die FFH-Richtlinie nach vierjähriger Verspätung und daraufhin erfolgter Verurteilung durch den EuGH[938] umgesetzt[939]. Für Schutzgebietsausweisungen wurden im 4. Abschnitt des BNatSchG die §§ 19a bis 19f eingefügt, die die Grundlage für den Aufbau und den Schutz eines Europäischen Schutzgebietsnetzes „Natura 2000" in Deutschland anbieten. Die Länder wählen danach die gegenüber der Kommission zu benennenden Gebiete aus und stellen das Benehmen mit dem Bundesumweltministerium her. Außerdem wurden für den Artenschutz viele Vorschriften des 5. Abschnitts neu gefasst oder geändert (§§ 20a ff. BNatSchG)[940]. Darüber hinaus wird der Schutz einzelner Arten noch über die Bundesartenschutzverordnung[941] gewährleistet[942].

Ob die FFH-Richtlinie nun dadurch korrekt ins deutsche Recht umgesetzt wurde, war jedoch in vielen Punkten zu bezweifeln. In der Literatur wurde oft Kritik

---

935 BGBl. I 2481.

936 BGBl. I 2994.

937 EuGH, Urt. v. 17. 9.1987, Rs. C-412/85, Slg. 1987, I-3503, Urt. v. 3. 7. 1990, Rs. C-288/88, Slg. 1990, I-2721 und Urt. 23. 3. 1993, Rs. C-345/92, Slg. 1993, I-1115.

938 EuGH, Urt. v. 11. 12. 1997, Rs. C-83/97 (Kommission/Deutschland), Slg. 1997, I-7191 = NVwZ 1998, 721.

939 Zur Umsetzung der FFH-Richtlinie wurde noch die Novelle zur Änderung des Baugesetzbuches und zur Neuregelung des Rechts der Raumordnung vom 18. 8. 1997 (BGBl. I. S. 2081) verabschiedet. Nach der Gebietsausweisungen gehört es auch zu einer der Aufgaben der Raumordnung und Bauleitplanung, die Schutz- und Erhaltungsziele der FFH-Gebiete einschließlich der besonderen Vogelschutzgebiete zu verwirklichen. Daraus ergeben sich weitreichende Restriktionen für den Erlass von Plänen der Raumordnung, der Bauleitplanung und der Fachplanung. Vgl. Jarass, Europäisierung des Planungsrechts, DVBl. 2000, 945, 948 m.w.N.

940 Damit wurden sowohl die Umsetzung der artenschutzrechtlichen Vorschriften der FFH-Richtlinie vollzogen als auch die Voraussetzungen für die Durchführung der Verordnung 338/97 des Rates über den Schutz von Exemplaren wildlebender Tier- und Pflanzenarten durch Überwachung des Handels (die sog. Artenschutzverordnung v. 9. 12. 1996, ABl. L 61/1) geschaffen, und zugleich noch die Richtlinie 83/129/EWG des Rates vom 28. 3. 1983 betreffend die Einfuhr in die Mitgliedstaaten von Fellen bestimmter Jungrobben und Waren daraus (ABl. 1983, L 91/30) umgesetzt.

941 Verordnung zum Schutz wild lebender Tier- und Pflanzenarten (Bundesartenschutzverordnung) v. 14. 10. 1999, zuletzt geändert durch G. v. 25. 3. 2002, BGBl. I S. 1193.

942 Vgl. SRU, Umweltgutachten 2000, Tz. 397.

daran geübt[943]. Bereits im Jahr 2000 ersuchte die EU-Kommission die Bundesregierung um eine Stellungnahme[944]. Die problematischen Bestimmungen blieben bisher jedoch trotz der völligen Novellierung des BNatSchG im Jahr 2002 meistenteils unverändert[945]. Infolgedessen hat die EU-Kommission am 28. Februar 2003 die Klage gegen Deutschland vor dem EuGH erhoben[946]. Am 10. Januar 2006 hat der EuGH bestätigt, dass Deutschland die FFH-Richtlinie rechtlich in vielerlei Hinsichten mangelhaft umgesetzt hat[947]. Wie in den Rügen der EU-Kommission zum Ausdruck gebracht, hielt der EuGH erstens die Definition des Begriffes »Projekte« in § 10 Abs. 1 Nr. 11 Buchst. b und c BNatSchG 2002, die für Projekte außerhalb besonderer Schutzgebiete gilt, für zu eng. Diese Vorschriften nähmen von der Verträglichkeitsprüfungspflicht zum einen Projekte aus, die in Eingriffen in Natur und Landschaft bestehen, bei denen es sich nicht um Veränderungen der Gestalt oder Nutzungen von Grundflächen oder Veränderungen des mit der belebten Bodenschicht in Verbindung stehenden Grundwasserspiegels handelt, und zum anderen Projekte, die nicht genehmigungsbedürftige Anlagen sowie nicht erlaubnis- oder bewilligungsbedürftige Gewässerbenutzungen betreffen. Zweitens seien emittierende Anlagen nach § 36 BNatSchG 2002 nur dann nicht genehmigungsfähig, wenn die Emissionen geeignet erscheinen, ein Schutzgebiet im »Einwirkungsbereich« dieser Anlagen besonders zu beeinträchtigen; Belastungen außerhalb eines solchen Bereiches würden damit demgegenüber als europarechtswidrig nicht berücksichtigt. Außerdem verstießen die §§ 43 Abs. 4 und 39 Abs. 2 S. 1 BNatSchG 2002 und § 6 Abs. 1 Pflanzenschutzgesetz (PflSchG)[948] gegen die entsprechenden artenschutzrechtlichen Vorschriften der FFH-Richtlinie[949].

Neben der defizitären normativen Umsetzung erfolgte in Deutschland auch die administrative Umsetzung der FFH-Richtlinie, nämlich die Meldung des FFH-Schutzgebiets, mit Defiziten und Verzögerungen. Darauf wird später noch zurückzukommen sein.

Das Dritte Änderungsgesetz des Bundesnaturschutzgesetzes hat dagegen über die gemeinschaftlich vorgegebene Neuerung hinaus die nationalen Regelungsansätze der gescheiterten Regierungsnovelle in das Bundesnaturschutzgesetz

943 Vgl. Fisahn, ZUR 2001, 252, 253 ff. m.w.N.; SRU, Umweltgutachten 2000, Tz. 394; Gallermann, in: Dokumentation zur 24. Wissenschaftlichen Fachtagung der Gesellschaft für Umweltrecht, 121, 137 ff.; Wirths, ZUR 2000, 190, 193 ff.

944 Schreiben der Kommission von 4. 4. 2000 - SG (2000) D 102823, abgedruckt in: NuR 2000, 625.

945 SRU, Umweltgutachten 2002, Tz. 701.

946 Rs. C-98/03, ABl 2003, C 124/7 v. 24. 05. 2003.

947 EuGH v. 10. 1. 2006 –Rs. C-98/03, ZUR 2006, 134 ff. = NuR 2006, 166 ff.

948 Gesetz zum Schutz der Kulturpflanzen, in der Fassung der Bekanntmachung v. 14. 5. 1998, BGBl. I S. 971, ber. S. 1527, 3512, zuletzt geändert durch G. v. 6. 8. 2002, BGBl. I 3082.

949 Zum Urteil des EuGH vgl. Anmerkung Fisahns, ZUR 2006, 137 ff.

eingebracht[950]. Die umstrittenste Vorschrift in den Novellierungsbemühungen war insbesondere der Ausgleich von naturschutzbedingten Nutzungsbeschränkungen in der Land- und Forstwirtschaft. Gemäß § 3b BNatSchG, der sich an § 19 Abs. 4 Wasserhaushaltsgesetz (WHG)[951] anlehnte, hatten Land- und Forstwirte gegen die Länder einen Rechtsanspruch auf angemessenen Ausgleich, wenn standortbedingt erhöhte Anforderungen festgelegt wurden, die die ausgeübte Bodennutzung über die Anforderungen der guten fachlichen Praxis der Land-, Forst- und Fischereiwirtschaft hinaus beschränkten, um die Durchsetzung und Akzeptanz notwendiger Naturschutzmaßnahmen zu erleichtern. Diese Nutzungsbeschränkungen wurden bislang als Sozialpflicht des Eigentums definiert, weswegen kein finanzieller Ausgleich dafür gewährt werden musste. Ferner stand die Neuregelung des Verhältnisses zwischen Landwirtschaft und Naturschutz im Fokus. Das rechtspolitisch stark umstrittene sog. Agrarprivileg des § 1 Abs. 3 BNatSchG a.F., nämlich die gesetzliche Vermutung, dass die ordnungsgemäße Land- und Forstwirtschaft den Zielen des Naturschutzes diente, wurde aufgehoben[952]. Nach § 2 Abs. 3 BNatSchG war jedoch bei Natur- und Landschaftspflegemaßnahmen die besondere Bedeutung der Land-, Forst- und Fischereiwirtschaft für die Erhaltung der Kultur- und Erholungslandschaft zu berücksichtigen. Außerdem wurde die Privilegierung des § 8 Abs. 7 BNatSchG neu gefasst, insofern land-, forst- und fischereiwirtschaftliche Bodennutzung nicht als Eingriff anzusehen war und soweit die Ziele und Grundsätze des Naturschutzes und der Landschaftspflege berücksichtigt wurden. Diesen Zielen und Grundsätzen wurde in der Regel nicht widersprochen, soweit der den Vorschriften des Land- und Forstwirtschaftsrechts einschließlich des Rechts der Binnenfischerei und des § 17 Abs. 2 Bundes-Bodenschutzgesetz (BBodSchG)[953] zugrunde liegenden „guten fachlichen Praxis“ entsprochen wurde. Ein weiterer Schwerpunkt des Dritten Änderungsgesetzes lag in der Stärkung des Vertragsnaturschutzes. Nach dem neu eingefügten § 3a BNatSchG hatten die Länder sicherzustellen, dass bei Maßnahmen zur Durchführung der im Rahmen des Bundesnaturschutzgesetzes erlassenen Rechtsvorschriften geprüft werden solle, ob der Zweck auch durch vertragliche Vereinbarungen erreicht werden könne. Mit § 14a BNatSchG wurde schließlich die bereits in einigen Landesnaturschutzgesetzen bestehende neue großflächige Schutzgebietskategorie des „Biosphärenreservates“ auf Bundesebene eingefügt.

---

950 Zum Dritten Änderungsgesetz vgl. SRU, Umweltgutachten 2000, Tz. 398 f.; Müller-Terpitz, NVwZ 1999, 26, 30 ff.

951 Gesetz zur Ordnung des Wasserhaushalts, in der Fassung der Bek. v. 19. 8. 2002, BGBl. I 3245, zuletzt geändert durch Gesetz vom 25. 6. 2005, BGBl. I 1746.

952 § 1 Abs. 3 lautete: „Der ordnungsgemäßen Land- und Forstwirtschaft kommt für die Erhaltung der Kultur- und Erholungslandschaft eine zentrale Bedeutung zu; sie dient in der Regel den Zielen dieses Gesetzes.“

953 Gesetz zum Schutz vor schädlichen Bodenveränderung und zur Sanierung von Altlasten v. 17. 3. 1998, BGBl. I 502, geändert durch G. v. 9. 9. 2001, BGBl. I 2331.

Im Jahr 2002 wurde endlich eine Gesamtnovellierung des BNatschG geschaffen, die jedoch auch erst nach Anrufung des Vermittelungsausschusses verabschiedet werden konnte. Die als Art. 1 des Gesetzes zur Neuregelung des Rechts des Naturschutzes und der Landschaftspflege und zur Anpassung anderer Rechtsvorschriften v. 25. März 2002 (Neuregelungsgesetz) verkündigte Neufassung des Bundesnaturschutzgesetzes (BNatSchG n. F.) legt in wichtigen Bereichen Neuorientierungen fest und trägt zur Stärkung des Naturschutzes bei[954]. Hervorzuheben ist zuerst die Einführung eines Biotopverbundes (§ 3), also eines zusammenhängenden, geschützten Gebiets von mindestens 10 % der Landesfläche. Von gewichtiger Bedeutung ist auch die erstmalige konkrete Formulierung der „guten fachlichen Praxis" in der Land- , Forst-, und Fischereiwirtschaft unter den Gesichtspunkten von Naturschutz und Landschaftspflege (§ 5). Vor allem muss bei der landwirtschaftlichen Nutzung die Bewirtschaftung standortangepasst erfolgen und die nachhaltige Bodenfruchtbarkeit und langfristige Nutzbarkeit der Flächen gewährleistet werden. Der Einsatz von Dünge- und Pflanzenschutzmitteln ist schlagspezifisch zu dokumentieren. Weithin begrüßt wurde außerdem die Einführung der Verbandsklage auf Bundesebene (§ 58 ff.). Klagefähige Rechtsakte sind danach aber lediglich Befreiungen von Verboten und Geboten in geschützten Gebieten, mit Eingriffen in Natur und Landschaft verbundene Planfeststellungsbeschlüsse sowie Plangenehmigungen mit Öffentlichkeitsbeteiligung (vgl. § 61 Abs. 1)[955]. Weitere Kernpunkte der Novellierung betreffen noch die Einführung der Umweltbeobachtung (§ 12), die umfassende Überarbeitung der Landschaftsplanung (§ 13 ff.), die Erweiterung des Geltungsbereichs der Eingriffsregelung (§ 18 ff.), die Aufnahme der Entwicklung von Schutzgebieten, die Überarbeitung der Liste gesetzlich geschützter Biotope (§ 30) sowie die erstmalige Regelung des Meeresnaturschutzes in der Ausschließlichen Wirtschaftszone (AWZ).

III. Charakteristiken der Ausweisung von Schutzgebieten

Nach dem deutschen Naturschutzrecht gilt ein System abgestufter Schutzgebietskategorien. Neben den am strengsten geschützten Naturschutzgebieten gibt es noch Nationalparks, Biosphärenreservate, Landschaftsschutzgebiete, Naturparks, Naturdenkmale und geschützte Landschaftsbestandteile im deutschen Recht (Vgl. §§ 22 ff. BNatSchG). Sie sind differenziert nach Zielsetzung und Schutzintensität[956]. Die Ausweisung von Schutzgebieten steht im Ermessen der Länder. Sofern die gesetzlichen Voraussetzungen erfüllt sind, also Schutzwür-

954 Vgl. Kloepfer, Umweltrecht, § 11 Rn. 30 ff.; Kommentar zur 4. Novelle vgl. SRU, Umweltgutachten 2002, Tz. 688 f.; zum Stand der Umsetzung des BNatSchG in den Ländern, vgl. SRU, Umweltgutachten 2004, Tz. 180 ff.

955 Kritik dazu vgl. SRU, Umweltgutachten 2004, Tz. 195 ff. Diese Vorschriften sind angesichts der Richtlinie 2003/35/EG über die Öffentlichkeitsbeteiligung und den Zugang zu Gerichten erheblich änderungsbedürftig. Im Einzelnen vgl. das 2. Kapitel B IV 2 b (bb).

956 Vgl. Kloepfer, Umweltrecht, § 11 Rn. 126 ff.

digkeit und Schutzbedürftigkeit vorliegen, „können“ Teile von Natur und Landschaft zum Naturschutzgebiet usw. erklärt werden (§ 22 Abs. 1 BNatSchG)[957]. Es geht dabei um eine Planungsentscheidung mit politischem Charakter[958], wobei allen naturschutzfremden Belangen Rechnung getragen werden kann. Selbst wenn die Ausweisung eines Schutzgebietes vernünftigerweise geboten ist, kann sie aus wirtschaftlichen oder sozialen Gründen unterlassen werden, sofern dies politisch angemessen erscheint. Außerdem sind bei einer Schutzgebietsausweisung Ziele der Raumordnung zu beachten[959].

Unter den Schutzgebietskategorien ist das Schutzregime bei Naturschutzgebieten (§ 23 BNatSchG) am strengsten, für die ein grundsätzlich absolutes Veränderungsverbot gilt. In der Praxis werden aber darin oft Nutzungen zugelassen, die den Schutzzweck erheblich gefährden[960]. Eine Ursache liegt in den Regelungen der Landesgesetze, die erlauben, dass selbst die schutzgebietsgefährdenden Aktivitäten genehmigt werden können, wenn die Schutzgebietsverordnung eine entsprechende Ausnahme oder einen entsprechenden Genehmigungsvorbehalt vorsieht. Außerdem wird die in § 23 Abs. 2 S. 2 BNatSchG geregelte Möglichkeit des Zugangs der Allgemeinheit als Regelfall behandelt. Schließlich spielen die Einwirkungen aus der Landwirtschaft, nämlich Dünger und Pestizide, hier eine große Rolle.

Neben dem unzureichenden Schutzstatus sind auch die Voraussetzungen zu den nachträglichen Änderungen oder Aufhebungen der Schutzgebietsausweisungen alles andere als streng. Nach den Schutzgebietserklärungen können sie auf demselben Wege geändert oder aufgehoben werden, auf dem sie erlassen wurden – meistens durch Rechtsverordnungen oder per Gesetze –, sofern Flächen in Schutzgebieten zu anderen Zwecken benötigt werden[961]. In der Vergangenheit kam dies in Deutschland oft vor.

IV. Ausweisung der besonderen Vogelschutzgebiete und FFH-Gebiete

Die EG-Vogelschutzrichtlinie und FFH-Richtlinie sind durch das zweite Änderungsgesetz zum BNatSchG ins deutsche Recht umgesetzt worden. Obwohl die Umsetzung als unzureichend anzusehen ist, wurde die vierte Novellierung zum BNatSchG bedauerlicherweise nicht dazu genutzt, eine richtlinienkonforme Umsetzung zu erreichen. Der EuGH hat folglich, wie bereits ausgeführt, mit

---

957 Kloepfer, Umweltrecht, § 11 Rn. 159.

958 Ramsauer, in: Erbguth (Hrsg.), Europäisierung, 107, 110; Maaß, NuR 2000, 121, 123.

959 Vgl. § 4 Abs. 1 i.V.m. § 3 Nr. 2 u. 6 Raumordnungsgesetz (ROG) v. 18. 8. 1997, BGBl. I 2081.

960 Vgl. Kloepfer, Umweltrecht, § 11 Rn. 128; Ramsauer, in: Erbguth (Hrsg.), Europäisierung, 107, 111.

961 Vgl. Kloepfer, Umweltrecht, § 11 Rn. 204; Ramsauer, in: Erbguth (Hrsg.), Europäisierung, 107, 111.

dem Urteil vom 10. Januar 2006[962] Deutschland verurteilt. Neben der defizitären rechtlichen Umsetzung konnte auch die Ausweisung und Meldung von besonderen Vogelschutzgebieten und FFH-Gebieten in Deutschland lange nur als unbefriedigend bezeichnet werden. Weder wurden die von der EU eingesetzten Fristen eingehalten noch in ausreichendem Umfang Gebiete gemeldet.

Bis zur Meldungsfrist von FFH-Gebieten, nämlich am 5. Juni 1995, hatte Deutschland kein einziges FFH-Gebiet gemeldet. Seit 1996 wurden die Meldungen nach und nach vorgelegt, aber langsam und überaus unvollständig. Infolgedessen wurde Deutschland vom EuGH am 11. September 2001 wegen der Umsetzungsdefizit verurteilt[963]. Unter Drohungen und mit dem daran anschließenden Zwangsgeldverfahren wurde zusammen mit der EU-Kommission ein Zeitplan festgelegt, nach dem die vollständigen Meldungen bis Ende Januar 2005 abgeschlossen werden sollten. Dieser Zeitplan ist zwar im Wesentlichen eingehalten worden[964]. Einzelne Flächen, vor allem die Ästuare von Ems, Weser, Elbe und Trave, waren jedoch nicht gemeldet worden. Die EU-Kommission hat daher am 19. Dezember 2005 das Zwangsgeldverfahren gegen Deutschland vorangetrieben. Rechtzeitig hat Deutschland am 17. Februar 2006 weitere 18 FFH-Gebiete und 9 Gebietserweiterungen nach Brüssel gemeldet. Die Einstellung des Zwangsgeldverfahrens wurde daraufhin von der EU-Kommission geprüft[965].

Bis zum 28. Januar 2005 hat Deutschland 4596 FFH-Gebiete gemeldet, die 9,3 % der Landesfläche Deutschlands ausmachen. Dazu kommen 1.057.549 ha marine Flächen und 8 FFH-Gebiete mit einer Gesamtfläche 945.296 ha in der Ausschließlichen Wirtschaftszone (AWZ) Deutschlands[966]. In Bezug auf die besonderen Vogelschutzgebiete (SPA) hat Deutschland bislang 539 Gebiete gemeldet, die 8,3 % der Landesfläche entsprechen. Dazu kommen 1.159.470 ha marine Flächen und 2 SPA mit einer Gesamtfläche von 514.499 ha in der AWZ Deutschlands. Weitere Meldungen von SPA werden noch im Jahr 2006 erfolgen[967]. Das Netz „Natura 2000“ umfasst die im Rahmen der FFH- und Vogelschutzrichtlinie jeweilig gemeldeten Gebiete. Das bedeutet, dass beide Typen von Räumen sich durchaus überschneiden können. Zusammen machen sie etwa 13,5 % der terrestrischen Fläche Deutschlands und 41 % der marinen Fläche aus[968].

---

962 EuGH, Urt. v. 10. 1. 2006, Rs. C-98/03, ZUR 2006, 134 ff. = NuR 2006, 166 ff.

963 EuGH, Urt. v. 11. 9. 2001, Rs. C-71/99, Slg. 2001, I-5811.

964 Gellermann hat aber die bisherige Lage der administrativen Verwirklichung des europäischen Habitatschutzrechts in Deutschland negativ bewertet, s. Gellermann, in: Koch (Hrsg.), Das EG-Umweltrecht, S. 129 ff.

965 Vgl. http://www.bfn.de/0316_gebiete.html, letzter Aufruf am 23. 5. 2006.

966 A.a.O.

967 A.a.O.

968 A.a.O.

Die Umsetzung des europäischen Schutzgebietsnetzes „Natura 2000“ in Deutschland wird nicht zuletzt wegen der föderalen Strukturen erschwert[969]. Während der Bund gegenüber der EU für die Umsetzung verantwortlich ist, haben die Bundesländer die Befugnis, geeignete Gebiete auszuwählen. Der politische Konflikt ergibt sich daraus, dass die Bundesländer für die häufig unpopuläre Ausweisung von Gebieten vor Ort verantwortlich zeichnen, der von diesbezüglichen Weisungskompetenzen ledige Bund hingegen der EU-Kommission Rechenschaft über die unzureichende Umsetzung auf Länderebene schuldig ist[970]. Darüber hinaus führen die föderalen Strukturen auch dazu, dass bei der Gebietsausweisung uneinheitliche Vorgehensmuster benutzt werden, die Ergebnisse und fachlichen Begründungen mithin erheblich variieren[971]. Vor diesem Hintergrund erscheint eine Reform des deutschen Föderalismus dringend geboten, auch wenn differenzierte Vorschläge hierfür an dieser Stelle nicht unterbreitet werden können. Nach herrschender Meinung ist eine Änderung der Verteilung der Gesetzgebungs- und Verwaltungskompetenzen aber sehr wohl erforderlich. Vor allem wird es als unentbehrlich angesehen, die Kompetenzen des Bundes in den Bereichen Naturschutz und Landespflege durch eine konkurrierende Gesetzgebung zu erweitern[972].

D. Auswirkungen des europäischen Naturschutzrechts auf das deutsche Recht

Seit der Verabschiedung von Vogelschutzrichtlinie und FFH-Richtlinie kann von einer Europäisierung des Naturschutzrechts die Rede sein. Vor allem in Bezug auf den besonderen Gebietsschutz führen beide eine grundlegende Neuorientierung für das nationale Naturschutzrecht ein. Zwar ist der besondere Gebiets- und Objektschutz auch dem deutschen Naturschutzrecht keineswegs fremd. Die Vogelschutzrichtlinie und FFH-Richtlinie schaffen aber eine neue Qualität der Schutzgebietsausweisungen, die ihrem Umfang wie ihrer Intensität nach in Wortlaut und Praxis des Naturschutzrechts präzedenzlos ist[973].

I. Größere Landesfläche zu den Schutzgebieten

Die FFH-Richtlinie enthält zwar keine Angaben zur erwarteten Größe der Flächen von „Natura 2000“. Die Europäische Kommission geht jedoch davon aus, dass sich die Schutzgebietsausweisungen auf insgesamt 10 bis 15 % der Landes-

---

969 Eingehend zur Ursachen der Umsetzungsdefizite vgl. SRU, Umweltgutachten 2004, Tz. 143 ff.

970 SRU, Umweltgutachten 2004, Tz. 144.

971 SRU, Umweltgutachten 2004, Tz. 145.

972 SRU, Umweltgutachten 2004, Tz. 1249 f.

973 Ramsauer, in: Erbguth (Hrsg.), Europäisierung, 107, 108.

fläche erstrecken sollen[974]. Ein möglicher Anhaltspunkt findet sich in Art. 4 Abs. 2 UAbs. 2 FFH-Richtlinie, wonach die Auswahlkriterien nach Antrag „flexibler angewandt werden“ können, wenn bereits die prioritären Gebiete eines Mitgliedstaates flächenmäßig mehr als 5 % des Hoheitsgebiets ausmachen. Daraus ergibt sich, dass man beim Erlass der FFH-Richtlinie deutlich an eine größere Gesamtfläche der prioritären und nicht prioritären Gebiete gedacht hat. Außerdem wird die Erwartung der Kommission inzwischen auch von den meisten Mitgliedstaaten erfüllt[975]. Unter dem deutschen Naturschutzrecht sind demgegenüber inzwischen nur 2,6 % des Staatsgebiets als das strengste geschützte Naturschutzgebiet ausgewiesen[976]. Die Regelung über das ökologische Netz „Natura 2000“ zwingt Deutschland dazu, viel mehr Landesfläche für den Naturschutz zur Verfügung zu stellen.

II. Verlust von Spielräumen bei der Flächenauswahl

Wie oben dargestellt, räumt das deutsche Naturschutzrecht den Ländern bei der Ausweisung von Schutzgebieten ein Ermessen ein. In dieser Planungsentscheidung kommen freilich auch alle naturschutzexternen Belange in Betracht. Selbst wenn eine Ausweisung eines Schutzgebiets vernünftigerweise geboten ist, kann ein naturschutzfremder Grund die Unterlassung rechtfertigen, soweit dies politisch opportun erscheint. Genau hier liegt der entscheidende Unterschied zum europäischen Naturschutzrecht[977]. Bei der Ausweisung eines besonderen Vogelschutzgebietes dürfen nur ornithologische Kriterien herangezogen werden. Die Mitgliedstaaten sind, wie schon ausgeführt, verpflichtet, alle Gegenden zu besonderen Schutzgebieten zu erklären, die nach ornithologischen Kriterien am geeignetsten für die Erhaltung der betreffenden Arten erscheinen[978]. Der Beurteilungsspielraum der Mitgliedstaaten bei der Erklärung bezieht sich nur auf die Anwendung dieser Kriterien. Von daher besteht hier kein mit dem deutschen Konzept vergleichbarer Ermessensspielraum. Gleiches gilt auch bei der Meldung von FFH-Schutzgebieten. Die Mitgliedstaaten haben sich allein an den naturschutzfachlichen Kriterien zu orientieren. Allgemeinpolitische, insbesondere wirtschaftliche Erwägungen dürfen hier keine Rolle spielen. Auch planerische Vorbelastungen, also die bauleitplanerisch oder raumordnerisch verfestigten, noch nicht realistischen Vorhaben führen nicht dazu, einem ökologisch wertvollen Gebiet die Aufnahme in die nationale Vorschlagliste der FFH-Schutzgebiete

---

974 Ramsauer, in: Erbguth (Hrsg.), Europäisierung, 107, 108 f.; SRU, Umweltgutachten 2004, Tz. 140.

975 SRU, Umweltgutachten 2004, Tz. 140 und Tabelle 3-6.

976 Kloepfer, Umweltrecht, § 11 Rn. 128. Ähnliche Angaben vgl. auch Ramsauer, in: Erbguth (Hrsg.), Europäisierung, 107, 109.

977 Vgl. Ramsauer, in: Erbguth (Hrsg.), Europäisierung, 107, 110 f.; Maaß, NuR 2000, 121, 123.

978 EuGH Urt. v. 19. 05. 1998 (Kommission/Niederlande), a.a.O., Rn. 61 f.

zu verweigern[979]. Die Durchsetzung des europäischen Naturschutzrechts hat daher zur Folge, dass der Mitgliedstaat Spielräume bei der Flächenauswahl verliert.

III. Schutzregime und die nachträgliche Änderung oder Aufhebung

Das Schutzregime der FFH-Richtlinie ist offensichtlich strenger als das nach dem herkömmlichen deutschen Naturschutzrecht. In Deutschland kommt es oft vor, dass selbst in den am strengsten geschützten Naturschutzgebieten Nutzungen zugelassen werden, die den Schutzzweck erheblich gefährden. Gemäß Art. 6 FFH-Richtlinie unterliegen die FFH-Gebiete demgegenüber einem strengen Schutzregime. Neben den Erhaltungs-, Pflege- und Entwicklungsmaßnahmen sorgen die Mitgliedstaaten dafür, die Verschlechterung der natürlichen Lebensräume und Habitate sowie »erhebliche« Störungen der Arten zu vermeiden. Pläne und Projekte, die ein Schutzgebiet erheblich beeinträchtigen könnten, sind einer Verträglichkeitsprüfung zu unterziehen. Nur unter den in Art. 6 Abs. 4 FFH-Richtlinie normierten Voraussetzungen darf einem Plan oder einem Projekt trotz negativer Ergebnisse der Verträglichkeitsprüfung ausnahmsweise zugestimmt werden. Dies ist der Fall, wenn hierfür zwingende Gründen des überwiegenden öffentlichen Interesses vorliegen, eine Alternativlösung nicht vorhanden ist und alle notwendigen Ausgleichsmaßnahmen ergriffen werden. Hinsichtlich der Schutzgebiete mit einem prioritären Lebensraumtyp oder einer prioritären Art werden diese Zulassungsvoraussetzungen noch verschärft.

Auch in Bezug auf die nachträglichen Änderungen oder Aufhebungen der Schutzgebietsausweisungen unterliegen die FFH-Gebiete strengeren Voraussetzungen als die deutschen nationalen Schutzgebiete. Eine Schutzgebietserklärung kann nach dem deutschen Konzept nachträglich einfach auf demselben Weg rückgängig gemacht werden, auf dem sie erlassen wurde, um die Fläche anderen Zwecken zur Verfügung zu stellen. Dagegen sind die Möglichkeiten, ein besonderes Vogelschutzgebiet oder ein FFH-Gebiet zu verkleinern oder seinen Schutzstatus vollständig abzuheben, relativ gering. Wie oben bereits dargestellt, gibt es zwar weder in der FFH-Richtlinie oder in der Vogelschutzrichtlinie eine allgemeine Regelung zur Änderunge der Schutzgebietsausweisung. Aus teleologischer Interpretation und anhand der Entsprechung des EuGH ergeben sich derartige Möglichkeiten jedoch aus verschiedenen Gründen. So kommen nachträgliche Änderungen einer Ausweisung zunächst aus naturschutzfachlichen Gründen in Betracht. Für ein besonderes Vogelschutzgebiet kann eine Ausweisung geändert werden, wenn keine ausreichenden ornithologischen Gründe die Beibehaltung der bisherigen Ausweisung rechtfertigen, also wenn die Schutzgründe weggefallen sind[980]. Für ein FFH-Schutzgebiet kommt noch der Grund der Erfüllung des Schutzgrundes gemäß Art. 9 FFH-Richtlinie hinzu. Die „naturschutzex-

---

979 Maaß, ZUR 2001, 80, 82 f.

980 Bei den besonderen Vogelschutzgebieten ist hierbei Art. 4 Abs. 1, 2 einschlägig. Vgl. Jarass, NuR 1999, 481, 488 f.

ternen" Belange, in diesem Fall also die zwingenden Gründen des überwiegenden öffentlichen Interesses einschließlich solcher sozialer oder wirtschaftlicher Art, können gegebenenfalls zwar auch die Änderungen der Ausweisung rechtfertigen, aber nur unter den Voraussetzungen des Art. 6 Abs. 3, 4 FFH-Richtlinie. Danach ist zuerst eine Verträglichkeitsprüfung durchzuführen, gegebenenfalls unter Beteiligung der Öffentlichkeit. Es muss keine Alternative geben und gleichzeitig werden Ausgleichsmaßnahmen verlangt. Die Kommission ist über die Ausgleichsmaßnahmen zu unterrichten. Bei den FFH-Gebieten mit prioritären Lebensraumtypen oder Arten sind die zulässigen Belange noch beschränkter. Ansonsten ist die Stellungnahme der Kommission einzuholen.

Die rechtliche Umsetzung und die Verwaltungspraxis in den Bundesländern sehen aber zurzeit mitunter abweichend aus. Gemäß § 33 Abs. 2 und 3 BNatSchG haben die Bundesländer die FFH-Gebiete zu geschützten Teilen von Natur und Landschaft im Sinne des § 22 Abs. 1 BNatSchG zu erklären. Die jeweilige Schutzerklärung soll geeignete Gebote und Verbote sowie Pflege- und Entwicklungsmaßnahmen erfassen, um sicherzustellen, dass den Anforderungen des Art. 6 FFH-Richtlinie entsprochen wird. Ausnahmeweise[981] kann die Unterschutzstellung nach den Absätzen 2 und 3 im Einzelfall unterbleiben, soweit durch andere Mechanismen – aufgeführt sind andere Rechtsvorschriften, Verwaltungsvorschriften, die Verfügungsbefugnis eines öffentlichen oder gemeinnützigen Trägers oder vertragliche Vereinbarungen – ein gleichwertiger Schutz gewährleistet ist (§ 33 Abs. 4 BNatSchG). Im hessischen Gesetz über Naturschutz und Landschaftspflege (Hessisches Naturschutzgesetz – HeNatG)[982] ist nun jedoch diese Ausnahme als Regelfall vorgesehen. Gemäß §§ 20 a Abs. 2, 20 b Abs. 2 HeNatG „soll" die Unterschutzstellung unterbleiben, wenn ein gleichwertiger Schutz auf anderem Wege gewährleistet ist[983]. In Rheinland-Pfalz erklärt § 22 b Abs. 1 S. 2, 3 des Landespflegegesetzes[984] eine der – auf der Grundlage der jeweiligen Fachgesetzgebung – guten fachlichen Praxis entsprechende land-, forst- und fischereiwirtschaftliche Grundstücknutzung ebenso wie den mit der Nutzung verbundenen technischen Fortschritt und strukturverbessernde Maßnahmen als mit den Schutzzwecken der Natura 2000-Gebeite in der Regel vereinbar. Auch wenn die Bestimmungen des Bundesrechts getreulich in das Landesrecht umgesetzt wurden, geht die Verwaltungspraxis der Bundesländer mitunter in die andere Richtung. Gebiete, die schon vor ihrer Meldung über einen Schutzstatus des nationalen Rechts verfügten, werden nicht erneut zu den besonderen Schutzgebieten erklärt, selbst wenn der Schutzstatus hinter den Anfor-

981 Vgl. Gellermann, in: Koch (Hrsg.), Das EG-Umweltrecht, 125, 132 f.

982 Hessisches Gesetz über Naturschutz und Landschaftspflege (Hessisches Naturschutzgesetz) in der Fassung der Bek. vom 16. 4. 1996, GVBl. I S. 145, zuletzt geändert durch Gesetz vom 6. 5. 2005, GVBl. S. 305.

983 Vgl. Gellermann, in: Koch (Hrsg.), Das EG-Umweltrecht, 125, 133.

984 Landespflegegesetz in der Fassung vom 5. Februar 1979, GVBl. S. 36, zuletzt geändert durch Gesetz vom 5. 4. 2005, GVBl. S. 98.

derungen der FFH-Richtlinie zurückbleibt. Steht die Schutzerklärung noch aus, wird versucht, einen strengen ordnungsrechtlichen Schutz zu vermeiden. Um den Unmut der Betroffenen zu besänftigen, wird über die Freistellung unverträglicher Nutzungen erwogen, die Natura 2000-Gebiete allein durch Raumordnungspläne abzusichern[985]. All dies zeigt, dass die vom europäischen Habitatsrecht erforderten Veränderungen nicht automatisch oder von heute auf morgen bewerkstelligt werden können. Es ist zu erwarten, dass der Druck aus der EU-Kommission und dem EuGH hierbei weiter eine wichtige Rolle spielen wird.

IV. Verdrängungsauswirkungen auf andere Naturschutzaufgaben

Die Reglungen der Vogelschutzrichtlinie und FFH-Richtlinie lassen zwar das deutsche bestehende System abgestufter Schutzgebietskategorien unberührt. Neben der Einrichtung des Netzes „Natura 2000“ kann Deutschland also noch am Maßstab nationalen Naturschutzrechts Naturschutzgebiete oder Naturparke usw. ausweisen. Die tatsächlichen Wirkungen des Netzes „Natura 2000“ könnten aber weiter gehen. Der ökologische Wert sowie die Zahl und Größe von FFH-Gebieten haben zur Folge, dass sie im bisherigen Gefüge der Schutzgebietskategorien eine herausragende Rolle spielen, weil sie sich über fast alle bestehenden Schutzgebiete erstrecken[986]. Die Gesamtfläche der im Rahmen des Netzes „Natura 2000“ gemeldeten Schutzgebiete decken, annähernd entsprechend der Erwartung der Kommission, zurzeit ca. 13 % der Landesfläche Deutschlands. Es ist daher zu bezweifeln, ob noch genügende Bereitschaft zur Ausweisungen weiterer Gebiete außerhalb des Netzes vorliegt. Die Frage drängt sich auf, ob die bestehenden Regelungen über Schutzgebietskategorien unverändert bleiben sollen, soweit sie denselben Zielen dienen wie die Vogelschutzrichtlinie und FFH-Richtlinie[987]. Außerdem erfordert eine effektive Umsetzung von „Natura 2000“ nicht nur die Ausweisung von Schutzgebieten, sondern auch die nachhaltige Erhaltung, Pflege und Entwicklung der Lebensräume. Indes lässt die bisherige Handhabung erkennen, dass die Länder ihre diesbezüglichen materiellen Ressourcen so stark auf die Implementierung von „Natura 2000“ konzentrieren werden, dass anderen Zielen des Naturschutzes eine regelrechte Vernachlässigung ins Haus steht. Eine ausreichende Finanz- und Personalausstattung ist dringlich geboten, um derartige unerwünschte Folgen zu beseitigen[988].

E. Fazit

Durch die Vogelschutzrichtlinie und die FFH-Richtlinie macht das europäische Naturschutzrecht einen großen Fortschritt. Die Europäisierung des Naturschutzrechts erreicht damit eine neue Dimension in zentralen Bereichen des nationalen

---

985 Vgl. Gellermann, in: Koch (Hrsg.), Das EG-Umweltrecht, 125, 134 f.
986 Ramsauer, in: Erbguth (Hrsg.), Europäisierung, 107, 108.
987 Ramsauer, in: Erbguth (Hrsg.), Europäisierung, 107, 109.
988 SRU, Umweltgutachten 2004, Tz. 157.

Naturschutzes. Vor allem die Konzeption des europäischen ökologischen Netzes Natura 2000 einschließlich der besonderen Vogelschutzgebiete stellt schärfere Verfahrensvorschriften und materiellrechtliche Vorgaben für den Gebietsschutz. Den Erwartungen zufolge beträgt die Gesamtfläche von FFH-Gebieten 10 bis 15 % der Gemeinschaftsfläche. Bei der Gebietsauswahl orientieren sich die Mitgliedstaaten ausschließlich an naturfachlichen Kriterien. Ferner unterliegen die FFH-Gebiete einem strengen Schutzregime. Auch die nachträgliche Änderung oder Aufhebung einer Schutzgebietsausweisung unterliegt ähnlich strengen Voraussetzungen. Diese Regelungen beschränken folglich einerseits die Verfügungsgewalt der Mitgliedstaaten über die zu dem Netz „Natura 2000" gehörenden eigenen Landesflächen. Dadurch bieten sie anderseits die Chance, europaweit einen besseren Gebietsschutz zu gewährleisten. Der erste Erfolg zeigt sich bereits durch die Größe der gemeldeten Gesamtfläche der zu dem Netz „Natura 2000" gehörenden Gebiete. Inzwischen beträgt sie schon mehr als 15 % des Territoriums der EU in den alten Grenzen (EU-15)[989]. Sogar die von Deutschland in Rahmen des Netzes gemeldeten Gesamtflächen bedecken inzwischen etwa 13,5 % seiner terrestrischen Fläche[990]. Ob mit der Europäisierung weiterhin und europaweit eine wirklich nachhaltige Verbesserung des Naturschutzes erreicht werden kann, hängt allerdings noch davon ab, ob das Schutzregime des Art. 6 FFH-Richtlinie auch strikt angewendet und wirksam kontrolliert wird[991]. Hierbei werden die EU-Kommission und der EuGH weiter eine wichtige Rolle spielen.

Wie bei der Einrichtung eines Flussgebietsmanagements und der umfassenden Bestandaufnahme als Grundlage der Umsetzung der EG-Wasserrahmenrichtlinie[992] haben sich die föderalen Strukturen in Deutschland auch bei der Schaffung des Schutzgebietsnetzes „Natura 2000" als Hemmnis für eine effektive Verwirklichung wichtiger umweltpolitischer Projekte der Gemeinschaft ausgewirkt. Hier zeigt sich wieder einmal, als wie dringend geboten Modifikationen der föderalen Strukturen sich erweisen.

---

989 SRU, Umweltgutachten 2004, Tz. 138.

990 Vgl. http://www.bfn.de/0316_gebiete.html, letzter Aufruf am 23. 5. 2006.

991 Ramsauer, in: Erbguth (Hrsg.), Europäisierung, 107, 135.

992 Richtlinie 2000/60/EG des Europäischen Parlaments und des Rates vom 23. 10. 2000 zur Schaffung eines Ordnungsrahmens für Maßnahmen der Gemeinschaft im Bereich der Wasserpolitik, ABl. 2000 Nr. L 327, S. 1, geändert durch Entscheidung Nr. 2455/2001/EG vom 20. 11. 2001, ABl. 2001, L 331/1.

Kapitel 5: Abfallrecht

A. Einführung

Wie in den anderen umweltrechtlichen Bereichen spielte das deutsche Abfallrecht in den 1970er und 1980er Jahren eine Vorreiterrolle in Europa. Auf europäischer Ebene gab es mit den Richtlinien 75/439/EWG[993] und 75/442/EWG[994] erst 1975 Normen für Altöl und Abfälle. Sie sind dem deutschen Recht, also dem Altölgesetz[995] und dem Abfallgesetz[996], zum Teil sogar wörtlich nachgebildet[997]. In den letzten zwei Jahrzehnten ist die Lage allerdings allmählich anders geworden. Das europäische Abfallrecht hat sich rasch entwickelt und eine dichte Normentiefe erreicht. In der raschen europäisierten Abfallwirtschaftung strahlt das europäische Recht zunehmend auf das nationale Recht und somit auch auf das deutsche Recht aus. Die Spielräume der Mitgliedstaaten sind dadurch stark begrenzt worden. Das folgende Kapitel wird ein detailliertes Bild von der „Europäisierung des Abfallrechts" zeichnen.

Zunächst soll ein Überblick über die Entwicklung des Europäischen Abfallrechts gegeben werden (B). Unter den zahlreichen Rechtswerken sind hierbei allerdings nur einige wesentliche Rechtsvorschriften darzustellen (I). Danach werden europäische Neuentwicklungen näher erörtert (II). Die zwei EuGH-Entscheidungen (Rs. C- 228/00 und 458/00) zur Abgrenzung energetischer Verwertung und thermischer Behandlung zur Beseitigung sind hierbei von großer Bedeutung (1). Anschließend hat der EuGH mit zwei weiteren Entscheidungen (Rs. C-277/02 und C-215/04) einen wichtigen Beitrag zur Regelungsklarheit der Abfallverbringungsverordnung (EWG) Nr. 259/93[998] geleistet (2). Zur Weiterentwicklung der EU-Abfallwirtschaft hat die EU-Kommission auch die thematische Strategie für Abfallvermeidung und -recycling vorgelegt. Unter den vielfältigen geplanten Maßnahmen sollen vor allem den aktuellen Vorschlägen zur Änderung der Abfallverbringungsverordnung und der Abfallrahmenrichtlinie Aufmerksamkeit geschenkt werden (3).

Anschließend wird die Entwicklung des deutschen Abfallrechts kurz skizziert werden (C). Hierbei wird der Schwerpunkt aber lediglich auf dessen Paradigmenwechsel gelegt (I). Danach sind Neuentwicklungen im deutschen Recht zu

---

993 Richtlinie 75/439/EWG über die Altölbeseitigung, ABl. 1975 L 194/23.

994 Richtlinie 75/442/EWG des Rates vom 15. 7. 1975 über Abfälle, ABl. 1975 L 194/39.

995 Gesetz über Maßnahmen zur Sicherung der Altölbeseitigung vom 23. 12. 1968, BGBl. I 1419.

996 Gesetze über die Beseitigung von Abfällen vom 7. 6. 1972, BGBl. I 1972, S. 873.

997 Versteyl, in: Erbguth (Hrsg.), Europäisierung, 137.

998 Verordnung (EWG) Nr. 259/93 des Rates vom 1. 2. 1993 zur Überwachung und Kontrolle der Verbringung von Abfällen in der, in die und aus der Europäische Gemeinschaft, ABl. 1993, L 30/1; zuletzt geändert durch Verordnung (EG) Nr. 2557/2001 v. 28. 12. 2001, ABl. 2001 L 349/1.

behandeln (II). Sie beziehen sich im Wesentlichen auf das Problem des „Kampfes um den Abfall“ zwischen öffentlich-rechtlichen Entsorgungsträgern einerseits und der privaten Entsorgungswirtschaft andererseits (1). Um dieses Problem zu lösen wurde die Gewerbeabfallverordnung verabschiedet. Sie stößt aber auf heftige Kritik (2). Im Übrigen soll schließlich die Abfallablagerungsverordnung kurz erwähnt werden, denn sie sieht ein striktes Vorbehandlungsgebot vor, das eine entscheidende rechtliche Rahmenbedingung für die Abfallentsorgung darstellt (3).

Nach der Vorstellung des europäischen und deutschen Abfallrechts wird auf die Auswirkungen des ersten auf das letztere einzugehen sein (D). Bevor das Thema in Angriff genommen wird, muss aber noch ein kurzer Blick auf die heutige punktuelle Vorreiterrolle des deutschen Rechts geworfen werden (I). Die Europäisierung des deutschen Abfallrechts wird anhand einige Beispiele illustriert (II). Es handelt sich also um den Abfallbegriff (1), die Abfallwirtschaftsplanung (2), die EG-Altölrichtlinie (3), die EG-Batterierichtlinie (4), die EG-Altautorichtlinie (5), die EG-Elektroschrottrichtlinie (6) und die teilweise Angleichung der Anforderungen für die Mitverbrennung und die reine Abfallverbrennung (7). Am Ende wird noch auf die für Deutschland bedeutenden Neuentwicklungen eingegangen (8). Zum Schluss des Kapitels wird das gesamte Bild der Europäisierung des Abfallrechts kurz bilanziert (E).

B. Entwicklung des Europäischen Abfallrechts

I. Wichtige Rechtsvorschriften

Das europäische Abfallrecht besteht seit den 1970er Jahren. Es hat sich in den letzten Jahren so lebhaft entwickelt, dass es in einem kurzen Überblick kaum noch darstellbar ist. Entsprechend dem Ziel der Untersuchung kann im Folgenden daher nur versucht werden, seine Konturen in groben Zügen zu umreißen.

Die Richtlinie 75/442/EWG über Abfälle[999], die durch die Änderung aus dem Jahr 1991 umgestaltet wurde[1000] (nachfolgend kurz: Abfallrahmenrichtlinie), bildet den gesetzlichen Rahmen des EG-Abfallrechts. Sie enthält grundlegende Definitionen und allgemeine Vorschriften für die Abfallbewirtschaftung. Deswegen wird hierbei von dem »allgemeinen Teil« des EG-Abfallrechts gesprochen[1001].

999 Richtlinie 75/442/EWG des Rates vom 15. 7. 1975 über Abfälle, ABl. 1975 L 194/39; zuletzt geändert durch Verordnung (EG) Nr. 1882/2003 zur Anpassung der Bestimmungen über die Ausschüsse zur Unterstützung der Kommission bei der Ausübung von deren Durchführungsbefugnissen, die in Rechtsakten vorgesehen sind, für die das Verfahren des Artikel 251 des EG-Vertrages gilt, an den Beschluss 1999/468/EG des Rates, ABl. 2003, L 284/1.

1000 Richtlinie 91/156/EWG des Rates vom 18. 3. 1991 zur Änderung der Richtlinie 75/442/EWG über Abfall, ABl 1991, L 78/32.

1001 Fluck, EuR 1994, 71, 72.

Zuerst ist der Abfallbegriff des allgemeinen EG-Abfallrechts in der Abfallrahmenrichtlinie definiert (Art. 1). Demnach umfasst der Begriff Abfälle alle Stoffe oder Gegenstände, die unter die in Anhang I aufgeführten Gruppen fallen und deren sich ihr Besitzer entledigt, entledigen will und entledigen muss. Auf der Grundlage der Ermächtigung in Art. 1 lit. a) Satz 2 der Abfallrahmenrichtlinie wurde noch ein Europäisches Abfallverzeichnis[1002] von der Kommission am 3. Mai 2000 erstellt. Das Europäische Abfallverzeichnis ist zwar – wie die sog. Q-Gruppen des Anhangs I der Abfallrahmenrichtlinie – für die juristische Definition ohne Bedeutung. Es dient aber der systematisierenden Kategorisierung verschiedener Abfallarten[1003]. Nach Art. 3 Abs. 1 der Abfallrahmenrichtlinie beruht das EG-Abfallrecht auf einer abfallwirtschaftlichen Zielhierarchie: Die Abfallvermeidung hat dabei Vorrang vor der Abfallverwertung und jene wiederum Vorrang vor der Abfallbeseitigung. Dabei wird zwar die stoffliche Verwertung von der Abfallnutzung zur Energiegewinnung, also der sog. energetischen Verwertung, unterschieden. Eine Hierarchisierung erfolgt aber nicht. Obwohl in Ratsentschließungen und Kommissionsmitteilungen oft eine Vorrangpolitik für stoffliche Verwertung gegenüber der energetischen Verwertung gefordert wird, trifft die Abfallrahmenrichtlinie keine Aussagen zu einem solchen Rangverhältnis[1004]. Ferner ist das Hauptziel des EG-Abfallrechts nach Art. 4 der Richtlinie die Sicherstellung einer umwelt- und gesundheitsverträglichen Abfallverwertung und Abfallbeseitigung[1005]. Des Weiteren sind Prinzipien der Beseitigungsautarkie und der Nähe in Art. 5 festgelegt. Art. 5 Abs. 1 der Abfallrahmenrichtlinie verpflichtet die Mitgliedstaaten, ein integriertes und angemessenes Netz von Beseitigungsanlagen zu errichten, das der Gemeinschaft insgesamt und jedem Mitgliedstaat ermöglichen soll, die „Entsorgungsautarkie" zu erreichen. Da in der englischen Textfassung allerdings von „self-sufficiency in waste disposal" die Rede ist, sollte genauer von „Beseitigungsautarkie" gesprochen werden, die sich allein auf die Abfallbeseitigung – und nicht auf Abfallverwertung – bezieht[1006]. Gleiches gilt auch für das Prinzip der Nähe. Nach Art. 5 Abs. 2 muss das Netz es auch gestatten, dass die Abfälle in einer der am nächsten gelegenen

---

1002 Entscheidung 2000/532/EG der Kommission zur Ersetzung der Entscheidung 94/3/EG über ein Abfallverzeichnis gem. Art. 1 Buchstabe a) der Richtlinie 75/442/EWG des Rates über Abfälle und der Entscheidung 94/904/EG des Rates über ein Verzeichnis gefährlicher Abfälle im Sinne von Art. 1 Abs. 4 der Richtlinie 91/689/EG über gefährliche Abfälle (ABl 2000, L 226/3), geändert durch Entscheidung des Rates v. 23. 7. 2001, ABl. 2001 L 203/18. In Deutschland ist das Europäische Abfallverzeichnis am 1. 1. 2002 per Verordnung über das Europäische Abfallverzeichnis vom 10. 12. 2001 eingeführt worden (BGBl. I 2001, S. 3379, geänd. durch VO v. 25. 4. 2002, BGBl. I S. 1488).

1003 Vgl. Weidemann, in: Rengeling (Hrsg.), EUDUR, Bd. II, § 70 Rn. 49; Wendenburg, NVwZ 1995, 833, 835.

1004 Vgl. Weidemann, in: Rengeling (Hrsg.), EUDUR, Bd. II, § 70 Rn. 34, 42 f.; Fluck, EuR 1994, 71, 79.

1005 Näher dazu vgl. Weidemann, in: Rengeling (Hrsg.), EUDUR, Bd. II, § 70, Rn. 30 f.

1006 Da im deutschen Abfallrecht unter dem Begriff der Entsorgung sowohl die Verwertung als auch die Beseitigung der Abfälle verstanden werden.

geeigneten „Beseitigungsanlagen" – nicht „Entsorgungsanlagen" wie im deutschen Text – beseitigt werden[1007]. Prinzipien der Beseitigungsautarkie und der Nähe ermöglichen es also den Mitgliedstaaten, für Beseitigungsabfälle die möglichst ortsnahe Entsorgung im eigenen Land durchzusetzen. Weiterhin verpflichtet die Abfallrahmenrichtlinie die Mitgliedstaaten, Abfallwirtschaftspläne zu erstellen, um die oben genannten Zielvorgaben zu verwirklichen (Art. 7 der Richtlinie). Darüber hinaus werden Anlagen und Unternehmen, die sich mit der Beseitigung und Verwertung befassen, dem Genehmigungserfordernis unterstellt (Art. 9 und 10 der Richtlinie). Bei den Vorschriften über die Genehmigungsbedürftigkeit sind die Anforderungen für Verwertungsanlagen und -unternehmen jedoch deutlich weniger strikt als die für Beseitigungsanlagen und -unternehmen[1008]. Schließlich wird ein Mindestmaß an staatlicher Überwachung der Entsorgungsvorgänge verlangt (Art. 12 bis 14 der Richtlinie).

Für die sog. »gefährlichen Abfälle« gilt die Richtlinie 91/689/EWG über gefährliche Abfälle[1009]. Aufbauend auf den grundlegenden Regeln der Abfallrahmenrichtlinie enthält sie ergänzende, strengere Anforderungen insbesondere an Kontrolle und Überwachung, die den Besonderheiten dieser Art von Abfällen Rechnung tragen. Gefährliche Abfälle sind gemäß Art. 1 Abs. 4 der Richtlinie Abfälle, die in einem auf den Anhängen I und II der Richtlinie beruhenden Verzeichnis[1010] aufgeführt sind und zugleich eine oder mehrere der in Anhang III der Richtlinie aufgeführten Eigenschaften aufweisen. Die Mitgliedstaaten können auch weitere Abfallarten, die nach ihrer Auffassung die Eigenschaften des Anhangs III der Richtlinie haben, als gefährlich klassifizieren. Nach der Richtlinie müssen gefährliche Abfälle zuerst am Ort ihrer Ablagerung identifiziert und registriert werden; die Vermischung von gefährlichen Abfällen ist im Prinzip verboten – jedoch mit bestimmten Ausnahmen. Im Fall der bereits bestehenden Vermischung ist eine Trennung vorzunehmen (Art. 2 der Richtlinie). Weiter sind die Anforderungen der Abfallrahmenrichtlinie an Kontrolle und Überwachung sowohl anlagen- als auch verfahrensbezogen zu verschärfen (Art. 3 bis 5 der Richtlinie). Die zuständigen Behörden der Mitgliedstaaten haben außerdem Pläne für die Bewirtschaftung der gefährlichen Abfälle zu erstellen (Art. 6 Abs. 1 der Richtlinie).

[1007] Fluck, EuR 1994, 71, 79 f.

[1008] Im Einzelnen vgl. Fluck, EuR 1994, 71, 81.

[1009] ABl. L 377/20, geändert durch Richtlinie 94/31/EG, ABl. 1994 L 168/28. Sie löst die Richtlinie 78/319 über giftige und gefährliche Abfälle ab.

[1010] Nämlich das Europäische Abfallverzeichnis durch Entscheidung 2000/532/EG der Kommission zur Ersetzung der Entscheidung 94/3/EG über ein Abfallverzeichnis gem. Art. 1 Buchstabe a) der Richtlinie 75/442/EWG des Rates über Abfälle und der Entscheidung 94/904/EG des Rates über ein Verzeichnis gefährlicher Abfälle im Sinne von Art. 1 Abs. 4 der Richtlinie 91/689/EG über gefährliche Abfälle (ABl 2000, L 226/3), geändert durch Entscheidung des Rates v. 23. 7. 2001, ABl. 2001 L 203/18.

Eine hervorragende Bedeutung kommt noch der unmittelbar geltenden Verordnung 259/93 zur Überwachung und Kontrolle der Verbringung von Abfällen in der, in die und aus der Europäischen Gemeinschaft[1011] zu (nachfolgend kurz: AbfVerbrV), die das Baseler Übereinkommen über die Kontrolle der grenzüberschreitenden Verbringung gefährlicher Abfälle und ihrer Entsorgung[1012] vom 22. März 1989 umsetzt. Eine der wesentlichen Ziele der AbfVerbrV, wie es in ihrer 9. Begründungserwägung angeführt ist, ist die vorherige Notifizierung der Abfallverbringung bei den zuständigen Behörden, damit diese angemessen insbesondere über Art, Beförderung und Beseitigung oder Verwertung der Abfälle informiert sind und alle für den Schutz der menschlichen Gesundheit und der Umwelt erforderlichen Maßnahmen treffen können. Im Rahmen der Weiterentwicklung der Abfallrahmenrichtlinie differenziert die AbfVerbrV durchgehend zwischen Verbringungen zum Zweck der Verwertung und Verbringungen zum Zweck der Beseitigung. Im Vergleich zu Beseitigungszwecken werden Verbringungen zu Verwertungszwecken in vielen Punkten milder behandelt. Beispielhaft ist der gravierende Unterschied im Einwendungssystem. Danach können Einwendungen nur bei der Verbringung von Abfällen zur Beseitigung – dagegen nicht bei der Verbringung von Abfällen zur Verwertung – auf die Grundsätze der „Beseitigungsautarkie“ und „Nähe“ gestützt werden[1013]. Dies hat auch der EuGH mit dem Dusseldorp-Urteil vom 25. Juni 1998[1014] unter Verweis auf Wortlaut, Systematik und Normzweck der AbfVerbrV bestätigt[1015]. Für Abfälle zur Verwertung gilt dagegen im Prinzip europaweit eine Verbringungsfreiheit. Obwohl Art. 7 Abs. 4 lit. a erster Spiegelstrich AbfVerbrV es zulässt, aufgrund der Unvereinbarkeit mit der Abfallrahmenrichtlinie und insbesondere mit der in Art. 7 der Abfallrahmenrichtlinie vorgesehenen mitgliedstaatlichen Abfallwirtschaftsplanung gegen eine Abfallverbringung Einwendungen zu erheben, vertritt der EuGH die Ansicht, dass die Abfallwirtschaftsplanung nicht genutzt werden dürfe, um eine Inlandsentsorgung für Verwertungsabfälle durchzusetzen und dadurch ihre Verbringung zu untersagen, wenn von der Verbringung und auswärtigen Behandlung dieser Abfälle keine Gefahr ausgeht[1016]. Weitere zulässige

---

1011 Verordnung (EWG) Nr. 259/93 des Rates vom 1. 2. 1993 zur Überwachung und Kontrolle der Verbringung von Abfällen in der, in die und aus der Europäischen Gemeinschaft, ABl. 1993, L 30/1; zuletzt geändert durch Verordnung (EG) Nr. 2557/2001 v. 28. 12. 2001, ABl. 2001 L 349/1.

1012 Das Baseler Übereinkommen trat am 5. 5. 1992 in Kraft. Für die Gemeinschaft ist es seit dem 8. 5. 1994 bindend. Bis zum 2. 3. 2002 waren ihm 150 Länder und die EU beigetreten. Im Einzelnen vgl. Krieger, in: Rengeling (Hrsg.), EUDUR, Bd. II, § 74, Rn. 5 ff.

1013 Vgl. Art. 4 Abs. 3 lit. a Ziff. i und Art. 7 Abs. 4 lit. a AbfVerbrV.

1014 EuGH, Urt. v. 25. 6. 1998, Rs. C-203/96, Slg. 1998 I-4075 (Dusseldorp).

1015 Weidemann, in: Rengeling (Hrsg.), EUDUR, Bd. II, § 70 Rn. 20; Krieger, in: Rengeling (Hrsg.), EUDUR, Bd. II, § 74 Rn. 51.

1016 Vgl. EuGH, Urt. v. 25. 6. 1998, Rs. C-203/96, Slg. 1998 I-4075 (Dusseldorp) und Rs. C-209/98 (Kopenhagen), ZUR 2000, S. 399 ff., Rn. 45 f., 90 ff.; vgl. SRU, Umweltgutachten 2002, Tz. 795.

Einwände gegen eine Verbringung von Verwertungsabfällen beschränken sich auf Verstöße gegen Transportvorschriften[1017], frühere illegale Verbringungsaktivitäten der beteiligten Akteure und Verstöße gegen internationale Übereinkommen[1018] (Art. 7 Abs. 4 lit. a 2. bis 4. Spiegelstrich AbfVerbrV). Bemerkenswert ist schließlich Art. 7 Abs. 4 lit. a 5. Spiegelstrich, der den Mitgliedstaaten den sog. Einwand der fehlenden ökologisch-ökonomischen Rechtfertigung[1019] gestattet. Danach dürfen die zuständigen Behörden am Versandort wie am Bestimmungsort eine Verbringung von Verwertungsabfällen untersagen, „wenn der Anteil an verwertbarem und nicht verwertbarem Abfall, der geschätzte Wert der letztlich verwertbaren Stoffe oder die Kosten der Verwertung und die Kosten der Beseitigung des nicht verwertbaren Anteils eine Verwertung unter wirtschaftlichen und ökologischen Gesichtspunkten nicht rechtfertigen." Ob und inwieweit es die vorgenannten Vorschriften aber den Mitgliedstaaten erlauben, aufgrund eigener nationaler höherer Verwertungsstandards Einwände gegen Abfallverbringung zu erheben, war schon länger ein brisantes Thema. Mit der „EU-Wood-Trading"-Urteil vom 16. Dezember 2004[1020] hatte der EuGH endlich die Chance, sich mit dem Thema auseinanderzusetzen. Durch die Auslegung des Art. 7 Abs. 4 lit. a erster Spiegelstrich AbfVerbrV bejaht er diese Einwendungsmöglichkeit, aber mit einer Einschränkung, nämlich unter Beachtung des Grundsatzes der Verhältnismäßigkeit. Auf dieses Urteil wird unten noch im Einzelnen einzugehen sein. Weitere entscheidende Regelungen der AbfVerbrV beziehen sich auf die Kategorisierung der Abfälle zur Verwertung (nämlich sog. grüne, gelbe und rote Listen) sowie auf die Ein- und Ausfuhr der Abfälle in die und aus der Gemeinschaft u. a. m.[1021]

Die in der Abfallrahmenrichtlinie, aber auch in der Richtlinie über gefährliche Abfälle festgeschriebenen Genehmigungserfordernisse sind durch weitere Richtlinien um die verfahrensrechtlichen und materiell-rechtlichen Voraussetzungen ergänzt worden. Zu nennen sind zunächst die zwei 1989 erlassenen, für die Abfallverbrennungsanlagen von Siedlungsmüll geltenden Richtlinien, nämlich die Richtlinie 89/369/EWG über die Verhütung der Luftverunreinigung durch neue Verbrennungsanlagen für Siedlungsmüll[1022] und die Richtlinie 89/429/EWG über die Verringerung der Luftverunreinigung durch bestehende Verbrennungsanlagen für Siedlungsmüll[1023]. Sie enthielten materielle Anforderungen zur Nachrüstung bestehender Anlagen und Genehmigungsvoraussetzungen für neue Anla-

---

1017 Näher zu Art. 7 Abs. 4 lit. a 2. Spiegelstrich AbfVerbrV vgl. SRU, Umweltgutachten 2002, Tz. 830.

1018 SRU, Umweltgutachten 2002, Tz. 795.

1019 Oder als Einwand der mangelnden ökonomisch-ökologischen Rechtfertigung bezeichnet werden. S. Reese, ZUR 2003, 217.

1020 EuGH, Urt. v. 16. 12. 2004, Rs. C-277/02 (EU-Wood-Trading), Slg. 2004, I-11957 = NVwZ 2005, 309 ff.

1021 Im Einzelnen vgl. Krieger, in: Rengeling (Hrsg.), EUDUR, Bd. II, § 74.

1022 ABl. 1989 L 163/32.

1023 ABl. 1989 L 203/50.

gen, wie z.B. Emissionsgrenzwerte, Regelungen über Messverfahren, Betriebsbedingungen (Temperatur, Sauerstoffgehalt, Druck) usw.[1024] Wie schon aus dem Titel der Richtlinien ersichtlich, bezweckten sie jedoch eigentlich vornehmlich die Begrenzung von Luftverunreinigungen und zogen mithin hinsichtlich des Genehmigungserfordernisses nicht nur die Abfallrahmenrichtlinie, sondern auch die Richtlinie 84/360/EWG zur Bekämpfung der Luftverunreinigung durch Industrieanlagen[1025] heran[1026].

Die Genehmigungserfordernisse sind weiterhin durch die Richtlinie 94/67/EG über die Verbrennung gefährlicher Abfälle[1027] ergänzt worden, die bei den Verbrennungsanlagen für gefährliche Abfälle Anwendung fand. Mit einem integrativen Ansatz bezweckte die Richtlinie Belastungen der Umwelt, insbesondere der Verschmutzung von Luft, Boden, Oberflächen- und Grundwasser, sowie entsprechende Gefahren für die menschliche Gesundheit durch die Verbrennung gefährlicher Abfälle zu verhüten und zu verringern (Art. 1 der Richtlinie). Die Richtlinie enthielt einen ganzen Katalog materiell-rechtlicher Anforderungen an die Verbrennungsanlagen von gefährlichen Abfällen. Dazu sah sie auch einige verfahrens- und formellrechtliche Anforderungen an die Genehmigung von Verbrennungsanlagen vor und stellte Anforderungen an die Überwachung dieser Anlagen, insbesondere an die durchzuführenden Messungen. Nach Art. 3 Abs. 1 der Richtlinie konnte die Genehmigung nur erteilt werden, wenn aus dem Antrag hervorging, dass die Verbrennungsanlage in der Weise ausgelegt und ausgerüstet war und so betrieben wurde, dass die geeigneten Vorsorgemaßnahmen gegen eine Verunreinigung der Umwelt ergriffen und die Bestimmungen nach Art. 5 bis 12 der Richtlinie eingehalten wurden. Art. 5 ff. der Richtlinie enthielt konkrete und detaillierte Regelungen für die Auslegung, die Ausrüstung und den Betrieb der Verbrennungsanlagen, für ihre Ausstattung mit bestimmten Brennern, sowie weitere Anforderungen an die Emissionsgrenzwerte bei Abgasen, die Ableitung von Abwasser und die Verwertung bzw. Beseitigung von Rückständen aus dem Betrieb der Verbrennungsanlage, schließlich noch spezifische Anforderungen für die Messungen zur Überwachung der Parameter, Bedingungen und Massenkonzentrationen der für den Verbrennungsprozess erheblichen Schadstoffe[1028]. Außerdem lag hiermit erstmals eine Regelung für die Abfallmitverbrennung vor. Bei der Mitverbrennung von gefährlichen Abfällen in einer Anlage, die nicht in erster Linie zur Verbrennung gefährlicher Abfälle bestimmt war, kamen die Regelungen der Richtlinie 94/67/EG also in bestimmtem Um-

[1024] Näher zum Gehalt der Richtlinien vgl. Sellner, in: Rengeling (Hrsg.), EUDUR, Bd. II, § 49 Rn. 35 ff.

[1025] Richtlinie 84/360/EWG des Rates vom 28. 6. 1984 zur Bekämpfung der Luftverunreinigung durch Industrieanlagen, ABl. L 188/20.

[1026] Fluck, EuR 1994, 71, 84.

[1027] Richtlinie 94/67 des Rates vom 16. 12. 1994 über die Verbrennung gefährlicher Abfälle, ABl. 1994, L 365/34.

[1028] S. Beckmann, in: Rengeling (Hrsg.), EUDUR, Bd. II, § 72 Rn. 27 ff.; 47 f.

fang zur Anwendung: Für Anlagen, bei denen höchstens 40 % der abgegebenen Gesamtwärmemenge zu jedem Betriebszeitpunkt aus der Verbrennung gefährlicher Abfälle entstanden, sollten die in der Richtlinie 94/67/EG festgesetzten Emissionsgrenzwerte nur auf den Teil des Abgasstromes angewendet werden, der von der Verbrennung gefährlicher Abfälle herbeigeführt wurde (Vgl. Art. 3 Abs. 3 der Richtlinie). Wird dagegen die Schwelle überschritten, galten für die Anlage insgesamt die strengen Regelungen der Richtlinie 94/67/EG[1029]. Ferner fand sich die Anforderung an die Unterrichtung der Öffentlichkeit über Genehmigungsanträge, Genehmigungsentscheidungen und die Ergebnisse der durchgeführten Emissionsmessungen.

Am 28. Dezember 2000 ist die Richtlinie 2000/76/EG über die Verbrennung von Abfällen[1030] (nachfolgend Kurz: Abfallverbrennungsrichtlinie) in Kraft getreten. Sie gilt nun für Verbrennung sämtlicher Abfälle, also sowohl für Siedlungsabfälle als auch für gefährliche und nicht gefährliche Abfälle, und ersetzt seit dem 28. Dezember 2005 die bisher bestehenden Regelungen, nämlich die oben genannten beiden Richtlinien über Verbrennungsanlagen für Siedlungsmüll 89/369/EWG und 89/429/EWG sowie die Richtlinie 94/67/EG über die Verbrennung gefährlicher Abfälle. Die Abfallverbrennungsrichtlinie zielt ebenfalls auf einen medienübergreifenden Umweltschutz und den Schutz der menschlichen Gesundheit (Art. 1 der Richtlinie). Sämtliche Medien wie Luft, Boden, Oberflächen- und Grundwasser etc. fallen in den Schutzbereich der Richtlinie. Um Belastungen der Umwelt durch bei der Abfallverbrennung entstehende Emissionen weiter zu vermeiden und zu begrenzen, setzt die Abfallverbrennungsrichtlinie strenge Grenzwerte[1031] für die Freisetzung von Schadstoffen aus der Abfallverbrennung in Luft und Wasser fest und enthält die Pflicht zur Vermeidung neuer Abfälle und zur Abwärmenutzung bei der Abfallverbrennung. Damit sind die europäischen Behandlungsstandards hinsichtlich der Abfallverbrennung entsprechend höchsten nationalen Umweltstandards erhöht worden, um den Umgehungstendenzen hochwertiger Beseitigungsvorgaben, also der Scheinverwertung, entgegenzuwirken[1032]. Ein weiterer Brennpunkt der Abfallverbrennungsrichtlinie liegt darin, dass für die Mitverbrennung von Abfällen in Industrieanlagen wie Zementwerken, Hochöfen und Kraftwerken teilweise angeglichene Standards wie für Monoverbrennung von Abfällen in Müllverbrennungsanlagen oder Sonderabfallverbrennungs-anlagen gelten (Artikel 7, 8 i. V. m. Anhängen der Richtlinie). Vor allem sieht Art. 7 Abs. 4 der Richtlinie

---

1029 Sellner, in: Rengeling (Hrsg.), EUDUR, Bd. II, § 49 Rn. 62.

1030 Richtlinie 2000/76/EG des Europäischen Parlaments und des Rates über die Verbrennung von Abfällen vom 4.12.2000, ABl. 2000, L 332/91. Zur Richtlinie vgl. Witthohn, DVBl. 2001, 1648 ff.

1031 Bemerkenswert ist, dass bei den Anforderungen an Müllverbrennungsanlagen sich die Abfallverbrennungsrichtlinie eng an der 17. BImSchV in der alten Fassung vom 23. 11. 1990 orientiert. Vgl. SRU, Umweltgutachten 2004, Tz. 588.

1032 Begründungserwägung 10 der Verbrennungsrichtlinie. Vgl. Ermacora, in: Rengeling (Hrsg.), EUDUR, Bd. II, §76 Rn. 15.

vor, dass für die Mitverbrennung unaufbereiteter gemischter Siedlungsabfälle generell die strengen Emissionswerte des Anhangs V gelten und die Mischrechnung in Anhang II nicht zur Anwendung kommt. Die Mitverbrennung unaufbereiteter gemischter Siedlungsabfälle, zu denen auch hausmüllähnliche Gewerbeabfälle gehören, unterliegt damit künftig den für Abfallverbrennungsanlagen vorgesehenen Standards[1033]. Mit der teilweisen Angleichung[1034] erzielt die Abfallverbrennungsrichtlinie wichtige Forschritte für die Harmonisierung der Standards bezüglich der Abfallverbrennung auf unterschiedlichen Entsorgungswegen[1035].

Für Deponien gilt die Richtlinie 1999/31/EG über Abfalldeponien[1036] (kurz: Deponierichtlinie). Ziel der Richtlinie ist es, durch die Festlegung strenger betriebsbezogener und technischer Anforderungen in Bezug auf Abfalldeponien und Abfälle Maßnahmen, Verfahren und Leitlinien vorzusehen, mit denen während des gesamten Bestehens der Deponie negative Auswirkungen der Ablagerung von Abfällen auf die Umwelt, insbesondere die Verschmutzung von Oberflächenwasser, Grundwasser, Boden und Luft, sowie auf die globale Umwelt, einschließlich des Treibhauseffekts und darüber hinaus alle damit verbundenen Risiken für die menschliche Gesundheit, weitestmöglich vermieden oder vermindert werden (Art. 1 Abs. 1 der Richtlinie). Sie enthält Genehmigungsvoraussetzungen, stellt Anforderungen an die Deponien in Bezug auf Standortwahl, Errichtung, Betrieb, Überwachung und ihre Stillegung einschließlich einer Genehmigungspflicht hierfür sowie Vorgaben für die Einrichtung eines Nachsorgefonds[1037]. Daneben begrenzt die Deponierichtlinie auch zulässige Abfallablagerungen. Insbesondere sieht Art. 5 Abs. 1 der Richtlinie vor, dass die Mitgliedstaaten ihre Strategie zur Verringerung der zur Deponierung bestimmten, biologisch abbaubaren Abfälle festlegen müssen. In Art. 5 Abs. 2 der Richtlinie finden sich Reduzierungsziele. Die zu deponierende Menge biologisch abbaubarer Siedlungsabfälle ist also in drei Etappen schrittweise zu verringen, nämlich bis spätestens 2006 auf 75 Gewichtsprozent, 2009 auf 50 Gewichtsprozent und 2016 auf 35 Gewichtsprozent der Gesamtmenge der 1995 erzeugten Abfälle dieser Art. In ihrem Bericht über die einzelstaatlichen Strategien kam die Kommission allerdings zum Schluss, dass zum Erreichen der Ziele die Nutzung der Strategien unklar ist und daher noch weitere Anstrengungen erforderlich erscheinen[1038]. Insgesamt betrachtet, erhöht aber die Deponierichtlinie mit dem Ziel, die Abfallbeseitigung in Anlagen mit niedrigen Umweltschutzstandards zu verhin-

1033 SRU, Umweltgutachten 2002, Tz. 785.

1034 Die Angleichung ist aber nicht vollständig. Die an die Mitverbrennung gestellten Anforderungen liegen im großen Teil noch deutlich unterhalb denen für reine Müllverbrennungsanlagen. Näher dazu SRU, Umweltgutachten 2002, Tz. 786.

1035 SRU, Umweltgutachten 2002, Tz. 886 ff.

1036 Richtlinie 1999/31/EG des Rates vom 26. April 1999 über Abfalldeponien, ABl. 1999 L 182/1.

1037 Fluck, EuR 1994, 71, 86.

1038 KOM(2005)666 endgültig, S. 21.

dern[1039], die Deponierungsstandards in den Mitgliedstaaten und verbessert die Entsorgungsstrukturen in der Gemeinschaft[1040].

Bemerkenswert ist in diesem Zusammenhang noch die Richtlinie 96/61/EG über die integrierte Vermeidung und Verminderung der Umweltverschmutzung[1041] (kurz: IVU-Richtlinie). Sie erstreckt sich auch auf die Genehmigung von teilweisen Abfallentsorgungsanlagen. Betroffen sind Anlagen zur Beseitigung oder Verwertung von gefährlichen Abfällen sowie Anlagen über die Altölbeseitigung, über Siedlungsmüllverbrennung, zur Beseitigung ungefährlicher Abfälle und Deponien, jeweils mit bestimmter Kapazität[1042]. Das dort näher beschriebene Genehmigungsverfahren soll dem integrierten Schutz der Umweltmedien Luft, Wasser und Boden dienen[1043].

Dazu gibt es noch zahlreiche stoffbezogene Richtlinien, die den Umgang – insbesondere verwertungsbezogen – mit einzelnen Stoffen bzw. Produktgruppen regeln, z. B. Altöl[1044], Klärschlamm[1045], Batterien[1046], Verpackungen[1047], Altautos[1048], Elektro- und Elektronik-Altgeräte[1049] u.s.w. An dieser Stelle sind ihre Inhalte vollkommen auszusparen. Je nach dem Auseinandersetzungsbedarf wird auf sie weiter unten näher einzugehen sein.

1039 Vgl. die Begründungserwägung 10 der Deponierichtlinie.

1040 SRU, Umweltgutachten 2000, Tz. 923. Allerdings bleiben die Standards der Deponierichtlinie hinter denen der deutschen TA Siedlungsabfall und der zur Umsetzung der Richtlinie inzwischen erlassenen Abfallablagerungsverordnung (BGBl. 2001 I S. 305) zurück. Näher vgl. SRU, Umweltgutachten 2002, Tz. 787.

1041 ABl. 1996, L 257/26, zuletzt geändert durch Verordnung 1882/2003, ABl. 2003, L 284/1.

1042 Vgl. Beckmann, in: Rengeling (Hrsg.), EUDUR, Bd. II, § 72 Rn. 34.

1043 Fluck, EuR 1994, 71, 85 f.

1044 Richtlinie 75/439/EWG über die Altölbeseitigung, ABl. 1975, L 194/23, geändert durch Richtlinie 87/101/EG, ABl. 1987, L 42/43.

1045 Richtlinie 86/278/EWG des Rates vom 12. 6. 1986 über den Schutz der Umwelt und insbesondere der Böden bei der Verwendung von Klärschlamm in der Landeswirtschaft. ABl. 1986, L 181/6, geändert durch Richtlinie 91/692/EG vom 23. 12. 1991, ABl. 1991, L 377/48.

1046 Richtlinie 91/157/EWG über gefährliche Stoffe enthaltende Batterien und Akkumulatoren, ABl. 1991, L 78/38, geändert durch Richtlinie 98/101/EG der Kommission vom 22. 12. 1998, ABl. 1999, L 1/1.

1047 Richtlinie 94/62/EG des Europäischen Parlaments und des Rates vom 20. 12. 1994 über Verpackungen und Verpackungsabfälle, ABl. 1994 L 365/10, geändert durch Richtlinie 2004/12/EG vom 11. Februar 2004, ABl. 2004, L 47/26.

1048 Richtlinie 2000/53/EG des Europäischen Parlaments und des Rates vom 18. 9. 2000 über Altfahrzeuge, ABl. 2000, L 269/34.

1049 Richtlinie 2002/96/EG des Europäischen Parlaments und des Rates vom 27. 1. 2003 über Elektro- und Elektronik-Altgeräte, ABl. 2003, L 37/24, zuletzt geändert durch Richtlinie 2003/108/EG des Europäischen Parlaments und des Rates vom 8. 12. 2003, ABl. L 345/106.

II. Neuentwicklungen

1. EuGH-Entscheidungen zur Abgrenzung von energetischer Verwertung und thermischer Behandlung zur Beseitigung

Wie schon erwähnt, stellt die Unterscheidung von Beseitigung und Verwertung eine wesentliche Grundlage der EG-Abfallgesetzgebung dar. Das Kontrollregime in Bezug auf die Beseitigung von Abfällen ist deutlich strikter als bei der Abfallverwertung. Dies gilt sowohl für entsprechende Anlagen als auch für die Verbringungen der Abfälle. Während die Verbringung von Beseitigungsabfällen u. a. mit den Grundsätzen der „Beseitigungsautarkie" und „Nähe" verhindert werden kann, besteht für Verwertungsabfälle mehr Freiheit zum Export innerhalb der EG. In Anbetracht dessen ist die Abgrenzung zwischen Abfallbeseitigung und Abfallverwertung, insbesondere zwischen thermischer Behandlung zur Beseitigung und energetischer Verwertung, von grundlegender Bedeutung. Ohne hinreichend konkrete, europaweit einheitliche Kriterien zu ihrer Abgrenzung könnten die Abfälle durch „Scheinverwertung" ins Ausland exportiert und dort preisgünstig entsorgt werden. Die strengen nationalen Umweltstandards der Abfallbeseitigung würden dadurch im weiten Umfang unterlaufen. Auch das Prinzip der nationalen Beseitigungsautarkie könnte dann nur noch auf dem Papier stehen. Die Konsequenz „wäre ein wahrlich ungesunder internationaler Wettbewerb von Beseitigungskapazitäten, in dem Preisvorteile durch niedrige Umweltstandards ermöglicht werden."[1050]

Das EG-Recht gibt aber keine klare Antwort auf diese Frage nach der Abgrenzung von Verwertung und Beseitigung. Gemäß Art. 1 lit. e und f der Abfallrahmenrichtlinie bedeutet „Beseitigung" alle in Anhang II A aufgeführten Verfahren und „Verwertung" alle in Anhang II B aufgeführten Verfahren. In den Anhang II A und B[1051] sind jeweils beispielhaft einige der geläufigsten Entsorgungsverfahren zur Verwertung einerseits und zur Abfallbeseitigung anderseits aufgeführt[1052]. Nach der Rechtsprechung des EuGH[1053] kommt ihnen aber nur eine beispielhafte Bedeutung zu. Sie bezwecken, die am häufigsten vorkommenden Beseitigungs- und Verwertungsverfahren zusammenzustellen, nicht aber, alle Verfahren genau und abschließend aufzuführen[1054]. Die EU-Kommission hat inzwischen initiiert, den Verwertungsbegriff mit einem quantitativen Heizwertkriterium zu präzisieren, also einen Mindestheizwert für energetische Verwertung mit 17 000 bzw. 13 000 kJ/kg zu definieren[1055]. Ihr Versuch

---

[1050] Weidemann, in: Rengeling (Hrsg.), EUDUR, Bd. II, § 70 Rn. 21 ff.

[1051] Entscheidung 96/350/EG der Kommission v. 24. 5. 1996 zur Anpassung der Anhänge IIA und IIB der Richtlinie 75/442/EWG des Rates über Abfälle, ABl. 1996, L 135/32.

[1052] Reese, ZUR 2003, 217, 218.

[1053] EuGH, Urt. v. 27. 2. 2002, Rs. C-6/00, DVBl. 2002, 539, 542.

[1054] Kloepfer, Umweltrecht, § 20 Rn. 188.

[1055] SRU, Umweltgutachten 2002, Tz. 827.

fand aber keinen Konsens in den Mitgliedstaaten, weil die Meinungen darüber, wie hoch dieser Heizwert sein muss, weit auseinandergingen [1056].

Vor diesem Hintergrund stehen zwei neue Urteile des EuGH im Mittelpunkt der Aufmerksamkeit. Darin war die Frage zu beantworten, ob – und unter welchen Voraussetzungen – die Abfallverbrennung als energetische Verwertung oder aber als thermische Behandlung zur Beseitigung einzustufen ist. Im Verfahren Rs. C-228/00 (Kommission./.Deutschland)[1057] ging es um die Frage, ob die Bundesrepublik Deutschland die Verbringung bestimmter gemischter Gewerbeabfälle zur Mitverbrennung in belgischen Zementwerken mit dem Einwand untersagen durfte, dass es sich bei der geplanten Mitverbrennung wegen eines zu geringen Brennwertes der Abfälle oder zu hoher Schadstoffgehalte – wie nach den Abgrenzungskriterien von den in mehreren Bundesländern erlassenen Verwaltungsvorschriften[1058] – nicht um eine Verwertung als Ersatzbrennstoff, sondern um einen Beseitigungsvorgang handele. Im Parallelverfahren Rs. C-458/00 (Kommission./.Luxemburg)[1059] war zu entscheiden, ob der Export von Hausmüll aus Luxemburg in die Straßburger Müllverbrennungsanlage (MVA) mit der Begründung untersagt werden durfte, dass die Verbrennung in einer MVA nicht als Verwertung, sondern als eine thermische Behandlung zur Beseitigung einzustufen sei. Die Frage, inwieweit die Müllverbrennung wegen der Fernwärme- und Stromproduktion als Abfallverwertung oder gleichwohl als Beseitigung einzustufen ist, war brisant.

Der EuGH hat zwar der gegen die Bundesrepublik gerichteten Klage stattgegeben, dagegen die Klage gegen Luxemburg abgewiesen[1060]. Er hat jedoch in den beiden Entscheidungen die energetische Verwertung konsequent an allgemeine Voraussetzungen geknüpft[1061]. Im Urteil Rs. C-228/00 erklärte der EuGH, dass die Abfallverbrennung dann eine Verwertungsmaßnahme darstelle, wenn es ihr Hauptzweck ist, die Abfälle zur Energieerzeugung einzusetzen und dadurch eine Primärenenergiequelle zu ersetzen[1062]. Dabei entwickelte der EuGH drei weitere

---

1056 SRU, Umweltgutachten 2002, Tz. 804.

1057 EuGH, Urt. v. 13. 2. 2003, Rs. C- 228/00, Slg. 2003, I-1439.

1058 § 4 Abs. 4 KrW-/AbfG bestimmt Merkmale zu beurteilen, ob der Hauptzweck der Maßnahme auf die Verwertung oder die Beseitigung gerichtet ist. § 6 Abs. 2 KrW-/AbfG sieht weiter Zulässigkeitsvoraussetzungen für die energetische Verwertung vor, insbesondere den Mindestheizwert des Abfalls (11 000 kj/kg) und den Feuerungswirkungsgrad (mind. 75%). Aus den Anforderungen ergibt sich die in Deutschland praktizierte Abgrenzung der energetischen Verwertung anhand der Kriterien des Heizwertes, Feuerungswirkungsgrads, Schadstoffgehalts in Bezug auf den einzelnen unvermischten Abfall.

1059 EuGH, Urt. v. 13. 2. 2003, Rs. C- 458/00, Slg. 2003, I-1553.

1060 Zu den zwei Urteilen vgl. Reese, ZUR 2003, 217 ff.

1061 SRU, Umweltgutachten 2004, Tz. 667.

1062 EuGH, C- 228/00, Slg. 2003, I-1439, Rn. 41, 45 f.

grundlegende Voraussetzungen für die qualifizierte energetische Verwertung. Sie liegt vor, wenn:

- mehr Energie erzeugt und erfasst (zurückgewonnen[1063]) wird als beim Verbrennungsvorgang verbraucht wird,
- der größere Teil der Abfälle bei dem Vorgang verbraucht und
- der größere Teil der freigesetzten Energie erfasst (zurückgewonnen) und genutzt wird[1064].

Erfüllt die Abfallverbrennung diese drei Voraussetzungen, sei sie als energetische Verwertung einzustufen, ohne dass andere Kriterien wie der Heizwert der Abfälle, der Schadstoffgehalt der verbrannten Abfälle oder die Frage der Vermischung der Abfälle herangezogen werden dürften[1065]. Am Ende hat der EuGH jedoch darauf hingewiesen, dass derlei Kriterien dazu verwendet werden könnten, den Verbringungseinwand der »fehlenden ökologisch-ökonomischen Rechtfertigung « (Art. 7 Abs. 4 lit. a) 5. Spiegelstrich AbfVerbrV) zu begründen[1066].

Auch im luxemburgischen Fall hat der EuGH konsequent die energetische Verwertung an die oben genannten drei Voraussetzungen geknüpft. Er hat damit jedoch nicht den Streitfall entschieden, ob die Müllverbrennung in MVA energetische Verwertung oder thermische Behandlung zur Beseitigung darstellt. Vielmehr hat er die Klage der EU-Kommission allein mit der Begründung abgewiesen, die Kommission habe nicht nachgewiesen, dass diese Voraussetzungen bei der fraglichen Straßburger Verbrennungsanlage vorliegen und nicht einmal Anhaltspunkte dafür dargelegt, dass es sich bei diesem fraglichen Vorgang um energetische Verwertung handele. Als mögliche Anhaltspunkte für den Verwertungscharakter nennt der EuGH den Fall, dass der Anlagentreiber für die Lieferung der Abfälle hätte bezahlen müssen oder dass es sich um eine Anlage handelt, deren Betrieb ohne die Versorgung mit Abfällen mit Primärbrennstoffen hätte fortgesetzt werden müssen[1067]. Die Erwähnung der oben genannten Anhaltspunkte vom EuGH führte zu einer interessanten Kontroverse. Dabei war umstritten, ob die „Anhaltspunkte" lediglich Indizien für das Vorliegen der oben genannten Voraussetzungen der Verwertung oder eigenständige Voraussetzungen der Verwertung sind[1068]. Bei der ersten Auslegung kann es weiterhin als eine energetische Verwertung eingestuft werden, wenn mit den in den MVA verbrannten Abfällen der Einsatz von Brennstoffen in anderen Anlagen – insbesondere Kraftwerken – erspart wird. Nach der letzteren Auslegung ist eine Substitution innerhalb der Verbrennungsanlage selbst zwingend vorauszusetzen. Wenn

---

1063 „Im Urteil zum Rs. C-485/00 heißt es in der ansonsten gleichlautenden Formulierung der deutschen Fassung »erfasst« statt »zurückgewonnen«. Dieser Formulierungsunterschied besteht in der französischen Fassung nicht, dort heißt es in beiden Urteilen »rècuperè«", zitiert von Reese, ZUR 2003, 217, 219 Fn. 8.

1064 EuGH, C- 228/00, Slg. 2003, I-1439, Rn. 41 bis 43.

1065 EuGH, C- 228/00, Slg. 2003, I-1439, Rn. 47.

1066 EuGH, C- 228/00, Slg. 2003, I-1439, Rn. 50.

1067 EuGH, C- 458/00, Slg. 2003, I-1553, Rn. 44.

1068 SRU, Umweltgutachten 2004, Tz. 667 m.w.N.

man die letztere Auslegung betrachtet, ist ferner umstritten, „inwieweit es unter dem Anhaltspunkt »Rohstoffsubstitution innerhalb der Anlage« möglich ist, Müllverbrennungsanlagen als Verwertungsanlagen zu qualifizieren, etwa dann, wenn sie in ein Fernwärmeverbundnetz integriert sind“[1069]. Eine klare Abgrenzungsrichtlinie hat diese EuGH-Entscheidung hierbei nicht gezogen.

Nach der EuGH-Rechtsprechung ist die Einstufung als energetische Abfallverwertung nicht übermäßig kompliziert. Ihr zufolge beansprucht der Verwertungsbegriff keine ökologisch anspruchsvollen Kriterien. Entscheidend sei, dass mehr als die Hälfte der Abfälle verbraucht, mehr Energie erzeugt als für den Verbrennungsvorgang verbraucht und der überwiegende Teil der freigesetzten Energie erfasst, zurückgewonnen und genutzt wird. Kriterien wie der Heizwert der Abfälle, der Schadstoffgehalt der verbrannten Abfälle oder die Frage der Vermischung der Abfälle finden hierbei keine Anwendung[1070]. Folglich könnten Abfallgemische zum großen Teil weiterhin zur Verwertung in Zementwerken zugeführt werden und auch moderne Müllverbrennungsanlagen in der Regel die energetische Verwertung anbieten[1071]. Die aktuelle Problematik, nämlich Ausweichbewegungen in billigere ausländische Entsorgungswege und die Gefährdung der hohen nationalen Entsorgungsstandards und Entsorgungsinfrastruktur, lässt sich damit nicht bewältigen[1072]. Der EuGH verweist zwar in Urteil Rs. C-228/00 am Rande auf die Möglichkeit, nationale ökologisch anspruchsvolle Kriterien durch den sogenannten Einwand der »fehlenden ökologisch-ökonomischen Rechtfertigung« aus Art. 7 Abs. 4 lit. a) 5. Spiegelstrich AbfVerbrV geltend zu machen[1073]. Inwieweit dies zustande kommen kann, ist jedoch fraglich. Nach dem klaren Wortlaut der Bestimmung bezieht sich der Einwand lediglich auf den Verwertbarkeitsanteil und die Kosten-Nutzen-Bilanz des jeweiligen Verwertungsweges, nicht aber auf dessen Umweltverträglichkeit insgesamt[1074]. Die Mitgliedstaaten dürfen sich also nicht deshalb auf den Einwand der »fehlenden ökologisch-ökonomischen Rechtfertigung« berufen, weil die Verwertung im Ausland rechtlich oder faktisch weniger anspruchvollen Entsorgungsstandards unterstellt ist[1075]. Hierbei geht es eher um das Regime des

---

1069 SRU, Umweltgutachten 2004, Tz. 667.

1070 Die von dem EuGH entwickelten Nutzen- und Effizienzmerkmale für die energetische Verwertung sind deutlich unterhalb der in Deutschland angewandeten Kriterien von § 6 Ab. 2 und § 4 Abs. 4 KrW-/AbfG angesiedelt. Reese, ZUR 2003, 217, 221.

1071 Reese, ZUR 2003, 217, 219 f.

1072 Nach der Auffassung von SRU ist es allerdings auch nicht vorzugswürdig, die ökologische Vertretbarkeit der Abfallverwertung weitestgehend schon im Begriff der Verwertung und nicht durch die Festlegung anspruchsvoller Standards für die Verwertung zu gewährleisten. Den Verwertungsbegriff mit einem Haufen Anforderungen zu überfrachten, ist also aus regelungstechnischer Sicht nicht empfehlenswert. SRU, Umweltgutachten 2002, Tz. 804, 827 ff.

1073 EuGH, C- 228/00, Slg. 2003, I-1439, Rn. 50.

1074 SRU, Umweltgutachten 2004, Tz. 673; Reese, ZUR 2003, 217, 221.

gungsstandards unterstellt ist[1075]. Hierbei geht es eher um das Regime des „EU-Wood-Trading“-Urteils[1076], das nachfolgend dargestellt wird.

2. EuGH-Entscheidungen zur AbfVerbrV

Neben den nationalen Gerichten befasst sich auch der EuGH immer wieder mit der Auslegung der EG-Abfallverbringungsverordnung (AbfVerbrV), da einerseits die Regelungen der AbfVerbrV unklar sind, anderseits ihre Terminologie und Systematik anders als die der nationalen Vorschriften und ihre Anwendungsfragen ausschließlich nach europäischen Maßstäben zu beantworten sind[1077]. Vor allem die neueren zwei Entscheidungen des EuGH haben einen wichtigen Beitrag zur Regelungsklarheit der AbfVerbrV geleistet.

a) „EU-Wood-Trading“-Urteil

Wegen des Vorabentscheidungsersuchens des OVG Koblenz setzte sich der EuGH im Urteil vom 16. Dezember 2004 (EU-Wood-Trading)[1078] mit der Auslegung des Art. 7 Abs. 4 lit. a erster und zweiter Gedankenstrich AbfVerbrV zur Einwanderhebung auseinander. Es handelte sich hierbei um die Frage, ob diese Bestimmungen der Behörde am Versandort verwertungsbezogene Einwände erlauben und diese auf die eigenen nationalen Verwertungsnormen gestützt werden dürfen, auch wenn sie strenger sind als die des Bestimmungsstaates.

Gemäß Art. 7 Abs. 4 lit. a erster Gedankenstrich AbfVerbrV können die zuständigen Behörden am Versandort und am Bestimmungsort gegen die geplante Verbringung mit Gründen zu versehende Einwände erheben und zwar „gemäß der (Abfallrahmen-)Richtlinie 75/442/EWG, insbesondere auf Art. 7 (über Abfallwirtschaftspläne)“. Aufgrund der Systematik und dem Zweck der AbfVerbrV machte der EuGH zuerst klar, dass die Verordnung in ihrer Gesamtheit nicht ausschließt, dass alle hierbei zuständigen Behörden nicht nur Faktoren über die Beförderung der Abfälle, sondern auch über die Bedingungen der Abfallverwertung berücksichtigen können[1079]. Die Verwendung des Adverbs „insbesondere“ vor der Nennung des Art. 7 der Abfallrahmenrichtlinie bedeutet, dass die Bezugnahme auf diesen Artikel nur Hinweischarakter hat, so dass Einwände auch auf andere Bestimmungen der Richtlinie gestützt werden können. Vor allem Art. 4 der Abfallrahmenrichtlinie sieht vor, dass die Mitgliedstaaten die erforderlichen Maßnahmen treffen, um sicherzustellen, dass die Abfälle verwertet oder beseitigt werden, ohne dass die menschliche Gesundheit gefährdet wird

---

1075 SRU, Umweltgutachten 2002, Tz. 796.

1076 EuGH, Urteil v. 16. 12. 2004, Rs. C-277/02, Slg. 2004, I-11957 = NVwZ 2005, 309 ff.

1077 Kropp, NVwZ 2006, 420.

1078 EuGH, Rs. C-277/02, Slg. 2004, I-11957 = NVwZ 2005, 309 ff. Dazu vgl. Begemann/Lustermann, NVwZ 2005, 283 ff.; Hagmann, UPR 2005, 133 ff.

1079 EuGH, a. a. O., Rn. 39.

oder ohne dass Verfahren oder Methoden verwendet werden, die die Umwelt schädigen können. Infolgedessen müssen die Bestimmungen des Art. 7 Abs. 4 lit. a erster Gedankenstrich AbfVerbrV so ausgelegt werden, dass sie die zuständigen Behörden am Versandort und am Bestimmungsort ermächtigen, Einwände gegen die Verbringung von Abfällen zum Verwertungszweck mit der Begründung zu erheben, dass die vorgesehene Verwertung die sich aus Art. 4 der Abfallrahmenrichtlinie ergebenden Anforderungen nicht beachte. Demgemäss kann also die Einwanderhebung sich auf Erwägungen stützen, die nicht nur an die Beförderung der Abfälle im örtlichen Zuständigkeitsbereich jeder Behörde selbst anknüpfen, sondern auch an die im Zusammenhang mit dieser Verbringung vorgesehene Verwertungsmaßnahme[1080].

Des Weiteren erklärte der EuGH, dass Art. 4 der Abfallrahmenrichtlinie lediglich das zu erreichende Ziel festlegt, den Mitgliedstaaten jedoch die Ausgestaltungen der Maßnahmen einräumt. Dies kann dazu führen, dass die Umweltstandards der Abfallverwertung in den Mitgliedstaaten voneinander abweichen. Da die zuständigen Behörden am Versandort bei ihren Einwänden gegen die Verbringung Faktoren im Zusammenhang mit den Bedingungen, unter denen die Abfälle verwertet werden, berücksichtigen können, führt der EuGH weiterhin aus, dass die Behörden gemäß Art. 7 Abs. 4 lit. a erster Gedankenstrich AbfVerbrV bei der Einschätzung der mit dieser Verwertung für die menschliche Gesundheit und die Umwelt verbundenen Risiken alle in dieser Hinsicht sachdienlichen Kriterien berücksichtigen können, einschließlich der im Versandstaat geltenden, auch wenn sie strenger sind als die des Bestimmungsstaats, sofern sie darauf gerichtet sind, diese Risiken zu vermeiden. Die zuständigen Behörden des Versandstaats können jedoch nicht durch die Kriterien ihres Staates gebunden sein, wenn diese nicht in höherem Maße zur Vermeidung dieser Risiken geeignet sind als diejenigen des Bestimmungsstaats[1081]. Angesichts des Prinzips des freien Verkehrs der zur Verwertung bestimmten Abfälle fügt der EuGH hierbei eine Beschränkung zu: der auf die eigenen nationalen Verwertungsnormen gestützte Einwand der zuständigen Behörde am Versandort ist nur rechtmäßig, sofern diese Normen unter Beachtung des Grundsatzes der Verhältnismäßigkeit zur Erreichung der Ziele, Gefahren für die menschliche Gesundheit und die Umwelt vorzubeugen, geeignet sind und nicht über das hinausgehen, was dazu erforderlich ist. Dabei – sowohl der EuGH als auch der Generalanwalt verweisen auf die Parallelproblematik der grenzüberschreitenden Verbringung von Lebensmitteln[1082] – sind die Gefahren nicht anhand allgemeiner Überlegungen, sondern auf der Grundlage relevanter wissenschaftlicher Untersuchungen zu beurteilen[1083]. Der EuGH führte weiterhin aus, dass es Sache des nationalen

---

[1080] EuGH, a. a. O., Rn. 41 ff.

[1081] EuGH, a. a. O., Rn. 46.

[1082] EuGH, Urt. v. 14. 7. 1994, Rs. C-17/93 (Van der Veldt), Slg. 1994, I-3537. Vgl. Hegmann, UPR 2005, 133, 136.

[1083] EuGH, „EU-Wood-Trading“-Urteil, a. a. O., Rn. 49 f.

Gerichts ist zu prüfen, ob bei Anwendung dieser nationalen Normen der Grundsatz der Verhältnismäßigkeit beachtet worden ist[1084]. Diese Einzelfallprüfung dürfte allerdings in der Praxis sowohl für die zuständige Behörde als auch für das nationale Gericht nicht leicht fallen[1085].

Dagegen erlaubt Art. 7 Abs. 4 lit. a zweiter Gedankenstrich AbfVerbrV es der zuständigen Behörde am Versandort nicht, einen Einwand gegen die Verwertung im Bestimmungsstaat zu erheben. Gemäß dieser Bestimmung können zwar Einwände erhoben werden, wenn die Verbringung nicht gemäß den einzelstaatlichen Rechts- und Verwaltungsvorschriften zum Schutz der Umwelt, zur Wahrung der öffentlichen Sicherheit und Ordnung oder zum Schutz der Gesundheit erfolgt. Aus einer Gesamtprüfung der Bestimmungen zur Einwanderhebung kam der EuGH jedoch zum Ergebnis, dass sich die Verbringung hierbei nur auf die Vorgänge im Zusammenhang mit dieser Verbringung bezieht, wie sie sich während der Zeit darstellen, in der sie im jeweiligen Gebiet jeder der betroffenen zuständigen Behörden stattfinden[1086]. Diese Ansicht stimmt einhellig mit den in der Literatur vertretenen Auffassungen überein[1087].

b) Pedersen-Urteil

In seiner Vorabentscheidung vom 16. Februar 2006 (Pedersen)[1088] befasste sich der EuGH weiterhin mit der Auslegung der Bestimmungen der AbfVerbrV. Hierbei waren die folgenden vorgelegten Fragen zu beantworten: 1) Ist ein Einsammler von Abfällen ohne weiteres berechtigt, die Abfallverbringung zu notifizieren? 2) Können die zuständigen Behörden des Versandstaats Einwände gegen eine Verbringung von Abfällen zum Verwertungszweck erheben, die sich darauf stützen, dass sich aus den Angaben der notifizierenden Person nicht ergibt, dass die Vorschriften des Bestimmungsstaates dasselbe Umweltschutzniveau verlangen wie die des Ausfuhrstaats? 3) Genügt die Angabe einer Abfallart wie „Elektronikabfall“ der Verpflichtung, Angaben zur Zusammensetzung der Abfälle zu machen? 4) Verhindert die Tatsache, dass die zuständige Behörde am Versandort nicht der Ansicht ist, dass sie über alle erforderlichen Angaben verfügt, den Beginn der 30-tägigen Frist zur Einwanderhebung? Und schließt die Überschreitung dieser Frist die Möglichkeit für die zuständigen Behörden aus, Einwände gegen die Verbringung zu erheben oder von der notifizierenden Person weitere Angaben zu verlangen?

Der EuGH stellte zunächst fest, dass die Verpflichtung zur Notifizierung der Abfallverbringung in erster Linie dem Abfallerzeuger obliegt und dass der zuge-

[1084] EuGH, „EU-Wood-Trading“-Urteil, a. a. O., Rn. 53.
[1085] Vgl. Hegmann, UPR 2005, 133, 136 f.
[1086] EuGH, „EU-Wood-Trading“-Urteil, a. a. O., Rn. 59.
[1087] Statt vieler vgl. SRU, Umweltgutachten 2002, Tz. 830.
[1088] EuGH, Rs. C- 215/04, NVwZ 2006, 441 ff.

lassene Einsammler nicht ohne weiteres als die notifizierende Person bezüglich der Abfallverbringung angesehen werden kann[1089]. Die Wendung „wenn dies nicht möglich ist" in Art. 2 lit. g Nr. ii AbfVerbrV ist aber dahingehend auszulegen, dass ein Einsammler als die notifizierende Person anerkannt werden kann, wenn der Abfallerzeuger unbekannt ist oder wenn die Zahl der Erzeuger so groß und ihre jeweilige Erzeugung so gering ist, dass es unangemessen wäre, diese Erzeuger für die Verbringung der Abfälle individuell zu notifizieren[1090]. Unter Verweis auf das „EU-Wood-Trading"-Urteil erklärte der EuGH ferner, dass die zuständige Behörde am Versandort nach Art. 7 Abs. 2 und 4 lit. a erster Gedankenstrich der AbfVerbrV berechtigt ist, Einwände gegen eine Verbringung von Abfällen zu erheben, wenn ihr keine Angaben darüber vorliegen, wie diese Abfälle im Bestimmungsstaat behandelt werden. Dagegen kann von der notifizierenden Person aber nicht der Nachweis verlangt werden, dass die Verwertung im Bestimmungsstaat mit der in der Regelung des Versandstaats vorgesehenen gleichwertig ist. Wenn die Behörde des Versandortes aufgrund ihrer nationalen Verwertungsnormen Einwände gegen eine Verbringung erheben möchte, ist sie es, die die mit der vorgesehenen Verwertung verbundenen Gefahren für die menschliche Gesundheit und die Umwelt nachzuweisen hat[1091].

Des Weiteren hielt der EuGH die Angabe „Elektronikabfall" für ungenügend i.S. des Art. 6 Abs. 5 erster Gedankenstrich AbfVerbrV auf Grund ihres abstrakten und ungenauen Charakters sowie deshalb, weil detaillierte Angaben fehlen, die der zuständigen Behörde Auskunft über die speziellen Merkmale der fraglichen Abfälle geben können[1092]. Hinsichtlich der 30-tägigen Frist zur Einwanderhebung leitete der EuGH aus dem eindeutigen Wortlaut des Art. 7 AbfVerbrV her, dass mit der Absendung der Empfangsbestätigung durch die zuständige Behörde am Bestimmungsort die Frist beginnt[1093]. Da diese Frist eine Garantie für eine ordnungsmäßige Verwaltung darstellt, können die zuständigen Behörden nur dann Einwände erheben, wenn sie diese Frist einhalten. Das Fehlen von bestimmten Angaben, die die zuständige Behörde für notwendig hält, darf also nicht den Beginn der 30-tägigen Frist verhindern[1094]. In diesem Fall können jedoch die Ersuchen um zusätzliche Angaben und Unterlagen von den zuständigen Behörden innerhalb der 30-tägigen Frist in Form eines „Einwands" nach Art. 7 Abs. 2 AbfVerbrV formuliert werden[1095] („Einwand der Unvollständigkeit der Notifizierung"[1096]). Die Überschreitung dieser Frist bewirkt, dass die zuständi-

---

1089 EuGH, a. a. O., Rn. 14.
1090 EuGH, a. a. O., Rn. 19.
1091 EuGH, a. a. O., Rn. 32 ff.
1092 EuGH, a. a. O., Rn. 38.
1093 EuGH, a. a. O., Rn. 45.
1094 EuGH, a. a. O., Rn. 46 f.
1095 EuGH, a. a. O., Rn. 50.
1096 Vgl. Kropp, NVwZ 2006, 420, 422.

gen Behörden keine weiteren Einwände gegen die Verbringung erheben oder weitere Angaben von der notifizierenden Person verlangen können[1097].

3. Aktuelle Abfallbewirtschaftungspolitik und Maßnahmen der EU

Angesichts der EU-Osterweiterung und der nach wie vor erheblichen Unterschiede des Anforderungs- und Vollzugsniveaus in den Mitgliedstaaten erweist sich die Frage als zunehmend dringlich, inwieweit die Gemeinschaft weiterhin die freie grenzüberschreitende Verbringung von Verwertungsabfällen auch auf evident weniger umweltverträglichen Entsorgungswegen zulassen will[1098]. Warenverkehrsfreiheit von Verwertungsabfällen – im Gegensatz zur Entsorgungsautarkie und -nähe von Beseitigungsabfällen – lässt sich nur rechtfertigen, wenn Verwertung im Vergleich zur Beseitigung grundsätzlich geringere Umweltrisiken mit sich bringt und einen umweltverträglicheren Entsorgungsweg darstellt[1099]. Maßnahmen, die die ökologische Sinnhaftigkeit der Verwertungswirtschaft sicherstellen, sind mithin erforderlich. Dabei helfen zwar die vorgenannten EuGH-Entscheidungen zur Auslegung des Einwandsystems der AbfVerbrV und zur Abgrenzung thermischer Beseitigung und energetischer Verwertung, reichen jedoch nicht. Es bedarf einen klareren und deutlicheren Gemeinschaftsgesetzgebung.

In ihrer Mitteilung 2003 zu einer thematischen Strategie für Abfallvermeidung und -recycling[1100] hat die EU-Kommission Initiativen ergriffen. Um die Lücke bei den Standards für das Abfallrecycling zu schließen, solle die IVU-Richtlinie[1101] auf den gesamten Abfallsektor, also auch auf Recyclinganlagen ausgeweitet werden, und die Qualitätsstandards für das Recycling sollen in Anhang II A der Abfallrahmenrichtlinie festgelegt werden[1102]. Eine wichtige konkrete Bemühung stellt der von der EU-Kommission am Ende Juni 2003 vorgelegten Novellierungsvorschlag zur AbfVerbV (AbfVerbV-NV)[1103] dar. Er sieht insbesondere auch zwei zusätzliche Exportbeschränkungsmöglichkeiten in Bezug auf Abfälle zur Verwertung vor. Danach können die zuständigen Behörden am Bestimmungsort und am Versandort Einwände erheben, wenn die Abfälle in einer Einrichtung behandelt werden, die von der geänderten IVU-Richtlinie erfasst wird, aber nicht die besten verfügbaren Techniken im Sinne von Artikel 9 Abs. 4 der IVU-Richtlinie anwendet (vgl. Art 13 Ziff. f AbfVerbV-NV). Einwände werden darüber hinaus erlaubt, wenn die betreffenden Abfälle nicht im

---

1097 EuGH, a. a. O., Rn. 52.
1098 SRU, Umweltgutachten 2004, Tz. 673.
1099 SRU, Umweltgutachten 2002, Tz. 798.
1100 Mitteilung der Kommission: Eine thematische Strategie für Abfallvermeidung und -recycling, KOM (2003) 301 endg.
1101 Richtlinie 96/61/EG über die integrierte Vermeidung und Verminderung der Umweltverschmutzung, ABl. 1996, L 257/26.
1102 KOM (2003) 301 endg. Ziff. 5.4.
1103 KOM (2003) 379 endg.

Einklang mit verbindlichen gemeinschaftsrechtlichen Umweltschutzstandards in Bezug auf die Verwertung oder verbindliche gemeinschaftsrechtliche Verpflichtungen in Bezug auf Verwertung oder Recycling behandelt werden (vgl. Art 13 Ziff. g EG-AbfVerbV-NV). Kurz gesagt wird es den Mitgliedstaaten danach explizit erlaubt, die Abfallverbringung von Verwertungsabfällen zu untersagen, wenn die europäischen Mindeststandards im Importstaat nicht eingehalten werden[1104].

Später haben sich das Europäische Parlament und der Rat auf ein Kompromisspaket für eine neue EG-Verordnung über die Verbringung von Abfällen geeinigt. Das Kompromisspaket hat das EU-Parlament am 25. Oktober 2005 beschlossen. Das Inkrafttreten der neuen AbfVerbrV lässt sich mithin bald erwarten. Danach sind vor allem die Einwendungsmöglichkeiten gegen Abfallexport im Vergleich mit dem ursprünglichen Entwurf der EU-Kommission noch erweitert worden. Behörden können einem Export von zur Verwertung bestimmten Abfällen widersprechen, wenn diese im Ausland gemäß weniger strengeren Rechtsvorschriften als im Versandstaat verwertet werden sollen. Dies gilt jedoch nicht, sofern i) entsprechende EG-Regelungen bestehen und ihre Umsetzungen ins nationale Recht ordnungsmäßig erfolgten; ii) das Verwertungsverfahren im Empfängerstaat unter Bedingungen erfolgt, die weitgehend den nationalen Rechtsvorschriften des Versandstaats entsprechen; iii) die nationalen Rechtsvorschriften im Versandstaat nicht gemäß der Richtlinie 98/34/EG über ein Informationsverfahren [1105] gegenüber der Kommission notifiziert wurden. Außerdem hat der jeweilige Mitgliedstaat die Kommission und die anderen Mitgliedstaaten vor Erhebung eines Einwands über die nationalen Rechtsvorschriften zu unterrichten, auf die sich Einwände stützen können (vgl. Art. 12 Abs. 1 lit. c und Abs. 6 der neuen AbfVerbrV nach den vom EU-Parlament angenommen Texten). Darüber hinaus sichert die neue Verordnung die Hausmüllautarkie ab. Aufgrund der deutschen Initiative können Exporte von gemischten Siedlungsabfällen aus privaten Haushaltungen von den Behörden künftig dadurch verhindert werden, dass unabhängig von Beseitigung oder Verwertung der Abfälle die Einwendungsmöglichkeiten wie bei der Beseitigung gelten[1106] (vgl. Art. 11 Abs. 1 lit. i der neuen AbfVerbrV nach den vom EU-Parlament angenommen Texten). Neben den erweiterten Einwendungsmöglichkeiten enthält die künftige Verordnung auch deutlich klarere Regelungen als die bisherige AbfVerbrV, nicht zuletzt über das gesamte Notifizierungsverfahren[1107]. Darauf kann hierbei nicht im Einzelnen eingegangen werden.

1104 Vgl. SRU, Umweltgutachten 2004, Tz. 674 f.

1105 Richtlinie 98/34/EG des Europäischen Parlaments und des Rates vom 22. 6. 1998 über ein Informationsverfahren auf dem Gebiet der Normen und technischen Vorschriften, ABl. 1998 L 204/37.

1106 Vgl. Umwelt, Nr. 12/2005, 714, 715.

1107 Kropp, NVwZ 2006, 420, 422.

Am 21. Dezember 2005 hat die EU-Kommission eine Mitteilung über die „Weiterentwicklung der nachhaltigen Ressourcennutzung: Eine thematische Strategie für Abfallvermeidung und -recycling“[1108] und zeitgleich einen Vorschlag zur Änderung der Abfallrahmenrichtlinie sowie eine Folgenabschätzung vorgelegt. Die Strategie zielt darauf ab, zur nachhaltigen Nutzung der natürlichen Ressourcen und zur Verringerung der negativen ökologischen Gesamtfolgen der Ressourcennutzung beizutragen. Langfristig sollte die EU zu einer „Recycling-Gesellschaft“ weiterentwickelt werden, die Abfälle zu vermeiden sucht und sie als Ressource nutzt[1109]. Folgende Maßnahmen sieht die Strategie im Wesentlichen vor: neuer Nachdruck auf vollständige Umsetzung bestehender Rechtsvorschriften; Vereinfachung und Modernisierung bestehender Rechtsvorschriften; Einführung des Lebenszykluskonzepts in die Abfallwirtschaftspolitik; Förderung ehrgeiziger Abfallvermeidungsstrategien; Ausbau der Wissens- und Informationsgrundlage; Entwicklung gemeinsamer Recyclingstandards und Weiterentwicklung der Recyclingpolitik der EU[1110]. In Anhang I der Strategie werden die entsprechenden konkreten Vorschläge zur Umsetzung der thematischen Strategie näher ausgeführt, dabei auch ein vorläufiger Zeitplan dafür vorgelegt. Zu den Maßnahmen gehören ein Vorschlag für eine Richtlinie zur Änderung der Abfallrahmenrichtlinie und zur Aufhebung der Richtlinie über die Altölbeseitigung, ein Vorschlag für eine Richtlinie zur Zusammenfassung der drei Richtlinien über Abfälle aus der Titandioxid-Industrie in einer Richtlinie, ein Vorschlag für eine klarere Abfassung der IVU-Richtlinie und die Ausweitung ihres Geltungsbereichs auf weitere Tätigkeiten der Abfallbewirtschaftung sowie Veröffentlichungen von Leitlinien zur Abgrenzung der Nebenprodukte von Abfällen und von Leitlinien für die Mitgliedstaaten zur Anwendung des Lebenszykluskonzepts auf die Bewirtschaftung biologisch abbaubarer Abfälle, die nicht auf Mülldeponien gelagert werden, usw.

Der Vorschlag der EU-Kommission für die Novellierung der Abfallrahmenrichtlinie[1111] führte zur Überarbeitung der geltenden Abfallrahmenrichtlinie[1112] und Aufhebung der Richtlinie 91/689/EWG über gefährliche Abfälle[1113] sowie der Richtlinie 75/439/EWG über Altölbeseitigung[1114], wobei die darin enthaltenen

---

1108 KOM(2005)666 endgültig.

1109 Vgl. KOM(2005)666 endgültig, S. 6 f.

1110 Vgl. KOM(2005)666 endgültig, S. 7 ff.

1111 KOM(2005)667 endgültig. Bewertung des Kommissionsvorschlags durch die deutsche Bundesregierung vgl. Umwelt, Nr. 3/2006, S. 142 f.

1112 Die Abfallrahmenrichtlinie 75/442/EWG wurde erstmals 1975 beschlossen (ABl. 1975 L 194/39) und anschließend durch die Ratsrichtlinie 91/156/EWG vom 18. 3. 1991 überarbeitet (ABl. 1991, L 78/32); zuletzt geändert durch Verordnung (EG) Nr. 1882/2003, ABl. 2003, L 284/1.

1113 ABl. 1991 L 377/20, geändert durch Richtlinie 94/31/EG, ABl. 1994 L 168/28. Sie löst die Richtlinie 78/319 über giftige und gefährliche Abfälle ab.

1114 Richtlinie 75/439/EWG über die Altölbeseitigung, ABl. 1975, L 194/23, geändert durch Richtlinie 87/101/EG, ABl. 1987, L 42/43.

redundanten Vorschriften gestrichen und die verbleibenden Vorschriften in den jetzigen Vorschlag übernommen werden, um den Aufbau der EU-Abfallgesetzgebung zu vereinfachen[1115]. Die wichtigsten Änderungen an der Abfallrahmenrichtlinie sind noch die Einführung eines Umweltziels, die Klarstellung der Begriffe „Verwertung“ und „Beseitigung“, Klärung der Bedingungen für das Vermischen gefährlicher Abfälle, Einführung eines Verfahrens zur Klärung der Frage für bestimmte Abfallströme, ab wann Abfall nicht mehr als Abfall anzusehen ist, Einführung von Mindestanforderungen oder eines Verfahrens zur Aufstellung von Mindestanforderungen für bestimmte Abfallbewirtschaftungsverfahren, Einführung einer Verpflichtung zur Entwicklung einzelstaatlicher Abfallvermeidungsprogramme[1116]. Dabei stützt sich die Definition von „Verwertung“ auf das Prinzip der Ersetzung von Ressourcen innerhalb der Wirtschaft als Ganzer. Für städtische Verbrennungsanlagen wird die Einführung einer Energieeffizienzschwelle vorgeschlagen, oberhalb derer die Verbrennung von Siedungsmüll als Verwertung angesehen wird. Die Rechnungsformel dieser Schwelle stützt sich auf die Angaben in dem Referenzdokument zu den besten verfügbaren Techniken (BREF)[1117] für die Abfallverbrennung[1118].

C. Entwicklung des deutschen Abfallrechts

I. Paradigmenwechsel

Das klassische deutsche Abfallrecht befasste sich mit der Abfallbeseitigung und ordnete das Abfallproblem der öffentlichen Entsorgungsaufgabe im Rahmen der staatlichen Daseinvorsorge zu[1119]. Es wurde allerdings überwiegend auf der Ebene kommunaler Satzungen geregelt. Erst im Jahr 1972 hat der Bundesgesetzgeber aufgrund seiner konkurrierenden Gesetzgebungskompetenz aus Art. 74 Abs. 1 Nr. 24 GG, die er sich 1972 durch eine Verfassungsänderung geschaffen hatte[1120], das Gesetz über die Beseitigung von Abfällen vom 7. Juni 1972[1121] erlassen. Es stellte daher eine erste bundeseinheitliche und umfassende Regelung der Abfallbeseitigung dar[1122]. Im Jahr 1986 trat das neue Gesetz über die Vermei-

---

1115 KOM(2005)667 endgültig, S. 9.

1116 KOM(2005)667 endgültig, S. 7.

1117 Nach Art. 16 Abs. 2 der IVU-Richtlinie 96/61/EG soll die EU-Kommission einen Informationsaustausch zwischen den Mitgliedstaaten und der betroffen Industrie über die besten verfügbaren Techniken, die damit verbundenen Überwachungsmaßnahmen und die Entwicklungen auf diesem Gebiet durchführen. Die Ergebnisse des Informationsaustauschs werden in den BVT-Merkblätter bzw. sog. BREFs (Best Available Technique Reference Document) dokumentiert und veröffentlicht.

1118 Vgl. KOM(2005)666 endgültig, S. 15 f.

1119 Kloepfer, Umweltrecht, § 20 Rn. 6 ff.

1120 30. Gesetz zur Änderung des Grundgesetzes v. 12. 4. 1972, BGBl. I S. 593.

1121 BGBl. 1972 I, S. 873; neu gefasst am 5. 1. 1977, BGBl. 1977 I, S. 41, ber. S. 288.

1122 Kloepfer, Umweltrecht, § 20 Rn. 8.

dung und Entsorgung von Abfällen vom 27. August 1986[1123] in Kraft. Es nahm zwar Rücksicht auf Forderungen nach einer Umstellung der Abfallbeseitigung auf eine umfassende Abfallvermeidungs- und Abfallentsorgungswirtschaft und führte die Zielsetzung, Abfälle vorrangig zu vermeiden oder zu verwerten, ein, diese Ansätze erwiesen sich jedoch als unbefriedigend[1124]. Einen richtigen Paradigmenwechsel vollzog erst das Kreislaufwirtschafts- und Abfallgesetz (KrW-/AbfG) vom 27. September 1994[1125]. Das deutsche Abfallrecht ist dadurch zu einem Recht der Kreislaufwirtschaft fortentwickelt und also in Richtung auf ein umfassendes Stoffstrom- und Ressourcenschonungsrecht umstrukturiert worden. Danach wird dem Grundsatz der Abfallvermeidung eine deutlichere Priorität zugemessen[1126]. Kommt die Vermeidung von Abfällen nicht in Betracht, so sind die unvermeidlichen Abfälle in zweiter Linie als Sekundärrohstoffe wieder zu verwenden (stoffliche Verwertung) oder als Brennstoff zu benutzen (energetische Verwertung). Nur als letzte Möglichkeit bleibt die umweltverträgliche Beseitigung. Als Instrument führt das KrW-/AbfG Produktverantwortung ein, statuiert Grundpflichten der Abfallerzeuger und Abfallbesitzer, Abfälle zu verwerten und, wo sie nicht verwertet werden, gemeinwohlverträglich zu beseitigen (§§ 5 Abs.1, 2, 11 Abs. 1 KrW-/AbfG). Auf der Grundlage des KrW-/AbfG wurden weiterhin zahlreiche Rechtsvorschriften erlassen, die die Produktverantwortung in zentralen Produktgruppen konkretisieren und die getrennte Sammlung verschiedener Abfallfraktionen regeln.

Dementsprechend fällt das Entsorgungsmonopol der öffentlichen Hand partiell fort. Die zweite grundlegende Umstellung des deutschen Abfallrechts durch das KrW-/AbfG betrifft die teilweise Privatisierung der Abfallentsorgung. Während früher das Abfallproblem als Staatsaufgabe dem Bereich der Daseinsvorsorge zugerechnet und komplett dem Entsorgungsmonopol der öffentlichen Hand untergestellt wurde, wird heute ein Teil davon der privaten Entsorgungswirtschaft eingeräumt. Nunmehr besteht ein Duales Entsorgungssystem, also die „Zweiteilung der Entsorgungszuständigkeiten zwischen den kommunalen öffentlichen Entsorgungsträgern, die traditionell für die Entsorgung des Hausmülls und die Beseitigung von Gewerbeabfällen zuständig sind, und dem privaten Entsorgungsmarkt, dem die Verwertung gewerblicher Abfälle überlassen bleibt (§ 13 Abs. 1 KrW-/AbfG)“[1127]. In diesem Zusammenhang spielt die Qualifikation eines Gewerbeabfalls als „Abfall zur Beseitigung“ oder „Abfall zur Verwertung“ eine wichtige Rolle. Es geht nämlich nicht nur um die Grenze des freien

1123 BGBl. 1986 I, S. 1410, ber. S. 1501, zuletzt geänd. durch G. v. 30. 9. 1994, BGBl. I S. 2771.

1124 Näher dazu vgl. Kloepfer, Umweltrecht, § 20 Rn. 9 ff.

1125 Gesetz zur Förderung der Kreislaufwirtschaft und Sicherung der umweltverträglichen Beseitigung von Abfällen vom 27. 9. 1994, BGBl. I S. 2705, zuletzt geändert durch Art. 2 § 3 Abs. 3 G. v. 1. 9. 2005, BGBl. I S. 2618.

1126 Kloepfer, Umweltrecht, § 20 Rn. 36 f.

1127 SRU, Umweltgutachten 2004, Tz. 666; vgl. auch Kloepfer, Umweltrecht, § 20 Rn. 224 ff.

grenzüberschreitenden Entsorgungsmarkts unter dem EG-Abfallrecht, sondern um die Entsorgungszuständigkeit innerhalb Deutschlands. Es kommt also darauf an, ob gewerbliche Abfälle als Beseitigungsabfälle den öffentlich-rechtlichen Entsorgungsträgern zu überlassen sind (§ 13 Abs. 1 S. 2 Krw-/AbfG) oder ob die private Entsorgungswirtschaft gewerbliche Abfälle in ihren Anlagen kostengünstig verwerten darf[1128].

II. Neuentwicklungen

1. Problem: Kampf um den Abfall

Vor dem Hintergrund brach und bricht in Deutschland ein „Kampf um den Abfall" zwischen Kommunen und privaten Entsorgungsunternehmen aus. Wegen der Knappheit der Beseitigungskapazitäten Ende der 1980er und Anfang der 1990er Jahre wurden von der öffentlichen Hand umfangreiche Deponie- und Müllverbrennungskapazitäten geschaffen. Nach einem Jahrzehnt hat sich die abfallwirtschaftliche Lage aber inzwischen völlig verändert[1129]. Große Abfallströme verlagerten und verlagern sich von der Beseitigungs- auf die Verwertungsschiene. Zwar ist das Abfallaufkommen auch im Bereich des Hausmülls vor allem wegen der Getrennterfassung von Verpackungsabfällen und anderen verwertbaren Abfallfraktionen im vergangenen Jahrzehnt zurückgegangen. „Besonders drastisch" abgenommen haben allerdings die Mengen der Gewerbeabfälle, die zur Beseitigung bei den Kommunen überlassen sind[1130]. Der Hauptgrund dafür lag und liegt aber nicht in den Rechtsveränderungen, sondern in den wirtschaftlichen Faktoren[1131]. Die preisgünstige Verwertung ist attraktiver als die kostspielige Beseitigung, die von den hohen Umweltstandards bedingt ist. Die Gewerbebetriebe streben an, immer wenige Abfälle den öffentlichen Entsorgungsträgern zu überlassen – insbesondere denen, die sich mit hohen Investitionen um anspruchsvolle Anlagen zur thermischen Behandlung der Abfälle bemüht haben –, und ihre Abfälle in Schein der Verwertung anderenorts kostengünstig entsorgen zu können. Es kommt nämlich immer vor, dass sich unverwertbare Abfälle mit verwertbaren Abfällen vermischen, als Abfall zur Verwertung deklariert und zu billigen Deponien oder Verbrennungsanlagen an anderen Standorten verbracht werden. Der Frage, ob der Entsorgungsweg im Einzellfall auch ökologisch sinnvoll ist, wird nicht Rechnung getragen. Die Folgen hiervon sind beträchtliche Überkapazitäten vorhandener anspruchsvoller kommunaler Anlagen. Deren hohe Kosten sind folglich nur über weiter steigende Hausmüllgebühren zu decken, oder schließlich mit dem allgemeinen Haushalt der Kommunen zu finanzieren[1132]. Um zumindest einen Teil der Gewerbeabfälle zurück-

---

1128 Kloepfer, Umweltrecht, § 20 Rn. 142, 183.
1129 SRU, Umweltgutachten 2004, Tz. 758.
1130 SRU, Umweltgutachten 2004, Tz. 764.
1131 SRU, Umweltgutachten 2002, Tz. 759.
1132 SRU, Umweltgutachten 2002, Tz. 766.

zugewinnen, bleibt den kommunalen Verbrennungsanlagen daher in den letzten Jahren nichts anders übrig, als energetische Verwertung zu den marktüblichen Preisen anzubieten[1133]. Es ist aber absurd, den Preis von derselben Maßnahme, also Abfallverbrennung, nur wegen der Bezeichnung als Beseitigung oder Verwertung zu differenzieren. Unter Umweltschutzgesichtspunkten ergibt das keinerlei Sinn. Es ist außerdem ungerecht für den Bürger, „dass er mit gestiegenen Hausmüllgebühren die verbilligte Entsorgung des Gewerbemülls subventioniert“[1134].

Die gesetzliche vage Unterscheidung zwischen Verwertung und Beseitigung fördert noch die Möglichkeiten der Scheinverwertung. Bedeutung und Gewicht der vom Gesetzgeber vorgegebenen Abgrenzungskriterien – wie wirtschaftliche Betrachtungsweise, Schadstoffpotenzial, entstehende Begleitabfälle und -emissionen usw. – sind im Einzelnen noch unklar oder umstritten[1135]. Die Rechtsprechung des Bundesverwaltungsgerichtes (BVerwG) verschärft die Situation weiter. Durch seine Entscheidung vom 15. Juni 2000 (Az.: 3 C 4.00)[1136] hat das BVerwG die Vermischung von Abfällen als für die Abgrenzung von Verwertung und Beseitigung weitgehend unbeachtlich beurteilt. Mit dem Urteil vom 13. März 2003 (Az.: 7 C 1.02) hat es ferner entschieden, dass es auch als eine Verwertung einzustufen sein könnte, wenn nachweislich nur 15 % eines Gemisches zur Verwertung aussortiert werden. Indem das BVerwG die Vermischung von Abfällen und den geringen verwertbaren Anteil von Gemischen außer Acht gelassen hat, sind auch weitgehende Möglichkeiten zur Umgehung der nationalen Überlassungspflicht für zu beseitigende Abfälle eröffnet worden[1137].

2. Lösung: Gewerbeabfallverordnung?

Angesichts der Gefährdung der öffentlich-rechtlichen Entsorgungszuständigkeit hinsichtlich der Gewerbeabfallbeseitigung[1138] haben vor allem die Länder, Kreise und Gemeinden vehement verlangt, das KrW-/AbfG um eine Getrennthaltungspflicht zu ergänzen. Ihr Wunsch wurde durch die am 1. Januar 2003 in Kraft tretende Verordnung über die Entsorgung von gewerblichen Siedlungsabfällen und von bestimmten Bau- und Abbruchabfällen (Gewerbeabfallverordnung -GewAbfV) vom 19. Juni 2002[1139] verwirklicht. Mit den Getrennthaltungspflichten und Mindestverwertungsquoten für Vorbehandlungsanlagen bezweckt die GewAbfV, die hochwertige Verwertung von Gewerbeabfällen wie auch von

---

1133 Vgl. SRU, Umweltgutachten 2002, Tz. 767.
1134 SRU, Umweltgutachten 2002, Tz. 767.
1135 Kloepfer, Umweltrecht, § 20 Rn. 191.
1136 NVwZ 2000, 1178. Vgl. Kloepfer, Umweltrecht, § 20 Rn. 193.
1137 SRU, Umweltgutachten 2004, Tz. 667 f.
1138 Die öffentlich-rechtliche Entsorgungszuständigkeit steht auch europarechtlich hinsichtlich der Hausmüllverwertung infrage. Darauf wird sogleich zurückzukommen sein (vgl. den Abschnitt D. 8. b).
1139 BGBl. 2002 I, S. 1938.

Bau- und Abbruchabfällen zu fördern sowie die Scheinverwertung solcher Abfälle zu verhindern. Dadurch soll auch die öffentlich-rechtliche Entsorgungszuständigkeit verstärkt werden[1140]. Nach der GewAbfV werden Gewerbebetriebe dazu verpflichtet, die wesentlichen verwertbaren Abfallfraktionen Papier, Pappe, Glas, Kunststoffe, Metalle und Bioabfälle jeweils getrennt zu halten und getrennt einer Verwertung zuzuführen. Die Alternative ist, dass die benannten Fraktionen – mit Ausnahme der Bioabfälle – zwar gemeinsam erfasst, jedoch einer Vorbehandlungsanlage zugeführt werden, um dort „in weitgehend gleicher Menge und stofflicher Reinheit" wieder aussortiert und einer Verwertung übergeben zu werden (§ 3 Abs. 2 GewAbfV). Sowohl die Getrennthaltungspflicht als auch die nachträgliche Sortierung gilt allerdings nur unter dem Vorbehalt der technischen Möglichkeit und wirtschaftlicher Zumutbarkeit (§ 3 Abs. 3 GewAbfV). Soweit die getrennte Erfassung technisch nicht möglich oder wirtschaftlich nicht zumutbar ist, haben die Abfälle nach Maßgabe des § 4 einer Vorbehandlungsanlage oder nach Maßgabe des § 6 einer energetischen Verwertung zugeführt zu werden (§ 3 Abs. 5 GewAbfV). Nach § 4 dürfen die angelieferten gemischten Abfälle nur die aufgeführte Stoffe, also keine schädliche Stoffe und Störfraktionen, erhalten. Gemäß § 6 dürfen bei der energetischen Verwertung Glas, Metalle, mineralische und biologisch abbaubare Abfälle nicht im Gemisch enthalten sein. Betreiber von Vorbehandlungsanlagen müssen eine Verwertungsquote für die Gemische von 85 % als Mittelwert im Kalenderjahr (übergangsweise 65% im Jahr 2003 und 75% im Jahr 2004) nachweisen (§ 5 GewAbfV). Nicht verwertete Stoffe sind dem öffentlichen Entsorgungsträger zu überlassen, und Gewerbebetriebe sind daher verpflichtet, Abfallbehälter des öffentlichen Entsorgungsträgers in angemessenem Umfang zu benutzen (§ 7 GewAbfV). Parallele Regeln gelten nach den §§ 8 GewAbfV für Bau- und Abbruchabfälle. Schließlich schreibt die Verordnung umfangreiche Eigenkontroll- und Dokumentationspflichten in Bezug auf jede Abfallanlieferung und jede Abfallauslieferung vor. Flankiert wird diese Vorschrift durch eine Fremdkontrolle (§ 9, 10 GewAbfV).

Die GewAbfV stößt allerdings auf heftige Kritik[1141]. Die Grundidee, dass die Vorbehandlungsanlagenbetriebe mittels der ihnen vorgegebenen Verwertungsquote dazu getrieben werden können, darauf zu achten, dass die gewerblichen Kunden die Getrennthaltungspflichten einhalten, sei schon problematisch[1142]. Die Wirkungsmöglichkeiten der Eigenkontrolle würden überschätzt und der unverhältnismäßige bürokratische Aufwand könne mithin dadurch nicht gerechtfertigt werden[1143]. Vor allem an der Effektivität und der Effizienz zur Verwirklichung der Zielsetzungen, nämlich der hochwertigen Verwertung, der Bekämpfung von Scheinverwertung und der Stärkung der öffentlich-rechtlichen Entsor-

---

1140 SRU, Umweltgutachten 2004, Tz. 684.
1141 SRU, Umweltgutachten 2004, Tz. 686 ff.
1142 SRU, Umweltgutachten 2002, Tz. 818.
1143 SRU, Umweltgutachten 2002, Tz. 818.

gungszuständigkeit, ist erheblicher Zweifel geäußert worden[1144]. Nach der Auffassung des Rates von Sachverständigen für Umweltfragen (SRU) stellt die GewAbfV ein anschauliches Beispiel abfallrechtlicher Überregelung aufgrund der Strategie einer Feinsteuerung von Entsorgungspfaden dar, von der man sich jedoch lösen müsse, um hin zu anspruchsvollen anlagen-, stoff- und produktbezogenen Rahmenvorgaben zu gelangen[1145].

3. Abfallablagerungsverordnung

Die abfallwirtschaftsrechtlichen Rahmenbedingungen sind in den letzten Jahren in Deutschland allmählich vervollständigt und verschärft worden. Dazu gehören die Anforderungen der Abfallablagerungsverordnung (AbfAblV)[1146], der Deponieverordnung[1147], der novellierten 17. BImSchV[1148], der 30. BImSchV[1149], der Versatzverordnung[1150] u.s.w., die an dieser Stelle nicht im Einzelnen dargestellt werden können. Einen genaueren Blick verdient allerdings hierbei die besonders bedeutende AbfAblV.

Auf der Grundlage von § 12 KrW-/AbfG ist am 1. März 2001 die AbfAblV ergangen. Sie dient der stärkeren Verrechtlichung der Technischen Anleitung Siedlungsabfall (TASi) und soll ihr Vollzugsdefizit beseitigen. Die TASi sieht zwar schon längst Anforderungen in Bezug auf Abfallvorbehandlung und Deponiestandards vor. Mit Sonderregelungen und Ausnahmebestimmungen hat sie jedoch den Weiterbetrieb von Niedrigstandard-Deponien und die weitere Abfallablagerung ohne entsprechende Vorbehandlung ermöglicht. In der Praxis wurden außerdem die Ausnahmebestimmungen zu exzessiv angewandet[1151]. Nach der AbfAblV dürfen nunmehr spätestens nach dem 31. Mai 2005 keine unvorbehandelten Siedlungsabfälle und Abfälle, die wie Siedlungsabfälle entsorgt werden, mehr abgelagert werden[1152]. Vor ihrer Ablagerung müssen also zuerst eine thermische oder mechanisch-biologische Vorbehandlung erfolgen, damit die Abfälle die Deponiezuordnungskriterien der Verordnung einhalten.

1144 Näher vgl. SRU, Umweltgutachten 2004, Tz. 689 ff.

1145 Im Einzelnen vgl. SRU, Umweltgutachten 2004, Tz. 686 ff. u. 676 ff.

1146 Verordnung über die umweltverträgliche Ablagerung von Siedlungsabfällen, BGBl. 2001 I, S. 305; geändert durch VO v. 24. 7. 2002, BGBl. I S. 2807.

1147 Verordnung über Deponien und Langzeitlagerung vom 24. 7. 2002, BGBl. I 2002, S. 2807; geändert durch Verordnung v. 26. 11. 2002, BGBl. I S. 4417.

1148 Verordnung über Verbrennungsanlagen für Abfälle und ähnliche brennbare Stoffe, neugefasst durch Bek. v. 14. 8. 2003, BGBl I. S. 1633. Dazu vgl. SRU, Umweltgutachten 2004, Tz. 588 ff.

1149 Verordnung über Anlagen zur biologischen Behandlung von Abfällen vom 20. 2. 2001, BGBl. I S. 305. Dazu vgl. SRU, Umweltgutachten 2002, Tz. 789, 1055 ff.

1150 Verordnung über den Versatz von Abfällen unter Tage v. 24. 7. 2002, BGBl. I S. 2833. Dazu vgl. Kloepfer, Umweltrecht, § 20 Rn. 196 f.

1151 SRU, Umweltgutachten 2002, Tz. 759 u. 995.

1152 § 6 Abs. 2 Nr. 1 und Abs. 4 AbfAblV.

Somit wird der Grundstein zur langfristigen Sicherheit von Deponien gelegt[1153]. Darüber hinaus dürfen Deponien, die nicht den technischen Auslegungsstandards der TASi entsprechen, nur noch bis längstens zum 31. Mai 2005 betrieben werden. Für Deponien, die einzelne standardbezogene Anforderungen der TASi nicht erfüllen, technisch aber TASi-konform ausgerüstet sind, ist der 15. Juli 2009 der entsprechende Stichtag[1154].

Die Anforderungen der AbfAblV sind ganz überwiegend begrüßt worden. Die anspruchvollen Standards für Deponierung sind erforderlich für den Umweltschutz. Insbesondere wenn die AbfAblV tatsächlich ausnahmslos umgesetzt wird, dürfte das Problem der Scheinverwertung auf Billigdeponien in Deutschland weitgehend gelöst werden. Denn die Ursache für die Scheinverwertungen liegt im Wesentlichen darin, dass es immer preiswertere Entsorgungsmöglichkeiten für unvorbehandelte Abfälle auf unzureichend gesicherten Deponien gibt[1155]. Mit der Umsetzung der AbfAblV darf solcher „Deponieausverkauf" ab Juni 2005 nicht mehr vorkommen. Die billige energetische Verwertung in Müllverbrennungsanlagen scheitert dann voraussichtlich auch an Kapazitätsdefiziten[1156].

Die strengen Anforderungen der AbfAblV stießen allerdings auf Widerstand im Inland. In dem vor dem VG Koblenz anhängigen Rechtsstreit hat der Kläger, der Deponiezweckverband „Eiterköpfe", u. a. gerügt, dass die AbfAblV gegen europarechtliche Vorschriften verstoße, indem sie gegenüber Art. 5 Deponierichtlinie 1999/31/EG[1157] andere und wesentlich härtere Kriterien festlege, welche auch nicht mehr als verstärkte Schutzmaßnahmen i.S. von Art. 176 EG betrachtet werden könnten. Der VG Koblenz hat am 4. Dezember 2002 dem EuGH die Frage zur Vorabentscheidung vorgelegt[1158]. Mit dem Urteil vom 14. April 2005 (Deponiezweckverband Eiterköpfe)[1159] bestätigt der EuGH doch die Gemeinschaftsrechtskonformität der deutsche AbfAblV. Sowohl gemäß Art. 176 EG[1160]

1153 SRU, Umweltgutachten 2004, Tz. 774; Kloepfer, Umweltrecht, 3. Aufl. 2004, § 20 Rn. 170.

1154 § 6 Abs. 2 Nr. 2 u. 3 AbfAblV. SRU, Umweltgutachten 2002, Rn. 759. vgl. auch Köster/Reese, ZUR 2003, 203, 204.

1155 SRU, Umweltgutachten 2004, Tz. 691.

1156 SRU, Umweltgutachten 2004, Tz. 697.

1157 Richtlinie 1999/31/EG des Rates vom 26. 4. 1999 über Abfalldeponien, ABl. 1999 L 182/1.

1158 VG Koblenz, Vorlagebeschluss zum EuGH vom 4. 12. 2002, 7 K 1389/01, NuR 2004, 132 ff.

1159 EuGH, Rs. C-6/03, ZUR 2005, 310 ff.

1160 Art. 176 des Vertrages zur Gründung der Europäischen Gemeinschaft lautet: „Die Schutzmaßnahmen, die aufgrund des Art. 175 getroffen werden, hindern die einzelnen Mitgliedstaaten nicht daran, verstärkte Schutzmaßnahmen beizubehalten oder zu ergreifen. Die betreffenden Maßnahmen müssen mit diesem Vertrag vereinbar sein. Sie werden der Kommission notifiziert."

als auch nach dem Ziel und der Systematik der Deponierichtlinie sieht der EuGH durchaus die Möglichkeit, dass die Mitgliedstaaten verstärkte Schutzmaßnahmen erlassen, die über die in der Deponierichtlinie festgelegten Mindestanforderungen hinausgehen[1161]. Nach genauer Überprüfung stellte der EuGH fest, dass Art. 5 Absätze 1 und 2 der Deponierichtlinie einer nationalen Maßnahme nicht entgegensteht, die a) für die Zulassung von biologisch abbaubaren Abfällen zur Deponierung engere Grenzen als die Richtlinie aufstellt, auch wenn die Grenzen derart eng sind, dass sie eine mechanisch-biologische Behandlung oder eine Verbrennung solcher Abfälle vor ihrer Deponierung implizieren, b) zur Verringerung der zur Deponierung bestimmten Abfälle kürzere Fristen als die Richtlinie festlegt, c) nicht nur auf biologisch abbaubare Abfälle, sondern auch auf nicht biologisch abbaubare organische Substanzen anwendbar ist und d) nicht nur auf Siedlungsabfälle anwendbar ist, sondern auch auf Abfälle, die wie Siedlungsabfälle entsorgt werden können[1162]. Des weiteren führte der EuGH aus, dass der gemeinschaftsrechtliche Grundsatz der Verhältnismäßigkeit auf verstärkte Schutzmaßnahmen der Mitgliedstaaten, die nach Art. 176 EG ergriffen werden und über die in einer Gemeinschaftsrichtlinie im Umweltbereich vorgesehenen Mindestanforderungen hinausgehen, nicht anwendbar ist, soweit nicht andere Bestimmungen des Vertrages betroffen sind[1163].

Eher pessimistisch ist allerdings die tatsächliche Durchsetzung der AbfAblV in naher Zukunft zu beurteilen. So besteht in Deutschland zurzeit ein offensichtliches Defizit der Vorbehandlungskapazität. Die Schätzungen des Fehlbetrages differieren zwischen 3 bis 7 Mio. Mg/a[1164]. Selbst im Falle eines eher optimistisch abgeschätzten Defizits von „nur“ 3 Mio. Mg/a wären nach Berechnungen von Köster und Reese[1165] zur vollständigen Vorbehandlung beispielsweise 20 zusätzliche Müllverbrennungsanlagen mit einer Kapazität von jeweils 150 000 Mg/a notwendig. In Anbetracht dessen müssten dringend Anstrengungen unternommen werden, um fristgerecht sowohl zusätzliche Vorbehandlungsanlagen zu schaffen als auch die Mitverbrennungskapazitäten der Industrieanlagen technisch und vertraglich verfügbar zu machen[1166]. Ansonsten würden nach dem Stichtag 31. Mai 2005 problematische Ausweichreaktionen wie Export und Zwischenlagerung einsetzen. Auch die Abfallgebühren könnten wegen der Knappheit der Vorbehandlungskapazitäten weiter steigen. Außerdem dürfen der Zubau

1161 EuGH, a.a.O., Rn. 32.

1162 EuGH, a.a.O., Rn. 56.

1163 EuGH, a.a.O., Rn. 64.

1164 SRU, Umweltgutachten 2004, Tz. 776; Köster/Reese, ZUR 2003, 203, 204 ff.

1165 Köster/Reese, ZUR 2003, 203, 206.

1166 SRU, Umweltgutachten 2004, Tz. 776. Vor diesem Hintergrund ist die EG-Abfallverbrennungsrichtlinie zum richtigen Zeitpunkt gekommen. Danach gelten in Zukunft teilweise ähnlich strenge Standards, wie bereits ausgeführt, für die Mitverbrennung von Abfällen in Industrieanlagen wie für Monoverbrennung von Abfällen in Müllverbrennungsanlagen oder Sonderabfallverbrennungsanlagen.

der Anlagen zur mechanisch-biologischen Behandlung (MBA) vorgezogen werden, weil dies wesentlich rascher realisierbar ist[1167].

D. Die Auswirkungen des europäischen auf das deutsche Abfallrecht

I. Die punktuelle Vorreiterrolle des deutschen Abfallrechts

Bevor der Europäisierung des deutschen Abfallrechts näher nachgegangen wird, soll seiner heutigen Rolle auf der EG-Ebene ein kurzer Blick gewidmet werden. Wie in den anderen umweltrechtlichen Bereichen spielte das deutsche Abfallrecht in den 1970er- und 1980er Jahren eine Vorreiterrolle in Europa. Die ersten zwei EG-Richtlinien aus dem Jahre 1975, nämlich die Altölrichtlinie 75/439/EWG[1168] und die Abfallrahmenrichtlinie 75/442/EWG[1169], sind dem deutschen Recht, also dem Altölgesetz 1968[1170] und dem Abfallgesetz 1972[1171], nachgebildet[1172]. In den letzten zwei Jahrzehnten hat sich das europäische Abfallrecht zwar rasch entwickelt und eine dichte Normentiefe erreicht. Dadurch sind die Spielräume der Mitgliedstaaten stark begrenzt worden. Deutschland verfügt aber heutzutage punktuell immer noch über umfassende und strenge Anforderungen in rechtlichen Rahmenbedingungen über Abfallentsorgung, die über die im Gemeinschaftsrecht verankerten hinausgehen. Hierbei kann auch eine Gegenströmung zur Europäisierung des Abfallrechts nicht selten beobachtet werden.

Beispielhaft ist das strikte Vorbehandlungsgebot, das in Deutschland nach der Abfallablagerungsverordnung (AbfAblV)[1173] ab Juni 2005 in Kraft trat. Ab dem Zeitpunkt dürfen, wie bereits dargestellt, nur entweder thermisch oder mechanisch-biologisch vorbehandelte Abfälle, die die Deponiezuordnungskriterien der Verordnung einhalten, abgelagert werden. Damit stellt die AbfAblV strengere Kriterien auf und legt kürzere Fristen fest zur Verringerung der zur Deponierung bestimmten Abfälle als die EG-Deponierichtlinie dies vorsieht. Außerdem werden nicht nur biologisch abbaubare Abfälle, sondern auch nicht biologisch abbaubare organische Substanzen erfasst und sowohl Siedlungsabfälle als auch Abfälle, die wie Siedlungsabfälle entsorgt werden können, eingeschlossen. Der Anwendungsbereich ist mithin weiter als der der EG-Deponierichtlinie. Mit dem

---

1167 Köster/Reese, ZUR 2003, 203, 207 f. Danach würden MBA bereichsweise deutliche ökologische Nachteile gegenüber Müllverbrennungsanlagen (MVA) aufweisen.

1168 Richtlinie 75/439/EWG über die Altölbeseitigung, ABl. 1975 L 194/23.

1169 Richtlinie 75/442/EWG des Rates vom 15. 7. 1975 über Abfälle, ABl. 1975 L 194/39.

1170 Gesetz über Maßnahmen zur Sicherung der Altölbeseitigung vom 23. 12. 1968, BGBl I. S. 1419.

1171 Gesetze über die Beseitigung von Abfällen vom 7. 6. 1972, BGBl. 1972 I, S. 873.

1172 Versteyl, in: Erbguth (Hrsg.), Europäisierung, 137.

1173 BGBl. 2001 I. S. 305.

Urteil vom 14. April 2005 (Deponiezweckverband Eiterköpfe)[1174] hat der EuGH ausdrücklich die Gemeinschaftskonformität des deutschen strikten Vorbehandlungsgebotes bestätigt. Ein anderes Beispiel bildet die deutsche 17. BImSchV. Die EG-Abfallverbrennungsrichtlinie 2000/76/EG orientiert sich bei den Anforderungen an Müllverbrennungsanlagen eng an der 17. BImSchV in der alten Fassung vom 23. November 1990[1175]. Zur Umsetzung der Abfallverbrennungsrichtlinie ist die 17. BImSchV nachher dementsprechend novelliert worden[1176]. Ihre Emissionsanforderungen gehen jedoch zum Teil noch deutlich über die Vorgaben der Abfallverbrennungsrichtlinie hinaus[1177].

Des Weiteren finden sich in Deutschland noch die Versatzverordnung[1178], die Bioabfallverordnung[1179] und die Altholzverordnung[1180], während auf europäischer Ebene sich entsprechende Regelungslücken konstatieren lassen[1181]. Vor allem bestehen auch in vielen EU-Ländern wie in Deutschland rechtliche Regelungen zur getrennten Sammlung und Verwertung von Bioabfällen. Deswegen verfolgt die EU-Kommission nun den Trend und hat vor, eine europäische Bioabfallrichtlinie vorzulegen[1182]. Außerdem geht die deutsche Klärschlammverordnung vom 15. April 1992[1183] mit den Regelungen über Aufbringungsverbote in § 3 Abs. 6 in mehrfacher Hinsicht über die EG-Klärschlammrichtlinie 86/278/EWG [1184] hinaus [1185]. Auch die vorliegenden Vorschläge der EU-Kommission zur Klärschlammrichtlinie schreiben keine vergleichbar niedrigen

---

1174 EuGH, Urt. v. 14. 4 2005, Rs. C-6/03 (Deponiezweckverband Eiterköpfe), ZUR 2005, 310 ff.

1175 S. SRU, Umweltgutachten 2004, Tz. 588.

1176 Neugefasst durch Bek. v. 14. 8. 2003, BGBl. I 1633.

1177 Vgl. SRU, Umweltgutachten 2004, Tz. 591 ff.

1178 Verordnung über den Versatz von Abfällen unter Tage vom 24. 7. 2002, BGBl. I 2002, S. 2833.

1179 Verordnung über die Verwertung von Bioabfällen auf landwirtschaftlich, forstwirtschaftlich und gärtnerisch genutzten Böden vom 21. 9. 1998, BGBl. I S. 2955, zuletzt geändert durch Verordnung vom 25. 4. 2002, BGBl. I S. 1488.

1180 Verordnung über Anforderungen an die Verwertung und Beseitigung von Altholz vom 15. 8. 2002, BGBl. I S. 3302.

1181 Vgl. SRU, Umweltgutachten 2004, Tz. 675.

1182 SRU, Umweltgutachten 2004, Tz. 757.

1183 Vom 15. 04. 1992, BGBl. I 1992, S. 912.

1184 Richtlinie 86/278/EWG des Rates vom 12. 06. 1986 über den Schutz der Umwelt und insbesondere der Böden bei der Verwendung von Klärschlamm in der Landeswirtschaft. ABl. 1986, L 181/6, geändert durch Richtlinie 91/692/EG vom 23. 12. 1991, ABl. 1991, L 377/48.

1185 Zum einen enthält die Klärschlammverordnung auch Grenzwerte für organisch persistente Schadstoffe und halogenorganische Verbindungen, die die RL 86/278/EWG nicht kennt. Zum anderen sind die Grenzwerte für die Schwermetallbelastung der Klärschlämme zum Teil strenger als die des Anhang I B der RL 86/278/EWG. Die Mindestgrenzwerte werden zum Teil (so etwa in Bezug auf die Parameter Kadmium, Kupfer, Nickel und Quecksilber) unterschritten. S. Schink, in: Rengeling (Hrsg.), EUDUR, Bd. II, § 73, Rn. 178.

Grenzwerte vor wie die Bundesregierung und das jeweilige Bundesland sie zur Neuregelung der deutschen Klärschlammverordnung vorsehen[1186].

II. Europäisierung des deutschen Abfallrechts

Im Zuge der raschen Europäisierung der Abfallwirtschaft wurde das nationale Abfallrecht zunehmend durch das EG-Abfallrecht geprägt und wird dauerhaft daran angepasst. Im Folgenden werden zahlreiche wesentliche Beispiele angeführt, von denen viele, wenn nicht alle, sogar Innovationen fürs deutsche Abfallrecht brachten. Es handelt sich um den Abfallbegriff (1), die Abfallwirtschaftsplanung (2), die EG-Altölrichtlinie (3), die EG-Batterierichtlinie (4), die EG-Altautorichtlinie (5), die EG-Elektroschrottrichtlinie (6) und die teilweise Angleichung der Anforderungen für die Mitverbrennung und die reine Abfallverbrennung (7). Zum Schluss wird noch auf die Neuentwicklungen der EU-Abfallpolitik eingegangen, die insbesondere für Deutschland von Bedeutung sind (8).

1. Abfallbegriff

Nach § 1 Abs. 1 des deutschen Abfallgesetzes vom 27. August 1986[1187] (AbfG) lautete das subjektive Element des Abfallbegriffs: bewegliche Sachen, deren sich der Besitzer entledigen will. Unter „Entledigen" wurde dabei die Gewahrsamsaufgabe an der Sache, und zwar in keinem anderen Sinne als in dem der Befreiung von der Sache, verstanden[1188]. Weiterhin nahm § 1 Abs. 3 AbfG ausdrücklich einige Stoffe vom Anwendungsbereich des Gesetzes aus, u.a. Stoffe, die – unter bestimmten Voraussetzungen – gewerblich gesammelt und ordnungsgemäß verwertet werden (Nr. 7), und Stoffe, die durch gemeinnützige Sammlung einer ordnungsgemäßen Verwertung zugeführt werden (Nr. 6). Die gewerbliche oder karitative Sammlung von Altpapier, Altglas oder auch alten Kleidern unterlag daher nicht dem Abfallrecht. Es ist offensichtlich, dass der Abfallbegriff und das Abfallregime in Deutschland sich nur auf Abfallbeseitigung beschränkten. Gebrauchte oder alte Sachen waren keine Abfälle, sondern „Reststoffe", „Wirtschaftsgut" oder „Wertstoff", soweit sie verwertet wurden[1189]. Einen wesentlichen Mängel des deutschen Abfallrechts sah man darin, keine angemessenen Strukturen für die Wiederverwendung und /oder Verwertung gebrauchter oder alter Sachen vorzusehen. Der Ausschluss der Verwertung aus

---

[1186] Die Bundesregierung bereitet eine Artikelverordnung zur Neuregelung der Klärschlammverordnung und weiterer düngemittelbezogener Verordnung vor. Die sieht aus Gründen des vorsorgenden Boden- und Gewässerschutzes eine Neuregelung der landwirtschaftlichen Verwertung von Klärschlamm, Bioabfall und Wirtschaftsdüngern vor und stellt einheitliche Maßstäbe an alle Düngemittel mit Ausnahme der Mineraldünger. S. SRU, Umweltgutachten 2004, Tz. 760 ff.

[1187] BGBl I, 2126.

[1188] Schreier, Die Auswirkung des EG-Abfallrechts, 100 f.

[1189] Weidemann, NVwZ 1995, 866, 867.

dem strengen Regime des Abfallrechts wurde dem Umweltschutz nicht gerecht[1190].

Eine andere Struktur hatte das EG-Abfallrecht. Sein Abfallbegriff war gegenüber dem deutschen weit ausgelegt[1191]. Art. 1 der Abfallrahmenrichtlinie 75/442/EWG in der alten Fassung[1192] definiert als Abfälle „alle Stoffe, oder Gegenstände, deren sich der Besitzer entledigt oder gemäß den geltenden einzelstaatlichen Vorschriften zu entledigen hat“. Nach den Entscheidungen zu den Verfahren Vessoso und Zanetti[1193] hatte der EuGH bereits klargestellt, dass der Begriff „Abfälle“ im Sinne der Richtlinie Stoffe und Gegenstände erfasse, die zur wirtschaftlichen Wiederverwendung geeignet sind. Zur Begründung hat er darauf hingewiesen, dass die Abfallrahmenrichtlinie ausdrücklich Regelungen zur Abfallverwertung trifft und dass ihre Ziele des Umwelt- und Gesundheitsschutzes gefährdet seien, wenn der Abfallbegriff und damit die Anwendbarkeit der Richtlinie von den Absichten des jeweiligen Besitzers abhängen[1194]. Seit diesen Urteilen des EuGH war festzustellen, dass auch sog. Wirtschaftsgüter zu den Abfällen im Sinne der Rahmenrichtlinie gehörten und der davon abweichende nationale Abfallbegriff nicht mit europäischem Recht vereinbar sein könnte.

Infolgedessen verwundert es nicht, dass Deutschland später wegen des nicht gemeinschaftskonformen Abfallbegriffes vom EuGH verurteilt wurde. Im Urteil vom 10. Mai 1995[1195] hat der EuGH bestätigt, dass die Bundesrepublik Deutschland gegen ihre Verpflichtungen verstößt, indem sie bestimmte Gruppen wiederverwendbarer Abfälle vom Anwendungsbereich ihrer Regelung über die Abfallbeseitigung ausnimmt. Obwohl die Abfallrahmenrichtlinie in der Zwischenzeit geändert wurde[1196], hatten diese Änderungen nicht zur Folge, dass die Unterschiede des Abfallbegriffs entfallen wären. In Anbracht dessen erweitert das Kreislaufwirtschafts- und Abfallgesetz vom 27. September 1994 (KrW-/AbfG)[1197] den bisher zu engen Abfallbegriff und übernimmt wortgleich den gemeinschaftsrechtlichen Abfallbegriff (§ 3 Abs. 1 i.V.m. Anh. I KrW-/AbfG).

1190 Weidemann, NVwZ 1995, 866, 867; Schreier, Die Auswirkung des EG-Abfallrechts, 121 f.

1191 Näher Schreier, Die Auswirkung des EG-Abfallrechts, 73 ff.

1192 Richtlinie 75/442/EWG des Rates vom 15. 7. 1975 über Abfälle, ABl. 1975 L 194/39.

1193 Urteile des EuGH vom 28. 3. 1990, Rs. C-206/88 und C-207/88, Slg. 1990, I-1461und 1509.

1194 Weidemann, NVwZ 1995, 866, 867.

1195 Urteil des EuGH vom 10. 5. 1995, Rs. C-442/92 (Kommission/Bundesrepublik Deutschland), Slg. 1995 I-1124 = NVwZ 1995, 885.

1196 Richtlinie 91/156/EWG des Rates vom 18. 3. 1991 zur Änderung der Richtlinie 75/442/EWG über Abfall, ABl 1991, L 78/32.

1197 BGBl. I S. 2705, zuletzt geändert durch Art. 2 § 3 Abs. 3 G. v. 1. 9. 2005, BGBl. I 2618.

Nach § 3 Abs. 1 S. 2 KrW-/AbfG wird der Begriff „Abfall“ nunmehr ausdrücklich in „Abfälle zur Verwertung“ und „Abfälle zur Beseitigung“ aufgegliedert[1198].

Hierin ist ein „entscheidender abfall- und stoffwirtschaftlicher Innovationsbeitrag des Gemeinschaftsrechts“[1199] zu sehen. Mit dem EG-Abfallrecht wird der gesamte Bereich der Abfallverwertung durch eine entsprechende Interpretation des Abfallbegriffes dem Abfallregime unterstellt. Einer ressourcenökonomischen und ökologischen Abfallwirtschaftspolitik wird damit der Weg bereitet.

Dagegen bringt das „Van de Walle“-Urteil des EuGH vom 7. September 2004[1200] Probleme fürs deutsche Recht mit sich, in dem es den Abfallbegriff erstmals auf kontaminiertes Erdreich und damit auf unbewegliche Sachen erstreckt hat. Danach könnte das deutsche Abfallrecht insbesondere im Bereich der Abgrenzung zum Bodenschutzrecht in Schwierigkeiten geraten. Die Urteilskommentare bemühen sich daher, das Urteil möglichst restriktiv auszulegen und beschränken seine Reichweite auf Fälle wie den vom EuGH zu beurteilenden Ausgangsfall. Es wird die Ansicht vertreten, dass mit Abfällen kontaminiertes Erdreich danach zwar auch im deutschen Umweltrecht unter den Abfallbegriff zu fassen ist, die materiellen Rechtsfolgen jedoch nicht an KrW-/AbfG, sondern wie bislang an das Bundes-Bodenschutzgesetz[1201] zu orientieren sind[1202]. Mangels eines Bodenschutzrechts auf EG-Ebene mag der EuGH mit dem Urteil die Regelungslücken schließen zu wollen. Es überrascht aber, dass er die am 30. April 2004 in Kraft getretene Richtlinie 2004/35/EG über Umwelthaftung zur Vermeidung und Sanierung von Umweltschäden (Umwelthaftungsrichtlinie)[1203] mit keinem Wort erwähnte. Die erst 2007 umzusetzende Umwelthaftungsrichtlinie enthält Bestimmungen zur Vorsorge und Sanierung von Umweltschäden gerade auch für Schädigungen des Bodens (Art. 6, 7 i.V.m. Anhang II Nr. 2 der Richtlinie)[1204]. Bis dahin wäre für Bodenkontaminationen das Nebeneinander von Regimen der Abfallrahmenrichtlinie einerseits und der Umwelthaftungsrichtlinie anderseits problematisch und veränderungsbedürftig[1205]. Angesichts dessen hat die EU-Kommission im Vorschlag zur Änderung der Abfallrahmenrichtlinie vor, nicht ausgehobenen verunreinigten Boden ausdrücklich vom Ab-

---

1198 Vgl. Kloepfer, Umweltrecht, § 20 Rn. 35 u. 53 ff.

1199 Weidemann, in: Rengeling (Hrsg.), EUDUR, Bd. II, § 70 Rn. 55.

1200 EuGH, Urt. v. 7. 9. 2004, Rs. C-1/03, NVwZ 2004, 1341 ff.

1201 Gesetz vom 17. 3. 1998 zum Schutz vor schädlichen Bodenveränderungen und zur Sanierung von Altlasten, BGBl. I S. 502, geändert durch G. v. 9. 9. 2001, BGBl. I S. 2331.

1202 Näher vgl. Petersen/Lorenz, NVwZ 2005, 257 ff.

1203 Richtlinie 2004/35/EG des Europäischen Parlaments und Rates v. 21. 4. 2004 über Umwelthaftung zur Vermeidung und Sanierung von Umweltschäden, ABl. 2004 L 143/54.

1204 Näher vgl. Jochum, NVwZ 2005, 140 ff.

1205 Petersen/Lorenz, NVwZ 2005, 257, 263.

fallbegriff auszuschließen, soweit er bereits unter andere Gemeinschaftsvorschriften fällt[1206].

2. Abfallbewirtschaftungsplanung

Die Abfallbewirtschaftungsplanung wird als ein „Pfeiler moderner Abfallpolitik" bezeichnet[1207]. Wie in den anderen Bereichen des Umweltrechts legt das EG-Abfallrecht Wert auf Planungsinstrumente und sieht die Verpflichtungen der Mitgliedstaaten vor, Pläne aufzustellen. Gemäß Art. 7 der Abfallrahmenrichtlinie haben die zuständigen Behörden so bald wie möglich einen oder mehrere Abfallbewirtschaftungspläne zu erstellen. Die Pläne sollen zur Verwirklichung der Ziele der Artikel 3, 4 und 5, nämlich zur Förderung der Vermeidung und Verwertung, zur umweltgerechten Entsorgung sowie zur Beseitigungsautarkie und -nähe usw. beitragen. Mit Verweis auf Art. 7 der Abfallrahmenrichtlinie verpflichtet auch Art. 6 der Richtlinie 91/689/EWG über gefährliche Abfälle[1208] die zuständigen Behörden – entweder gesondert oder im Rahmen ihrer allgemeinen Abfallwirtschaftspläne – Pläne für die Bewirtschaftung der gefährlichen Abfälle zu erstellen und sogar zu veröffentlichen. Dazu sieht auch Art. 14 der Verpackungsrichtlinie 94/62/EG[1209] vor, dass die Mitgliedstaaten entsprechend der in dieser Richtlinie genannten Ziele und Maßnahmen in die Abfallbewirtschaftungspläne gemäß der Abfallrahmenrichtlinie ein besonderes Kapitel über Verpackungen und Verpackungsabfälle aufnehmen.

In Deutschland sah bereits das Abfallgesetz von 1972[1210] Regelungen zu den Planungsinstrumenten der Länder vor. Im Abfallgesetz von 1986[1211] wurden die „Abfallbeseitigungspläne" in die „Abfallentsorgungspläne" (§ 6) umgewandelt, die sich auch auf Verwertung bezogen. Die Abfallvermeidung war aber offensichtlich nicht ihr Gegenstand. Mittelerweile hat der EuGH in Urteil vom 10. Mai 1995[1212] festgestellt, dass die Bundesrepublik Deutschland, stellvertretend für die Länder, gegen ihre Verpflichtungen aus der Richtlinie 78/319/EWG – die Vorgängerrichtlinie der Richtlinie 91/689/EWG über gefährliche Abfälle – ver-

---

1206 Vgl. Art. 2 der von der EU-Kommission vorgeschlagenen Novelle der Abfallrahmenrichtlinie, KOM(2005)667 endgültig.

1207 Von Kempis/Holst/Ermacora, in: Rengeling (Hrsg.), EUDUR, Bd. II, § 71 Rn. 1.

1208 ABl. L 377/20, geändert durch Richtlinie 94/31/EG, ABl. 1994 L 168/28. Sie löst die Richtlinie 78/319 über giftige und gefährliche Abfälle ab.

1209 Richtlinie 94/62/EG des Europäischen Parlaments und des Rates vom 20. 12. 1994 über Verpackungen und Verpackungsabfälle, ABl. 1994 L 365/10, geändert durch Richtlinie 2004/12/EG, ABl. 2004, L 47/26.

1210 Gesetze über die Beseitigung von Abfällen vom 7. 6. 1972, BGBl. 1972 I, S. 873; neu gefasst am 5. 1. 1977, BGBl. 1977 I, S. 41, ber. S. 288.

1211 Gesetz über die Vermeidung und Entsorgung von Abfällen vom 27. 8. 1986, BGBl. 1986 I, S. 1410, ber. S. 1501, zuletzt geänd. durch G. v. 30. 9. 1994, BGBl. I S. 2771.

1212 Urteil des EuGH vom 10. 5. 1995, Rs. C-442/92 (Kommission/Bundesrepublik Deutschland), Slg. 1995 I-1124 = NVwZ 1995, 885.

stoßen hat, weil mehrere Bundesländer ihre Pläne für die Beseitigung giftiger und gefährliche Abfälle nicht fristgerecht erstellt, fortgeschrieben, veröffentlicht oder der Kommission mitgeteilt haben. Seit dem 7. Oktober 1996 gilt das neue Kreislaufwirtschafts- und Abfallgesetz (KrW-/AbfG)[1213]. Gemäß § 29 des KrW-/AbfG haben die Länder nunmehr „Abfallwirtschaftspläne" zu erstellen, die die Ziele der Abfallvermeidung und -verwertung sowie die zur Sicherung der Inlandsbeseitigung erforderlichen Abfallbeseitigungsanlagen darstellen müssen. Die Vorschrift ist insgesamt durchaus konkreter gefasst als ihre Vorgängerin, also § 6 des Abfallgesetzes von 1986[1214]. Inzwischen sind alle Bundesländer diesen Verpflichtungen nachgekommen. Zusammengefasst ist die Abfallbewirtschaftplanung durch die europäische Vorgabe zwingend geworden und konnte daher tatsächlich durchgesetzt worden[1215].

3. EG-Altölrichtlinie

Art. 3 Abs. 1 der Richtlinie 75/439/EWG über die Altölbeseitigung[1216] in der Fassung der Richtlinie 87/101/EWG[1217] (nachfolgend kurz: EG-Altölrichtlinie) verpflichtet die Mitgliedstaaten, sofern keine technischen, wirtschaftlichen und organisatorischen Sachzwänge entgegenstehen, die erforderlichen Maßnahmen dafür zu treffen, dass der Behandlung von Altölen im Wege der Aufbereitung und damit der stofflichen Verwertung Vorrang eingeräumt wird. Nach Art. 2 der RL 87/101/EWG hatten die Mitgliedstaaten die erforderlichen Maßnahmen zu treffen, um dieser Richtlinie zum 1. Januar 1990 nachzukommen. In der Bundesrepublik Deutschland war demgegenüber der Aufbereitung von Altöl nach wie vor kein Vorrang eingeräumt worden. Das galt auch nach Inkrafttreten des KrW-/AbfG. Nach § 64 KrW-/AbfG hatten bis zum Erlass neuer Rechtsverordnungen über die Altölentsorgung die §§ 5 a und 5 b AbfG[1218] einschließlich der in Durchführung dieses Gesetztes erlassenen Altölverordnung vom 27. Oktober 1987[1219] auch weiterhin Gültigkeit. Nach jenen Vorschriften bestand nach wie vor eine Gleichrangigkeit zwischen stofflicher und energetischer Verwertung von Altöl. Die rechtlichen Rahmenbedingungen gingen sogar in die andere Richtung: Kostenzuschüsse seit 1970 für die Aufbereitung von Altöl wurden bis 31. Dezember 1989 sukzessive aufgehoben. Ferner erfolgte seit 1993 eine Mine-

---

1213 Gesetz zur Förderung der Kreislaufwirtschaft und Sicherung der umweltverträglichen Beseitigung von Abfällen vom 27. 9. 1994, BGBl. I S. 2705, zuletzt geändert durch Art. 2 § 3 Abs. 3 G. v. 1. 9. 2005, BGBl. I S. 2618.

1214 Von Kempis/Holst/Ermacora, in: Rengeling (Hrsg.), EUDUR, Bd. II, § 71 Rn. 4.

1215 Versteyl, in: Erbguth (Hrsg.) Europäisierung, 137, 139.

1216 ABl. 1975 L 194/23.

1217 ABl. 1987 L 42/43; zuletzt geändert durch Richtlinie 91/692/EWG vom 23. 12. 1991 zur Vereinheitlichung und zweckmäßigen Gestaltung der Berichte über die Durchführung bestimmter Umweltschutzrichtlinien, ABl. 1991 L 377/48. Näher zur Richtlinie vgl. Schink, in: Rengeling (Hrsg.), EUDUR, Bd. II, § 73 Rn. 141 ff.

1218 Abfallgesetz vom 27. 8. 1986, BGBl. I S. 1410, ber. 1501.

1219 BGBl. 1987 I, S. 2335.

ralölsteuerbefreiung von als Heizstoff genutztem Altöl, während aus Altöl aufbereitete Mineralöle weiterhin steuerpflichtig blieben[1220].

Auf die Klage der Kommission hin hat der EuGH mit Urteil vom 9. September 1999[1221] festgestellt, dass die Bundesrepublik gegen ihre Verpflichtung verstoßen habe. Es gebe zwar eine Reihe von Maßnahmen dafür, den Vorrang der Behandlung von Altölen im Wege der Aufbereitung zu gewährleisten, trotzdem habe Deutschland – obwohl keine technischen, wirtschaftlichen und organisatorischen Sachzwänge entgegenstanden – keine dieser Maßnahmen getroffen, sondern vielmehr den Zuschuss aufgehoben und als Heizstoff genutztes Altöl weiterhin von der Mineralölsteuer befreit[1222]. Mit Hilfe des Urteils des EuGH konnten die langjährigen Bemühungen der Bundesregierung um eine Novellierung der Altölverordnung endlich vorangehen[1223]. Durch die Altölverordnung vom 16. April 2002[1224] ist nun die Rechtslage entsprechend dem Gemeinschaftsrecht geändert worden.

Merkwürdigerweise ergibt es sich aber aus den jüngsten Analysen, dass die Altölaufbereitung gegenüber der Verwendung als Brennstoff keine eindeutigen ökologischen Vorteile aufweist. Die EU-Kommission schlägt mithin vor, die Altölrichtlinie aufzuheben und sie durch eine neue Bestimmung in der Abfallrahmenrichtlinie zu ersetzen, die die Mitgliedstaaten weiterhin verpflichtet, Altöl zu sammeln, der Aufbereitung jedoch keinen Vorrang einräumt[1225].

4. EG-Batterierichtlinie

Bereits seit 1988 bestand eine freiwillige Vereinbarung über die Batterieentsorgung in Deutschland. Damit verpflichteten sich Hersteller, Importeure und Handel, Schadstoffe in Batterien durch Entwicklung und Produktion zu vermeiden, bestimmte schadstoffhaltige Batterien zu kennzeichnen und zurückzunehmen sowie gekennzeichnete und nicht gekennzeichnete Batterien getrennt zu entsorgen. Über die freiwillige Selbstverpflichtung konnte zwar der Schadstoffgehalt der Batterien erheblich reduziert werden, die Ergebnisse des aufgebauten Rücknahme- und Verwertungssystems der Industrie waren aber unbefriedigend[1226]. Am 18. März 1991 wurde die Richtlinie 91/157/EWG über gefährliche Stoffe

1220 Näher dazu Versteyl, in: Erbguth (Hrsg.) Europäisierung, 137, 141.

1221 EuGH, Urt. v. 9. 9. 1999, Rs. C-102/97 (Kommission/Deutschland), Slg. 1999, I-5051 = EuZW 1999, 689.

1222 EuGH, Rs. C-102/97, Slg. 1999, I-5051, Tz. 44 ff.

1223 Versteyl, in: Erbguth (Hrsg.) Europäisierung, 137, 143.

1224 Altölverordnung i.d.F. Bek. v. 16. 4. 2002, BGBl. 2002 I, S. 1368.

1225 KOM(2005)666 endgültig, S. 22.

1226 Insgesamt konnten die Erwartungen an die Selbstverpflichtung nicht erfüllt werden. SRU, Umweltgutachten 1998, Tz. 541; Begründung zur Batterieverordnung, BT-Drs. 13/9516, S. 11 ff.

enthaltende Batterien und Akkumulatoren (kurz: EG-Batterierichtlinie)[1227] auf der europäischen Ebene verabschiedet, um die von schadenstoffhaltigen Batterien und Akkumulatoren ausgehenden Umweltgefahren zu vermeiden und einheitliche Wettbewerbsbedingungen herzustellen. Die EG-Batterierichtlinie enthält die Verkehrsverbote von Alkali-Mangan-Batterien ab bestimmten Quecksilbergehalten, verpflichtet die Mitgliedstaaten, Programme zur Schwermetallreduktion in Batterien, zur Verringerung der Zahl von schadstoffhaltigen Batterien im Hausmüll und zur ihrer gesonderten Beseitigung aufzustellen und sieht das Gebot der getrennten Einsammlung zur Verwertung oder Beseitigung vor[1228].

Als Reaktion auf die Batterierichtlinie und die rechtlichen Umsetzungsvorbereitungen der Bundesregierung haben Batteriehersteller, -importeure und -händler eine zweite Vereinbarung über die Entsorgung von Altbatterien vorgeschlagen, in der auch den Vorgaben der EU-Richtlinie Rechnung getragen wird und schlossen zu diesem Zweck am 9. November 1998 eine freiwillige Selbstverpflichtungsvereinbarung mit der Bundesregierung ab. Trotzdem ist angesichts der Unzulänglichkeit von Selbstverpflichtungen zur Umsetzung einer EG-Richtlinie in nationales Recht[1229] am 27. März 1998 eine Verordnung über die Rücknahme und Entsorgung gebrauchter Batterien und Akkumulatoren (Kurz: Batterieverordnung)[1230] ergangen. Anlässlich der europäischen Vorgaben wird nun ein flächendeckendes Rücknahme-, Verwertungs- und Beseitigungssystem durch die Batterieverordnung begründet, das den Handel zur unentgeltlichen Rücknahme und die Hersteller zur Beseitigung oder Verwertung gebrauchter Batterien verpflichtet. Bemerkenswert ist allerdings, dass durch die Batterieverordnung nicht nur schadstoffhaltige Batterien im Sinne des Anhangs I EG-Batterierichtlinie, sondern alle Batterien und Akkumulatoren erfasst werden. Das heißt, auch auf nicht schadstoffhaltige Batterien soll sich das Rücknahme-, Verwertungs- und Beseitigungssystem erstrecken. Die Batterieverordnung geht damit über die Anforderungen der EG-Batterierichtlinie erheblich hinaus[1231].

1227 ABl. 1991, L 78/38. Zuletzt geändert durch Richtlinie 98/101/EG der Kommission v. 22. 12. 1998 zur Anpassung der Richtlinie 91/157/EWG des Rates über gefährliche Stoffe enthaltende Batterien und Akkumulatoren an den technischen Fortschritt, ABl. 1999, L 1/1. Mittlerweile hat die EU-Kommission einen Novellierungsvorschlag zur EG-Batterierichtlinie vorgelegt. Kritik dazu vgl. SRU, Umweltgutachten 2004, 740 ff.

1228 Vgl. Schink, in: Rengeling (Hrsg.), EUDUR, Bd. II, § 73 Rn. 106 ff.

1229 Vgl. Schink, in: Rengeling (Hrsg.), EUDUR, Bd. II, § 73 Rn. 117.

1230 Verordnung über die Rücknahme und Entsorgung gebrauchter Batterien und Akkumulatoren vom 27.3.1998, BGBl. 1998 I, S. 658; i. d. F. der Neubekanntmachung v. 2.7.2001, BGBl. 2001 I, S. 1486, geändert durch G. v. 9. 9. 2001, BGBl. I 2001, S. 2331.

1231 Schink, in: Rengeling (Hrsg.), EUDUR, Bd. II, § 73 Rn. 128.

5. EG-Altautorichtlinie

Um Abfälle aus Altautos soweit wie möglich zu vermeiden und bei der Entsorgung solcher Abfälle der Wiederverwendung und dem Recycling Vorrang einzuräumen, ist im Jahr 2000 die – inzwischen von der Bundesregierung unter Druck der deutschen Automobillobby blockierte[1232] – Richtlinie 2000/53/EG über Altfahrzeuge[1233] (kurz: EG-Altautorichtlinie) erlassen worden. Bereits vor Erlass der EG-Altautorichtlinie hat Deutschland die Altautoverordnung vom 4. Juli 1997[1234] erlassen. Die Altautoverordnung stellte allerdings keine umfassende ordnungsrechtliche Regelung dar, sondern trat als eine „schlanke" Verordnung in Erscheinung und ergänzte nur die zuvor abgegebene „Freiwillige Selbstverpflichtung zur umweltgerechten Altautoverwertung (PKW) im Rahmen des Kreislaufwirtschaftsgesetzes" am 21. Februar 1996 um den ordnungsrechtlichen Rahmen für ihre Umsetzung[1235].

Das deutsche Regelungssystem der Freiwilligen Selbstverpflichtung der Automobilindustrie und den betroffenen Wirtschaftsverbänden hat mit der flankierenden Altautoverordnung allerdings viele Schwachstellen aufgewiesen[1236]. Im Vergleich zum System der EG-Altautorichtlinie bestand erheblicher Nachbesserungsbedarf darin. Insbesondere war eine generelle Verpflichtung für die Automobilhersteller zur kostenlosen Rücknahme aller Autos weder in der Selbstverpflichtung noch in der Altautoverordnung vorgesehen[1237]. Von daher war die Erscheinung wild abgestellter Autowracks nicht wirksam zu vermeiden. Die Verwertungsquote priorisierte nicht die Wiederverwendung und das Recycling vor der Verbrennungsoption[1238]. Weiter enthielt das System keine Regelung über die Vermeidung bestimmter Schwermetalle bei der Produktion von Automobilen. Auch bestand kein Anreiz für Anstrengungen zur recycling- und demontagege-

---

1232 Kloepfer, Umweltrecht, § 20 Rn. 129; Versteyl, in: Erbguth (Hrsg.) Europäisierung, 137, 140.

1233 Richtlinie 2000/53/EG des Europäischen Parlaments und des Rates vom 18. 9. 2000 über Altfahrzeuge, ABl. L 269/34.

1234 Verordnung über die Überlassung und umweltverträgliche Entsorgung von Altautos, verordnet als Artikel 1 der Verordnung über die Entsorgung von Altautos und die Anpassung straßenverkehrsrechtlicher Vorschriften v. 4. 7. 1997, BGBl. I, S. 1666.

1235 SRU, Umweltgutachten 1998, Tz. 528. Während bisherige Selbstverpflichtungen verordnungsersetzend gewesen waren, war die Selbstverpflichtung Altautos demgegenüber verordnungsfordernd. Sie verlangt keinen Verzicht auf staatliche Regelungen, sondern vielmehr zu ihrer Wirksamkeit eine neue, abgestimmte staatliche Rechtsetzung. S. Schrader, NVwZ 1997, 943, 948. Von daher wurde sie als „rechtsetzungsgeschichtliches Novum" bezeichnet. Giesberts/Hilf, NVwZ 1998, 1158. Vgl. auch Kloepfer, Umweltrecht, § 20 Rn. 129; Schink, in: Rengeling (Hrsg.), EUDUR, Bd. II, § 73 Rn. 188.

1236 Vgl. Schrader, NVwZ 1997, 943, 946 ff.; Kloepfer, Umweltrecht, § 20 Rn. 135; SRU, Umweltgutachten 1998, Tz. 526 ff.; Umweltgutachten 2000, Tz. 884 ff.

1237 SRU, Umweltgutachten 1998, Tz. 529; Umweltgutachten 2000, Tz. 890.

1238 Schrader, NVwZ 1997, 943, 947.

rechten Konstruktion der Autos[1239]. Zur Anpassung an europäische Vorgaben ist am 21. Juni 2002 das Altfahrzeug-Gesetz[1240] ergangen. Die Altautoverordnung ist als Altfahrzeug-Verordnung[1241] neu bekannt gemacht worden. Infolge der europarechtlichen Einwirkung kann nunmehr die Produktverantwortung der Automobilindustrie im deutschen Recht besser konkretisiert und durchgesetzt werden. Vor allem müssen die Hersteller nun die Rücknahme- und Verwertungskosten in vollem Umfang tragen. Dies bewirkt einen ausreichenden ökonomischen Anreiz für Hersteller zur Senkung der Entsorgungskosten, die durch recycling- und demontagegerechte Konstruktion der Autos oder durch eine effizientere Verwertung zu erzielen ist[1242]. Außerdem wird durch die Regelung der kostenlosen Rückgabe des Letztbesitzers auch die Zahl der wild abgestellten Autowracks abnehmen. Weiter wird die anspruchvolle Verwertungsquote für Wiederverwendung und Recycling zu der recyclingorientierten Konstruktion beitragen. Schließlich werden durch Verbote der Verwendung bestimmter Schwermetalle die Umweltbeeinträchtigungen in nachgelagerten Abfallströmen reduziert[1243].

6. EG-Elektroschrottrichtlinie

Angesichts des zunehmenden Aufkommens und des Umweltgefährdungspotentials hatte die Bundesregierung bereits 1991 den Entwurf einer umfassenden Elektronikschrottverordnung vorgelegt, die auf die Rücknahme und Verwertung von Elektro- und Elektronikgeräten zur Verminderung des Schadstoffeintrags in die Umwelt abzielte. Der Verordnungsentwurf hat allerdings eine zehn Jahre andauernde Diskussion zwischen der beteiligten Wirtschaft und dem Bundesumweltministerium ausgelöst. Die Bemühungen der Bundesregierung um eine Regelung im Konsens, also ein Modell einer freiwilligen Vereinbarung mit einer flankierenden Verordnung[1244], blieben erfolglos[1245]. Inzwischen hat die Bundesregierung 1998 wieder einen Verordnungsentwurf über Entsorgung von Geräten der Informationstechnik (IT-Altgeräte-Verordnung)[1246] zur Flankierung der freiwilligen Maßnahmen vom Verband Deutscher Maschinen- und Anlagenbau (VDMA) vorgelegt. Infolge der erheblichen Erweiterung des Anwendungsbereiches des Umweltausschusses des Bundesrates wurde der Entwurf nachher

---

1239 SRU, Umweltgutachten 2000, Tz. 891.

1240 Gesetz über die Entsorgung von Altfahrzeugen v. 21. 6. 2002, BGBl. I, S. 2199.

1241 Verordnung über die Überlassung, Rücknahme und umweltverträgliche Entsorgung von Altfahrzeugen v. 21. 6. 2002, BGBl. I, S. 2214.

1242 SRU, Umweltgutachten 1998, Tz. 530.

1243 Schink, in: Rengeling (Hrsg.), EUDUR, Bd. II, § 73 Rn. 194.

1244 SRU, Umweltgutachten 2002, Tz. 941.

1245 Da eine Gesamtlösung für alle Gerätegruppen sich als nicht praktikabel in Deutschland erwies, wurde nachher versucht, Teillösungen für einzelne Gerätegruppen zu entwickeln. Dazu vgl. SRU, Umweltgutachten 1998, Tz. 531 ff.

1246 BT-Drs. 13/10769 und BR-Drs. 638/98.

als der einer Elektroaltgeräte-Verordnung am 24. Juni 1999[1247] verabschiedet. Dem widersetzten sich die betroffene Elektrogeräteindustrie jedoch stark[1248].

Auf der europäischen Ebene wurde am Anfang 2003 die Richtlinie 2002/96/EG über Elektro- und Elektronik-Altgeräte (im Folgenden: EG-Elektroschrottrichtlinie)[1249] verabschiedet. Sie verpflichtet die Mitgliedstaaten, bis zum 13. August 2004 die Rechtsgrundlagen für ein umfassendes Rücknahme-, Behandlung- und Verwertungssystem für Elektro- und Elektronik-Altgeräte mit weitreichenden Finanzierungspflichten der Hersteller zu schaffen. Vor allem sieht sie eine kostenlose Rückgabemöglichkeit für private Verbraucher vor, enthält Quotenvorgaben für Sammlung, Verwertung, Wiederverwendung und Recycling und legt die Regelungen über sog. Historische Altgeräte[1250] fest. Sie lässt dennoch zahlreiche nationale Gestaltungsspielräume offen[1251]. Daneben ist gleichzeitig die Richtlinie 2002/95/EG zur Beschränkung der Verwendung bestimmter gefährlicher Stoffe in Elektro- und Elektronikgeräten[1252] ergangen. Danach dürfen die ab dem 1. Juli 2006 neu in den Verkehr gebrachten Elektro- und Elektronikgeräte weder Blei, Quecksilber, Cadmium und sechswertiges Chrom noch bromhaltige Flammschutzmittel enthalten. Die beiden Richtlinien waren bis zum 13. August 2004 in nationales Recht umzusetzen.

Der straffe Zeitplan in der EG-Elektroschrottrichtlinie erlaubt keinerlei Verzögerungen. Wegen des Drucks durch die europäischen Vorgaben musste die über zehnjährige Kontroverse in Deutschland vorerst beendet und endlich Gesetze über Elektro- und Elektronik-Altgeräte verabschiedet werden: das Gesetz über das Inverkehrbringen, die Rücknahme und die umweltverträgliche Entsorgung von Elektro- und Elektronikgeräten (Elektro- und Elektronikgerätegesetz – ElektroG)[1253] ist am 24. März 2005 in Kraft getreten.

1247 BR-Grunddrs. 638/98; Empfehlung des Umweltausschusses, Niederschrift 161.U v. 24. 6. 1999.

1248 Kloepfer, Umweltrecht, § 20 Rn. 132.

1249 Richtlinie 2002/96/EG des Europäischen Parlaments und des Rates vom 27. 1. 2003 über Elektro- und Elektronik-Altgeräte, ABl. 2003, L 37/24, zuletzt geändert durch Richtlinie 2003/108/EG des Europäischen Parlaments und des Rates vom 8. 12. 2003, ABl. L 345/106.

1250 Geräte, die vor dem 13. 8. 2005 in Verkehr gebracht werden.

1251 Näher zur EG-Elektroschrottrichtlinie, vgl. Schütte/Siebel-Huffmann, ZUR 2003, 211 ff.

1252 Richtlinie 2002/95/EG des Europäischen Parlaments und des Rates vom 27. 1. 2003 zur Beschränkung der Verwendung bestimmter gefährlicher Stoffe in Elektro- und Elektronikgeräten, ABl. 2003, L 37/19.

1253 Vom 16. 3. 2005, BGBl. I S. 762.

7. Teilweise Angleichung der Anforderungen für die Mitverbrennung und die reine Abfallverbrennung

Nach der Abfallverbrennungsrichtlinie 2000/76/EG [1254] kommen, wie bereits dargestellt, teilweise ähnlich strenge Standards für die Abfallmitverbrennung in Industrieanlagen wie für Abfallverbrennung in Müllverbrennungsanlagen zur Anwendung. Vor allem sieht Art. 7 Abs. 4 der Richtlinie vor, dass für die Mitverbrennung unaufbereiteter gemischter Siedlungsabfälle generell die strengen Emissionswerte des Anhangs V gelten und die Mischrechnung in Anhang II nicht zur Anwendung kommt. Die Mitverbrennung unaufbereiteter gemischter Siedlungsabfälle, zu denen auch hausmüllähnliche Gewerbeabfälle gehören, unterliegt damit künftig den für Abfallverbrennungsanlagen vorgesehenen Standards[1255]. Mit der teilweisen Angleichung[1256] leistet die Verbrennungsrichtlinie einen wesentlichen Beitrag zur Harmonisierung der Standards bezüglich der Abfallverbrennung in unterschiedlichen Entsorgungswegen[1257]. Sie wurde weithin begrüßt, da es aus ökologischer Sicht keinerlei Unterschied macht, ob Emissionen aus einer Abfallverbrennungs- oder einer Industrieanlage freigesetzt werden[1258]. Eine solche Gleichbehandlung wird in Zukunft außerdem einen fairen Wettbewerb bei der Abfallverbrennung schaffen[1259].

Dies bedeutete eine eindeutige Verschärfung gegenüber der deutschen Rechtslage[1260]. In Deutschland werden die Anforderungen an die Errichtung und den Betrieb von Müllverbrennungsanlagen hauptsächlich durch die Verordnung über Verbrennungsanlagen für Abfälle und ähnliche brennbare Stoffe (17. BImSchV) [1261] geregelt. Die regulären Grenzwerte des § 5 Abs. 1 der 17. BImSchV hatte grundsätzlich auch für Mitverbrennungsanlagen gegolten[1262]. Im Jahr 1999 wurde aber eine Mischrechnungsregel in § 5 Abs. 3 der 17. BImSchV eingeführt, die eine Ausnahme für Mitverbrennungsanlagen schuf, in der der

---

1254 Richtlinie 2000/76/EG des Europäischen Parlaments und des Rates vom 4.12.2000 über die Verbrennung von Abfällen, ABl. L 332/91.

1255 SRU, Umweltgutachten 2002, Tz. 785.

1256 Die Angleichung ist aber nicht vollständig. Die an die Mitverbrennung gestellten Anforderungen liegen zum großen Teil noch deutlich unterhalb denen für reine Müllverbrennungsanlagen. Näher dazu SRU, Umweltgutachten 2002, Tz. 786.

1257 SRU, Umweltgutachten 2002, Tz. 886 ff.

1258 Versteyl, in: Erbguth (Hrsg.) Europäisierung, 137, 151. Konsequent fordert der SRU weiterhin eine vollständige Angleichung der Anforderungen für Industrieanlagen und Abfallverbrennungsanlagen. D.h. auch Kraftwerke, Zementwerke und Anlagen der Stahlerzeugung sind generell – unabhängig von der Abfallmitverbrennung – gleichen Standards wie Abfallverbrennungsanlagen zu unterwerfen. SRU, Umweltgutachten 2002, Tz. 887; SRU, Umweltgutachten 2004, Tz. 589.

1259 Witthohn, DVBl. 2001, 1648, 1652 f.

1260 Witthohn, DVBl. 2001, 1648, 1652.

1261 Vom 23. 11. 1990, BGBl. I, S. 2545, ber. S. 2832. Neugefasst durch Bek. v. 14. 8. 2003, BGBl. I, S. 1633.

1262 Witthohn, DVBl. 2001, 1648, 1650.

Anteil an der gesamten Feuerungswärmeleistung nicht mehr als 25 % beträgt. Nach der Mischrechnungsregel lassen sich Mischgrenzwerte für die Abfallmitverbrennung bilden, in denen die Anforderungen für den Regelbrennstoffbetrieb in der betreffenden Industrieanlage, wie die der 13. BImSchV und der TA Luft, und die für reine Abfallverbrennungsanlagen geltenden strengeren Anforderungen der 17. BImSchV im Verhältnis des jeweiligen Anteils der eingesetzten Regelbrennstoffe und Abfälle zur Geltung kommen[1263]. Damit wurde dem im abfallbedingten Abgasteilstrom eine Chance gegeben, Emissionsspielräume zu nutzen, die der aus Regelbrennstoffen stammende Teilstrom nicht ausgeschöpft hat. Schon darin kann man von einer gewisse Privilegierung der industriellen Abfallmitverbrennung gegenüber reinen Abfallverbrennungsanlagen reden, da bei letzteren keine Chance bestand, von solchen Spielräumen zu profitieren[1264].

Zur Umsetzung der Abfallverbrennungsrichtlinie ist die 17. BImSchV dementsprechend novelliert worden[1265]. Ihre Emissionsanforderungen gehen sogar zum Teil deutlich über die Vorgaben der Abfallverbrennungsrichtlinie hinaus. Die weit reichenden Ausnahmeregelungen der novellierten 17. BImSchV, insbesondere hinsichtlich der Anforderungen an die Mitverbrennung in der Zementindustrie, laufen allerdings den Bemühungen zur Angleichung der Anforderungen für die Mitverbrennung und die reine Abfallverbrennung entgegen[1266].

8. Neuentwicklungen

a) Schutz nationaler ökologischer Standards

Bevor der EuGH das „EU-Wood-Trading"-Urteil[1267] gefällt hat, schien es, dass die in der AbfVerbrV abschließend festgelegten, begrenzten Einwendungsgründe den Mitgliedstaaten wenige Spielräume überließen, aufgrund eigener nationaler strengerer Verwertungsstandards Einwände gegen eine grenzüberschreitende Abfallverbringung zu erheben. Mit dem Vorschlag zur Änderung der AbfVerbrV hatte die EU-Kommission zwar vor, um zwei zusätzliche Exportbeschränkungsmöglichkeiten in Bezug auf Abfälle zum Verwertungszweck zu ergänzen. Sie bezogen sich jedoch ausschließlich auf gemeinschaftsrechtliche Mindeststandards. Den Änderungsvorschlag des EU-Parlaments zugunsten der nationalen ökologischen Anforderungen lehnte die EU-Kommission nachher mit der Begründung deutlich ab, dass damit einzelstaatliche Lösungen für bestimmte abfallwirtschaftliche Probleme in Bezug auf Abfälle, die zur Verwertung bestimmt sind, verfolgt würden. Dies sei nicht mit dem übergeordneten Ziel der

---

1263 SRU, Umweltgutachten 2002, Tz. 885.

1264 SRU, Umweltgutachten 2002, Tz. 885.

1265 Neugefasst durch Bek. v. 14. 8. 2003, BGBl. I 1633.

1266 Näher dazu SRU, Umweltgutachten 2004, Tz. 588 ff.

1267 EuGH, Urt. v. 16. 12. 2004, Rs. C-277/02 (EU-Wood-Trading), Slg. 2004, I-11957 = NVwZ 2005, 309 ff.

Kommission, nämlich der Harmonisierung auf Gemeinschaftsebene, vereinbar[1268]. Stattdessen plädierte die EU-Kommission für „eine längerfristige Lösung auf EU-Ebene“: Hauptelemente seien erstens die Festlegung gemeinschaftsrechtlicher Vorschriften durch Ausdehnung der IVU-Richtlinie und zweitens die Erstellung von Leitlinien zur Vermeidung der Scheinverwertung sowie zur klareren Unterscheidung zwischen verschiedenen Verwertungs- und Beseitigungsmaßnahmen[1269].

Entgegen dem Standpunkt der Kommission hat der EuGH mit dem „EU-Wood-Trading“-Urteil vom 16. Dezember 2004[1270], wie bereits ausgeführt, festgestellt, dass die zuständige Behörde am Versandort gemäß Art. 7 Abs. 4 lit. a 1. Spiegelstrich AbfVerbrV Einwände gegen die Abfallverbringung erheben kann, die sich auf die eigenen nationalen strengeren Verwaltungsnormen stützen, soweit sie entsprechend dem Grundsatz der Verhältnismäßigkeit geeignet sind, Gefahren für die menschliche Gesundheit und die Umwelt vorzubeugen und nicht über das Erforderliche hinausgehen. Die neue AbfVerbrV in der Fassung der am 25. Oktober 2005 vom EU-Parlament in 2. Lesung beschlossenen Änderungen hat nun auch den Schutz nationaler höherer Verwertungsstandards explizit in den Text aufgenommen, allerdings mit mehreren Einschränkungen. Behörden können also einem Export von zur Verwertung bestimmten Abfällen widersprechen, wenn diese im Ausland gemäß weniger strenger Rechtsvorschriften als im Versandstaat verwertet werden sollen, wobei die Notwendigkeit eines reibungslosen Funktionierens des Binnenmarktes zu beachten ist. Dies gilt jedoch nicht, sofern i) entsprechende EG-Regelungen bestehen und ihre Umsetzungen ins nationale Recht ordnungsmäßig erfolgten; ii) das Verwertungsverfahren im Empfängerstaat unter Bedingungen erfolgt, die weitgehend den nationalen Rechtsvorschriften des Versandstaats entsprechen; iii) die nationalen Rechtsvorschriften im Versandstaat nicht gemäß der Richtlinie 98/34/EG über ein Informationsverfahren[1271] gegenüber der Kommission notifiziert wurden. Außerdem hat der jeweilige Mitgliedstaat die Kommission und die anderen Mitgliedstaaten vor Erhebung eines Einwands über die nationalen Rechtsvorschriften zu unterrichten, auf die sich Einwände stützen können. Ferner müssen Mitgliedstaaten über die erhobenen Einwände jährlich an die Kommission berichten. Die Kommission überprüft innerhalb von fünf Jahren nach Anwendung der Verordnung die Anwendung

---

1268 Geänderter Vorschlag für eine Verordnung des Europäischen Parlaments und des Rates über die Verbringung von Abfällen, KOM (2004) 172 endg. Ziff. 3.

1269 KOM (2004) 172 endg., Ziff. 3.4.

1270 EuGH, Urt. v. 16. 12. 2004, Rs. C-277/02 (EU-Wood-Trading), Slg. 2004, I-11957 = NVwZ 2005, 309 ff.

1271 Richtlinie 98/34/EG des Europäischen Parlaments und des Rates vom 22. Juni 1998 über ein Informationsverfahren auf dem Gebiet der Normen und technischen Vorschriften, ABl. 1998 L 204/37.

dieser Bestimmungen einschließlich seiner Auswirkungen auf den Umweltschutz und das Funktionieren des Binnenmarktes[1272].

Auf deutscher Seite ist insbesondere diese neue Entwicklungslinie zu begrüßen. Bereits im Jahr 1990 beklagte die deutsche Bundesregierung das Niveaugefälle der Entsorgungsstandards in den EG-Mitgliedstaaten und seine Folgen für sogenanntes »Umweltdumping« sowie für die Beeinträchtigung der Durchsetzung anspruchsvoller technischer Standards bei der Inlandsentsorgung[1273]. Denn Deutschland sah ab Ende der 1980er/Anfang der1990er Jahre überaus anspruchsvolle Entsorgungsstandards vor[1274]. Heutzutage verfügt Deutschland punktuell noch immer über umfassendere und strengere Anforderungen bezüglich der Abfallentsorgung als das Gemeinschaftsrecht, obwohl sich das letztere inzwischen rasch entwickelt hat und daher Spielräume der Mitgliedstaaten sukzessive einschränkt.

b) Stärkung des Hausmüllautarkie

Die deutsche Entsorgungszuständigkeit ist, wie bereits erwähnt, zweigeteilt: Die kommunalen öffentlichen Entsorgungsträger sind zuständig für die Entsorgung des Hausmülls und die Beseitigung von Gewerbeabfällen; die privaten Entsorgungsmärkte sollen gewerbliche Abfälle verwerten (§ 13 Abs. 1 Krw-/AbfG). Hoch gewürdigt werden in den vergangenen drei Jahrzehnten insbesondere die Leistungen der Kreise und Gemeinden zur Modernisierung der Abfallwirtschaft in Deutschland[1275]. Man befürwortet, dass die Alleinzuständigkeit insbesondere für die Hausmüllentsorgung weiterhin den kommunalen öffentlichen Entsorgungsträgern vorbehalten werden sollte[1276].

Das europäische Abfallrecht kennt dagegen keine Zuständigkeitsteilung zwischen öffentlich-rechtlichen Entsorgungsträgern und privatem Entsorgungsmarkt. Es sieht gar keine öffentliche Entsorgungsmonopole bzw. marktbeschränkende Überlassungspflichten vor. Vielmehr durchzieht die Unterscheidung zwischen Verwertung und Beseitigung das gesamte EG-Abfallrecht und knüpft an verschiedene Rechtsfolgen an. Die Grundsätze der Beseitigungsautarkie und der Nähe, die mittelbar nationale Andienungs- und Überlassungspflich-

---

1272 Vgl. Art. 12 Abs. 1 lit. c, Abs. 6 i.V.m. Art. 51 und Art. 60 Abs. 2 der neuen AbfVerbrV nach den vom EU-Parlament angenommen Texten.

1273 Bericht der Bundesregierung vom 19. 10. 1990, BT-Drucks. 11/8161. S. Weidemann, in: Rengeling (Hrsg.), EUDUR, Bd. II, § 70 Rn. 11.

1274 Z. B. wurde im November 1990 die 17. BImSchV (Verordnung über Verbrennungsanlagen für Abfälle und ähnliche brennbare Stoffe) in Deutschland verabschiedet, die für die gesamte Abfallverbrennung besonders hohe Umweltstandards vorschreibt. Weidemann, in: Rengeling (Hrsg.), EUDUR, Bd. II, § 70 Rn. 11. Zu den anderen anspruchsvollen Entsorgungsstandards vgl. Weidemann, NVwZ 1991, 226 ff.

1275 SRU, Umweltgutachten 2004, Tz. 666.

1276 SRU, Umweltgutachten 2004, Tz. 670 ff.

ten vor dem Gemeinschaftsrecht rechtfertigen können[1277], gelten lediglich für die Abfallbeseitigung. Für die Abfallverwertung kommt dagegen die ein wenig eingeschränkte Warenfreiheit zur Anwendung. Soweit Abfälle aus Haushaltungen für zur Verwertung bestimmte Abfälle erklärt werden, steht folglich die deutsche Überlassungspflicht an die öffentlich-rechtlichen Entsorgungsträger vor dem Gemeinschaftsrecht prinzipiell infrage[1278]. Z. B. könnte der Hausmüll durch Vermischung mit verwertbaren Abfällen zur stofflichen Verwertung bestimmt, aber tatsächlich auf auswärtigen Deponien beseitigt werden. In der Entscheidung zum Verwertungscharakter der Abfallmitverbrennung in Zementwerken (Rs. C-228/00)[1279] ließ der EuGH deutlich die Frage der Vermischung der Abfälle außer Acht. Dieses Urteil bezieht sich zwar auf die Definition der energetischen Verwertung. Man kann aber mit großer Wahrscheinlichkeit erwarten, dass diese Ansicht konsequent auch für die Qualifizierung der stofflichen Verwertung gilt. So kann es schon als Hausmüllverwertung eingeordnet werden, „dass einige verwertbare Anteile aussortiert werden, auch wenn der Rest anschließend beseitigt wird."[1280]

In Wirklichkeit ist allerdings die Alleinzuständigkeit der deutschen öffentlich-rechtlichen Entsorgungsträger nicht nur hinsichtlich der Hausmüllverwertung, sondern auch hinsichtlich der Hausmüllbeseitigung gegenüber dem freien europäischen Entsorgungsmarkt nicht abgesichert. Im Urteil Rs. C-458/00[1281] hat der EuGH, wie bereits erwähnt, Müllverbrennungsanlagen keiner bestimmten Einordnung zugewiesen. Hätte er darin die moderne Müllverbrennung eindeutlich als Verwertung eingestuft, so könnte Hausmüll beliebig frei zu den ausländischen modernen Müllverbrennungsanlagen exportiert und die Alleinzuständigkeit der deutschen öffentlich-rechtlichen Entsorgungsträger für Hausmüll folglich enden. Es ist daher beruhigend für die deutsche Seite, dass die zweideutige EuGH-Entscheidung in der Weise interpretiert werden kann, dass Müllverbrennungsanlagen weitgehend als Beseitigungsanlagen eingeordnet werden können[1282]. Diese Sicht könnte allerdings kaum Bestand haben, denn die modernen Müllverbrennungsanlagen können hohe Energieerträge erwirtschaften und damit langfristige Strom- und Fernwärmebezugsverträge erfüllen. Dass diese Anlagen nur deshalb als Beseitigungsanlagen zu betrachten sind, weil dort nicht innerhalb der Anlage Rohstoffe ersetzt werden, „beruht auf einer willkürlichen und aus abfallwirtschaftlichen Gesichtspunkten nicht zu rechtfertigenden Verengung der Substitutionsbetrachtung"[1283].

1277 SRU, Umweltgutachten 2004, Tz. 667.

1278 SRU, Umweltgutachten 2004, Tz. 671.

1279 EuGH, Urt. v. 13. 2. 2003, Rs. C- 228/00 (Kommission./.Deutschland), Slg. 2003, I-1439.

1280 SRU, Umweltgutachten 2004, Tz. 667, 671.

1281 EuGH, Urt. v. 13. 2. 2003, Rs. C- 458/00 (Kommission./.Luxemburg), Slg. 2003, I-1553.

1282 SRU, Umweltgutachten 2004, Tz. 667.

1283 SRU, Umweltgutachten 2004, Tz. 667.

Vor diesem Hintergrund schlug die Bundesregierung deshalb vor, dass die Mitgliedstaaten in der EG-Abfallrahmenrichtlinie und der EG-AbfVerbrV dazu berechtigt werden müssen, die Hausmüllentsorgung vollständig – abgekoppelt von den Prinzipien der Beseitigungsautarkie und Nähe – öffentlich-rechtlichen Entsorgungsträgern zuzuweisen[1284]. Dieser Vorschlag bekam nachher Unterstützung vom EU-Parlament[1285] und von der Kommission[1286]. Die neue AbfVerbrV in der Fassung der am 25. Oktober 2005 vom EU-Parlament in 2. Lesung beschlossenen Änderungen sichert nun die Hausmüllautarkie ab. Danach können Exporte von gemischten Siedlungsabfällen aus privaten Haushaltungen von den Behörden künftig dadurch verhindert werden, dass unabhängig von Beseitigung oder Verwertung der Abfälle die Einwandsmöglichkeiten wie bei der Beseitigung gelten[1287].

E. Fazit

Das europäische Abfallrecht befindet sich gerade in dynamischer Bewegung und Entwicklung. In ihrer thematischen Strategie für Abfallvermeidung und -recycling hat die EU-Kommission mehrere Maßnahmen angekündigt, die sowohl grundlegende Strukturverbesserungen der Abfallwirtschaft als auch die Entwicklung gemeinsamer Standards umfassen. Das langfristige Ziel, die EU zu einer „Recycling-Gesellschaft“ weiterzuentwickeln, ist wünschenswert. Zugleich lässt sich aber feststellen, dass Handlungsspielräume der Mitgliedstaaten im Zuge der rasch europäisierten Abfallbewirtschaftung immer stärker begrenzt wurden und werden.

Ob die Europäisierung des Abfallrechts zu Verbesserungen oder Verschlechterungen des deutschen Abfallrechts führt, lässt sich nicht im Allgemeinen beurteilen. In zahlreichen Fällen hat das EG-Abfallrecht Innovationskraft für das deutsche Recht dargestellt, wie beispielsweise im Fall der Einbeziehung der Abfallverwertung ins Abfallregime, der Abfallwirtschaftsplanung, der EG-Batterierichtlinie, der EG-Elektroschrottrichtlinie und der teilweisen Angleichung der Anforderungen für die Mitverbrennung und die reine Abfallverbrennung. Hierbei gab das EG-Abfallrecht dem deutschen Recht Antrieb zur modernen, Nachhaltigkeit fordernden Rechtsetzung. Andererseits hat Deutschland jedoch in mehrfacher Hinsicht anspruchvollere Entsorgungsstandards als die EU. Nicht selten strahlte das deutsche Recht im Prozess der Europäisierung des Abfallrechts noch auf das europäische Recht aus. Wie sich in der Vergangenheit immer gezeigt hat, orientiert sich die Weiterentwicklung der EU-Umweltpolitik großenteils noch immer an Vorbildern aus den Mitgliedstaaten. Eine nationale

1284 SRU, Umweltgutachten 2004, Tz. 671.

1285 SRU, Umweltgutachten 2004, Tz. 671.

1286 KOM (2004) 172 endg., Ziff. 3.1.

1287 Umwelt, Nr. 12/2005, 714, 715. Vgl. Art. 11 Abs. 1 lit. i der neuen AbfVerbrV nach den vom EU-Parlament angenommen Texten.

Vorreiterfunktion dient mithin auch den Fortschritten in der europäischen Umweltpolitik. Um der Absicherung der nationalen höheren Entsorgungsstandards und des Umweltschutzes willen sollte es zu einem Schwerpunkt der deutschen Abfallpolitik werden, die Weiterentwicklung des europäischen Abfallrechts zu fördern und zur Erhöhung seines Anforderungsniveaus beizutragen[1288].

1288 Vgl. SRU, Umweltgutachten 2002, Tz. 823 u. 851.

Kapitel 6: Klimaschutz

A. Vorbemerkung

Klimaschutz ist eine Querschnittaufgabe. Da die das Klima gefährdenden Treibhausgasemissionen auf sehr unterschiedliche Quellen zurückzuführen sind, haben die EU und Deutschland jeweils ein breites Maßnahmenbündel ergriffen. Im Folgenden wird zuerst ein Überblick über europäische und deutsche Klimaschutzpolitik gegeben. Eingegangen werden kann hierbei aber nur auf die wichtige EG-Emissionshandelsichtlinie[1289] und ihre Auswirkungen auf das deutsche Recht. Der Anstoß zum Treibhausgasemissionshandel ging vom Kyoto-Protokoll von 1997[1290] aus. Art. 17 des Kyoto-Protokolls eröffnet den Vertragsparteien die Möglichkeit, die ihnen im Rahmen ihrer Stabilisierungs- oder Emissionsreduktionsverpflichtungen zugestandenen Treibhausgasmengen untereinander zu handeln[1291]. Es geht beim Emissionshandel mithin eher um die »Internationalisierung« des Umweltrechts als bloß um seine »Europäisierung«. Da der vornehmlich zwischenstaatliche Emissionshandel unter dem Kyoto-Protokoll erst ab 2008 vorgesehen ist [1292], und dagegen ein europaweites Emissionshandelssystem seit 1. Januar 2005 zwischen Unternehmen eingeführt ist, ist es an dieser Stelle noch gerechtfertigt, die EG-Emissionsrichtlinie näher zu erörtern.

B. Entwicklung der europäischen Klimaschutzpolitik

I. Überblick

In der Vergangenheit hat die EG zwar bereits in den verschiedenen Politikbereichen Maßnahmen zur Verringerung des Ausstoßes von Treibhausgasen ergriffen. Um die Verpflichtungen aus dem Kyoto-Protokoll von 1997 zu erfüllen, nämlich den Ausstoß von Treibhausgasen[1293] bis 2012 um 8 % gegenüber 1990 zu

---

1289 Richtlinie 2003/87/EG des Europäischen Parlaments und des Rates vom 13.10.2003 über ein System für den Handel mit Treibhausgasemissionszertifikaten in der Gemeinschaft und zur Änderung der Richtlinie 96/61/EG des Rates, ABl. 2003, L 275/32.

1290 Das Protokoll ist am 16. 2. 2005 in Kraft getreten. Online verfügbar unter http://www.bmu.de/files/pdfs/allgemein/application/pdf/protodt.pdf. Dazu vgl. Bail/ Marr/ Oberthür, in: Rengeling (Hrsg.), EUDUR, Bd. II, § 54, Rn. 32 ff.

1291 Vgl. Graichen/Harders, ZUR 2002, 73 ff.; SRU, Umweltgutachten 2002, Tz. 467 f.

1292 Art. 17 des Kyoto-Protokolls sieht nur den Emissionshandel zwischen den Staaten vor. Die Staaten können allerdings eine Beteilung Privater, insbesondere von Unternehmen in ihrem Land erlauben. Vgl. Graichen/Harders, ZUR 2002, 73, 76; SRU, Umweltgutachten 2002, Tz. 467.

1293 Das Kyoto-Protokoll erfasst 6 Treibhausgase: Kohlendioxid (CO_2), Methan (CH_4), Distickstoffoxid (N_2O), wasserstoffhaltige Fluorkohlenwasserstoffe (H-FKW), perfluorierte Kohlenwasserstoffe (FKW), Schwefelhexafluorid (SF_6).

senken[1294], haben die EG und ihre Mitgliedstaaten aber seither noch verstärkte Anstrengungen unternommen, um die falschen Emissionstrends umzudrehen[1295]. Deshalb erstellte die Kommission im Jahre 2000 ein Europäisches Programm zur Klimaänderung (ECCP)[1296], das darauf zielte, unter Einbeziehung aller wichtigen Interessengruppen Elemente der Umsetzungsstrategie zu entwickeln. Zunächst wurde eine Liste der vorgeschlagenen gemeinsamen und koordinierten Politiken und Maßnahmen vorgelegt sowie ein Lenkungsausschuss eingerichtet, der Arbeitsgruppen zu verschiedenen Problembereichen einsetzt. Aufgrund der Ergebnisse der Arbeitsgruppen hat die Kommission 2001 des Weiteren eine Mitteilung über die Durchführung der ersten Phase des ECCP[1297] veröffentlicht. Die Mitteilung enthielt ein vorgeschlagenes Maßnahmenpaket, das in vier Abschnitte unterteilt war: übergreifende Themen, Energie, Verkehr und Industrie. Diese Maßnahmen würden ein kosteneffizientes Minderungspotential von 122 bis 178 Millionen Tonnen CO_2-Äquivalente darstellen[1298]. Der zweite Fortschrittsbericht des ECCP von April 2003 prüft den Stand der Umsetzung der Maßnahmen und zeigt die jüngsten Ergebnisse. Er enthält auch zahlreiche Konzepte und Maßnahme, die ein Emissionsreduktionspotenzial von insgesamt 578 bis 696 Millionen Tonnen CO_2-Äquivalente pro Jahr haben würden[1299]. Im Hinblick auf mittel- und langfristige Perspektiven steht die EU auf dem Standpunkt, dass die entwickelten Länder bis zum Jahre 2020 den Kohlendioxidausstoß um 15 bis 30 % gegenüber den im Kyoto-Protokoll festgelegten Ausgangswerten reduzieren sollten[1300].

Hinsichtlich der konkreten einzelnen Maßnahmen[1301] hat die EU durch die Entscheidung 280/2004/EG ein System zur Überwachung der Treibhausgasemissi-

---

1294 Die EG und die damaligen 15 Mitgliedstaaten haben als Unterzeichner des Rahmenübereinkommens der Vereinten Nationen über Klimaänderungen das Kyoto-Protokoll von 1997 ratifiziert. Die Reduktionspflicht aus dem Kyoto-Protokoll ist in der „Lastenteilungsvereinbarung" (Entscheidung 2002/358/EG des Rates vom 25.4.2002, ABl. L 130/1) nicht gleichmäßig auf die Mitgliedstaaten verteilt worden, um „dem erwarteten Wirtschaftswachstum, dem Energiemix und der Industriestruktur der jeweiligen Mitgliedstaaten Rechnung zu tragen" (Erwägungsgrund 12 der Entscheidung). Die neue Beitrittsstaaten haben im Rahmen des Kyoto-Protokolls jeweilige eigene Reduktionsziele vereinbart. Vgl. Reuter/Busch, EuZW 2004, 39.

1295 KOM (2000) 88 endg., S. 3.

1296 Mitteilung der Kommission v. 8.3.2000, Politische Konzepte und Maßnahmen der EU zur Verringerung der Treibhausgasemissionen: Zu einem Europäischen Programm zur Klimaänderung (ECCP), KOM (2000) 88 endg.

1297 Mitteilung über die Durchführung der ersten Phase des ECCP, KOM (2001) 580 endg.

1298 KOM (2001) 580 endg., S. 5.

1299 Nationales Klimaschutzprogramm 2005, S. 10.

1300 Nationales Klimaschutzprogramm 2005, S. 9, 50.

1301 Vgl. auch Bail/Marr/Oberthür, in: Rengeling (Hrsg.), EUDUR, Bd. II, § 54, Rn. 100 ff.

onen in der Gemeinschaft[1302] eingeführt, das das bisherige System aufgrund der Entscheidung 93/389/EWG ersetzt und die Vorgaben des Kyoto-Protokolls berücksichtigt[1303]. Mit der Emissionshandelsrichtlinie 2003/87/EG[1304] hat ein System für den Handel mit Treibhausgasemissionszertifikaten in der Gemeinschaft seit dem 1. Januar 2005 begonnen, das zuerst aber nur für CO_2-Emissionen aus Energiewirtschaft und Industrie gilt. Auf diese Richtlinie wird später zurückgekommen sein. Über bestimmte fluorierte Treibhausgase liegt zurzeit ein Vorschlag für eine Verordnung vor[1305].

Im Bereich der Energie[1306] wurden die Richtlinie 2004/8/EG über die Förderung der Kraft-Wärme-Kopplung[1307] und die Richtlinie 2002/91/EG über die Gesamtenergieeffizienz von Gebäuden[1308] erlassen. Ein Vorschlag für eine Richtlinie zur Endenergieeffizienz und zu Energiedienstleistungen[1309] steht nun auf der Tagesordnung. Darüber hinaus gibt es noch einige Richtlinien für Energieeffizienz von Produkten, also von Haushaltsgeräten, Büro- und Kommunikationsgeräten, Vorschaltgeräten für Leuchtstofflampen, Haushaltskühlgeräten, Warmwasserheizkesseln. Zudem gibt es zurzeit einen Vorschlag für eine Richtlinie zur Schaffung eines Rahmens für die Festlegung von Anforderungen an die umweltgerechte Gestaltung energiebetriebener Produkte[1310]. Über die Förderung der erneuerbaren Energieträger hat die EU das Programm „Altener" zur Förderung von erneuerbaren Energieträgern durchgeführt[1311]. Zudem dient die Richtlinie 2001/77/EG der Förderung der Stromerzeugung aus erneuerbaren Energiequel-

---

1302 Entscheidung 280/2004/EG des Europäischen Parlaments und des Rates vom 11. 2. 2004 über ein System zur Überwachung der Treibhausgasemissionen in der Gemeinschaft und zur Umsetzung des Kyoto-Protokolls, ABl L 49/1.

1303 http://europa.eu.int/scadplus/leg/de/lvb/l28044.htm, letzter Aufruf am 31. 10. 2005.

1304 Richtlinie 2003/87/EG des Europäischen Parlaments und des Rates vom 13.10.2003 über ein System für den Handel mit Treibhausgasemissionszertifikaten in der Gemeinschaft und zur Änderung der Richtlinie 96/61/EG des Rates, ABl. 2003, L 275/32. Sie ist am 25. 10. 2003 in Kraft getreten.

1305 Vorschlag für eine Verordnung des Europäischen Parlaments und des Rates vom 11. 8. 2003 über bestimmte fluorierte Treibhausgase, KOM (2003) 492 endg.

1306 http://europa.eu.int/scadplus/leg/de/s14000.htm, letzter Aufruf am 31. 10. 2005.

1307 Richtlinie 2004/8/EG des Europäischen Parlaments und des Rates vom 11. 2. 2004 über die Förderung einer am Nutzwärmebedarf orientierten Kraft-Wärme-Kopplung im Energiebinnenmarkt und zur Änderung der Richtlinie 92/42/EWG, ABl. L 52/50.

1308 Richtlinie 2002/91/EG des Europäischen Parlaments und des Rates vom 16. 12. 2002 über die Gesamtenergieeffizienz von Gebäuden, ABl. 2003 L 1/65.

1309 KOM (2003) 739.

1310 Vorschlag vom 1. 8. 2003 für eine Richtlinie des Europäischen Parlaments und des Rates zur Schaffung eines Rahmens für die Festlegung von Anforderungen an die umweltgerechte Gestaltung energiebetriebener Produkte und zur Änderung der Richtlinie 92/42/EWG des Rates, KOM (2003) 0453 endg.

1311 Das Programm Altener I ist am 31. 12. 1997 und das Programm Altener II am 31. 12. 1999 ausgelaufen. Durch die Entscheidung 646/2000/EG setzte das Programm Altener (1998-2002) die Programme Altener I und Altener II fort und ersetzte sie. Vgl. http://europa.eu.int/scadplus/leg/de/lvb/l27016b.htm, letzter Aufruf am 31. 10. 2005.

len im Elektrizitätsbinnenmarkt[1312]. Ihr Ziel ist, den Anteil der erneuerbaren Energien am Gesamtenergieverbrauch in den 15 alten Mitgliedstaaten der EU bis zum Jahr 2010 auf 12 % zu steigern. Nach fast elf Jahren der Verhandlung zu insgesamt drei Vorschlägen der EU-Kommission hat die EU endlich eine Richtlinie zur Harmonisierung der Energiebesteuerung erlassen[1313]. Mit der Richtlinie 2003/96/EG[1314] müssen grundsätzlich auf alle Energieträger Mindeststeuersätze erhoben werden. Die bisherigen Mindeststeuersätze auf unverbleites Benzin und Dieselkraftstoff sind ab 1. Januar 2004 angehoben worden. Neu eingeführt sind Mindeststeuersätze auf Erdgas, Kohle und Koks für Heizwerke sowie auf Strom. Diese Mindeststeuersätze sind aber leider bei weitem nicht hoch genug, um die Harmonisierung der EU-Energiebesteuerung zu bewirken. Außer in einigen wenigen alten Mitgliedstaaten führt die Richtlinie lediglich in den Beitrittsländern zur Einführung neuer Steuerarten und Anhebung der existenten Steuersätze[1315].

Im Verkehrsbereich zielt die EU darauf ab, die CO_2-Emissionen von innerhalb der EG zugelassenen Neuwagen spätestens bis 2010 – von der durchschnittlichen etwa 186 g/km des derzeitigen Pkw-Bestands – auf durchschnittlich 120 g/km zu senken[1316]. Zu diesem Zweck hat die EU-Kommission 1998 eine freiwillige Vereinbarung mit dem Dachverband der europäischen Automobilindustrie (ACEA) abgeschlossen. Danach sollen die CO_2-Emissionen von innerhalb der EG neu verkauften Pkw bis 2008 auf durchschnittlich 140 g/km abgesenkt werden. Diese Vereinbarung erstreckte sich 1999 auch auf Automobilindustrien Japans (JAMA) und Koreas (KAMA), für die ein entsprechendes Ziel bis 2009 vorgesehen ist[1317]. Außerdem wurde durch die Entscheidung 1753/2000/EG[1318] ein gemeinschaftsweites System zur Überwachung der durchschnittlichen spezifischen CO_2-Emissionen neuer Pkws errichtet. Ferner verpflichtet die Richtlinie 1999/94/EG[1319] die Verkäufer von neuen Pkws, Informationen über den Kraftstoffverbrauch und CO_2-Emissionen bereitzustellen. Des Weiteren wurde zur

---

1312 Richtlinie 2001/77/EG des Europäischen Parlaments und des Rates vom 27. 9. 2001 zur Förderung der Stromerzeugung aus erneuerbaren Energiequellen im Elektrizitätsbinnenmarkt, ABl. L 283/33.

1313 Umwelt, 5/2003, 273.

1314 Richtlinie 2003/96/EG des Rates vom 27. 10. 2003 zur Restrukturierung der gemeinschaftlichen Rahmenvorschriften zur Besteuerung von Energieerzeugnissen und elektrischen Strom, ABl. 2003, L 283/51.

1315 Außerdem sieht die Richtlinie lange Übergangsfristen und zahlreiche Ausnahmeregelungen vor. Vgl. SRU, Umweltgutachten 2004, Tz. 73.

1316 Vgl. http://europa.eu.int/scadplus/leg/de/lvb/l28055.htm, letzter Aufruf am 31. 10. 2005.

1317 Bail/Marr/Oberthür, in: Rengeling (Hrsg.), EUDUR, Bd. II, § 54, Rn. 108.

1318 Entscheidung 1753/2000/EG des Europäischen Parlaments und des Rates vom 22. 6. 2000 zur Errichtung eines Systems zur Überwachung der durchschnittlichen spezifischen CO2-Emissionen neuer Personenkraftwagen, ABl L 202/1.

1319 Richtlinie 1999/94/EG des Europäischen Parlaments und des Rates vom 13. 12. 1999 über die Bereitstellung von Verbraucherinformationen über den Kraftstoffverbrauch und CO2-Emissionen beim Marketing für neue Personenkraftwagen, ABl 2000 L 12/16, zuletzt geändert durch die Verordnung 1882/2003, ABl. L 284/1.

Förderung der Verwendung von Biokraftstoffen oder anderen erneuerbaren Kraftstoffen im Verkehrssektor die Richtlinie 2003/30/EG[1320] erlassen. Im Industriebereich ist neben dem vorgenannten Emissionshandelssystem noch der Stellenwert der Richtlinie 96/61/EG des Rates vom 24. November 1996 über die integrierte Vermeidung und Verminderung der Umweltverschmutzung (IVU-Richtlinie)[1321] zu nennen[1322]. Klimaschutz ist ein Ziel der Richtlinie[1323]. Von besonderer Klimarelevanz sind erstens das Vorsorgegebot gemäß Art. 3 S. 1 a) der Richtlinie, das sich an den besten verfügbaren Techniken zu orientieren hat, und zweitens das Gebot der effizienten Energieverwendung gemäß Art. 3 S. 1 d) der Richtlinie[1324]. Da konkretere Standards dazu nicht bestehen, spielen diese Vorgaben der IVU-Richtlinie in der Praxis bislang aber keine wichtige Rolle[1325].

Aus dem breiten Instrumentarium der Klimaschutzpolitik der EU wird an dieser Stelle lediglich auf die Emissionshandelsrichtlinie 2003/87/EG einzugehen sein, weil der Emissionshandel als ein marktwirtschaftliches Instrument für Deutschland ein Novum darstellt und daher besonders geeignet ist, in den Untersuchungsumfang dieser Arbeit einbezogen zu werden. Außerdem zählt die Emissionshandelsrichtlinie auch auf der Gemeinschaftsebene zu den wichtigsten Maßnahmen im Klimaschutz. Mit dem Emissionshandel werden etwa 46 % des im Jahr 2010 in der EU 15 emittierten CO_2 erfasst[1326].

II. Emissionshandelsrichtlinie

Der Emissionshandel gehört zu den so genannten „flexiblen Mechanismen"[1327] des Kyoto-Protokolls, die ergänzend zu den im eigenen Land ergriffenen Maßnahmen genutzt werden dürfen. Er erlaubt den Vertragsparteien, mit den ihnen im Rahmen ihrer Stabilisierungs- oder Emissionsreduktionsverpflichtungen zugestandenen Treibhausgasmengen untereinander zu handeln. Spätestens 2008 wird das von der Umweltökonomie hervorgehobene Instrument aufgrund des Kyoto-Protokolls weltweit gelten. So führt die EU mit der Richtlinie 2003/87/EG über ein System für den Handel mit Treibhausgasemissionszertifi-

---

1320 Richtlinie 2003/30/EG des Europäischen Parlaments und des Rates zur Förderung der Verwendung von Biokraftstoffen oder anderen erneuerbaren Kraftstoffen im Verkehrssektor, ABl. L 123/42.

1321 ABl. 1996, L 257/26.

1322 Bail/Marr/Oberthür, in: Rengeling (Hrsg.), EUDUR, Bd. II, § 54, Rn. 113.

1323 Näher Vgl. Koch/Wieneke, Anlagengenehmigungsrecht, S. 102 f.

1324 Näher Vgl. Koch/Wieneke, Anlagengenehmigungsrecht, S. 103 ff.

1325 Winkler, ZUR 2003, 395, 400.

1326 Vgl. Nr. 11 des Richtlinie-Vorschlags, KOM (2001) 581 endg.

1327 Neben dem Emissionshandel gibt es noch projektbezogene Mechanismen: Joint Implementation (JI) und Clean Development Mechanism (CDM). S. Art. 6, 12 und 17 des Kyoto-Protokolls. Im Einzelnen vgl. Graichen/Harders, ZUR 2002, 73 ff.

katen in der Gemeinschaft (Kurz: Emissions-handelsrichtlinie)[1328] ein System für den gemeinschaftsweiten Treibhausgas-Emissionshandel ein, und zwar bereits ab 1. Januar 2005, um Erfahrungen mit dem neuen Instrument zu sammeln. Mit der Richtlinie zielt die EU weiterhin darauf, ihre Kyoto-Verpflichtungen „auf kosteneffiziente und wirtschaftlich effiziente Weise"[1329] sowie „unter möglichst geringer Beeinträchtigung der wirtschaftlichen Entwicklung und der Beschäftigungslage"[1330] zu erfüllen.

Mit der Emissionshandelsrichtlinie gilt der Handel mit Zertifikaten zunächst nur für CO_2-Emissionen aus größeren energieintensiven Anlagen, die in Anhang I der Richtlinie abschließend aufgeführt sind. Die übrigen Emittenten wie private Haushalte oder der Verkehrsbereich werden nicht erfasst. Einbezogen sind im Einzelnen Anlagen der Energiewirtschaft, der Eisenmetallerzeugung und -verarbeitung, der mineralverarbeitenden Industrie (Zement-, Glas-, und Keramikindustrie) sowie Anlagen zur Herstellung von Zellstoff, Papier und Pappe. Auf Antrag der Mitgliedstaaten kann die Kommission bestimmte Anlagen vorübergehend, höchstens aber bis Ende 2007 aus dem Emissionshandel ausschließen, wenn diese Anlagen einzelstaatlichen Maßnahmen – einschließlich Emissionsbegrenzung, Überwachung, Berichterstattung, Sanktionen usw. – unterliegen, die den Vorgaben der Richtlinie gleichwertig sind (Art. 27 der Richtlinie). Der Anwendungsbereich der Richtlinie soll später auf andere Tätigkeiten, Anlagen und Treibhausgase erweitert werden (Vgl. Art. 24 I, 30 I der Richtlinie).

Nach der Richtlinie brauchen die Betreiber der betroffenen Anlagen ab dem 1. Januar 2005 eine Genehmigung zur CO_2-Emission (Art. 4 der Richtlinie). Die Erteilung der Genehmigung setzt voraus, dass die zuständige Behörde davon zu überzeugen ist, dass der Betreiber CO_2-Emissionen überwacht und darüber Bericht erstattet (Art. 6 I der Richtlinie). Anschließend bekommen die Anlagenbetreiber auf der Grundlage des nationalen Zuteilungsplans eine jeweils unterschiedliche Menge Zertifikate zur CO_2-Emission (Art. 11 der Richtlinie). Die Zertifikate können während der Handelsperioden innerhalb der Gemeinschaft frei gehandelt werden (Art. 12 der Richtlinie). Der Anlagenbetreiber kann mehr CO_2 ausstoßen und Zertifikate dafür auf dem Markt kaufen oder durch Eigenleistung weniger CO_2 ausstoßen und die nicht benötigten Zertifikate verkaufen. Um den Emissionshandel zu ermöglichen, werden Vorgaben der IVU-Richtlinie[1331] in Hinsicht auf die erfassten Anlagen und Treibhausgase dahingehend geändert, dass die Genehmigung keine Emissionsgrenzwerte enthält und

---

1328 Richtlinie 2003/87/EG des Europäischen Parlaments und des Rates vom 13.10.2003 über ein System für den Handel mit Treibhausgasemissionszertifikaten in der Gemeinschaft und zur Änderung der Richtlinie 96/61/EG des Rates, ABl. 2003, L 275/32.

1329 Art. 1 der Richtlinie.

1330 Erwägungsgrund 5 der Richtlinie.

1331 Richtlinie 96/61/EG des Rates vom 24.11.1996 über die integrierte Vermeidung und Verminderung der Umweltverschmutzung, ABl. L 257/26.

dass es den Mitgliedstaaten freisteht, Energieeffizienzanforderungen aufzugeben oder beizubehalten (Art. 26 Unterabs. 1 der Richtlinie). Die erste dreijährige Handelsperiode ist auf die Jahre 2005 bis 2007 angesetzt. Danach folgen immer Fünfjahreszeiträume (Art. 11 der Richtlinie). Der Anlagenbetreiber muss bis spätestens 30. April jeden Jahres ausreichende Zertifikate für seine CO_2-Gesamtemissionen im vorhergehenden Kalenderjahr abgeben (Art. 12 III der Richtlinie). Anderenfalls erfolgt eine hohe Geldstrafe, die jedoch nicht von der Verpflichtung zur Abgabe ausreichender Zertifikate befreit: 40 Euro pro Tonne überschrittenen CO_2 in der ersten Phase 2005-2007 und ab 2008 100 Euro (Art. 16 III, IV der Richtlinie). Über die genaue Verbuchung von Vergabe, Besitz, Übertragung und Löschung haben die Mitgliedstaaten Register zu führen (Art. 19 I der Richtlinie). Dazu benennt die Kommission eine Zentralverwaltung, die anhand eines unabhängigen Transaktionsprotokolls eine automatisierte Kontrolle durchführt (Art. 20 der Richtlinie). Schließlich können Anlagenbetreiber, von den Mitgliedstaaten zugelassen, Anlagenfonds bilden, bei denen die Verpflichtungen der Richtlinie auf einen Treuhänder übertragen werden, statt von dem Betreiber selbst erfüllt zu werden (Art. 28 der Richtlinie).

Grundlage für den Emissionshandel sind die nationalen Zuteilungspläne für die einzelnen Handelsperioden, in denen die Mitgliedstaaten festlegen, wie viele Zertifikate sie insgesamt erwerben und wie diese dann an die einzelnen Anlagen verteilt werden. Bei der Erstellung der Zuteilungspläne sind die in Anhang III der Richtlinie genannten Kriterien zu beachten (Art. 9 I der Richtlinie). Gemäß der in Anhang III der Richtlinie aufgeführten Kriterien[1332] haben die Mitgliedstaaten u.a. dem Reduktionspotenzial und der Vorleistung der Anlagen, dem Zugang neuer Marktteilnehmer, sauberen Technologien sowie dem Wettbewerb aus Drittstaaten Rechnung zu tragen. Zu ihrer Anwendung hat die Kommission bereits Hinweise erarbeitet[1333]. Außerdem müssen in der ersten Handelsperiode (2005-2007) mindestens 95 %, in der zweiten Handelsperiode (2008-2012) mindestens 90 % der Zertifikate kostenlos zugeteilt werden (Art. 10 der Richtlinie). Bis zum 31. März 2004 haben die Mitgliedstaaten die Pläne zu veröffentlichen und der Kommission zu übermitteln. Nationale Zuteilungspläne, die mit den oben genannten Kriterien bzw. Vorgaben unvereinbar sind, kann die Kommission innerhalb von drei Monaten zurückweisen (Art. 9 der Richtlinie).

Hinsichtlich der anlagenbezogenen Überwachung und Berichterstattung betreffend Emissionen gibt es relativ ausführliche Regelungen in Art. 14 i. V. m. Anhang IV und in Art. 15 i. V. m Anhang V der Richtlinie. Zu ihrer Konkretisie-

---

1332 Diese Zuteilungskriterien sind oft als nicht hinreichend konkret kritisiert worden. Vgl. Epiney, DVBl. 2002, 579, 583; Reuter/Busch, EuZW 2004, 39, 40.

1333 Mitteilung der Kommission über Hinweise zur Unterstützung der Mitgliedstaaten bei der Anwendung der in Anhang III der Richtlinie 2003/87/EG aufgelisteten Kriterien sowie über die Bedingungen für den Nachweis höherer Gewalt, KOM (2003), 830 endg.

rung verabschiedete die Kommission dazu noch Leitlinien[1334]. Anlagenbetreiber sind danach verpflichtet, CO_2-Emissionen mittels Berechnung oder Messung zu überwachen und bis zum 31. März jeden Jahres Berichte über die Emissionen des Vorjahres zu erstatten. Die Berichte müssen den Grundsätzen in Anhang IV der Richtlinie genügen und gemäß den Kriterien des Anhangs V der Richtlinie von einer unabhängigen und sachkundigen prüfenden Instanz verifiziert werden. Die Entscheidung 280/2004/EG[1335] schafft zudem eine Datenbasis über die E-missionen in der EU und passt insbesondere bereits bestehende Berichtspflichten der Mitgliedstaaten an das Kyoto-Protokoll an.

Um Emissionsgutschriften aus den projektbezogenen Mechanismen, die in dem Kyoto-Protokoll vorgeschrieben worden sind, in das gemeinschaftsweite Emissionshandelssystem einzubeziehen, ist die Richtlinie 2004/101/EG zur Änderung der Emissionshandelsrichtlinie 2003/87/EG[1336] ergangen. Bei den projektbezogenen flexiblen Mechanismen, nämlich bei der „Joint Implementation (JI, Gemeinsame Projektdurchführung)“[1337] und dem „Clean Development Mechanism (CDM, Mechanismus für umweltverträgliche Entwicklung)“[1338], geht es um die Möglichkeit der Industrieländer, ihre Reduktionspflichten durch konkrete Emissionsminderungsprojekte – z.B. den Bau einer Windkraftanlage oder die Verbesserung der Energieeffizienz eines bestehenden Kohlekraftwerkes[1339] – in den anderen Vertragsstaaten zu erfüllen. Hierdurch entstehen einige Vorteile: Einerseits können Treibhausgase dort reduziert werden, wo dies mit den geringsten Kosten verbunden ist. Umwelttechnik und Know-How von den Industrieländern kann anderseits in die Entwicklungsländer bzw. in die Transformationsstaaten Mittel- und Osteuropas transferiert werden[1340].

Mit der Änderungsrichtlinie 2004/101/EG können also nunmehr die Gutschriften aus den JI- und CDM-Projekten zur Verwendung im gemeinschaftsweiten Emissionshandel anerkannt werden. Die Gutschriften aus den JI- oder CDM-

---

1334 Entscheidung 2004/156/EG der Kommission vom 29. 1. 2004 zur Festlegung von Leitlinien für Überwachung und Berichterstattung betreffend Treibhausgasemissionen gemäß der Richtlinie 2003/87, ABl. L 59/2.

1335 Entscheidung Nr. 280/2004/EG des Europäischen Parlaments und des Rates vom 11. 2. 2004 über ein System zur Überwachung der Treibhausgasemissionen in der Gemeinschaft und zur Umsetzung des Kyoto-Protokolls, ABl. 2004 L 49/1.

1336 Richtlinie 2004/101/EG des Europäischen Parlaments und des Rates vom 27.10.2004 zur Änderung der Richtlinie 2003/87/EG über ein System für den Handel mit Treibhausgasemissionszertifikaten in der Gemeinschaft im Sinne der projektbezogenen Mechanismen des Kyoto-Protokolls, ABl. 2004, L 338/18.

1337 Artikel 6 des Kyoto-Protokolls. JI-Projekte bezeichnen solche Projekte in Industrie- und Schwellenländern, die nach dem Kyoto-Protokoll Reduktionsverpflichtungen unterliegen.

1338 Artikel 12 des Kyoto-Protokolls. CDM-Projekte bezeichnen solche Projekte in Entwicklungsländern ohne solche Reduktionsziele.

1339 Graichen/Harders, ZUR 2002, 73, 80.

1340 Vgl. Graichen/Harders, ZUR 2002, 73, 76 f.; Reuter/Busch, EuZW 2004, 39, 41.

Projekten sind jeweils als „Emissionsreduktions-einheiten" („ERU") oder „zertifizierte Emissionsreduktionen" („CER") zu bezeichnen. Ab 2005 können die Mitgliedstaaten den Betreibern die Nutzung von CER in Rahmen des gemeinschaftsweiten Emissionshandelssystems genehmigen (Art. 11a Absatz 2 der Richtlinie 2003/87/EG). Ab 2008 können die Mitgliedstaaten erlauben, dass die Betreiber CER und ERU bis zu einem Prozentanteil der Zuteilung von Zertifikaten für die einzelnen Anlagen nutzen, der von den einzelnen Mitgliedstaaten in ihrem nationalem Zuteilungsplan festgelegt wird (Art. 11a Absatz 1 der Richtlinie 2003/87/EG). Ausgenommen von diesen JI- und CDM-Projekten sind Atomkraftwerke sowie Projektmaßnahmen in den Bereichen Landnutzung, Landnutzungsänderung und Forstwirtschaft (Art. 11a Absatz 3 der Richtlinie 2003/87/EG). Aufgrund der Umstrittenheit von großen Staudammprojekten müssen Mitgliedstaaten bei der Genehmigung von JI/CDM-Wasserkraftprojekten die internationalen Kriterien und Leitlinien, einschließlich der des Abschlussberichts 2000[1341] der Weltkommission für Staudämme, einhalten (Art. 11b Absatz 6 der Richtlinie 2003/87/EG). Darüber hinaus sieht die Änderungsrichtlinie auch Maßnahmen vor, um zu vermeiden, dass die Gutschriften doppelt erfasst werden, wenn sie für Maßnahmen erteilt wurden, die auch eine (direkte oder indirekte) Reduzierung oder Begrenzung von Emissionen aus Anlagen herbeiführen, die unter die Emissionsrichtlinie fallen (Art. 11b Absatz 2 bis 4 der Richtlinie 2003/87/EG).

C. Entwicklung der deutschen Klimaschutzpolitik

I. Überblick

Deutschland spielt beim Klimaschutz eine Vorreiterrolle. Von 1990 bis 2003 sind die Treibhausgasemissionen in Deutschland um 18.5 % gesunken. Die heftige Senkung der Emissionen Anfang der 90er Jahre war im Wesentlichen auf die Umstrukturierung der Wirtschaft in den Neuen Bundesländern zurückzuführen[1342]. Während in der ersten Hälfte der 90er Jahre sehr hohe Minderungen erreicht werden könnten, zeigte die zweite Hälfte schon schwächere Emissionsminderungen. Seit 2000 stagnieren die Treibhausgasemissionen in Deutschland sogar[1343]. Deutschland hat zuvor eine Verringerung der CO_2-Emissionen bis 2005 um 25 % gegenüber dem Basisjahr 1990 zum politischen Ziel erklärt. Das Ziel wurde noch in der im April 2002 verabschiedeten Nachhaltigkeitsstrategie und in dem am 18. Oktober 2000 erstellten nationalen Klimaschutzprogramm (kurz: das nationalen Klimaschutzprogramm 2000) bekräftigt[1344]. Angesichts der

1341 Dieser Abschlussbericht mit dem Titel „Staudämme und Entwicklung: ein neuer Rahmen zur Entscheidungsfindung" wurde von der OECD und der Weltbank formuliert. S. Erwägungsgrund 14 der Änderungsrichtlinie 2004/101/EG.

1342 Vgl. SRU, Umweltgutachten 2002, Tz. 429.

1343 Nationales Klimaschutzprogramm 2005, S. 10.

1344 SRU, Umweltgutachten 2002, Tz. 427, 430.

unglücklichen Entwicklung des Emissionsstands wurde das Ziel nun offenbar verfehlt[1345]. Die Bundesregierung hat das Ziel inzwischen auch offiziell aufgegeben. In dem am 13. Juli 2005 aktualisierten nationalen Klimaschutzprogramm wird auf Basis der Ausgangsdaten von 1990 als Ziel eine Reduzierung der Treibhausgasemissionen im Zeitraum zwischen 2008 und 2012 um 21 % angestrebt – also ein Reduktionsziel, zu dem sich Deutschland im Rahmen des Kyoto-Protokolls verpflichtet hat[1346]. Darüber hinaus wird Deutschland bis zum Jahr 2020 einen Minderungsbeitrag von 40 % anstreben, aber unter einer Voraussetzung: wenn sich die EU zur Reduzierung der Emissionen bis 2020 um 30 % bereit erklärt[1347].

Zum Klimaschutz hat Deutschland längst zahlreiche Maßnahmen ergriffen, u.a. die ökologische Steuerreform, das Erneuerbare-Energien-Gesetz, das Markteinführungsprogramm für erneuerbare Energien, das 100.000-Dächer-Programm und die Förderung schwefelarmer Kraftstoffe[1348]. Aufgrund des nationalen Klimaschutzprogramms 2000 wurde eine Reihe weiterer Maßnahmen durchgeführt. Dazu gehörten der Ausbau der Kraft-Wärme-Kopplung, die Energieeinsparverordnung, das Förderprogramm zur CO_2-Minderung im Gebäudebestand und die Erklärung der Deutschen Wirtschaft zum Klimaschutz[1349]. Seit dem 1. Januar 2005 gilt das europäische Emissionssystem für die Sektoren Energiewirtschaft und Industrie. Das nationale Klimaschutzprogramm 2005 konzentriert sich daher vor allem auf die nicht am Emissionshandel teilnehmenden Sektoren Verkehr und private Haushalte. Dafür werden zusätzliche Maßnahmenkataloge vorgeschlagen[1350]. Trotz der zahlreichen bedeutsamen Maßnahmen zum Klimaschutz nimmt der seit dem 1. Januar 2005 wirksame Emissionshandel noch immer einen hohen Stellenwert ein, da die unter das System fallenden Sektoren Energiewirtschaft und Industrie ca. 58 % der CO_2-Emissionen in Deutschland verursachen[1351]. Die Umsetzung der Emissionshandelsrichtlinie in Deutschland wird im Folgenden näher darzustellen sein.

Zu bemerken ist hierbei nur kurz noch die Unvereinbarkeit der Kohleförderpolitik der Bundesregierung mit den langfristigen Klimaschutzzielen. Die Bundesregierung hat sogar auf dem Europäischen Rat in Göteborg im Juni 2001 durchgesetzt, die Abschaffung von Beihilfen für fossile Energieträger abzulehnen[1352]. Durch die Subventionierung des Steinkohlenbergbaus und die steuerliche Be-

1345 Die Ursache dazu Vgl. SRU, Umweltgutachten 2004, Tz. 22.

1346 Nationales Klimaschutzprogramm 2005, S. 4.

1347 Nationales Klimaschutzprogramm 2005, S. 50. Kritisch zu der Kopplungsstrategie, vgl. SRU, Umweltgutachten 2004, Tz. 27.

1348 SRU, Umweltgutachten 2002, Tz. 431.

1349 SRU, Umweltgutachten 2002, Tz. 431. Analyse und Bewertung der Maßnahmen des nationalen Klimaschutzprogramm 2000, s. a.a.O. Tz. 432 ff.

1350 Nationales Klimaschutzprogramm 2005, S. 4; Umwelt, 9/2005, 493 ff.

1351 SRU, Umweltgutachten 2004, Tz. 46.

1352 SRU, Umweltgutachten 2002, Tz. 248.

günstigung der Kohle werden die Benutzung eines CO_2-reichen Energieträgers und eine nicht wettbewerbsfähige Industrie unterstützt. Außerdem könnten die frei werdenden öffentlichen Mittel ökologisch und gesamtwirtschaftlich sinnvoller eingesetzt werden[1353].

II. Umsetzung der Emissionshandelsrichtlinie

Zur Umsetzung der Emissionshandelsrichtlinie war zunächst das Treibhausgas-Emissionshandelsgesetz (TEHG)[1354] in Deutschland zu erlassen. Als Stammgesetz des Emissionshandelssystems legt das TEHG seinen rechtlichen Rahmen fest. Es enthält Regelungen über den Anwendungsbereich, die Genehmigung und Überwachung von Emissionen, die Aufstellung des nationalen Zuteilungsplans und der Zuteilungsverfahren, den Handel der Berechtigungen sowie Sanktionsvorschriften[1355]. Zweitens ist das Gesetz über den nationalen Zuteilungsplan für Treibhausgas-Emissionsberechtigungen in der Zuteilungsperiode 2005 bis 2007 (Zuteilungsgesetz 2007, ZuG 2007)[1356] ergangen, das am 31. August 2004 in Kraft getreten ist. Beim ZuG 2007 geht es um materielle Regelungen für die Zuteilungsentscheidungen. Es beruht auf dem von der Bundesregierung am 31. März 2004 beschlossenen und dem dann der Europäischen Kommission vorgelegten Nationalen Allokationsplan 2005-2007. In dem Gesetz sind die zuteilungsfähige Gesamtmenge an CO_2-Emissionen sowie konkrete Zuteilungsregeln festgelegt[1357]. Ferner schreibt es die deutschen Emissionsziele für die Sektoren Industrie, Energiewirtschaft, Verkehr, Privathaushalte sowie Gewerbe, Handel und Dienstleistungen für die Perioden 2005-2007 und 2008-2012 vor. Für die derzeit emissionshandelspflichtigen Unternehmen in den Sektoren Industrie und Energiewirtschaft dürfen zwischen 2005 und 2007 bis zu 503 Millionen Tonnen CO_2 pro Jahr ausgestoßen werden; in der zweiten Zuteilungsperiode 2008-2012 sollen ihre CO_2-Emissionen auf 495 Millionen Tonnen jährlich reduziert werden[1358]. Durch die Zuteilungs-verordnung ist das ZuG 2007 weiterhin konkretisiert worden.

Im Umweltbundesamt ist die zuständige nationale Stelle zum Emissionshandel – Deutsche Emissionshandelsstelle (DEHSt) – errichtet worden. Nach Presseinformationen vom 16. Juni 2005[1359] hat die DEHSt für 2005 die 495 Millionen Emissionsberechtigungen für 1849 Anlagen nahezu vollständig ausgegeben. Von diesen Berechtigungen sind in Deutschland seit März 2005 bereits über

1353 SRU, Umweltgutachten 2004, Tz. 82; ders., Umweltgutachten 2002, Tz. 504 ff.

1354 Gesetz über den Handel mit Berechtigungen zur Emission von Treibhausgasen vom 8. 7. 2004, BGBl. I 1578.

1355 Näher vgl. Burgi/Müller, ZUR 2004, 419, 420 ff.

1356 BGBl. I 2211.

1357 Näher vgl. Burgi/Müller, ZUR 2004, 419, 423 ff.

1358 § 4 Abs. 2 ZuG 2007.

1359 http://www.umweltbundesamt.de/uba-info-presse/2005/pd05-032.htm, letzter Aufruf am 2. 11. 2005.

acht Millionen gehandelt worden. Für neue Anlagen ist eine Reserve von drei Millionen Emissionsberechtigungen vorgesehen.

Um die Änderungsrichtlinie 2004/101/EG umzusetzen, ist in Deutschland das Projekt-Mechanismen-Gesetz (ProMechG) ergangen[1360], das am 30. September 2005 in Kraft getreten ist.

D. Auswirkungen der Emissionshandelsrichtlinie auf das deutsche Recht

Der Emissionshandel ist für die EU und ebenso für Deutschland ein Novum. Im Gegensatz zum klassischen Ordnungsrecht, das jeder einzelnen Anlage eine feste Emissionsmenge vorschreibt, räumt der Emissionshandel als ein marktwirtschaftliches Instrument den Betroffenen einen Entscheidungs-spielraum ein, zusätzliche Zertifikate zu kaufen oder neue Technologie zur Emissionsreduzierung zu investieren und zu entwickeln und daher überschüssige Zertifikate zu verkaufen[1361]. Dadurch können Anlagenbetreiber nach ihrer betriebsspezifischen technologischen und marktlichen Situation den kostengünstigsten Weg einschlagen. Langfristig wird dadurch auch die Innovation zur Technologie der Emissionsreduzierung bzw. der Energieeffizienz angereizt. Der Emissionshandel wird infolgedessen wegen seiner Kostenvorteile und Innovationsförderung weithin begrüßt[1362].

Als ein neues Instrument wirft der Emissionshandel naturgemäß eine Vielzahl rechtlicher Fragen im deutschen Recht auf[1363], die an dieser Stelle allerdings nicht vertieft werden können. Hinsichtlich der verfassungsrechtlichen Bedenken hat das Bundesverwaltungsgericht kürzlich die Verfassungskonformität des aufgrund der EG-Emissionshandelrichtlinie und des TEHG errichteten Emissionshandelssystems bestätigt[1364]. Zu erörtern ist hierbei nur noch das Verhältnis des Emissionshandels zu den bestehenden umweltpolitischen Instrumenten. Wie die Kommission in ihrem „Grünbuch zum Handel mit Treibhausgasen in der Europäischen Union“ dargestellt hat, liegen in der EU und den Mitgliedstaaten bereits verschiedene Maßnahmen zur Reduzierung von CO_2-Emissionen vor[1365], und es steht daher die Frage auf der Tagesordnung, ob und wie sich der Emissi-

---

1360 Gesetz vom 22. 9. 2005 über projektbezogene Mechanismen nach dem Protokoll von Kyoto zum Rahmenübereinkommen der Vereinten Nationen über Klimaänderungen vom 11. 12. 1997, BGBl. I, S. 2826.

1361 Vgl. Burgi/Müller, ZUR 2004, 419.

1362 SRU, Umweltgutachten 2004, Tz. 46.

1363 Vgl. Spieth/Hamer, ZUR 2004, 427.

1364 BVerwG, Urt. v. 30. 6. 2005 – 7 C 26/04, NVwZ 2005, 1178. Vgl. auch Epiney, Fragen des europäischen und deutschen Verfassungsrechts, in: Rengeling (Hrsg.), Klimaschutz durch Emissionshandel, 2001, 207 ff.

1365 KOM (2000) 87 endg. v. 8.3.2000, S. 6 f. und 23.

onshandel als mit diesen Instrumenten kompatibel erweist[1366]. In Deutschland gilt dies vor allem für das Verhältnis des Emissionshandels zum Ordnungsrecht, zu den Umweltvereinbarungen und zur ökologischen Steuerreform.

Was das Ordnungsrecht betrifft, soll erstens das Vorsorgegebot des europäischen und deutschen Anlagengenehmigungsrechts (Art. 3 S. 1 a der IVU-Richtlinie sowie § 5 Abs. 1 Nr. 2 BImSchG) bezüglich der vom Emissionshandelsystem erfassten Anlagen und CO_2-Emissionen zurücktreten, um den Spielraum des Emissionshandels zu schaffen. Denn es widerspricht dem Grundgedanken des Emissionshandels, nach Maßgabe des Standes der Technik Grenzwerte bei jeder einzelnen Anlage festzulegen. Nach der Idee des Emissionshandels werden sich Anlagenbetreiber auf kosteneffiziente Weise selbst entscheiden, mittels der Technik Emissionen zu verringern oder zusätzliche Emissionszertifikate auf dem Markt zu kaufen[1367]. Dies soll auch für das Energieeffizienzgebot (Art. 3 S. 1 d der IVU-Richtlinie sowie § 5 Abs. 1 Nr. 4 BImSchG) gelten. Administrativ vorgegebene Effizienzstandards reduzieren den Spielraum des Emissionshandels[1368]. Dementsprechend ist nun gemäß Art. 26 der Emissionshandelsrichtlinie die IVU-Richtlinie dahingehend geändert worden, dass für unter das Emissionshandelssystem fallende Anlagen keine Emissionswerte für direkte Emissionen dieses Gases vorgesehen werden[1369]; hinsichtlich des Effizienzgebotes steht es aber den Mitgliedstaaten frei, das Gebot beizubehalten oder aufzugeben. Auch das deutsche Anlagengenehmigungsrecht ist dementsprechend geändert worden: nach Art. 2 Treibhausgas-Emissionshandelgesetz (TEHG)[1370] müssen die nun unter das Emissionshandelssystem fallenden Anlagen zur Erfüllung des Vorsorgegebotes nur noch die Anforderungen der §§ 5 und 6 Abs. 1 der TEHG einhalten; auch zur Erfüllung des Gebotes der effizienten Energieverwendung dürfen keine über die Pflichten des TEHG hinausgehenden Anforderungen gestellt werden.

Zum Klimaschutz sind in Deutschland die Klimavereinbarung zwischen der Bundesregierung und der deutschen Wirtschaft vom 9. November 2000 sowie die am 18. Dezember 2003 in Kraft tretenden Kraft-Wärme-Kopplungs-Vereinbarung[1371] von Bedeutung. Die deutsche Wirtschaft hat u.a. die Zusage gegeben, die CO_2-Emissionen bis 2010 gegenüber 1998 um 45 Millionen Ton-

---

1366 Vgl. Rehbinder/Schmalholz, UPR 2002, 1, 6 ff.; Krämer, Grundlagen aus europäischer Sicht, 30 ff.

1367 Vgl. Rehbinder/Schmalholz, UPR 2002, 1, 6 ff.

1368 Näher vgl. Winkler, ZUR 2003, 395, 399; SRU, Umweltgutachten 2004, Tz. 67.

1369 Es sei denn, dies ist erforderlich, um sicherzustellen, dass keine erhebliche lokale Umweltverschmutzung bewirkt wird.

1370 BGBl. I 1578, 1590.

1371 Online verfügbar unter http://www.bmu.de/files/pdfs/allgemein/application/pdf/ klimavereinbarung.pdf. Die dient auch zur Ergänzung zur Klimavereinbarung vom 9. 11. 2000.

nen pro Jahr (kurz: Mio. t/a) zu senken[1372]. Das Bundesumweltministerium hatte ursprünglich vor, das vereinbare Ziel dem Emissionshandel zugrunde zu legen und es im nationalen Allokationsplan umzusetzen. Danach sollten die CO_2-Emissionen der Industrie und Energiewirtschaft von 2005 bis 2007 auf 488 Mio. t/a und von 2008 bis 2012 auf 480 Mio. t/a gesenkt werden[1373]. Dieses Vorhaben hat sich aber nicht durchsetzen können. Stattdessen soll nach dem vom Bundeskabinett am 31. März 2004 beschlossenen Nationalen Allokationsplan 2005-2007 und dem darauf basierenden ZuG 2007 der CO_2-Ausstoß von Industrie und Energiewirtschaft bis 2007 nur auf 503 Millionen Tonnen CO_2 und bis 2012 nur auf 495 Millionen Tonnen CO_2 gesenkt werden[1374]. Da deren CO_2-Emissionen in der Basisperiode 2000 bis 2002 505 Mio. t/a betrugen[1375], müssen bis zum Zeitraum 2005-2007 nur noch 2 Mio. t/a Minderungen erreicht werden bzw. 10 Mio. t/a bis 2008-2012. Infolgedessen kann der Emissionshandel das Ziel der Vereinbarungen offenbar nicht bewerkstelligen und sie nicht ersetzen. Auch im nationalen Klimaschutzprogramm 2005 wird der vorgenannten Selbstverpflichtungserklärung der Wirtschaft noch ein hoher Stellenwert eingeräumt[1376]. Der SRU hält das Instrument der umweltbezogenen Selbstverpflichtung aber für problematisch und empfiehlt nur „einen vorsichtigen, eher restriktiven Einsatz“[1377]. An der Klimaschutzvereinbarung wird bemängelt, dass sich die Reduktionsziele lediglich an den spezifischen Emissionen (also den Emissionen pro Outputeinheit) orientieren, sie stelle daher keine Gewähr dafür dar, dass auch die absoluten Emissionen hinreichend stark sinken. Außerdem sei kein konkreter Sanktionsmechanismus für den Fall der Zielverfehlung vorgesehen[1378]. Auch bei der Kraft-Wärme-Kopplungs-Vereinbarung sei zu befürchten, dass ihr Ziel bei weitem verfehlt wird[1379]. Auf die Problematiken der Selbstverpflichtungen der Wirtschaft kann hierbei allerdings nicht vertieft eingegangen werden.

Die Kompatibilität des Emissionshandels mit der Ökosteuer ist grundsätzlich zu erkennen, da Teile der deutschen Industrie bereits von Anfang an in bestimmten Bereichen von der Ökosteuer befreit sind, um ihre Teilnahme an der Selbstverpflichtungserklärung anzureizen[1380]. Außerdem ist die Zielsetzung des Emissionshandels nach dem Nationalen Allokationsplan 2005-2007 und dem ZuG 2007 wenig anspruchsvoll. Nur hinreichend anspruchsvolle Emissionsziele in Zukunft vermögen eine Steuerbefreiung für die am Emissionshandel beteiligten Unternehmen zu rechtfertigen – auch um das Instrumentarium zu vereinfa-

1372 Nationales Klimaschutzprogramm 2005, S. 38; SUR, Umweltgutachten 2004, Tz. 49.
1373 SUR, Umweltgutachten 2004, Tz. 49.
1374 § 4 Abs. 2 ZuG 2007.
1375 SUR, Umweltgutachten 2004, Tz. 49.
1376 Nationales Klimaschutzprogramm 2005, S. 38.
1377 SUR, Umweltgutachten 2002, Tz. 447.
1378 SUR, Umweltgutachten 2002, Tz. 446 ff.
1379 SUR, Umweltgutachten 2004, Tz. 60; SUR, Umweltgutachten 2002, Tz. 489 ff.
1380 Rehbinder/Schmalholz, UPR 2002, 1, 10, Fn. 87.

chen[1381]. Ein Anpassungsbedarf würde auch bestehen, wenn der Emissionshandel später auf die Sektoren Verkehr und private Haushalte ausgeweitet würde[1382].

F. Fazit

Während der Emissionshandel auf der Basis des Kyoto-Protokolls spätestens ab 2008 zum Bestandteil des Instrumentariums des weltweiten Klimaschutzes gehören wird, wird er innerhalb der EU schon seit 2005 auf Grundlage der Emissionshandelsrichtlinie praktiziert. Nach der Erprobungsphase von 2005 bis 2007 hätten sowohl die EU-Mitgliedstaaten als auch die von der Richtlinie betroffenen Unternehmen Wissens- und Erfahrungsvorsprung gegenüber den anderen Staaten und Unternehmen. Damit würde die EU nicht nur eine bessere wirtschaftliche Konkurrenzlage für sich schaffen, sondern könnte auch eine Vorreiterrolle spielen und in internationalen Gremien zur Lösung der vielfältigen Vollzugsprobleme im internationalen Emissionshandel beitragen[1383]. Für ein überwiegend vom Ordnungsrecht dominierten Staat wie Deutschland ist die Einführung des Emissionshandels als ein marktwirtschaftliches Instrument ein Novum und erst recht von Bedeutung, insbesondere weil er weit und breit als zielführend, kosteneffizient und innovationsreizend – freilich unter bestimmten Voraussetzungen[1384] – bezeichnet wird.

1381 SUR, Umweltgutachten 2004, Tz. 60.
1382 Graichen/Harders, ZUR 2002, 73, 80.
1383 Brattig, ZUR 2004, 412, 416.
1384 Vgl. SUR, Umweltgutachten 2002, Tz. 469 ff.

Schlussfolgerung

Die Europäisierung des Umweltrechts ist heutzutage nicht mehr nur punktueller, sondern umfassender und systematischer Natur. Anstatt nur auf einzelne umweltrelevante Problemstellungen zu reagieren, wie das früher der Fall war, bemüht sich die EU nun um die Entwicklung vollständiger, strukturierender und kohärenter Politiken und Strategien. Fast in allen Fachbereichen des EG-Umweltrechts finden sich jetzt grundlegenden Rahmenrechtswerke. Beim Luftreinhalterecht gibt es die Luftqualitätsrahmenrichtlinie[1385]; beim Lärmschutzrecht liegt die Umgebungslärmrichtlinie[1386] vor; beim Anlagensicherheitsrecht ist die Seveso-II-Richtlinie[1387] vorhanden; beim Wasserrecht gibt es die Wasserrahmenrichtlinie (WRRL) [1388]; beim Naturschutzrecht spielt die FHH-Richtlinie[1389] mit ihrem ökologischen Netz „Natura 2000" eine Schlüsselrolle; beim Abfallrecht sind gerade die Novellierungsarbeiten für die entscheidend wichtige Abfallverbringungsverordnung (AbfVerbrV)[1390] und die Abfallrahmenrichtlinie[1391] im Gang. Hinzu kommen noch übergreifende Maßnahmen, die von grundlegender Bedeutung sind. Dazu gehören die UVP-Richtlinie[1392], die SUP-Richtlinie[1393], die IVU-Richtlinie[1394], die alten[1395] und neuen[1396] Umweltinforma-

---

1385 Richtlinie 96/62/EG des Rates vom 27. 9. 1996 über die Beurteilung und die Kontrolle der Luftqualität, ABl. L 296/55.

1386 Richtlinie 2002/49/EG des Europäischen Parlaments und des Rates vom 25. 6. 2002 über die Bewertung und Bekämpfung von Umgebungslärm, ABl. 2002 L 189/12.

1387 Richtlinie 96/82/EG des Rates vom 9. 12. 1996 zur Beherrschung der Gefahren bei schweren Unfällen mit gefährlichen Stoffen, ABl. 1997 L10/13.

1388 Richtlinie 2000/60/EG des europäischen Parlaments und des Rates vom 23. Oktober 2000 zur Schaffung eines Ordnungsrahmens für Maßnahmen der Gemeinschaft im Bereich der Wasserpolitik, ABl. 2000 L 327/1.

1389 Richtlinie 92/43/EWG des Rates vom 21. 5. 1992 zur Erhaltung der natürlichen Lebensräume sowie der wildlebenden Tiere und Pflanzen, ABl. 1992 L 206/7.

1390 Verordnung (EWG) Nr. 259/93 des Rates vom 1. 2. 1993 zur Überwachung und Kontrolle der Verbringung von Abfällen in der, in die und aus der Europäischen Gemeinschaft, ABl. 1993, L 30/1; zuletzt geändert durch Verordnung (EG) Nr. 2557/2001 v. 28. 12. 2001, ABl. 2001 L 349/1.

1391 Richtlinie 75/442/EWG des Rates vom 15. 7. 1975 über Abfälle, ABl. 1975 L 194/39, geändert durch Richtlinie 91/156/EWG des Rates vom 18. 3. 1991, ABl. 1991 L 78/32.

1392 Richtlinie 85/337/EWG über die Umweltverträglichkeitsprüfung bei bestimmten öffentlichen und privaten Vorhaben, ABl. 1985 L 175/40.

1393 Die Richtlinie 2001/42/EG des Europäischen Parlaments und des Rates vom 27. Juni 2001 über die Prüfung der Umweltauswirkungen bestimmter Pläne und Programme, ABl. L 2001 197/30.

1394 Richtlinie 96/61/EG des Rates vom 24. 9. 1996 über die integrierte Vermeidung und Verminderung der Umweltverschmutzung, ABl. L 257/26.

1395 Richtlinie 90/313/EWG des Rates vom 7. 6. 1990 über den freien Zugang zu Informationen über die Umwelt, ABl. L 158/56.

1396 Richtlinie 2003/4/EG des Europäischen Parlaments und des Rates vom 28. 1. 2003 über den Zugang der Öffentlichkeit zu Umweltinformationen und zur Aufhebung der Richtlinie 90/313/EWG des Rates, ABl. 2003, L 41/26.

tionsrichtlinien sowie die Richtlinie 2003/35/EG über die Öffentlichkeitsbeteiligung und den Zugang zu Gerichten[1397] usw. Im Zuge der raschen und umfassenden Europäisierung des Umweltrechts sind aber zugleich Handlungsspielräume der Mitgliedstaaten immer stärker begrenzt worden.

In der Anfangsphase des europäischen Umweltrechts, also in den späten 1970er und den 1980er Jahren, zeigte seine Struktur eine weitgehende Übereinstimmung mit der des deutschen Rechts. Seine zentralen Rechtsakte basierten auf der Philosophie des deutschen Ordnungsrechts und waren den Vorbildern deutscher Vorschriften nachempfunden. In den letzten Jahren hat die EG-Kommission allerdings die Weichen umgestellt. Die neueren EG-Richtlinien folgen anderen Systemideen, und zwar solchen, die vorwiegend aus dem Vereinigten Königreich stammen, wie auch solchen, die in Frankreich und anderen romanischen Staaten beheimatet sind[1398]. Ein Hauptgrund hierfür liegt im Vollzugsdefizit und im Mangel an eigenen Verwaltungsbehörden der EG. Auch der regulative Wettbewerb zwischen den Mitgliedstaaten erklärt diesen Kurswechsel teilweise. Das europäische Umweltrecht tendiert nun zu integrativen Ansätzen, Umweltqualitätsregelungen mit Planungsinstrumenten, Verfahrensvorschriften, Öffentlichkeitsbeteiligung, marktorientierten Instrumenten und Eigenverantwortung der Unternehmen. Auch die Rechtsprechung des EuGH stärkt diese Ausrichtungen. Demgegenüber beruht das deutsche Umweltrecht immer noch auf traditionell ordnungsrechtlichen Grundsätzen und Instrumenten. Den Vorzug genießen dabei sektoral spezifizierte materiellrechtliche Anforderungen, strikte und einheitliche Emissionsgrenzwerte sowie Orientierungen am Stand der Technik. Die Systemvorstellungen, die dem europäischen einerseits und dem deutschen Umweltrecht anderseits zugrunde liegen, weichen also stark voneinander ab. Von daher bildet das Stichwort `strukturelle Divergenzen´ in den letzten Jahren den roten Faden im Prozess der Europäisierung des deutschen Umweltrechts. Hier liegen die Hauptgründe für die Schwierigkeiten der Umsetzung von EG-Richtlinien ins deutsche Recht und für die wiederholten Verurteilungen der Bundesrepublik Deutschland durch den EuGH.

In Hinblick auf die Umsetzungsschwierigkeiten, die strukturellen Divergenzen zwischen dem europäischen und dem deutschen Recht entstammten, wurde vor allem auf den integrativen Ansatz rekurriert. Vom Erlassen der UVP-Richtlinie bis zur Verabschiedung der IVU-Richtlinie entstand eine mehrjährige juristische Kontroverse, ob die deutsche gebundene Kontrollerlaubnis eine solche integrative Betrachtung ermöglicht. Im Vergleich mit der lebhaften Umsetzungsdiskus-

---

1397 Richtlinie 2003/35/EG des Europäischen Parlaments und des Rates vom 26. 5. 2003 über die Beteiligung der Öffentlichkeit bei der Ausarbeitung bestimmter umweltbezogener Pläne und Programme und zur Änderung der Richtlinien 85/337/EWG und 96/61/EG des Rates in Bezug auf die Öffentlichkeitsbeteiligung und den Zugang zu Gerichten, ABl. 2003, L 156/7.

1398 Breuer, NuR 2000, 541, 548.

sion und den vielfältigen Umsetzungsvorschlägen in der Literatur hat sich aber an den entsprechenden deutschen Gesetzen und Vorschriften in der Praxis nicht sonderlich viel geändert. Bei der Umsetzung der IVU-Richtlinie, in der auf deutsche Initiative hin materielle und generell-allgemeine Anforderungen eingeführt wurden und durch die der integrative Ansatz abgemildert wurde, herrschte allerdings später die Ansicht vor, dass das deutsche Anlagenzulassungsrecht schon seit langem einem integrativen Ansatz folge und es nur noch einer Klarstellung darüber brauchte und dass die gebotene integrative Betrachtungsweise in den untergesetzlichen Anforderungen konkretisiert werden könne und solle. Die TA Luft 2002[1399] stellt einen ersten Schritt in Richtung auf die erforderlichen integrativen Umweltstandards dar. Solche Standards müssen aber sowohl auf der nationalen als auch auf der europäischen Ebene noch weiterentwickelt werden. Der anfangs ‚euphorisch' begrüßte integrative Ansatz findet damit nun endlich Eingang ins deutsche Anlagenzulassungsrecht.

Eine andere von strukturellen Divergenzen bedingte aktuelle Umsetzungsschwierigkeit liegt im Thema des individuellen Zugangs zu nationalen Gerichten. Die EuGH-Rechtsprechung bestätigte wiederholt den drittschützenden Charakter und damit die Einklagbarkeit der in den EG-Richtlinien vorgeschriebenen Grenzwerte. Dadurch werden auch erste Vorstellungen des EuGH über die Klagebefugnis vor nationalen Gerichten erkennbar: Sofern das Interesse des Einzelnen zu den Sektoren des öffentlichen Interesses gehört, die die Norm schützt, tendiert der EuGH dazu, den betroffenen Einzelnen Klagebefugnis einzuräumen. Dagegen liegt eine Klagebefugnis nach der deutschen Schutznormtheorie nur vor, wenn die Norm dem Schutz spezifisch individueller Interessen des Klägers dient, wobei u.a. das Kriterien des abgegrenzten und beschränkten Personenkreises eine wichtige Rolle spielt sowie die Beantwortung der Frage, ob die Norm Gefahrenabwehr oder Vorsorge bezweckt. Der EuGH verfolgt offenbar einen weiteren Ansatz als das deutsche Recht im Rahmen des § 42 II VwGO. Des Weiteren verlangt die Richtlinie 2003/35/EG über die Öffentlichkeitsbeteiligung und den Zugang zu Gerichten für UVP- und IVU-Verfahren einen weiten Zugang zu Gerichten zu gewähren. Danach müssen Mitglieder der betroffenen Öffentlichkeit nicht nur die materiellrechtliche, sondern auch die verfahrensrechtliche Rechtmäßigkeit von Entscheidungen anfechten können. Nach der gegenwärtigen deutschen Rechtslage hingegen sind Klagen einzelner Betroffener bei der fehlerhaften Anwendung der UVP-Richtlinie häufig mangels Geltendmachung von Rechtsverletzungen als unzulässig oder aufgrund grundsätzlicher Unerheblichkeit der Verfahrensfehler bzw. Verfahrensmängel abgewiesen worden. Angesichts der Tendenz des europäischen Umweltrechts zu einem weitgehenden gerichtlichen Zugang steht die deutsche Rechtsstruktur hinsichtlich des gerichtlichen Rechtsschutzes, einschließlich der Klagebefugnis, der gerichtlichen Kon-

[1399] Technische Anleitung zur Reinhaltung der Luft, Erste Allgemeine Verwaltungsvorschrift zum BImSchG, GMBl. 2002, Nr. 25-29, S. 511.

trolldichte, der Wirkungslosigkeit und Heilbarkeit von Verfahrensfehlern usw., gerade vor den ernsthaften und aktuellen Anpassungserfordernissen.

Erschwerend kommt die besondere eigenartig föderale Struktur Deutschlands hinzu. In der Vergangenheit hat es sich immer wieder gezeigt, wie das Fehlen einer übergreifenden Kompetenz des Bundes unter dem Titel `Umweltschutz´ die rechtliche Umsetzung der EG-Richtlinien und hier besonders der integrativen, erschwerte und eine einheitliche Umsetzung verhinderte. Wegen der verfassungsrechtlichen Kompetenzordnung bestehen in Deutschland beispielsweise keine einheitlichen UVP-Regelungen im Wasserbereich. Außer bei Großprojekten ist die UVP-Pflichtigkeit der übrigen wasserwirtschaftlichen Vorhaben nach Maßgabe des Landesrechts zu bestimmen. Auch zur Umsetzung der IVU-Richtlinie wurden die Länder beauftragt, eigene Vorschriften über die in wasserrechtlichen Erlaubnisverfahren zu beachtenden Anforderungen zu erlassen. Nach der neuen BVerfG-Rechtsprechung zu Art. 72 Abs. 2 und Art. 75 Abs. 2 GG[1400], der zufolge dem Bundesgesetzgeber eine schwere Darlegungslast über die Kompetenzfrage aufgelegt wird, ist die Situation noch schwieriger und komplizierter geworden. Der Regierungswurf zum Gesetz zur Einführung einer Strategischen Umweltprüfung und zur Umsetzung der SUP-Richtlinie (SUPG) brauchte in der allgemeinen Begründung folglich mehr als 15 Seiten, allein um die entsprechenden Kompetenzfragen klarzumachen. Ebenso aufwendig war auch die Umsetzung der integralen WRRL. Neben der 7. Novelle des bundesrahmenrechtlichen Wasserhaushaltsgesetzes (WHG)[1401] wurde also die normative Umsetzungsaufgabe in großem Umfang den 16 Ländern überlassen. Für eine harmonisierte Umsetzung in den Ländern fanden aber wiederum zahlreiche Abstimmungsprozesse zwischen Bund und Ländern und den Ländern untereinander statt. Darauf wurden viel Zeit und Energie verwendet. Wegen unzureichender oder verspäteter (länderrechtlicher) Umsetzung stieg infolgedessen auch die Wahrscheinlichkeit einer Einleitung eines Vertragsverletzungsverfahrens vor dem EuGH. Darüber hinaus ist das deutsche Wasserrecht durch die EU-Regelungsaufgaben vor dem Hintergrund föderaler Struktur zusehends kompliziert und unübersichtlich geworden.

Die ineffektiven föderalen Strukturen wirken auch als Hemmnis für die Verwirklichung weiterer wichtiger EG-Projekte im umweltpolitischen Bereich. Bei der Schaffung des Schutzgebietsnetzes „Natura 2000“ gemäß der FFH-Richtlinie zögerten sich die Bundesländer lange mit der Gebietsausweisung, so dass der EuGH Deutschland verurteilte und die EU-Kommission mehrfach mit dem daran anschließenden Zwangsgeldverfahren drohte. Außerdem variieren auch die Ergebnisse und die fachlichen Begründungen der Gebietsausweisung

---

1400 BVerfGE 106, 62 (Altenpflegegesetz-Entscheidung); BVerfGE 111, 226 (Juniorprofessur-Entscheidung); BVerfG, NJW 2005, 493 (Studiengebühren-Entscheidung).

1401 Vom 18. 6. 2002, BGBl. I S. 1914; in der Fassung der Bek. vom 19. 8. 2002, BGBl. I, S. 3245, zuletzt geändert durch Gesetz vom 25. 6. 2005, BGBl. I, S. 1746.

wegen der uneinheitlichen Vorgehensmuster der Bundesländer erheblich. Hinsichtlich der Einrichtung eines Flussgebietsmanagements stellt die WRRL nun den deutschen Wasserföderalismus vor seine größte Bewährungsprobe. Die ersten Erfahrungen mit der 2004 abgeschlossenen Bestandsaufnahme als Grundlage der Umsetzung der WRRL zeigte schon deutliche Mängel bei der Abstimmung. Die konkreten Koordinierungsprozesse für die weiteren Durchführungsarbeiten haben immer noch keine Form angenommen.

Die verfassungsrechtliche Kompetenzordnung erregt immer öfter Bedenken, zumal die Veränderung des Grundgesetzes 1994 und die neue BVerfG-Rechtsprechung zu Art. 72 Abs. 2 und 75 Abs. 2 GG die Ausübung der Rahmengesetzgebung noch komplizierter und schwieriger machen. Der Europäisierungsprozess des deutschen Umweltrechts verschärft diese Problematik noch. Hier erscheinen Modifikationen der föderalen Strukturen dringend geboten. Wünschenswert sind unter anderem eine konkurrierende Gesetzgebungskompetenz in den Bereichen Naturschutz, Landespflege und Wasserhaushalt sowie eine Bundesauftragsverwaltung für zumindest Teile dieser Regelungsbereiche[1402]. Noch besser wäre es, im Rahmen der konkurrierenden Gesetzgebungskompetenz des Bundes einen einheitlichen Kompetenztitel »Recht des Umweltschutzes« zu schaffen[1403]. Demgegenüber bietet der Koalitionsentwurf zur Föderalismusreform[1404] nicht nur keine zutreffenden Lösungen an, sondern wirft weitere Fragen auf. Er schafft zwar die problematische Rahmengesetzgebung ab, stellt jedoch die bisher darunter fallenden Kompetenztitel, also insbesondere das Naturschutz-, Wasserhaushalts- und Raumordnungsrecht, unter einen merkwürdigen neuen Regelungstypus: eine konkurrierende Gesetzgebungskompetenz des Bundes ohne Bindung an die Erforderlichkeitsklausel des Art. 72 Abs. 2 GG, aber unter Anerkennung von Abweichungsbefugnissen der Länder[1405]. Die uferlosen Abweichungsbefugnisse der Bundesländer lassen praktisch zu, dass zentrale Regelungen des Naturschutz- und Wasserhaushaltsrechts des Bundes schließlich in etwa so verbindlich sind wie Vorschriftenmuster. Vielfältige Abweichungsgesetze der Länder gefährden auch die wirksame Umsetzung des Europarechts. Vor allem verlangen die wichtigen umweltpolitischen EG-Projekte eher eine Abstimmung und Koordinierung der Länder. Außerdem ist ein Deregulierungswettbewerb der Bundesländer um die geringsten Umweltstandards zu befürchten. Darüber hinaus ist ein Umweltgesetzbuch (UGB), das eine Rechtsvereinfachung und –vereinheitlichung bezwecken sollte, auf Grundlage der vorgeschlagenen Kompetenzordnung unrealisierbar, weil die Abweichungsrechte

---

1402 Vgl. SRU, Umweltgutachten 2004, Tz. 1249.

1403 Vgl. Kloepfer, NuR 2006, 1 ff.

1404 Hier sind die im Rahmen der Koalitionsverhandlung von CDU/CSU und SPD in November 2005 erzielten Vereinbarungen über Neujustierung der Verteilung der Gesetzgebungskompetenzen zwischen Bund und Ländern im Bereich des Umweltschutzes gemeint.

1405 Vgl. den Bericht Krohns zur Stellungnahme des Sachverständigenrates, ZUR 2006, 224.

der Länder wieder seinen Erfolg zunichte machen könnten[1406]. Auf weitere Bedenken gegen den Koalitionsentwurf zur Föderalismusreform kann an dieser Stelle aber nicht weiter eingegangen werden.

Trotz der von strukturellen Divergenzen bedingten Umsetzungsschwierigkeiten bringt der Europäisierungsprozess aus rechtspolitischen Gesichtspunkten zugleich aber wichtige Impulse zur Innovation des deutschen Umweltrechts mit sich. Die Verankerung wie die Fortentwicklung der UVP im deutschen Recht ist dem Europarecht zu verdanken. Hinsichtlich der Mobilisierung der Öffentlichkeit geht das EU-Recht weit über das deutsche Recht hinaus. Neben den alten und neuen Umweltinformationsrichtlinien sowie der Richtlinie 2003/35/EG über die Öffentlichkeitsbeteiligung und den Zugang zu Gerichten gibt es fast in allen umweltrechtlichen EG-Richtlinien detaillierte Anforderungen zur Information und Beteiligung der Öffentlichkeit. Beim Luftreinhalterecht bringen die qualitätsorientierten Luftqualitätsrahmenrichtlinie und ihre Tochterrichtlinien[1407] mit den verbindlichen Zielvorgaben und den Planungsinstrumenten die Chance mit sich, Schwächen des deutschen herkömmlichen quellenbezogenen Immissionsschutzrechts zu überwinden. Ihre deutliche Zielsetzung mit einem übergreifenden, quellenunabhängigen Charakter und unter Einbezug aller möglichen Verursacher ist gerade das, was dem deutschen Luftreinhalterecht fehlt. Auch die NEC-Richtlinie [1408] könnte ähnlich wirken. Mit den nationalen Emissionshöchstmengen und dem Planungsinstrument eröffnet die NEC-Richtlinie die Möglichkeit, übergreifende Probleme zielgerichtet und besser zu erkennen und zu lösen. Beim Lärmschutzrecht ermöglicht es die Umgebungslärmrichtlinie mit ihrer umfassenden Datensammlung und Erstellung der Aktionspläne, dass der europaweite und also auch der deutsche Lärmbelastungsstand besser erfasst wird. Außerdem geht die Umgebungslärmrichtlinie von einem weiter reichenden Ansatz als das deutsche Lärmschutzrecht aus. Aufgrund eines Managementansatzes erfasst diese Richtlinie nicht nur gesundheitsschädliche, sondern auch unerwünschte Geräusche, bezweckt sowohl die Beseitigung und Verminderung als auch die Vorbeugung der Lärmbelastung und setzt sich namentlich zum Ziel, eine zufriedenstellende Umweltqualität zu erhalten. Sie bietet gleichzeitig eine Chance, die segmentierten Rechtslagen und Betrachtungsweisen des deutschen

---

1406 Krohn, ZUR 2006, 224.

1407 Sie sind vier Richtlinien: Richtlinie 1999/30 des Rates vom 22. 4. 1999 über Grenzwerte für Schwefeldioxid, Stickstoffdioxid und Stickstoffoxide, Partikel und Blei in der Luft (ABl. 1999 L 163/41), Richtlinie 2000/69 über Grenzwerte für Benzol und Kohlenmonoxid in der Luft vom 16. 11. 2000 (ABl. 2000 L 313/12), Richtlinie 2002/3 vom 12. 02. 2002 über den Ozongehalt der Luft (ABl. 2002 L 67/14) und Richtlinie 2004/107/EG des Europäischen Parlaments und des Rates vom 15. 12. 2004 über Arsen, Kadmium, Quecksilber, Nickel und polyzyklische aromatische Kohlenwasserstoffe in der Luft (ABl. 2005 L 23/3).

1408 Richtlinie 2001/81/EG des Europäischen Parlaments und des Rates vom 23. 10. 2001 über nationale Emissionshöchstmengen für bestimmte Luftschadstoffe, ABl. 2001 L 309/22.

Lärmschutzrechts zu verbessern. Beim Anlagensicherheitsrecht führt die Seveso-II-Richtlinie das Element des Betriebsmanagements ein. Beim Wasserrecht verlangt die WRRL mit dem Flussgebietsmanagement, den rechtsverbindlichen Gewässerqualitätszielen, den Bewirtschaftungsplänen und den Maßnahmenprogrammen mehr Zusammenarbeit und Koordinierung der Bundesländer. Vor allem umfasst die Qualitätseinstufung der Gewässer gemäß Anhang V der WRRL nicht nur bekannte physikalisch-chemische Parameter, sondern auch biologische und hydromorphologische Komponenten. Damit wird erstmals die Bedeutung der ökologischen Dimension zum Schutz naturtypischer Lebensgemeinschaften und der Hydromorphologie neben die Bedeutung der physikalisch-chemischen Wasserbeschaffenheit aufgewertet. Beim Naturschutzrecht enthält insbesondere die FFH-Richtlinie mit der Konzeption des europäischen ökologischen Netzes Natura 2000 einschließlich der besonderen Vogelschutzgebiete schärfere Verfahrensvorschriften und materiellrechtliche Vorgaben für den Gebietsschutz. Die strenge Aufsicht und Kontrolle durch EU-Kommission und EuGH zur Durchsetzung von Vogelschutzrichtlinie und FFH-Richtlinie spielten und spielen hier eine wichtige Rolle. Beim Abfallrecht gab das EG-Recht auch in zahlreichen Fällen dem deutschen Recht Antrieb zu einer modernen, Nachhaltigkeit fordernden Rechtsetzung, wie beispielsweise im Fall der Einbeziehung der Abfallverwertung in das Abfallregime, die Abfallwirtschaftsplanung, die EG-Batterierichtlinie[1409], die EG-Altautorichtlinie[1410], die EG-Elektroschrottrichtlinie[1411] und die teilweise Angleichung der Anforderungen für die Mitverbrennung und die reine Abfallverbrennung. Beim Klimaschutz ist die Einführung des Emissionshandels als ein marktwirtschaftliches Instrument für ein überwiegend vom Ordnungsrecht dominierten Staat wie Deutschland ein Novum und erst recht von Bedeutung.

Gewissermaßen hat der Europäisierungsprozess des deutschen Umweltrechts zur Ermöglichung eines besseren Umweltschutzes beigetragen. Beispielsweise legen die Luftqualitätsrichtlinien anspruchsvolle Immissionswerte fest, deren Einhaltung – für Partikel, NOx, Ozon und zukünftig auch für Schwermetalle, Arsen und polyzyklische aromatische Kohlenwasserstoffe (PAK) – Deutschland Schwierigkeiten bereitet. Ohne zusätzliche Maßnahmen wird auch die deutsche Emissionshöchstmenge für NOx, NH_3 und NMVOC im Jahr 2010 gemäß der NEC-Richtlinie verfehlt werden. Insofern muss Deutschland verstärkte Anstren-

---

1409 ABl. 1991, L 78/38. Zuletzt geändert durch Richtlinie 98/101/EG der Kommission v. 22. 12. 1998 zur Anpassung der Richtlinie 91/157/EWG des Rates über gefährliche Stoffe enthaltende Batterien und Akkumulatoren an den technischen Fortschritt, ABl. 1999, L 1/1.

1410 Richtlinie 2000/53/EG des Europäischen Parlaments und des Rates vom 18. 9. 2000 über Altfahrzeuge, ABl. L 269/34.

1411 Richtlinie 2002/96/EG des Europäischen Parlaments und des Rates vom 27. 1. 2003 über Elektro- und Elektronik-Altgeräte, ABl. 2003, L 37/24, zuletzt geändert durch Richtlinie 2003/108/EG des Europäischen Parlaments und des Rates vom 8. 12. 2003, ABl. L 345/106.

gungen unternehmen. Auch die Qualitätsvorgaben der WRRL, die neben bekannten physikalisch-chemischen Parametern auch biologische und hydromorphologische Komponenten umfassen, impliziert eine Steigerung des Schutzniveaus. Im Bereich des Naturschutzes bedecken die von Deutschland im Rahmen des ökologischen Netzes „Natura 2000" gemeldeten Gesamtflächen inzwischen schon etwa 13,5 % seiner terrestrischen Fläche, was weit über die Gesamtfläche der unter dem deutschen Naturschutzrecht ausgewiesenen Naturschutzgebiete hinausgeht.

Die positive Bilanz des Europäisierungsprozesses des deutschen Umweltrechts gilt aber nicht überall. Manche Auswirkungen des Gemeinschaftsrechts waren weniger ermutigend. Beim Luftreinhalterecht übernimmt die TA Luft 2002 nunmehr das EG-rechtliche punktbezogene Beurteilungsverfahren zur Prognose der Auswirkung einer Anlage. Das Verfahren ist jedoch mit erheblicher Unsicherheit belastet, weil die Kriterien für die Auswahl der Beurteilungspunkte alles andere als präzise sind. Beim Anlagensicherheitsrecht hat die Seveso-II-Richtlinie zum Ausgleich der Ausdehnung des Anwendungsbereiches die Mengeschwellen der gefährlichen Stoffe überwiegend heraufgesetzt. Insgesamt gesehen unterliegt dadurch ein großer Teil der Anlagen nicht mehr der EU-Störfallregelung. Beim Abfallrecht hat der EuGH mit dem „Van de Walle"-Urteil vom 7. September 2004[1412] den Abfallbegriff erstmals auf kontaminiertes Erdreich und damit auf unbewegliche Sachen erstreckt. Danach könnte das deutsche Abfallrecht insbesondere im Bereich der Abgrenzung zum Bodenschutzrecht in Schwierigkeiten geraten. Außerdem verstärkten die unklaren EG-Regelungen Besorgnisse der deutschen Abfallwirtschaft, denen zufolge die deutschen höheren Entsorgungsstandards gefährdet würden und die öffentlich-rechtliche Entsorgungszuständigkeit über den Hausmüll in Frage gestellt würde. Nicht zuletzt wegen der Bemühungen Deutschlands scheint die Neuentwicklung der EG-Abfallpolitik diese Probleme bald zu bereinigen.

Obwohl im Europäisierungsprozess des Umweltrechts umgekehrt immer noch der Einfluss des deutschen Rechts auf das EG-Recht oder die Wandlung des EG-Rechts aufgrund deutscher Initiative beobachtet werden kann, ging es hierbei eher um punktuelle Einzelfälle. Im Grunde genommen hat Deutschland in den letzten Jahren seine Einflussnahme auf die EG-Umweltpolitik in großen Umfang verloren und eher eine passive Rolle gespielt. Die vorgenannten zahlreichen Innovationskräfte aus dem europäischen Umweltrecht machen klar, dass das deutsche Umweltrecht an sich eine Geschlossenheit und Starrheit aufweist und dass ihm die modernen Elemente und Instrumente fehlen. Mit den ständig anspruchsvolleren Emissionsstandards kann Deutschland zwar gewissermaßen immer noch Einfluss auf das EU-Umweltrecht ausüben und weiter zur Erhöhung seines Anforderungsniveaus beitragen. Angesichts der aktuellen europäischen und in-

---

[1412] EuGH, Urt. v. 7. 9. 2004, Rs. C-1/03, NVwZ 2004, 1341 ff.

ternationalen Entwicklungslinie der Umweltpolitik, die stark von der deutschen abweicht, kann das deutsche Umweltrecht ohne eine Reform aber weiter passiv auf Herausforderungen reagieren. Vor diesen Hintergründen ist der Bemühung zur Einführung eines Umweltgesetzbuchs hohe Bedeutung beizumessen. Das Vorhaben soll weiter vorangetrieben werden. Das Umweltgesetzbuch soll neben der Rechtsvereinfachung und -einheitlichung auch die Modernisierung sowie Einbeziehung und Integration vielfältiger Umweltinstrumente bezwecken. Die oft befürwortete „1:1-Umsetzung" der EU-Umweltrichtlinien, also eine Umsetzung, die nicht über das unbedingt Notwendige ausgeht, ist unter allen Aspekten die schlechteste Lösung[1413].

[1413] Vgl. Sangenstedt, UVP-report 2005, 12, 15.

Literaturverzeichnis

ad hoc Bund/Länder-Arbeitskreises „Fachübergreifendes Umweltrecht“: Zum Verhältnis medien- und bereichsübergreifender Regelungen für Industrieanlagen im Recht der Europäischen Union, Bericht an die 43. Umweltministerkonferenz am 24./25. November 1994 in Chemnitz, in: Umwelt (BMU) 2/1995, Sonderteil.

Appel, Ivo: Das Gewässerschutzrecht auf dem Weg zu einem qualitätsorientierten Bewirtschaftungsregime, ZUR 2001, 129 ff.

Bail, Christoph; Marr, Simon; Oberthür, Sebastian: Klimaschutz und Recht, in: Hans-Werner Rengeling (Hrsg.), Handbuch zum europäischen und deutschen Umweltrecht, 2. Aufl. 2003, Bd. II, § 54 (zit.: in: Rengeling (Hrsg.), EUDUR, Bd. II, § 54)

Bartholmes, Thomas; Breckheimer, Fabian; Caßor-Pfeiffer Silke; Duikers, Jan: Die Entwicklung des Umwelt- und Technikrechts im Jahr 2003, in: Jahrbuch des Umwelt- und Technikrechts 2004, Berlin 2004, 401 ff. (zit: in: Jb. UTR 2004)

Bartholmes,Thomas; Barton, Tanja; Bischofs, Volker; Caßor, Silke; Christian, Evers; Stuckert, Alexander: Die Entwicklung des Umwelt- und Technikrechts im Jahr 2002, in: Jahrbuch des Umwelt- und Technikrechts 2003, Berlin 2003, 481 ff. (zit.: in: Jb. UTR 2003)

Becker, Bernd: Überblick über die umfassende Änderung der Richtlinie über die Umweltverträglichkeitsprüfung, NVwZ 1997, 1167 ff.

Beckmann, Martin: Zulassung von Anlagen und Tätigkeiten, in: Hans-Werner Rengeling (Hrsg.), Handbuch zum europäischen und deutschen Umweltrecht, 2. Aufl. 2003, Bd. II, § 72 (zit.: in: Rengeling (Hrsg.), EUDUR, Bd. II, § 72)

Beckmann, Martin: Die Umweltverträglichkeitsprüfung und das rechtssystematische Verhältnis von Planfeststellungsbeschlüssen und Genehmigungsentscheidungen, DÖV 1987, 944 ff.

Begemann, Arndt; Lustermann, Henning: Neue Rechtsprechung des EuGH zur grenzüberschreitenden Abfallverbringung, NVwZ 2005, 283 ff.

Berendes, Konrad: Die neue Wasserrechtsordnung, ZfW 2002, 197 ff.

Berkemann, Jörg: Immissionsschutz an der Quelle (motorisierter Verkehr), in: Hans-Joachim Koch (Hrsg.), Rechtliche Instrumente einer dauerhaft umweltgerechten Verkehrspolitik, Baden-Baden 2000, 175 ff. (zit.: in: Koch (Hrsg.), Verkehrspolitik)

Böhm, Monika, Umsetzungsdefizite und Direktwirkung der IVU- und UVP-Änderungsrichtlinien? ZUR 2002, 6 ff.

Brattig, Boris: Die Zukunft des europäischen und internationalen Emissionshandels, ZUR 2004, 412 ff.

Breuer, Rüdiger: Grundlagen und allgemeine Regelungen, in: Hans-Werner Rengeling (Hrsg.), Handbuch zum europäischen und deutschem Umweltrecht (EUDUR), 2. Aufl. 2003, Bd. II, 1. Tielband, § 65. (zit.: in: Rengeling (Hrsg.), EUDUR, Bd. II, § 65)

Breuer, Rüdiger: Europäisierung des Wasserrechts, NuR 2000, 541 ff.

Breuer, Rüdiger: Die Fortentwicklung des Wasserrechts auf europäischer und deutscher Ebene, NuR 1997, 1211 ff.

Breuer, Rüdiger: Zunehmende Vielgestaltigkeit der Instrumente im deutschen und europäischen Umweltrecht - Probleme der Stimmigkeit und des Zusammenwirkens, NVwZ 1997, 833 ff.

Breuer, Rüdiger: Entwicklungen des europäischen Umweltrechts – Ziel, Wege und Irrwege, Berlin, New York, 1993. (zit.: Entwicklungen des europäischen Umweltrechts)

Bundesamt für Naturschutz: http://www.bfn.de/0316_gebiete.html

Bundesministerium für Umwelt, Naturschutz und Reaktorsicherheit (Hrsg.): Abfallrahmenrichtlinie. Ziele, Kernpunkte und Bewertung des Kommissionsvorschlags zur Abfallrahmenrichtlinie, in: Umwelt, Nr. 3/2006, 142 f.

Bundesministerium für Umwelt, Naturschutz und Reaktorsicherheit (Hrsg.): Europäische Verordnung über die Verbringung von Abfällen verabschiedet. Einigung in zweiter Lesung zwischen Europäischem Parlament und Rat erreicht, in: Umwelt, Nr. 12/2005, 714 ff.

Bundesministerium für Umwelt, Naturschutz und Reaktorsicherheit: Nationales Klimaschutzprogramm 2005, Internet verfügbar unter http://www.bmu.de/files/klimaschutz/downloads/application/pdf/klimaschutzprogramm_2005_lang.pdf

Bundesministerium für Umwelt, Naturschutz und Reaktorsicherheit (Hrsg.): Das Nationale Klimaschutzprogramm 2005, Umwelt, 9/2005, 493 ff.

Bundesministerium für Umwelt, Naturschutz und Reaktorsicherheit (Hrsg.): EU-Energiebesteuerung, Umwelt, 5/2003, 273 ff.

Bundesministerium für Umwelt, Naturschutz und Reaktorsicherheit (Hrsg.), Umweltgesetzbuch (UGB-KomE), Berlin, 1998.

Bunge, Thomas: Rechtsschutz bei der UVP nach der Richtlinie 2003/35/EG, ZUR 2004, 141 ff.

Bunge, Thomas: Auswirkungen der beabsichtigten EG-Richtlinie über die Umweltprüfung von Plänen und Programmen auf das deutsche Recht, in: Volkmar Hartje/Axel Klaphake (Hrsg.), Die Rolle der Europäischen Union in der Umweltplanung, Marburg 1998, S. 117 ff. (zit: in: Die Rolle der EU, 117 ff.)

Bunge, Thomas: Die Umweltverträglichkeitsprüfung im Verwaltungsverfahren, Köln 1986.

Burgi, Martin; Müller, Philipp: Das Emissionshandelssystem in Deutschland, ZUR 2004, 419 ff.

Caspar, Johannes: Die EU-Wasserrahmenrichtlinie: Neue Herausforderungen an einen europäischen Gewässerschutz, DÖV 2001, 529 ff.

Caspari, Stefan: Die Umweltpolitik der Europäischen Gemeinschaft: Eine Analyse am Beispiel der Luftreinhaltepolitik, Baden-Baden, 1995.

Cupei, Jürgen: Umweltverträglichkeitsprüfung (UVP), Köln 1986.

Di Fabio, Udo: Wege zur Materialisierung des europäischen Umweltrechts, in: Hans-Werner Rengeling (Hrsg.), Integrierter und betrieblicher Umweltschutz, Baden-Baden 1996, S. 187 ff.

Dolde, Klaus-Peter: Immissionsschutzrechtliche Probleme der Gesamtbewertung, in: Dolde, Klaus-Peter (Hrsg.), Umweltrecht im Wandel: Bilanz und Perspektiven aus Anlass des 25-jährigen Bestehens der Gesellschaft für Umweltrecht, Berlin 2001, 451 ff. (zit.: Gesamtlärmbewertung)

Edler, Jeannette: Rostocker Umweltrechtstag 2005: Strategischer Umweltschutz (SUP), ZUR 2005, 557 ff.

Epiney, Astrid: Zu den Anforderungen der Aarhus-Konvention an das europäische Gemeinschaftsrecht, ZUR 2003, 176 ff.

Epiney, Astrid: Primär- und Sekundärrechtsschutz im Öffentlichen Recht, in: Veröffentlichungen der Vereinigung der Deutschen Staatsrechtslehrer (VVDStRL) 61, Berlin 2002, S. 362 ff. (zit.: VVDStRL 61 (2002))

Epiney, Astrid: Emissionshandel in der EU, DVBl. 2002, 579 ff.

Epiney, Astrid: Fragen des europäischen und deutschen Verfassungsrechts, in: Rengeling (Hrsg.), Klimaschutz durch Emissionshandel, Köln u.a., 2001, 207 ff.

Epiney, Astrid: Umweltrecht in der Europäischen Union, Köln u.a. 1997.

Erbguth, Wilfried; Schubert, Mathias: Das Gesetz zur Einführung einer Strategischen Umweltprüfung und zur Umsetzung der Richtlinie 2001/42/EG (SUPG), ZUR 2005, 524 ff.

Erbguth, Wilfried; Schubert, Mathias: Strategische Umweltprüfung und Umweltverträglichkeitsprüfung: Neue Herausforderungen für die Kommunen? DÖV 2005, 533 ff.

Erbguth, Wilfried: EAG BauE: Änderungen des Raumordnungsrechts, NuR 2004, 91 ff.

Erbguth, Wilfried: Entwicklungslinien im Recht der Umweltverträglichkeitsprüfung: UVP-RL – UVPÄndRL – UVPG –SUP, UPR 2003, 321 ff.

Erbguth, Wilfried: Ausgewiesene und potentielle Schutzgebiete nach FFH- bzw. Vogelschutz-Richtlinie: (Rechts-) Wirkungen auf die räumliche Gesamtplanung – am Beispiel der Raumordnung -, NuR 2000, 130 ff.

Erbguth, Wilfried: Gemeinschaftsrechtliche Impulse zur Weiterentwicklung des nationales Verwaltungsrechts, DÖV 1988, 481 ff.

Erbguth, Wilfried; Schink, Alexander: Gesetz über die Umweltverträglichkeitsprüfung: Kommentar, 2. vollst. überarb. Aufl., München, 1996 (zit.: UVPG)

Erbguth, Wilfried; Schink, Alexander: Die Umweltverträglichkeitsprüfung im immissionsschutzrechtlichen Zulassungsverfahren, DVBl. 1991, 413 ff.

Ermacora, Florian: Rechtspolitischer Ausblick, in: Hans-Werner Rengeling (Hrsg.), Handbuch zum europäischen und deutschen Umweltrecht, 2. Aufl. 2003, Bd. II, § 76 (zit.: in: Rengeling (Hrsg.), EUDUR, Bd. II, § 76)

Europäische Kommission: http://europa.eu.int/comm/environment/nature

Europäische Kommission: Geänderter Vorschlag für eine Verordnung des Europäischen Parlaments und des Rates über die Verbringung von Abfällen, KOM (2004) 172 endgültig.

Europäische Kommission: Weiterentwicklung der nachhaltigen Ressourcennutzung: Eine thematische Strategie für Abfallvermeidung und -recycling, KOM(2005)666 endgültig.

Europäische Kommission (Hrsg.): Natura 2000, Heft 14 (April 2001)

Europäische Union: zum Luftreinhalterecht: http://europa.eu.int/scadplus/leg/de/s15004.htm; zum Lärmschutzrecht: http://europa.eu.int/scadplus/leg/de/s15003.htm

Europäische Union: zum Klimaveränderung: http://europa.eu.int/scadplus/leg/de/s15009.htm; zum Energie: http://europa.eu.int/scadplus/leg/de/s14000.htm#EFFICACITE

Faßbender, Kurt: Gemeinschaftsrechtliche Anforderungen an die normative Umsetzung der neuen EG-Wasserrahmenrichtlinie, NVwZ 2001, 241 ff.

Feldhaus, Gerhard: Einführung in die neue Störfall-Verordnung, UPR 2000, 121 ff.

Feldmann, Franz-Josef: Wandel im Lärmschutz: Die Umgebungslärmrichtlinie und ihre Umsetzung in deutsches Recht, ZUR 2005, 352 ff.

Feldhaus, Gerhard: Integriertes Anlagenzulassungsrecht: materiell- und verfahrensrechtliche Anforderungen nach neuem Recht, ZUR 2002, 1 ff.

Feldmann, Lieselotte: Die strategische Umweltprüfung –SUP, in: Volkmar Hartje/Axel Klaphake (Hrsg.), Die Rolle der Europäischen Union in der Umweltplanung, Marburg 1998, S. 113 ff. (zit: in: Die Rolle der EU, 113 ff.)

Fisahn, Andreas: Anmerkung zum Urteil des EuGH – Rs-C-98/03, ZUR 2006, 137 ff.

Fisahn, Andreas: Effektive Beteiligung solange noch alle Optionen offen sind – Öffentlichkeitsbeteiligung nach der Aarhus-Konvention, ZUR 2004, 136 ff.

Fisahn, Andreas: Defizite bei der Umsetzung der FFH-RL durch das BNatSchG, ZUR 2001, 252 ff.

Fluck, Jürgen: Zum EG-Abfallrecht und seiner Umsetzung in deutsches Recht, EuR 1994, 71 ff.

Gallas, Andreas: Die Umweltverträglichkeitsprüfung im immissionsschutzrechtlichen Genehmigungsverfahren, UPR 1991, 214 ff.

Gellermann, Martin: FFH- und Vogelschutzrichtlinie in Deutschland, in : Hans-Joachim Koch (Hrsg.), Das EG-Umweltrecht und seine Umsetzung in Deutschland und Polen, Baden-Baden 2005, 125 ff. (zit.: in: Koch (Hrsg.), Das EG-Umweltrecht)

Gellermann, Martin: Herzmuschelfischerei im Lichte des Art. 6 FFH-Richtlinie, Anmerkungen zum Urteil des EuGH vom 7. 9. 2004, NuR 2004, 788, NuR 2004, 769 ff.

Gellermann, Martin: Biotop- und Artenschutz, in: Hans-Werner Rengeling (Hrsg.), Handbuch zum europäischen und deutschen Umweltrecht, 2. Aufl. 2003, Bd. II, § 78 (zit.: in: Rengeling (Hrsg.), EUDUR, Bd. II, § 78)

Gellermann, Martin: Natura 2000: europäisches Habitatschutzrecht und seine Durchführung in der Bundesrepublik Deutschland, 2. neubearb. und erw. Aufl., Berlin, Wien u.a. 2001 (zit.: Natura 2000)

Gellermann, Martin: Das FFH-Regime und die sich daraus ergebenden Umsetzungsverpflichtungen, in: Gesellschaft für Umweltrecht, Umsetzungsverpflichtungen, unmittelbare Auswirkungen auf das Planungs- und Zulassungsrecht, Berlin 2001, 121 ff. (zit.: in: Dokumentation zur 24. Wissenschaftlichen Fachtagung der Gesellschaft für Umweltrecht)

Gerhold, Thomas: Anwendungsfragen der neuen TA Luft, UPR 2003, 44 ff.

Giesberts, Ludger; Hilf, Juliane: Neue Instrumente zur Steuerung der Altautoentsorgung: Altautoverordnung und freiwillige Selbstverpflichtung, NVwZ 1998, 1158 ff.

Ginzky, Harald: Ausnahmen zu den Bewirtschaftungszielen im Wasserrecht, ZUR 2005, 515 ff.

Graichen, Patrick; Harders, Enno: Die Ausgestaltung des internationalen Emissionshandels nach dem Kyoto-Protokoll und seine nationalen Umsetzungsvoraussetzungen, ZUR 2002, 73 ff.

Hagmann, Joachim: Behördliche Kompetenzen bei grenzüberschreitender Abfallverbringung, UPR 2005, 133 ff.

Halama, Günter: Die FFH-Richtlinie – unmittelbare Auswirkungen auf das Planungs- und Zulassungsrecht, in: Gesellschaft für Umweltrecht, Umsetzungsverpflichtungen, unmittelbare Auswirkungen auf das Planungs- und Zulassungsrecht, Berlin 2001, 146 ff. = NVwZ 2001, 506 ff.

Hansmann, Klaus: Die neue TA Luft, in: Dokumentation zur 26. Wissenschaftlichen Fachtagung der Gesellschaft für Umweltrecht e.V., Berlin 2003, 51 ff. (zit.: in: Dokumentation der GfU (2003))

Hansmann, Klaus: Die neue TA Luft, NVwZ 2003, 266 ff.

Hansmann, Klaus: Integrierter Umweltschutz durch untergesetzliche Normsetzung, ZUR 2002, 19 ff.

Hansmann, Klaus: Prüfung wasserrechtlicher Fragen im integrierten Anlagenzulassungsverfahren, ZfW 1999, 238 ff.

Hansmann, Klaus: Die Luftqualitätsrahmenrichtlinie der EG und ihre Umsetzung in deutsches Recht, NuR 1999, 10 ff.

Hasche, Frank; Schulte, Martin: Die Entwicklung des Umwelt- und Technikrechts im Jahr 1998, in: Jahrbuch des Umwelt- und Technikrechts 1999, Berlin 1999, 417 ff. (zit: in: Jb. UTR 1999)

Hendler, Reinhard: Das Gesetz zur Einführung einer Strategischen Umweltprüfung, in: NVwZ 2005, 977 ff.

Hennecke, Frank: Die Umsetzung der EG-Richtlinie zur Umweltverträglichkeitsprüfung. Ein Bericht aus der Praxis der Umweltgesetzgebung, in: UTR 9 (1989), 117 ff.

Héritier, Adrienne; Knill, Christoph; Mingers, Susanne: Ringing the Changes in Europe: Regulatory Competition and the Transformation of the State. Britain, France, Germany. Berlin, New York 1996.

Héritier, Adrienne; Knill, Christoph; Mingers, Susanne; Becka, Martina: Die Veränderung von Staatlichkeit in Europa: eine regulativer Wettbewerb: Deutschland, Großbritannien und Frankreich in der Europäischen Union, Opladen 1994.

Hoffmann-Riem, Wolfgang: Ermöglichung von Flexibilität und Innovationsoffenheit im Verwaltungsrecht – Einleitende Problemskizze, in: Hoffmann-Riem/Schmidt-Aßmann (Hrsg.), Innovation und Flexibilität des Verwaltungshandelns, Baden-Baden 1994, 9 ff.

Hoffmann-Riem, Wolfgang: Von der Antragsbindung zum konsentierten Optionenermessen, DVBl. 1994, 605 ff.

Holtmeier, Ernst-Ludwig: Umsetzung der EG-Wasser-Rahmen-Richtlinie, ZfW 1999, 69 ff.

Holzwarth, Fritz: Stand der Umsetzung der Europäischen Wasserrahmenrichtlinie in Deutschland und der Harmonisierungsprozess auf EU-Ebene, ZUR 2005, 510 ff.

Hoppe, Werner: Die Abwägung im EAG Bau nach Maßgabe des § 1 VII BauGB 2004, NVwZ 2004, 903 ff.

Hoppe, Werner; Appold, Wolfgang: Umweltverträglichkeitsprüfung – Bewertung und Standards aus rechtlicher Sicht, DVBl. 1991, 1221 ff.

Hoppe, Werner; Püchel, Gerald: Zur Anwendung der Art. 3 und 8 EG-Richtlinie zur UVP bei der Genehmigung nach dem Bundes-Immissionsschutzgesetz, DVBl. 1988, 1 ff.

Iven, Klaus: Zur Praxis der Mitgliedstaaten bei der Ausweisung von Vogelschutzgebieten, Anmerkung zum Urteil des EuGH vom 19. 5. 1998 – Rs C-3/96, NuR 1998, 528 ff.

Jarass, Hans D.: Umweltqualitätsbezogene Regelungen, in: Hans-Werner Rengeling (Hrsg.), Handbuch zum europäischen und deutschen Umweltrecht, 2. Aufl. 2003, Bd. II, § 48 (zit.: in: Rengeling (Hrsg.), EUDUR, Bd. II, § 48)

Jarass, Hans D.: Luftqualitätsrahmenrichtlinien der EU und die Novellierung des Immissionsschutzrechts, in: Dokumentation zur 26. wissenschaftlichen Fachtagung der Gesellschaft für Umweltrecht e.V., Berlin 2003, 17 ff. (zit.: in: Dokumentation der GfU (2003))

Jarass, Hans D.: Zur Systematik des Immissionsschutzrechts, in: Klaus-Peter Dolde (Hg.), Umweltrecht im Wandel: Bilanz und Perspektiven aus Anlass des 25-jährigen Bestehens der Gesellschaft für Umweltrecht, Berlin 2001, 381 ff. (zit.: in: Dolde (Hrsg.), UmweltR im Wandel)

Jarass, Hans D.: Europäisierung des Planungsrechts, DVBl. 2000, 945 ff.

Jarass, Hans D.: Europäisierung des Immissionsschutzrechts, UPR 2000, 241 ff.

Jarass, Hans D.: EG-rechtliche Vorgaben zur Ausweisung und Änderung von Vogelschutzgebieten, NuR 1999, 481 ff.

Jarass, Hans D.: Probleme und Lücken des Verkehrsimmissionsschutzrechts, in: Hans-Joachim Koch (Hrsg.), Zwanzig Jahre Bundes-Immissionsschutzgesetz, Baden-Baden 1994, 145 ff. (zit.: in: Koch (Hrsg.), 20 Jahre BImSchG)

Jarass, Hans D.: Umweltverträglichkeitsprüfung bei Industrievorhaben, Köln u.a. 1987.

Jochum, Heike: Neues zum europäischen Bodenschutz- und Abfallrecht, NVwZ 2005, 140 ff.

Karstens, Jan: Die Rechtsprechung zum Wasserrecht, ZUR 2000, 226 ff.

Kloepfer, Michael: Umwelt-, Naturschutz- und Jagdrecht – Eine kompetenzrechtliche Betrachtung im Lichte der Föderalismusdebatte, NuR 2006, 1 ff.

Klopfer, Michael: Umweltrecht, 3. Aufl. München 2004

Kment, Martin: Das geänderte Raumordnungsgesetz nach Erlass des Europarechtsanpassungsgesetzes Bau, in: NVwZ 2005, 886 ff.

Knill, Christoph; Héritier, Adrienne: Neue Instrumente in der europäischen Umweltpolitik: Strategien für eine effektivere Implementation, in: Lübbe-Wolff, Gertrude (Hrsg.), Der Vollzug des europäischen Umweltrechts, Berlin 1996, 209 ff.

Knopp, Günther-Michael: Die Umsetzung der Wasserrahmenrichtlinie auf dem weiteren Weg des wasserrechtlichen Vollzugs in Deutschland, ZUR 2005, 505 ff.

Knopp, Günther-Michael: Die Umsetzung der Wasserrahmenrichtlinie in Deutschland, in: Hans-Joachim Koch/Jan Schürmann (Hrsg.), Das EG-Umweltrecht und seine Umsetzung in Deutschland und Polen, Baden-Baden 2005, 59 ff.

Knopp, Günther-Michael: Die Umsetzung der Wasserrahmenrichtlinie im deutschen Wasserrecht, ZUR 2001, 368 ff.

Koch, Hans-Joachim: Grundlage, Schutz der Wälder, in: Hans-Werner Rengeling (Hrsg.), Handbuch zum europäischen und deutschen Umweltrecht, 2. Aufl. 2003, Bd. II, § 47 (zit.: in: Rengeling (Hrsg.), EUDUR, Bd. II, § 47)

Koch, Hans-Joachim: Verkehrslärm, in: Hans-Werner Rengeling (Hrsg.), Handbuch zum europäischen und deutschen Umweltrecht, 2. Aufl. 2003, Bd. II, § 55 (zit.: in: Rengeling (Hrsg.), EUDUR, Bd. II, § 55)

Koch, Hans-Joachim: Industrie- und Gewerbelärm, Sport- und Freizeitlärm, in: Hans-Werner Rengeling (Hrsg.), Handbuch zum europäischen und deutschen Umweltrecht, 2. Aufl. 2003, Bd. II, § 56 (zit.: in: Rengeling (Hrsg.), EUDUR, Bd. II, § 56)

Koch, Hans-Joachim: Lärmschutzrecht – Fünfzig Jahre Lärmschutzrecht, in: Zeitschrift für Lärmbekämpfung, 2002, 235 ff.

Koch, Hans-Joachim: Aktuelle Probleme des Lärmschutzes, NVwZ 2000, 490 ff.

Koch, Hans-Joachim: Die IPPC-Richtlinie: Umsturz im deutschen Anlagengenehmigungsrecht? in: Jahrbuch des Umwelt- und Technikrechts 1997, Berlin 1997, S. 31 ff. (zit.: Jb. UTR 1997)

Koch, Hans-Joachim; Prall, Ursula: Entwicklungen des Immissionsschutzrechts, NVwZ 2002, 666 ff.

Koch, Hans-Joachim; Siebel-Huffmann, Heiko: Das Artikelgesetz zur Umsetzung der UVP-Änderungsrichtlinie, der IVU-Richtlinie und weiterer Umweltschutzrichtlinien, NVwZ 2001, 1081 ff.

Koch, Hans-Joachim; Wieneke, Annette: Das europäische und deutsche Anlagengenehmigungsrecht als Ordnungsrahmen eines Emissionshandels, in: Rengeling (Hrsg.), Klimaschutz durch Emissionshandel, Köln u.a., 2001, 99 ff. (zit.: Anlagengenehmigungsrecht)

Köster, Stephan; Reese, Moritz: Vollzugsfragen der Abfallablagerungsverordnung, ZUR 2003, 203 ff.

Krämer, Ludwig: Grundlagen aus europäischer Sicht. Rechtsfragen betreffend den Emissionshandel mit Treibhausgasen der Europäischen Gemeinschaft, in: Rengeling (Hrsg.), Klimaschutz durch Emissionshandel, Köln u.a., 2001, 1 ff. (zit.: Grundlagen aus europäischer Sicht)

Krämer, Ludwig: Der Richtlinievorschlag über die integrierte Vermeidung und Verminderung der Umweltverschmutzung, in: Hans-Werner Rengeling (Hrsg.), Integrierter und betrieblicher Umweltschutz, Baden-Baden 1996, S. 51 ff.

Krämer, Ludwig: Defizite im Vollzug des EG-Umweltrechts und ihre Ursachen, in: Lübbe-Wolff, Gertrude (Hrsg.), Der Vollzug des europäischen Umweltrechts, Berlin, 1996, 7 ff.

Krautzberger, Michael; Schliepkorte, Jörg: Vorarbeiten für ein Gesetz zur anpassung des Baugesetzbuchs an EU-Richtlinien (Europarechtsanpassungsgesetz Bau – EAG Bau, UPR 2003, 92 ff.

Krautzberger, Michael; Stemmler, Johannes: Die Neuregelung der UVP in der Bebauungsplanung durch die UVPG-Novelle 2001, UPR 2001, 241 ff.

Krieger, Stephan: Grenzüberschreitende Abfallverbringung, in: Hans-Werner Rengeling (Hrsg.), Handbuch zum europäischen und deutschen Umweltrecht, 2. Aufl. 2003, Bd. II, § 74 (zit.: in: Rengeling (Hrsg.), EUDUR, Bd. II, § 74)

Krohn, Susan: Föderalismusreform: Umwelt in schlechter Verfassung? Präsentation der Aktuellen Stellungnahme des Sachverständigenrates für Umweltfragen zur geplanten Föderalismusreform im Umweltausschuss des Deutschen Bundestages am 8.2.2006, ZUR 2006, 224.

Kropp, Olaf: Verfahrensfragen bei der Notifizierung von grenzüberschreitenden Abfallverbringungen, NVwZ 2006, 420 ff.

Petersen, Frank; Lorenz, Melanie: Das „Van de Walle"-Urteil des EuGH – Sanierung von Altlasten nach Abfallrecht? NVwZ 2005, 257 ff.

Lübbe-Wolff, Gertrude: Integrierter Umweltschutz – Brauchen die Behörden mehr Flexibilität? NuR 1999, 241 ff.

Lübbe-Wolff, Gertrude: Stand und Instrumente der Implementation des Umweltrechts in Deutschland, in: Lübbe-Wolff, Gertrude (Hrsg.), Der Vollzug des europäischen Umweltrechts, Berlin, 1996, 77 ff. (zit.: Implementation des Umweltrechts)

Louis, Hans Walter: Die Übergangsregelunegn für das Verbandsklagerecht nach den §§ 61, 69 Abs. 7 BNatSchG vor dem Hintergrund der europarechtlichen Klagerechte für Umweltverbände auf Grund der Änderungen der IVU- und der UVP-Richtlinie zur Umsetzung des Aarhus-Übereinkommen, NuR 2004, 287 ff.

Maaß, Christian A.: Wirtschaftliche und soziale Belange im europäischen Habitatsschutzrecht, Anmerkung zu den Urteilen des EuGH in den Rechtsachen C-371/98 vom 7. November 2000 (Severn-Mündung) und C-374/98 vom 7. Dezember 2000 (Basses Corbières), ZUR 2001, 80 ff.

Maaß, Christian A.: Die Identifizierung faktischer Vogelschutzgebiete, NuR 2000, 121 ff.

Masing, Johannes: Kritik des integrierten Umweltschutzes, DVBl. 1998, 549 ff.

Maurer, Hartmut: Allgemeines Verwaltungsrecht, 14. Aufl., München 2002

Mayen, Thomas: Die Umweltverträglichkeitsprüfung nach dem UVP-Gesetz und der UVP-Verwaltungsvorschrift, NVwZ 1996, 319 ff.

Müggenborg, Hans-Jürgen: Die neue Störfall-Verordnung, NVwZ 2000, 1096 ff.

Müller-Terpitz, Ralf: Aus eins mach zwei – Zur Novellierung des Bundesnaturschutzgesetzes, NVwZ 1999, 26 ff.

Peters, Heinz-Joachim: Zum gesamthaften Ansatz in der gesetzlichen Umweltverträglichkeitsprüfung, NuR 1996, 235 ff.

Philipp-Gerlach, Ursula; Hensel, Joy: Der Gesetzesentwurf der Bundesregierung zur Umsetzung der EG-Richtlinie über die Bewertung und Bekämpfung von Umgebungslärm, ZUR 2004, 329 ff.

Pietzcker, Jost; Fiedler, Christoph: Die Umsetzung der Plan-UP-Richtlinie im Bauplanungsrecht, DVBl. 2002, 929 ff.

Pietzcker, Jost: Verfahrensrechte und Folgen von Verfahrensfehler, in: Max-Emanuel Geis/Dieter Lorenz (Hrsg.) , Staat, Kirche, Verwaltung: Festschrift für Hartmut Maurer zum 70. Geburtstag, München 2001, S. 695 ff. (zit.: in: FS für Maurer)

Pschera, Thomas; Koepfer, Isabell: Die neue TA Luft – Gefährdet der integrative Ansatz die Bindungswirkung? NuR 2003, 517 ff.

Ramsauer, Ulrich: Europäisierung des Naturschutzrechts, in: Wilfried Erbguth (Hrsg.), Europäisierung des nationalen Umweltrechts: Stand und Perspektiven, Rostocker Umweltrechtstag 2000, Baden-Baden 2001, 107 ff. (zit.: in: Erbguth (Hrsg.), Europäisierung)

Rebentisch, Manfred: Auswirkungen der neuen „Seveso-Richtlinie“ auf das deutsche Anlagensicherheitsrecht, NVwZ 1997, 6 ff.

Rebentisch, Manfred: Die immissionsschutzrechtliche Genehmigung – ein Instrument integrierten Umweltschutzes? NVwZ 1995, 949 ff.

Rebentisch, Manfred: Die Neuerungen im Genehmigungsverfahren nach dem Bundes-Immissionsschutzgesetz, NVwZ 1992, 926 ff.

Reese, Moritz: Die Urteile des EuGH zur Abgrenzung von energetischer Verwertung und thermischer Behandlung zur Beseitigung, ZUR 2003, 217 ff.

Rehbinder, Eckard; Schmalholz, Michael: Handel mit Emissionsrechte für Treibhausgase in der Europäischen Union, UPR 2002, 1 ff.

Rengeling, Hans-Wener; Gellermann, Martin: Gestaltung des europäischen Umweltrechts und seine Implementation im deutschen Rechtsraum, in: Jahrbuch des Umwelt- und Technikrechts (UTR) 36, Heidelberg 1996, 1 ff.

Reuter, Alexander; Busch, Ralph: Einführung eines EU-Emissionshandels – Die Richtlinie 2003/87/EG, EuZW 2004, 39 ff.

Rödiger-Vorwerk, Tania: Die Fauna-Flora-Habitat-Richtlinie der Europäischen Union und ihre Umsetzung in nationales Recht: Analyse der Richtlinie und Anleitung zu ihrer Anwendung, Berlin 1998. (zit.: FFH-Richtlinie)

Ronellenfitsch, Michael; Delbanco, Heike: Verkehrsbezogene Regelungen (Kraftfahrzeuge), in: Hans-Werner Rengeling (Hrsg.), Handbuch zum europäischen und deutschen Umweltrecht, 2. Aufl. 2003, Bd. II, § 50 (zit.: in: Rengeling (Hrsg.), EUDUR, Bd. II, § 50)

Ronellenfitsch, Michael; Delbanco, Heike: Verkehrsbezogene Regelungen (Kraftfahrzeuge), in: Hans-Werner Rengeling (Hrsg.), Handbuch zum europäischen und deutschen Umweltrecht, 1. Aufl., 1998, Bd. II, § 52 (zit.: in: Rengeling (Hrsg.), EUDUR, 1. Aufl., 1998, Bd. II, § 52)

Sangenstedt, Christof: Die SUP-Richtlinie: Stand der Umsetzung in Deutschland, UVP-report 2005, 12 ff.

Scheuing, Dieter H.: Produktbezogene Regelungen, in: Hans-Werner Rengeling (Hrsg.), Handbuch zum europäischen und deutschen Umweltrecht, 2. Aufl. 2003, Bd. II, § 51 (zit.: in: Rengeling (Hrsg.), EUDUR, Bd. II, § 51)

Scheuing; Dieter H.: Europarechtliche Impulse für innovative Ansätze im deutschen Verwaltungsrecht, in: Hoffmann-Riem/Schmidt-Aßmann (Hrsg.), Innovation und Flexibilität des Verwaltungshandelns, Baden-Baden 1994, 289 ff.

Schink, Alexander: Behandlung besonderer Abfallarten, in: Hans-Werner Rengeling (Hrsg.), Handbuch zum europäischen und deutschen Umweltrecht, 2. Aufl. 2003, Bd. II, § 73 (zit.: in: Rengeling (Hrsg.), EUDUR, Bd. II, § 73)

Schink, Alexander: Die Verträglichkeitsprüfung nach der Fauna-Flora-Habitat-Richtlinie der EG, DÖV 2002, 45 ff.

Schink, Alexander: Auswirkungen des EG-Rechts auf die Umweltverträglichkeitsprüfung nach deutschem Recht, NVwZ 1999, 11 ff.

Schmidt, Alexander: Weiterentwicklung der Lärmminderungsplanung, UPR 2002, 327 ff.

Schmidt-Preuss, Matthias: Veränderungen grundlegender Strukturen des deutschen (Umwelt-)Rechts durch das »Umweltgesetzbuch I«, DVBl. 1998, 857 ff.

Schmidt-Preuß, Matthias: Der verfahrensrechtliche Charakter der Umweltverträglichkeitsprüfung, DVBl. 1995, 485 ff.

Schrader, Christian: Produktverantwortung, Ordnungsrecht und Selbstverpflichtung am Beispiel der Altautoentsorgung, NVwZ 1997, 943 ff.

Schreier, Axel: Die Auswirkung des EG-Abfallrechts auf die deutsche Abfallwirtschaft: Umsetzungsdefizite und gesetzgeberischer Handlungsbedarf, Berlin 1994. (zit.: Die Auswirkung des EG-Abfallrechts)

Schröder, Meinhard: Europarecht und integriertes Umweltrecht, NuR 2000, 481 ff.

Schubert, Mathias: Die bauplanungsrechtliche Umweltprüfung im Spannungsfeld EG-rechtlicher Vorgaben und kommunaler Praktikabilitätsansprüche, NuR 2005, 369 ff.

Schulte, Martin; Schröder, Rainer: Europäisches Lärmschutzrecht, DVBl. 2000, 1085 ff.

Schulze-Fielitz, Helmuth: Vorbemerkungen zu §§ 38-43 und § 38, in: Koch/Scheuing (Hrsg.), Gemeinschaftskommentar zum Bundesimmissionsschutzgesetz (GK-BImSchG), 1994.

Schütte, Peter; Siebel-Huffmann Heiko: Die Elektroschrottrichtlinie, ZUR 2003, 211 ff.

Sellner, Dieter: Anlagenbezogene Regelungen im Luftreinhalterecht, in: Hans-Werner Rengeling (Hrsg.), Handbuch zum europäischen und deutschen Umweltrecht, 2. Aufl. 2003, Bd. II, § 49 (zit.: in: Rengeling (Hrsg.), EUDUR, Bd. II, § 49)

Sellner, Dieter H.: Änderungen des Bundes-Immissionsschutzgesetzes – allgemiene und anlagenbezogene Neuerungen, NVwZ 1991, 305 ff.

Sendler, Horst: Kommissionsentwurf zum Umweltgesetzbuch (UGB-KomE) und Europarecht, in: Wilfried Erbguth (Hrsg.), Europäisierung des nationalen

Umweltrechts: Stand und Perspektiven, Rostocker Umweltrechtstag 2000, Baden-Baden 2001, 17 ff. (zit.: in: Erbguth (Hrsg.), Europäisierung)

Spieth, Wolf Fiedrich; Hamer, Martin: Rechtsprobleme des Treibhausgas-Emissionshandelsgesetzes, ZUR 2004, 427 ff.

SRU (Der Rat von Sachverständigen für Umweltfragen), Umweltgutachten 2004. Umweltpolitische Handlungsfähigkeit sichern, Deutscher Bundestag, Drucksache 15/3600 (zit.: Umweltgutachten 2004)

SRU (Der Rat von Sachverständigen für Umweltfragen): Umweltgutachten 2002. Für eine neue Vorreiterrolle, Stuttgart 2002 (zit.: Umweltgutachten 2002)

SRU (Der Rat von Sachverständigen für Umweltfragen): Umweltgutachten 2000, Schritte ins nächste Jahrtausend, Stuttgart 2000 (zit.: Umweltgutachten 2000)

SRU (Der Rat von Sachverständigen für Umweltfragen): Umweltgutachten 1998. Umweltschutz: Erreichtes sichern – neue Wege gehen, Stuttgart 1998 (zit.: Umweltgutachten 1998)

Steinberg, Rudolf; Koepfer, Isabell: IVU-Richtlinie und immissionsschutzrechtliche Genehmigung, DVBl. 1997, 973 ff.

Steinberg, Rudolf: Umweltverträglichkeitsprüfung von Programmen und Plänen, in: Wilfried Erbguth u.a. (Hrsg.), Planung: Festschrift für Werner Hoppe zum 70. Geburtstag, München 2000, 493 ff. (zit: in: FS für Hoppe, 493 ff.)

Steinberg, Rudolf: Standards des integrierten Umweltschutzes, NuR 1999, 192 ff.

Steinberg, Rudolf: Zulassung von Industrieanlagen im deutschen und europäischen Recht, NVwZ 1995, 209 ff.

Steinberg, Rudolf: Probleme der Europäisierung des deutschen Umweltrechts, AöR 1995, 547 ff.

Steinberg, Rudolf: Die Bewertung der Umweltauswirkungen eines Vorhabens nach dem Gesetz über die Umweltverträglichkeitsprüfung, DVBl. 1990, 1369 ff.

Steinberg, Rudolf: Die Einfügung einer Umweltverträglichkeitsprüfung in das deutsche Planungs- und Anlagengenehmigungsrecht, NuR 1983, 169 ff.

Streinz, Rodilf: Europarecht, 4. Aufl., Heidelberg 1999.

Tausch, Christian: Die Bedeutung der BVT-Merkblätter im Umweltrecht, NVwZ 2002, 676 ff.

Theben, Michael: Vorbemerkung der 17. BImSchV, in: Robert v. Landmann/Gustav Rohmer (Hrsg.), Umweltrecht, Bd. 2, Stand: Oktober 2003.

Unabhängigen Expertenkommission: Berichts der Unabhängigen Expertenkommission, Abrufbar in Internet unter http://www.bmvbw.de/Anlage/ original_12334/Bericht-der-Expertenkommission.pdf, Rn. 122 ff.

Versteyl, Ludger-Anselm: Europäisierung des Abfallrechts, in: Wilfried Erbguth (Hrsg.), Europäisierung des nationalen Umweltrechts: Stand und Perspektiven, Rostocker Umweltrechtstag 2000, Baden-Baden 2001, 137 ff. (zit.: in: Erbguth (Hrsg.), Europäisierung)

Von Kempis, Karl; Holst, Heike; Ermacora Florian: Abfallwirtschaftsplanung, in: Hans-Werner Rengeling (Hrsg.), Handbuch zum europäischen und deutschen Umweltrecht, 2. Aufl. 2003, Bd. II, § 71 (zit.: in: Rengeling (Hrsg.), EUDUR, Bd. II, § 71)

Vorwerk, Axel: Die Bewertung von Umweltauswirkungen im Rahmen der Umweltverträglichkeitsprüfung nach § 12 UVPG, Verw. 29 (1996), 241 ff.

Wagner, Thomas; Emmer, Marcus: Zum Schutz gemeldeter FFH-Gebiete vor Aufnahme in die Gemeinschaftsliste – Vorgaben der so genannten Dragaggi-Entscheidung des EuGH, NVwZ 2006, 422 ff.

Wahl, Rainer: Die Normierung der materiell-integrativen (medienübergreifenden) Genehmigungsanforderungen, ZUR 2000, 360 ff.

Wahl, Rainer: Thesen zur Umsetzung der Umweltverträglichkeitsprüfung nach EG-Recht in das deutsche öffentliche Recht, DVBl. 1988, 86 ff.

Wasielewskie, Andreas: Stand der Umsetzung der UVP-Änderungs- und der IVU-Richtlinie, NVwZ 2000, 15 ff.

Weidemann, Clemens: Abfallrecht: Grundlage, in: Hans-Werner Rengeling (Hrsg.), Handbuch zum europäischen und deutschen Umweltrecht, 2. Aufl. 2003, Bd. II, § 70 (zit.: in: Rengeling (Hrsg.), EUDUR, Bd. II, § 70)

Weidemann, Clemens: Umsetzung von Abfall-Richtlinien: Urteil des EuGH zum deutschen Abfallrecht, NVwZ 1995, 866 ff.

Weidemann, Clemens: Die Vorschriften zur Neuordnung von Abfallentsorgung und Reststoffverwertung, NVwZ 1991, 226 ff.

Wendenburg, Helge: Die Umsetzung des europäischen Abfallrechts, NVwZ 1995, 833 ff.

Wickel, Martin: Die Zulassung von Industrieanlagen und die „gebundene" Vorhabensgenehmigung, UPR 2000, 92 ff.

Winkler, Martin: Die neue Betreiberpflicht, Klimaschutz und Emissionshandel, ZUR 2003, 395 ff.

Winter, Gerd: Individualrechtsschutz im deutschen Umweltrecht unter dem Einfluss des Gemeinschaftsrechts, in: Gesellschaft für Umweltrecht (Hrsg.), Gesellschaftsrechtliche Einwirkungen auf den innerstaatlichen Rechtsschutz im Umweltrecht. Dokumentation zur 22. wissenschaftliche Fachtagung der Gesellschaft für Umweltrecht e. V., Berlin 1999, 100 ff. (zit.: in: Dokumentation der GfU (1999))

Wirths, Volker: Gemeinschaftsrechtlicher Habitatschutz und deutsches Immissionsschutzrecht – Zu den Einwirkungen der FFH-Richtlinie auf das deutsche Recht, ZUR 2000, 190 ff.

Witthohn, Alexander: Schärfere Anforderungen bei der Mitverbrennung von Abfälle – Auswirkungen der Abfallverbrennungs-Richtlinie, DVBl. 2001, 1648 ff.

Wulfhorst, Reinhard: Auswirkungen der Umweltverträglichkeitsprüfung auf das Bebauungsplanverfahren, UPR 2001, 246 ff.

Ziekow, Jan: Strategische Umweltverträglichkeitsprüfung – ein neuer Anlauf, UPR 1999, 287 ff.

Zöttl, Johannes: Die EG-Richtlinie über die integrierte Vermeidung und Verminderung der Umweltverschmutzung, NuR 1997, 157 ff.

Schriften zum internationalen und zum öffentlichen Recht

Herausgegeben von Gilbert Gornig

- Band 1 Michael Waldstein: Das Asylgrundrecht im europäischen Kontext. Wege einer europäischen Harmonisierung des Asyl- und Flüchtlingsrechts. 1993.
- Band 2 Axel Linneweber: Einführung in das US-amerikanische Verwaltungsrecht. Kompetenzen, Funktionen und Strukturen der "Agencies" im US-amerikanischen Verwaltungsrecht. 1994.
- Band 3 Tai-Nam Chi: Das Herrschaftssystem Nordkoreas unter besonderer Berücksichtigung der Wiedervereinigungsproblematik. 1994.
- Band 4 Jörg Rösing: Beamtenstatut und Europäische Gemeinschaften. Eine Untersuchung zu den gemeinschaftsrechtlichen Anforderungen an die Freizügigkeit der Arbeitnehmer im Bereich des öffentlichen Dienstes. 1994.
- Band 5 Wolfgang Wegel: Presse und Rundfunk im Datenschutzrecht. Zur Regelung des journalistischen Umgangs mit personenbezogenen Daten. 1994.
- Band 6 Sven Brandt: Eigentumsschutz in europäischen Völkerrechtsvereinbarungen. EMRK, Europäisches Gemeinschaftsrecht, KSZE – unter Berücksichtigung der historischen Entwicklung. 1995.
- Band 7 Alejandro Alvarez: Die verfassunggebende Gewalt des Volkes unter besonderer Berücksichtigung des deutschen und chilenischen Grundgesetzes. 1995.
- Band 8 Martin Thies: Zur Situation der gemeindlichen Selbstverwaltung im europäischen Einigungsprozeß. Unter besonderer Berücksichtigung der Vorschriften des EG-Vertrages über staatliche Beihilfen und der EG-Umweltpolitik. 1995.
- Band 9 Rolf-Oliver Schwemer: Die Bindung des Gemeinschaftsgesetzgebers an die Grundfreiheiten. 1995.
- Band 10 Holger Kremser: "Soft Law" der UNESCO und Grundgesetz. Dargestellt am Beispiel der Mediendeklaration. 1996.
- Band 11 Michael Silagi: Staatsuntergang und Staatennachfolge: mit besonderer Berücksichtigung des Endes der DDR. 1996.
- Band 12 Reinhard Franke: Der gerichtliche Vergleich im Verwaltungsprozeß. Auch ein Beitrag zum verwaltungsrechtlichen Vertrag. 1996.
- Band 13 Christoph Eichhorn: Altlasten im Konkurs. 1996.
- Band 14 Dietrich Ostertun: Gewohnheitsrecht in der Europäischen Union. Eine Untersuchung der normativen Geltung und der Funktion von Gewohnheitsrecht im Recht der Europäischen Union. 1996.
- Band 15 Ulrike Pieper: Neutralität von Staaten. 1997.
- Band 16 Harald Endemann: Kollektive Zwangsmaßnahmen zur Durchsetzung humanitärer Normen. Ein Beitrag zum Recht der humanitären Intervention. 1997.
- Band 17 Jochen Anweiler: Die Auslegungsmethoden des Gerichtshofs der Europäischen Gemeinschaften. 1997.
- Band 18 Henrik Ahlers: Grenzbereich zwischen Gefahrenabwehr und Strafverfolgung. 1998.
- Band 19 Heinrich Hahn: Der italienische Verwaltungsakt im Lichte des Verwaltungsverfahrensgesetzes vom 7. August 1990 (Nr. 241/90). Eine rechtsvergleichende Darstellung. 1998.
- Band 20 Christoph Deutsch: Elektromagnetische Strahlung und Öffentliches Recht. 1998.
- Band 21 Cordula Fitzpatrick: Künstliche Inseln und Anlagen auf See. Der völkerrechtliche Rahmen für die Errichtung und den Betrieb künstlicher Inseln und Anlagen. 1998.

Band 22 Hans-Tjabert Conring: Korporative Religionsfreiheit in Europa. Eine rechtsvergleichende Betrachtung. Zugleich ein Beitrag zu Art. 9 EMRK. 1998.

Band 23 Jörg Karenfort: Die Hilfsorganisation im bewaffneten Konflikt. Rolle und Status unparteiischer humanitärer Organisationen im humanitären Völkerrecht. 1999.

Band 24 Matthias Schote: Die Rundfunkkompetenz des Bundes als Beispiel bundesstaatlicher Kulturkompetenz in der Bundesrepublik Deutschland. Eine Untersuchung unter besonderer Berücksichtigung natürlicher Kompetenzen und der neueren Entwicklung im Recht der Europäischen Union. 1999.

Band 25 Hermann Rothfuchs: Die traditionellen Personenverkehrsfreiheiten des EG-Vertrages und das Aufenthaltsrecht der Unionsbürger. Eine Gegenüberstellung der vertraglichen Gewährleistungen. 1999.

Band 26 Frank Alpert: Zur Beteiligung am Verwaltungsverfahren nach dem Verwaltungsverfahrensgesetz des Bundes. Die Beteiligtenstellung des § 13 Abs. 1 VwVfG. 1999.

Band 27 Matthias Reichart: Umweltschutz durch völkerrechtliches Strafrecht. 1999.

Band 28 Nikolas von Wrangell: Globalisierungstendenzen im internationalen Luftverkehr. Entwicklung der Regulierung und Liberalisierung unter Berücksichtigung strategischer Allianzen und des Code-Sharing. 1999.

Band 29 Marietta Hovehne: Ein demokratisches Verfahren für die Wahlen zum Europäischen Parlament. Legitimation gemeinschaftlicher Entscheidungsstrukturen im europäischen Integrationsprozeß. 1999.

Band 30 Nina Kaden: Der amerikanische Clean Air Act und das deutsche Luftreinhalterecht. Eine rechtsvergleichende Untersuchung. 1999.

Band 31 Brigitte Daum: Grenzverletzungen und Völkerrecht. Eine Untersuchung der Rechtsfolgen von Grenzverletzungen in der Staatenpraxis und Folgerungen für das Projekt der International Law Commission zur Kodifizierung des Rechts der Staatenverantwortlichkeit. 1999.

Band 32 Andreas Fürst: Die bildungspolitischen Kompetenzen der Europäischen Gemeinschaft. Umfang und Entwicklungsmöglichkeiten. 1999.

Band 33 Gilles Despeux: Die Anwendung des völkerrechtlichen Minderheitenrechts in Frankreich. 1999.

Band 34 Michael Reckhard: Die rechtlichen Rahmenbedingungen der Sanktionierung von Beitragsverweigerung im System der Vereinten Nationen. 1999.

Band 35 Carsten Pagels: Schutz- und förderpflichtrechtliche Aspekte der Religionsfreiheit. Zugleich ein Beitrag zur Auslegung eines speziellen Freiheitsrechts. 1999.

Band 36 Bernhard Mehner: Die grenzüberschreitende Wirkung direktempfangbaren Satellitenfernsehens aus völkerrechtlicher Sicht. 2000.

Band 37 Karl-Josef Ulmen: Pharmakologische Manipulationen (Doping) im Leistungssport der DDR. Eine juristische Untersuchung. 2000.

Band 38 Jochen Starke: Die verfassungsgerichtliche Normenkontrolle durch den Conseil constitutionnel. Zum Kompetenztitel des Art. 61 der französischen Verfassung. 2000.

Band 39 Marco Herzog: Rechtliche Probleme einer Inhaltsbeschränkung im Internet. 2000.

Band 40 Gilles Despeux: Droit de la délimitation maritime. Commentaire de quelques décisions plutoniennes. 2000.

Band 41 Christina Hackel: Der Untergang des Landes Braunschweig und der Anspruch auf Restitution nach der Wiedervereinigung Deutschlands. 2000.

Band 42 Peter Aertker: Europäisches Zulassungsrecht für Industrieanlagen. Die Richtlinie über die integrierte Vermeidung und Verminderung der Umweltverschmutzung und ihre Auswirkungen auf das Anlagenzulassungsrecht der Bundesrepublik Deutschland. 2000.

Band 63 Cedric Christian Meyer: Konkretisierung unbestimmter Rechtsbegriffe im deutschen und französischen Anlagenzulassungsrecht. 2005.

Band 64 Philippe Gréciano: Die Gerichtsbarkeit der Europäischen Gemeinschaften. Rechtsprechung und Rechtssprache Europas aus französischer Perspektive. Mit einem Vorwort von Theodor Öhlinger. 2007.

Band 65 Anne-Louise Schümer: Die Stellung des Ministerpräsidenten in den Bundesländern im Vergleich. 2006.

Band 66 Helen Ghebrewebet: Identifying Units of Statehood and Determining International Boundaries. A Revised Look at the Doctrine of *Uti Possidetis* and the Principle of Self-Determination. 2006.

Band 67 Arne Hertel: Beihilfen an kleine und mittlere Unternehmen. 2006.

Band 68 Markus Günther: Europol. Rechtsschutzmöglichkeiten und deren Vereinbarkeit mit nationalen und internationalen Anforderungen. 2006.

Band 69 Christian Wicker: The Concepts of Proportionality and State Crimes in International Law. An Analysis of the Scope of Proportionality in the Right of Self-Defence and in the Regime of International Countermeasures and an Evaluation of the Concept of State Crimes. 2006.

Band 70 Hauke Stöwsand: Zyperns Beitritt zur Europäischen Union. Vom Antrag auf Mitgliedschaft bis zum Protokoll der Beitrittsakte. 2007.

Band 71 Natalie Rowohl: Weltbank und Internationaler Währungsfonds: Ihre Mandate und deren Abgrenzung. Stand und Reformvorschläge. 2007.

Band 72 Ru-Huei Liu: Europäisierung des deutschen Umweltrechts. 2008.

Band 73 Katja Lange: Der Status der Aufständischen im modernen humanitären Völkerrecht. 2007.

Band 74 Tarik El-Shabassy: Die Durchsetzung finanzieller Sanktionen der Europäischen Gemeinschaften gegen ihre Mitgliedstaaten. 2008.

www.peterlang.de

Kolibri 360 GmbH
Ferdinand-Jühlke-Straße 7
99095 Erfurt, Deutschland
produktsicherheit@kolibri360.de

Druck:
CPI Druckdienstleistungen GmbH
im Auftrag der
Kolibri 360 GmbH
Ferdinand-Jühlke-Str. 7
99095 Erfurt